“十四五”高等职业教育计算机类新形态一体化系列教材

网络工程方案设计与实施

董会国　刘彦舫◎主　编
李　军　刘　霞　李　默◎副主编
褚建立◎主　审

中国铁道出版社有限公司
CHINA RAILWAY PUBLISHING HOUSE CO., LTD.

内 容 简 介

本书结合网络工程实际，系统地介绍了计算机网络工程项目建设的整个过程，主要内容包括计算机网络工程概述、网络工程的需求分析与规划、网络工程的系统设计、网络设备选型、综合布线系统设计、综合布线系统工程施工、网络工程组织与施工、网络工程测试与验收、网络管理与维护。

为了帮助读者深刻理解并掌握网络工程方案设计与实施工程中的必备知识点、难点和易错点，本书配备了相关的微课视频，扫描书中的二维码，可以观看视频。

本书注重理论联系实际，内容丰富、安排合理，具有较强的实用性，适合作为高职高专院校计算机类、通信类等专业的教材，也可作为综合布线系统工程产品选型、网络工程方案设计、安装施工等相关工程技术人员的参考书，还可作为计算机网络爱好者学习计算机网络工程知识的参考书。

图书在版编目（CIP）数据

网络工程方案设计与实施/董会国，刘彦舫主编.—3版.—北京：中国铁道出版社有限公司，2021.11（2024.7重印）
"十四五"高等职业教育计算机类新形态一体化系列教材
ISBN 978-7-113-28452-7

Ⅰ.①网… Ⅱ.①董… ②刘… Ⅲ.①计算机网络-网络设计-高等职业教育-教材 Ⅳ.①TP393.02

中国版本图书馆CIP数据核字（2021）第207172号

书　　名： 网络工程方案设计与实施
作　　者： 董会国　刘彦舫

策　　划： 翟玉峰　　　**编辑部电话：**（010）51873135
责任编辑： 翟玉峰　徐盼欣
封面设计： 刘　颖
责任校对： 焦桂荣
责任印制： 樊启鹏

出版发行： 中国铁道出版社有限公司（100054，北京市西城区右安门西街8号）
网　　址： https://www.tdpress.com/51eds/
印　　刷： 三河市宏盛印务有限公司
版　　次： 2011年10月第1版　2021年11月第3版　2024年7月第3次印刷
开　　本： 850 mm×1 168 mm　1/16　**印张：** 21.5　**字数：** 576千
书　　号： ISBN 978-7-113-28452-7
定　　价： 56.00元

前言

本书自2011年10月第一版出版以来，在 2017年4月出版第二版，受到了广大读者的普遍欢迎，出版社为满足读者需要数次重印。但是，随着计算机网络技术的飞速发展，不论是网络系统构架，还是网络系统集成设备和网络系统集成方法，都发生了翻天覆地的变化，根据GB 50311—2016《综合布线系统工程设计规范》和GB/T 50312—2016《综合布线系统工程验收规范》等国家标准，为适应现代网络系统集成的实际需要，保证教材内容的先进性和可操作性，也为了全面提高本书的质量，我们对全书进行了一次改版。除了订正原书的疏漏之外，还吸收了一些新的网络系统集成技术，并进一步充实了本书内容。关于本次改版的具体工作，特作以下几点说明:

① 基本保持原书的体系、结构不变，全书仍然包含九章内容，为了丰富教学需求，在每章习题中增加选择题和填空题。

② 随着计算机网络技术和网络系统集成技术的迅猛发展，为了充分体现时代特色，满足读者学习和掌握新技术、新应用的需求，同时考虑到读者实际需求，添加了大量新的网络系统集成技术和网络系统集成应用方案。

③ 由于计算机网络设备更新换代极为迅速，原书中大部分网络集成设备均已落后，故在网络设备选型一章更换了大量的网络集成设备，并引进更为实用的网络设备选型方法和技巧。

④ 近几年，国家住房和城乡建设部和工业信息化部相继颁布了一系列有关网络系统集成方面的国家标准和行业标准，原书中引用的一些标准已经作废，为此替换或引入了一系列新的标准。

⑤ 全面审核并修改了原书中的不妥之处，并替换了原书中所有技术陈旧的内容和质量较差的图片。

⑥ 增加视频资源，提供丰富的教学资源，兼顾理论讲解与实践操作。

本书由董会国、刘彦舫任主编，李军、刘霞、李默任副主编，王党利、褚建立、路俊维、王沛、钱孟杰等参与编写。其中，第1章由国防科技大学信息通信学院李默编写，第2章由河北科技工程职业技术大学刘彦舫编写，第3章由河北科技工程职业技术大学褚建立编写，第4章、第5章由河北科技工程职业技术大学董会国编写，第6章由河北科技工程职业技术大学李军编写，第7章由河北科技工程职业技术大学路俊维、钱孟杰编写，第8章由邢台学院刘霞编写，第9章由河北科技工程职业技术大学王党利编写，第1~9章习题由河北科技工程职业技术大学王沛编写。

我们本着对读者负责和精益求精的精神，对原书通篇进行字斟句酌的思考、研究，力求防止和消除一切瑕疵和错误。但由于水平所限，书中难免还会出现疏漏及不妥之处，敬请读者批评指正。同时借此机会，向使用本套教材的广大师生，向给予我们关心、鼓励和帮助的同行、专家学者，致以由衷的感谢。

编　者

2021年8月

目 录

第 1 章　计算机网络工程概述

随着计算机应用工作的普及，单机工作已不能满足越来越多的计算机用户的客观要求，组建网络、资源共享已成为计算机应用发展的必然趋势。如何构建一个安全、可靠、经济、实用的计算机网络系统是计算机网络工程所要完成的主要任务。

学习目标

- 了解计算机网络工程的基本概念和特点。
- 掌握计算机网络工程设计的一般流程。
- 了解计算机网络系统集成的概念和主要内容。
- 了解系统集成资质等级划分方法和评定条件。
- 了解网络工程招标、投标的一般流程。
- 掌握招标文件和投标文件的编制方法和技巧。

1.1　计算机网络工程的基本概念

1.1.1　计算机网络工程的定义

21 世纪的知识经济，是以计算机应用、卫星通信、光缆通信和数码技术等为标志的现代信息网络技术。目前，计算机网络已经广泛应用于学校、政府、军事、企业以及科学研究等各个领域。通过计算机网络，人们可以进行网上办公、网上购物、网络营销、网络资源共享以及开展协同工作等。

所有这些网络应用都离不开安全可靠的计算机网络平台，建立一个这样的计算机网络环境，是所有计算机网络技术人员都应该具备的知识和技能。建立计算机网络是一个涉及面广、技术复杂、专业性较强的系统工程，不同的用户对计算机网络的建设目标也不一样，这就需要根据用户的需求进行科学地设计，采用工程化的理念，有序地完成网络建设任务。

那么，到底什么是计算机网络工程呢？简单地说，计算机网络工程就是组建计算机网络的工作，凡是与组建计算机网络有关的事情都可以归纳到计算机网络工程中来。根据网络系统集成商建设计算机网络的具体过程，可以将计算机网络工程定义如下：计算机网络工程就是根据用户单位的应用需求及具体情况，结合现代网络技术的发展水平及产品化的程度，采用工程的方法，经过充分的需求分析和市场调研，确定网络建设方案，并依据网络建设方案有计划、按步骤地进行网络系统的总体建设过程。

计算机网络工程不仅涉及计算机的软硬件技术、数据库技术、网络存储技术、数据通信技术等多种技术问题，还涉及商务、企业管理等方面的内容，是一门研究网络系统规划、设计、管理及维护的综合性学科。

1.1.2 计算机网络工程的特点

计算机网络工程是一项综合性的系统工程，它除了具备一般工程所具有的内涵和特点以外，还具有以下特点：

① 网络工程要有明确的目标，这是在工程开始之前就应该确定的，而且在工程进行中不能轻易更改。

② 网络工程要有详细的规划，规划一般分为不同的层次，有的比较概括（如总体规划），有的非常具体（如实施方案）。

③ 网络工程要有统一的标准，如国际标准、国家标准、行业标准、地方标准，并按照标准进行规范化建设。

④ 网络工程要有完备的技术文档，主要包括需求分析报告、系统设计报告、系统实施方案、系统测试报告、系统验收报告等，网络工程技术文档可提高网络工程设计和施工效率，保证网络建设质量，是网络工程建设的纲领性文件。

⑤ 网络工程要有法定的或固定的责任人，要有完整的组织实施机构，做到分工明确，责任到人，有利于提高工作效率，保证施工质量和施工进度。

⑥ 计算机网络工程要有客观的监理和验收标准，以进一步降低网络工程建设中的风险，有效保证网络工程的建设质量和建设进度，保障建设方和承建方双方的利益。

1.1.3 计算机网络工程的基本要素

通过计算机网络工程的基本定义可以看出，一项计算机网络工程必须具备以下基本要素：

① 满足明确的业务和应用需求。也就是说，要在网络工程项目建设初期通过需求分析弄清楚网络系统建设的目的以及哪些业务需要上网，业务类型是什么，带宽要求如何等。

② 满足用户对网络系统的功能要求。

③ 按照成熟可行的设计方案进行实施。

④ 在完善的组织流程规范下进行。

1.1.4 计算机网络工程的建设目标

计算机网络工程建设是一项复杂的系统工程，一般可分为网络规划和设计阶段、工程组织和实施阶段以及系统运行维护阶段，最终建成包括网络硬件系统平台、网络软件系统平台、网络安全管理平台的计算机网络系统。

其中网络硬件系统平台包括主机、网络设备、综合布线系统等硬件；网络软件系统平台包括网络操作系统、工作站操作系统、网络服务器系统、数据备份系统、数据库管理系统等；网络安全管理平台包括网络安全系统和网络管理系统等。

1.2　计算机网络工程的设计

计算机网络工程设计是网络工程实施、应用和管理的前提和基础，是整个网络工程的一部分，也是网络工程实施的前期工作，分为网络工程概要设计和网络工程详细设计。网络工程设计的最终成果是相应的设计报告。

视频

计算机网络工程

1.2.1　计算机网络工程设计的一般流程

计算机网络工程与一般的建筑工程有很多相似的地方，必须根据建设方的需求，结合计算机网络工程自身的特点进行设计。为了更好地达到网络工程的建设目标，计算机网络工程首先需要进行概要设计，在概要设计的基础上进行详细设计。网络工程设计的一般流程通常包括如下几项内容：

① 确定网络系统的主要任务是什么，要解决什么问题，要达到什么目标等。

② 调查有多少个结点，在地理上是如何分布的，每个用户群的最大距离是多少，结点的数量决定了网络系统的规模、设备的数量以及设备的性能和档次。

③ 了解同类单位采用什么样的方案，有什么经验教训；咨询有关厂家和公司的产品性能、保价和网络方案，并作横向比较。

④ 根据投资规模，确定采用什么样的主干网络及其配置，确定汇聚层网络设备及接入层网络设备的数量，编制详细的设备明细清单等。

⑤ 确定网络操作系统，目前的主流网络操作系统有 UNIX、Windows 和 Linux。

⑥ 确定是否使用网络安全设备，是否需要采用用户认证、计费和 NAT（网络地址转换）服务。

⑦ 确定网络的拓扑结构，并绘制拓扑图。

⑧ 选择网络设备和传输介质。

1.2.2　计算机网络工程的概要设计

概要设计就是要点设计。概要设计是在工程分析的基础上，根据建设目标作出的粗略设计。概要设计的特点是快速、简明。概要设计对工程中的主要元素进行方向性设计，是详细设计的依据和指南，也是与用户沟通的桥梁。

概要设计的内容包括网络工程的建设目标、设计遵循的标准、依据的原则、网络功能、网络性能、应用系统、系统安全、网络拓扑结构图等。

1.2.3　计算机网络工程的详细设计

详细设计是在概要设计的基础上，对网络工程内容的各个方面进行的详细设计。网络工程完全按照详细设计来实施，不得随意更改，如要变动，必须由用户、设计方和施工方一起商讨决定。详细设计就是具体实施的图纸和方案，包括网络协议体系结构、结点规模、网络操作系统、通信介质、网络设备的选型和配置、结构化布线，涉及的内容相当多，相当复杂。

1.3　计算机网络系统集成

1.3.1　网络系统集成的概念

视频

网络系统集成

网络系统集成是指在网络工程中根据应用的需要，运用系统集成方法，将硬件设备、软件设备、网络基础设施、网络设备、网络系统软件、网络基础服务系统、应用软件等进行有机的组合，使之成为一个完整、可靠、经济、安全、高效的计算机网络系统的全过程。

从技术角度来看，网络系统集成是将计算机技术、网络技术、控制技术、通信技术、应用系统开发技术、建筑装修技术等综合运用到网络工程中的一门综合技术。

网络系统集成的主要内容一般包括网络系统总体方案设计、综合布线系统设计与施工、网络设备架设、各种网络服务系统架设、网络后期维护等。

1.3.2　网络系统集成的主要任务

网络系统集成的主要任务包括技术集成、软硬件产品集成以及应用集成三个方面。

1. 技术集成

技术集成是网络系统集成的核心。需要根据用户需求的特点，结合网络技术发展的变化，合理选择所采用的各项技术，为用户提供解决方案和网络系统设计方案。由于网络技术发展迅速，各种网络技术层出不穷，从而使得建设单位、普通网络用户和一般技术人员难以掌握和选择。这就要求必须有一种熟悉各种网络技术的角色，完全从用户应用和业务需求入手，充分考虑技术发展的变化，去帮助用户分析网络需求，根据用户需求特点去选择所采用的各种技术，为用户提供解决方案和网络系统设计方案。

2. 软硬件产品集成

软硬件产品集成是系统集成最终和最直接的体现形式。它要求系统集成商根据用户需求和费用的承受能力，把不同类型、不同厂商和能实现不同应用目的的计算机设备与软件有机地组合在一起，为用户建设一个性能价格比相对较高的计算机网络系统。

3. 应用集成

应用集成就是将用户的实际需求和不同应用功能在同一系统中实现，为用户的各种应用需求提供一体化的解决方案，并付诸实施。不同的用户具有许多面向不同行业、不同规模、不同层次的网络应用，这些不同的应用就需要不同的网络平台。因此，作为网络系统集成技术人员就必须进行详细的用户需求分析，对网络集成方案进行反复论证，最终通过应用软件和支持环境的有机结合实现系统集成任务。

1.3.3　网络系统集成的具体内容和实施步骤

1. 网络系统集成的具体内容

网络系统集成的具体内容随着应用项目的不同而不同，通常包括如下内容：

① 需求分析：了解用户建设网络系统的目的和具体应用需求，主要包括应用类型、网络覆盖区域、区域内建筑物布局与周边环境、用户带宽要求、各应用部门的流量特征等。

② 技术方案设计：确定网络主干和分支所采用的网络技术、进行网络拓扑结构设计、地址分配方案设计、冗余设计、网络安全设计，以及网络资源配置和接入方式选择等。

③ 设备选型：根据技术方案进行设备选型，包括网络设备选型、服务器设备选型以及其他设备选型。

④ 综合布线系统设计与网络施工：包括综合布线系统设计、综合布线系统施工、网络设备安装与调试。

⑤ 软件平台搭建：包括网络操作系统安装、数据库系统安装、网络基础服务平台搭建、网络安全系统安装等。

⑥ 应用软件开发：根据用户需求购买或开发各种应用软件。

⑦ 网络系统测试与验收：包括综合布线系统测试、网络设备测试、网络基础服务平台测试、网络运行状况测试、网络安全测试、配合建设方和监督方完成验收等。

⑧ 用户培训：对网络系统管理员、网络业务用户进行系统应用与维护方面的培训。

⑨ 网络运行技术支持：根据双方合同约定，对用户网络系统应用过程中的技术问题和系统故障进行维护和技术咨询。

2. 网络系统集成的实施步骤

网络系统集成的实施步骤如图 1-1 所示。

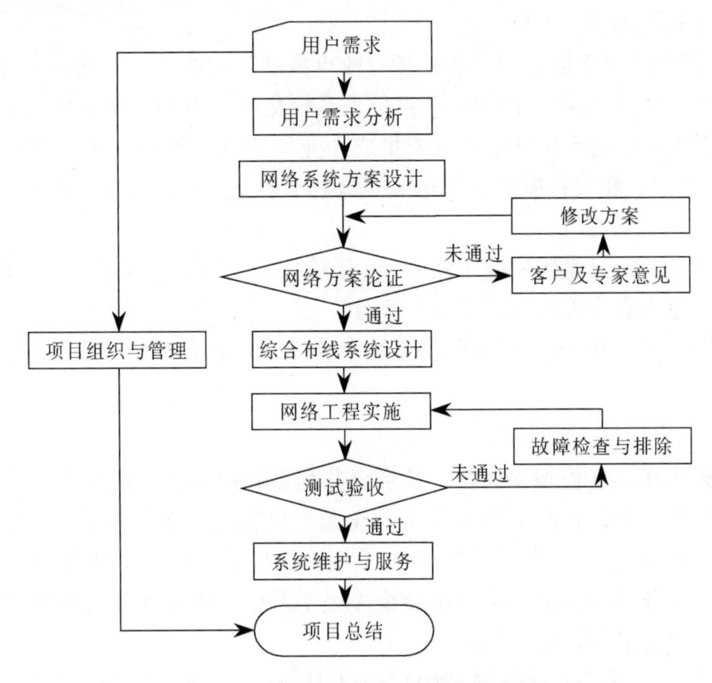

图 1-1　网络系统集成的实施步骤

1.4 计算机网络工程的招标与投标

1.4.1 与计算机网络工程相关的法律

招标投标是在相关法律、法规之下进行的一种规范交易方式，其目的是实现公平交易，避免暗箱操作，从根本上保护买方、卖方的利益。对买方来说，通过招标，可以吸引和扩大投标人的竞争，以较低的价格买到符合质量要求的产品和服务。对卖方来说，参加投标可以获得公平竞争的机会，以合理的价格出售合格的产品和服务。

1. 系统集成资质管理办法

为适应我国信息化建设和信息产业发展需要，加强计算机信息系统集成市场的规范化管理，维护信息系统集成及服务市场秩序，保障信息系统项目质量和信息安全，促进企业能力的不断提高，推动行业健康发展，信息产业部（现工业和信息化部）于 1999 年颁布了《计算机信息系统集成资质管理办法（试行）》，2002 年发布了《计算机信息系统集成资质等级评定条件（试行）》，2003 年发布了《计算机信息系统集成资质等级评定条件（修定版）》，2004 年发布了《信息系统工程监理资质等级评定条件（试行）》。

2012 年 5 月，工业和信息化部计算机信息系统集成资质认证工作办公室组织对《计算机信息系统集成资质等级评定条件（修定版）》和《信息系统工程监理资质等级评定条件（试行）》进行了修订，并予以发布（其中包含具体的实施细则）。

2014 年，根据《国务院关于取消和下放一批行政审批项目的决定》（国发〔2014〕5 号），工业和信息化部自 2014 年 2 月 15 日起，停止计算机信息系统集成企业和人员资质认定行政审批，并根据《工业和信息化部关于做好取消计算机信息系统集成企业资质认定等行政审批事项相关工作的通知》（工信部软〔2014〕79 号），相关资质认定工作由中国电子信息行业联合会（简称“电子联合会”）负责实施。

电子联合会于 2015 年 6 月组织制定了新的《信息系统集成及服务资质认定管理办法(暂行)》，并发布了新的《信息系统集成资质等级评定条件（暂行）》。

国家保密局于 2020 年 11 月 13 日局务会议通过《涉密信息系统集成资质管理办法》，自 2021 年 3 月 1 日起施行。

2. 招标投标法

为了规范招标投标活动，保护国家利益、社会公共利益和招标投标活动当事人的合法权益，提高经济效益，保证项目质量，1999 年 8 月 30 日第九届全国人民代表大会常务委员会第十一次会议通过了《中华人民共和国招标投标法》，该法律于 2000 年 1 月 1 日起正式施行，根据 2017 年 12 月 27 日第十二届全国人民代表大会常务委员会第三十一次会议《关于修改〈中华人民共和国招标投标法〉、〈中华人民共和国计量法〉的决定》修正。

《中华人民共和国招标投标法实施条例》2011 年 11 月 30 日国务院第 183 次常务会议通过，自 2012 年 2 月 1 日起施行。该《条例》分总则，招标，投标，开标、评标和中标，投诉与处理，法律责任，附则 7 章 84 条。根据 2017 年 3 月 1 日中华人民共和国国务院令第 676 号《国务院关于修改和废止部

分行政法规的决定》第一次修订。根据 2018 年 3 月 19 日中华人民共和国国务院令第 698 号令《国务院关于修改和废止部分行政法规的决定》第二次修订，根据 2019 年 3 月 2 日《国务院关于修改部分行政法规的决定》第三次修订。

（1）必须招标的项目

在中华人民共和国境内进行下列工程项目建设，包括项目的勘察、设计、施工、监理以及与工程建设有关的重要设备、材料等的采购，必须进行招标：

① 大型基础设施、公用事业等关系社会公共利益、公众安全的项目。

② 全部或者部分使用国有资金投资或者国家融资的项目。

③ 使用国际组织或者外国政府贷款、援助资金的项目。

任何单位和个人不得将依法必须进行招标的项目化整为零或者以其他任何方式规避招标。

（2）招标原则

招标投标活动应当遵循公开、公平、公正和诚实信用的原则。

（3）招标方式

招标分为公开招标和邀请招标。

公开招标：指招标人以招标公告的方式邀请不特定的法人或者其他组织投标。

邀请招标：指招标人以投标邀请书的方式邀请特定的法人或者其他组织投标。

（4）招标条件

招标人采用公开招标方式的，应当发布招标公告。依法必须进行招标的项目的招标公告，应当通过国家指定的报刊、信息网络或者其他媒介发布。

招标人采用邀请招标方式的，应当向三个以上具备承担招标项目的能力、资信良好的特定的法人或者其他组织发出投标邀请书。

招标公告或投标邀请书应当载明招标人的名称和地址，招标项目的性质、数量、实施地点和时间以及获取招标文件的办法等事项。

（5）保密内容

招标人不得向他人透露已获取招标文件的潜在投标人的名称、数量以及可能影响公平竞争的有关招标投标的其他情况。招标人设有标底的，标底必须保密。

（6）投标

① 投标人应当按照招标文件的要求编制投标文件。

② 投标文件应当对招标文件提出的实质性要求和条件作出响应。

③ 投标人应当在招标文件要求提交投标文件的截止时间前，将投标文件送达投标地点。

④ 在招标文件要求提交投标文件的截止时间后送达的投标文件，招标人应当拒收。

⑤ 投标人少于三个的，招标人应当依照《中华人民共和国招标投标法》重新招标。

（7）开标

开标应当在招标文件确定的提交投标文件截止时间的同一时间公开进行；开标地点应当为招标文件中预先确定的地点。

（8）评标

评标由招标人依法组建的评标委员会负责。评标委员会由招标人的代表和有关技术、经济等方面的专家组成，成员人数为五人以上单数，其中技术、经济等方面的专家不得少于成员总数的 2/3。与投标人有利害关系的人不得进入相关项目的评标委员会，已经进入的应当更换。

（9）中标

评标委员会应当按照招标文件确定的评标标准和方法，对投标文件进行评审和比较；设有标底的，应当参考标底。评标委员会完成评标后，应当向招标人提出书面评标报告，并推荐合格的中标候选人。

招标人根据评标委员会提出的书面评标报告和推荐的中标候选人确定中标人。中标人确定后，招标人应当向中标人发出中标通知书，并同时将中标结果通知所有未中标的投标人。

（10）签订合同

招标人和中标人应当自中标通知书发出之日起三十日内，按照招标文件和中标人的投标文件订立书面合同。招标人和中标人不得再行订立背离合同实质性内容的其他协议。

3. 民法典·合同编

《中华人民共和国合同法》于1999年10月1日起正式施行，其中包括二十三章四百二十八条。主要内容包括一般规定、合同的订立、合同的效力、合同的履行、合同的变更和转让、合同的权利义务终止、违约责任以及建设工程合同等。2020年5月28日，十三届全国人大三次会议表决通过了《中华人民共和国民法典》，自2021年1月1日起施行。《中华人民共和国合同法》同时废止。

4. 政府采购法

为了规范政府采购行为，提高政府采购资金的使用效益，维护国家利益和社会公共利益，保护政府采购当事人的合法权益，促进廉政建设，全国人民代表大会常务委员会于2002年6月29日发布了《中华人民共和国政府采购法》。2014年全国人大常委会对政府采购法进行了修订，并于2014年8月正式实施。

（1）政府采购

所谓政府采购，是指各级国家机关、事业单位和团体组织，使用财政性资金采购依法制定的集中采购目录以内的或者采购限额标准以上的货物、工程和服务的行为。

（2）政府采购的原则

政府采购应当遵循公开透明原则、公平竞争原则、公正原则和诚实信用原则。

（3）政府采购限制

政府采购应当采购本国货物、工程和服务。但有下列情形之一的除外：

① 需要采购的货物、工程或者服务在中国境内无法获取或者无法以合理的商业条件获取的。

② 为在中国境外使用而进行采购的。

③ 其他法律、行政法规另有规定的。

（4）政府采购方式

政府采购通常采用公开招标、邀请招标、竞争性谈判、单一来源采购、询价、国务院政府采购监督管理部门认定的其他采购方式。但公开招标应作为政府采购的主要采购方式。

① 采购人采购货物或者服务应当采用公开招标方式的，其具体数额标准，属于中央预算的政府采购项目，由国务院规定；属于地方预算的政府采购项目，由省、自治区、直辖市人民政府规定；因特殊情况需要采用公开招标以外的采购方式的，应当在采购活动开始前获得设区的市、自治州以上人民政府采购监督管理部门的批准。采购人不得将应当以公开招标方式采购的货物或者服务化整为零或者以其他任何方式规避公开招标采购。

在一个财政年度内，采购人将一个预算项目下的同一品目或者类别的货物、服务采用公开招标以外的方式多次采购，累计资金数额超过公开招标数额标准的，属于以化整为零方式规避公开招标，但项目预算调整或者经批准采用公开招标以外方式采购除外。

② 符合下列情形之一的货物或者服务，可以依照《中华人民共和国政府采购法》采用邀请招标方式采购：

a. 具有特殊性，只能从有限范围的供应商处采购的；

b. 采用公开招标方式的费用占政府采购项目总价值的比例过大的。

③ 符合下列情形之一的货物或者服务，可以依照《中华人民共和国政府采购法》采用竞争性谈判方式采购：

a. 招标后没有供应商投标或者没有合格标的或者重新招标未能成立的；

b. 技术复杂或者性质特殊，不能确定详细规格或者具体要求的；

c. 采用招标所需时间不能满足用户紧急需要的；

d. 不能事先计算出价格总额的。

④ 符合下列情形之一的货物或者服务，可以依照《中华人民共和国政府采购法》采用单一来源方式采购：

a. 只能从唯一供应商处采购的；

b. 发生了不可预见的紧急情况不能从其他供应商处采购的；

c. 必须保证原有采购项目一致性或者服务配套的要求，需要继续从原供应商处添购，且添购资金总额不超过原合同采购金额的百分之十。

⑤ 采购的货物规格、标准统一、现货货源充足且价格变化幅度小的政府采购项目，可以依照《中华人民共和国政府采购法》采用询价方式采购。

1.4.2 计算机网络工程的招标

1. 计算机网络工程招标的目的

计算机网络工程招标的目的，是以公开、公平、公正的原则和方式，从众多系统集成商中，选择一个有合格资质，并能为用户提供最佳性能价格比的集成商。

2. 编制招标文件

招标文件是招标投标活动中最重要的法律文件，招标人应当根据招标项目的特点和需要编制招标文件。招标文件应当包括招标项目的程序条款、技术条款、商务条款三大部分，具体包括下列九项内容：

（1）招标邀请函

招标邀请函由招标机构编制，简要介绍招标单位名称、招标项目名称及内容、招标形式、售标、投标、开标时间地点、承办联系人姓名地址电话等。开标时间除了要给投标商留足准备标书和递送标书的时间外，国际招标还应尽量避开国外休假和圣诞节，国内招标避开春节和其他节假日。

（2）投标人须知

投标人须知由招标机构编制，是招标的一项重要内容。着重说明本次招标的基本程序；投标者应遵循的规定和承诺的义务；投标文件的基本内容、份数、形式、有效期和密封，以及投标的其他要求；评标的方法和原则；招标结果的处理；合同的授予及签订方式；投标保证金等。

（3）招标项目的技术要求及附件

招标项目的技术要求及附件是招标文件中最重要的内容，主要由使用单位提供资料，使用单位和招标机构共同编制。

（4）投标书格式

投标书格式由招标公司编制，是对投标文件的规范要求。其中，包括投标方授权代表签署的投标函，说明投标的具体内容和总报价，并承诺遵守招标程序和各项责任、义务，确认在规定的投标有效期内，投标期限所具有的约束力。此外，还包括技术方案内容的提纲和投标价目表格式，以便招标者对所有投标者的文件进行同口径的比较。

（5）投标保证文件

投标保证文件是投标有效的必要文件，投标保函由银行开具，保证文件一般采用三种形式：支票、投标保证金和银行保函。项目金额少可采用支票和投标保证金的方式，一般规定为2%。投标保证金有效期要长于标书有效期，和履约保证金相衔接。投标保函由银行开具，是借助银行信誉投标，企业信誉和银行信誉是企业进入国际大市场的必要条件。投标方在投标有效期内放弃投标或拒签合同，招标公司有权没收保证金以弥补招标过程中蒙受的损失。

（6）合同条件（合同的一般条款及特殊条款）

合同条件也是招标书的一项重要内容，是双方经济关系的法律基础，因此对招投标方都很重要。国际招标除了要符合国内法律规定以外，还应符合国际惯例。由于项目的特殊要求需要提供补充合同条款，如支付方式、售后服务、质量保证、主保险费用等特殊要求的，应在标书的技术部分专门列出。但这些条款不应过于苛刻，更不允许（实际也做不到）将风险全部转嫁给中标方。

（7）技术标准、规范

有些设备（如通信系统、输电设备）需要明确提出技术标准和规范要求，是确保设备质量的重要文件，应列入招标附件中。技术规范应对施工工艺、工程质量、检验标准作出较为详尽的描述，也是避免发生纠纷的前提。技术规范通常包括总纲、工程概况，分期工程对材料、设备、施工技术及质量等的要求，必要时还要写清各分项工程工程量的计算方法等。

（8）投标企业资格文件

投标企业资格文件要求由招标机构提出。一般要求投标商提供企业生产该产品的许可证以及其他资格文件，如ISO 9001、ISO 9002证书等。同时，还要提供公司近几年的工程业绩。

（9）合同

合同包括拟签订合同的基本格式和主要条款，主要由使用单位提供资料，使用单位和招标机构共同编制。

3. 网络工程招标流程

① 招标方聘请监理部门工作人员，根据需求分析阶段提交的网络系统集成方案，编制网络工程标底。

② 做好招标工作的前期准备，编制招标文件。

③ 发布招标通告或邀请函，负责对有关网络工程问题进行咨询。

④ 接收投标单位递送的标书。

⑤ 对投标单位资格、企业资质等进行审查，审查内容包括企业注册资金、网络系统集成工程案例、

技术人员配置、各种网络代理资格属实情况、各种网络资质证书的属实情况。

⑥ 邀请计算机专家、网络专家组成评标委员会。

⑦ 开标。公开投标单位的资料，准备评标。

⑧ 评标。由评标委员会对参评方各项条件公平打分，选择得分最高的系统集成商。

⑨ 中标。公告中标方，并与中标方签订正式工程合同。

1.4.3 计算机网络工程的投标

投标人在索取、购买标书后，应该仔细阅读标书的投标要求及投标须知，在同意并遵循招标文件各项规定和要求的前提下，提出自己的投标文件。

1. 投标人及其条件

投标人是响应招标、参加投标竞争的法人或其他组织，应该具备以下基本条件：

① 投标人应具备规定的资格条件，证明文件应以原件或招标单位盖章后生效，具体可包括如下内容：

- 投标单位的企业法人营业执照。
- 系统集成授权证书。
- 专项工程设计证书。
- 网络工程或弱电工程施工资质证书。
- ISO 9000 系列质量保证体系认证证书。
- 高新技术企业资质证书。
- 金融机构出具的财务评审报告。
- 产品厂家授权的分销或代理证书。
- 产品鉴定入网证书。

② 投标人应按照招标文件的具体要求编制投标文件，并作出实质性的响应。投标文件中应包括项目负责人及技术人员的职责、简历、业绩和证明文件及项目的施工器械设备配置情况等。

③ 投标文件应在招标文件要求提交的截止日期前送达投标地点，并可以在截止日期前修改、补充或撤回所提交的投标文件。

④ 两个或两个以上的法人可以组成一个联合体，以一个投标人的身份共同投标。

2. 投标的组织

工程投标的组织工作，应由专门的机构和人员负责，其组成可以包括项目负责人、管理、技术、施工等方面的专业人员。对投标人应充分体现出技术、经验、实力和信誉等方面的组织管理水平。

3. 投标程序及内容

（1）工程项目的现场考察

工程项目的现场考察是投标前的一项重要准备工作。在现场考察前要对招标文件中所提出的范围、条款、建筑设计图纸和说明认真阅读、仔细研究。现场考察应重点调查了解以下情况：

① 建筑物施工情况。

② 工地及周边环境、电力等情况。

③ 本工程与其他工程间的关系。

④ 工地附近住宿及加工条件。

（2）分析招标文件、校核工程量、编制施工计划

① 招标文件是投标的主要依据，研究招标文件重点应考虑以下几个方面：

- 投标人需知。
- 合同条件。
- 设计图纸。
- 工程量。

② 工程量确定。投标人根据工程规模核准工程量，并作询价与市场调查，这对于工程的总造价影响较大。

③ 编制施工计划。一般包括施工方案和施工方法、施工进度、劳动力计划，原则是在保证工程质量与工期的前提下，降低成本和增加利润。

（3）工程投标报价

报价应进行单价、利润和成本分析，并选定定额与确定费率，投标的报价应取在适中的水平，一般应考虑网络工程的规模、产品的档次及配置量。工程报价可包括以下方面：

① 设备与主材价格：根据器材清单计算。

② 工程安装调测费：根据相关预算定额取定。

③ 工程其他费：包括总包费、设计费、培训费等。

④ 预备费。

⑤ 优惠价格。

⑥ 工程总价。

在做工程投资计算时，可参照厂家对产品的报价及有关建设、通信、广电行业所制定的工程概况、预算定额进行，编制和做出工程投资估算汇总。

（4）编制投标文件

投标文件是承包商参与投标竞争的重要凭证，是评标、决标和订立合同的依据，是投标人素质的综合反映和能否获得经济效益的重要因素，因此，投标人对投标文件的编制应引起足够的重视。投标文件应完全按照招标文件的各项要求编制，一般不带任何附加条件，否则将导致投标作废。

① 投标文件的组成：

- 开标一览表。
- 投标书。
- 投标书附件。
- 投标保证金。
- 法定代表人资格证明书。
- 授权委托书。
- 规格响应表及技术规格偏离表。
- 具有标价的工程量清单与报价表。
- 施工计划。
- 资格审查表。

- 对招标文件中的合同协议条款内容的确认与响应。
- 售后服务与承诺。
- 按招标文件规定提交的其他资料。

② 技术方案。投标文件一般包括商务部分与技术方案部分，特别要注重技术方案的描述。技术方案应根据招标书提出的建筑物的平面图及功能划分、信息点的分布情况、推荐产品的型号与规格、遵循的标准与规范、安装及测试要求等方面充分理解和思考，作出较完整的论述。技术方案应具有一定的深度，可以体现网络系统的整体设计方案和工程实施方案，也可提出建议性的技术方案，以供招标人与评委会评议。切记避免过多地对厂家产品进行烦琐地全文照搬。

（5）封送投标书

在规定的截止日期之前，将准备齐全的所有投标文件密封盖章后递送到招标单位。

（6）开标

招标单位按招标投标法的要求和投标程序进行开标，当公布自己单位的投标资料和报价后要进行签字确认。

（7）评标

一般由招标人组成专家评审小组对各投标书进行评议和打分，打分结果应有评委成员的签字方可生效。然后，评选出中标承包商。在评标过程中，评委会要求投标人针对某些问题进行答复。因为时间有限，投标人应组织项目的管理和技术人员对评委所提出的问题做简短的、实质性的答复，尤其对建设性的意见阐明观点，不要反复介绍承包单位的情况和与工程无关的内容。

由于投标书的打分结果直接关系到投标人能否中标，一般采用公开评议与无记名打分相结合的方式，打分为 10 分制或 100 分制。具体内容如下：

① 技术方案：在与招标书相符的情况下，力求描述详细一些，主要提出方案的考虑原则、思路和各方案的比较，其中建议性的方案不可缺少。它包括很多的不定因素，又包括设备、材料的详细清单。此项内容所占整个分数的比重较大，也是评委成员评审的重点。

② 施工实施措施与施工组织、工程进度：主要体现在工程施工质量、工期和目标的保证体系，占有一定的分数比例。

③ 售后服务与承诺：主要体现在工程价格的优惠条件及备品备件提供、工程保证期、项目的维护响应、软件升级、培训等方面的承诺。

④ 企业资质：必须具备工程项目相应的等级资质，注重是否存在虚假资质证明材料。

⑤ 评优工程与业绩：一般体现近几年内具有代表性的工程业绩，应反映出工程的名称、规模、地点、投资情况、合同文本内容和建设单位的工程验收与评价意见，对于获奖工程应有相应的证明文件。

⑥ 建议方案：在招标书要求的基础上，主要对技术方案提出建设性意见，并阐述充分的理由。建议方案必须在基本方案的基础上另行提出。

⑦ 工程造价：工程造价在招标书的要求下，投标人应作充分的市场分析和经济评估，工程造价应有单价，并反映出中档的造价水平，以免产生盲目报价和恶性竞争的局面出现。同时，还应提出付款的方式。

⑧ 推荐的产品：体现产品的性能、规格、技术参数、特点，具体内容可以附件形式表示。

⑨ 图纸及技术资料、文件：投标书的文本应清晰、完整及符合格式要求。文本图纸应有实际的内容并达到一定的深度，并不完全强调篇幅的多少。

⑩ 答辩：回答问题简明扼要。

⑪ 优惠条件：切实可行。

⑫ 招标人对投标企业及工程项目考察情况：主要对企业和建设单位作现场实地了解，取得第一手资料。考察内容包括资质、企业资金情况、与用户配合的协调、售后服务体系、合作施工单位等方面。

上述各项内容的分数中，招标人公开唱分的一般为硬分，评委无记名打分的为活分。其中，技术方案、施工组织措施、工程报价所占比重较大。

（8）中标与签订合同

根据打分和评议结果选择中标承包商，或根据评委打分的结果，推荐2～3名投标人入选，由招标人再经考核和评议确定中标承包商，然后由建设单位与承包商签订合同。

习　题

一、选择题

1. 网络系统集成的主要任务不包括（　　）。

   A. 技术集成　　B. 软硬件产品集成　　C. 应用集成　　D. 方案集成

2. 目前的主流网络操作系统不包括（　　）。

   A. UNIX　　B. Windows　　C. Linux　　D. NetWare

3. 网络硬件系统平台不包括（　　）。

   A. 主机　　B. 网络设备　　C. 网络服务器系统　　D. 综合布线系统

4. 计算机工程概要的特点不包括（　　）。

   A. 复杂　　B. 简明　　C. 快速　　D. 方向性设计

5. （多选）计算机网络工程的招标原则包括（　　）。

   A. 公正　　B. 公平　　C. 公开　　D. 诚实信用

6. （多选）计算机网络工程的建设是一项复杂的系统工程，一般可分为（　　）。

   A. 网络规划　　B. 设计阶段　　C. 工程组织　　D. 实施阶段

二、填空题

1. 网络软件系统平台包括________、________、________、________、________等。

2. 网络系统集成是指运用系统集成方法，将硬件设备、__________、__________、__________、__________、__________、应用软件等进行有机的组合。

3. 网络集成的主要任务包括________、________、________。

4. 软件平台搭建包括________、________、________、网络安全系统安装等。

5. 网络系统的测试与验收包括综合布线系统测试、________、________、________、________、配合建设方和监督方完成验收等。

6. 集成资质分为________、________、________、________四个等级。

三、思考题

（1）什么是计算机网络工程？

（2）计算机网络工程有什么特点？

（3）计算机网络工程有哪些基本要素？
（4）计算机网络工程的设计流程是怎样的？
（5）概要设计的内容包括哪些？
（6）详细设计的内容包括哪些？
（7）什么是网络系统集成？
（8）网络系统集成的主要任务包括哪些？
（9）网络系统集成的具体内容是什么？
（10）计算机信息系统集成资质等级是怎样划分的？网络集成商如何申请相应的资质等级？
（11）计算机网络工程招标的目的是什么？
（12）招标的原则是什么？
（13）常见的招标方式有哪些？
（14）什么是政府采购？
（15）政府采购的原则是什么？
（16）政府采购可采用哪几种方式？

四、实训题

1. 实训内容

学校基本情况和网络建设要求

××第二职业高中是一所市属重点职业高中，为了提高学校的综合实力和自动化办公效率，学校拟进行校园网建设。学校基本情况和具体要求如下：

（1）学校有三栋教学楼、一栋办公楼、一栋实验楼，办公楼正好坐落在其他四栋建筑的中央，距离其他建筑的距离都在 300 m 以内。

（2）三栋教学楼均为四层建筑，结构完全相同，楼长为 60 m，楼层高为 4 m，每层楼各有多媒体教室 12 个、办公室两个，每个办公室需要设置两个信息点。

（3）办公楼为六层建筑，楼长为 50 m，楼层高为 4 m，共有办公室 60 个，每个办公室需要设置两个信息点。

（4）实验楼为五层建筑，楼长为 60 m，楼层高为 4 m，其中有四个计算机网络机房（各有 50 台计算机）、10 个办公室（每个办公室需要设置两个信息点）、20 个实验室（每个实验室需要设置四个信息点）。

（5）学校校园网建设目标为 1 000 Mbit/s 主干、100 Mbit/s 到桌面，并通过 2 Mbit/s 光线与外网连接。

（6）学校所有计算机均能连接 Internet，并为用户提供 Web、FTP、E-mail 等网络服务。

2. 实训要求

（1）根据学校基本情况和网络建设要求撰写招标公告和招标书。

（2）根据招标书的具体要求设计投标文件。

第 2 章　网络工程的需求分析与规划

实施计算机网络工程的首要任务就是网络系统的需求分析与规划，深入细致地分析与规划是成功构建一个计算机网络系统的基础，缺乏分析与规划的网络系统必然是失败的网络系统。

学习目标

- 了解网络需求分析的主要任务。
- 掌握网络需求分析的主要内容。
- 了解获得需求信息的基本方法。
- 撰写网络需求分析报告。
- 了解网络规划的作用、目标和基本原则。
- 掌握网络工程规划的一般方法。
- 撰写可行性论证报告。

2.1　网络需求分析

视频

网络需求分析

网络需求分析是网络设计过程中用来获取和确定网络系统总体需求的方法。良好的需求分析是建设一个安全、稳定的高性能网络的基础，如果在网络系统设计初期没有进行详细的需求分析，对用户网络系统的总体建设目标和功能需求了解不够详细，就会在整个项目的开发过程中，由于用户需求的不断变化，造成网络整体设计方案的不断修改，直接影响项目的整体计划和资金预算。

2.1.1　网络需求分析的主要任务

网络需求分析的主要任务就是要通过深入细致的调查与分析，对网络系统的业务需求、网络的建设规模、网络系统的整体构架、网络系统的管理要求、网络应用范围增长的预测、网络安全要求以及如何与外部网络互连等指标给出尽可能准确的定量或定性分析与估计。具体来说，就是要完成如下几项工作。

1. 通过需求分析，了解现有的环境和现有的应用系统

了解一个单位原有的计算机应用现状，对网络方案的整体规划是十分必要的。现有的应用系统都是在一定的历史条件下形成的，这里除包含计算机软硬件资源外，还包括应用对象对系统的掌握与熟悉程度，一旦环境发生变化后，如何使用户平滑过渡，这在网络规划时都应考虑到。

2. 通过需求分析，了解哪些应用系统具有保密性

在一个单位的网络系统中，有些应用系统是保密的，有些是开放的。对于保密的应用系统，在网络规划和设计时，就应该制定出相应的安全策略。如一个单位的人事管理系统和财务管理系统，除禁止外来用户的访问外，还要防止内部非法用户的访问。随着 Internet 技术的不断发展，在构造企业内部网（Intranet）时，大都采用了防火墙技术，通过这一技术可以把非法用户隔离在防火墙以外，但对内部用户就只能通过设置不同的访问权限来进行有效的控制。

3. 通过需求分析，可规划网络划分

在规划一个单位的网络时，应该了解部门与部门之间以及部门内部之间的信息流量。一般来说，应该将数据交换最为频繁的用户组织在一个网段上。这样，可以有效地抑制整个网络的广播风暴，提高网络整体效率。

4. 通过需求分析，可以了解用户对网络带宽的要求

在一个企业网络系统的规划过程中，通过需求分析可以了解不同的用户对网络带宽的需求，特别是近一两年，随着多媒体技术的广泛应用，用户对网络带宽的需求有很大差异，这在网络规划阶段应十分注意。特别是一些公共服务器，如公共文件服务器、公共数据库服务器，应该采用高带宽技术接入。

总之，在一个网络系统的建设初期，对网络系统进行详细的需求分析是十分必要的，它对于建立较理想的网络环境有积极的作用。

2.1.2　网络需求分析的主要内容

一个网络系统的建设是建立在各种各样的需求上的，这种需求往往来自客户的实际需求或者公司自身发展的需要。一个网络系统将为很多不同知识层面的客户提供各种不同功能的服务，网络系统设计者对用户需求的理解程度，在很大程度上决定了此网络系统建设的成败。如何更好地了解、分析、明确用户需求，并且能够准确、清晰地以文档的形式表达给参与网络系统建设的每一个成员，保证系统建设过程按照满足用户需求为目的的正确方向进行，是每个网络系统设计人员需要面对的问题。因此，网络系统设计人员在网络系统建设初期应该对如下几个方面的问题进行详细的调研与分析。

1. 环境分析

环境分析是指对企业的地理环境、信息环境等进行实地勘察，勘察的范围主要包括企业的办公自动化情况、计算机和网络设备的数量配置和分布情况、技术人员掌握专业知识和工程经验情况、网络建设范围的大小、网络建设区域建筑物布局以及建筑物结构情况等。通过环境分析可以对建网环境有初步的认识，以便在拓扑结构设计和结构化综合布线设计等后续工作中做出正确决策。

网络环境分析需要明确下列指标：

① 网络系统建设涉及的物理范围的大小。

② 园区内的建筑群位置及它们相互间的距离。

③ 每栋建筑物的物理结构（包括楼层数、楼层高、建筑物内弱电井位置及配电房的位置、建筑物的长度与宽度、各楼层房间布局、每个房间的大小及功能等）。

④ 园区内各办公区的分布情况。

⑤ 各工作区内的信息点数目和布线规模。

⑥ 现有计算机和网络设备的数量配置和分布情况。

⑦ 目前信息化设备的使用情况及存在问题。

⑧ 技术人员掌握专业知识和工程经验情况。

2. 业务需求分析

业务需求分析的目标是明确企业的业务类型、应用系统软件种类以及它们对网络功能指标[如带宽、服务质量（QoS）]的要求。为了设计出符合用户业务需求的网络，收集用户业务需求过程应从当前的网络用户开始，必须找出用户需要的重要服务或功能。

业务需求分析主要包括以下内容：

① 确定需要联网的业务部门及相关人员，了解各个工作人员的基本业务流程，以及网络应用的类型、地点和使用方法。

② 确定网络系统的投资规模、预测网络应用增长率（确定网络的伸缩性需求）。

③ 确定网络的可靠性、可用性以及网络响应时间。

④ 确定 Web 站点和 Internet 的连接性。

⑤ 确定网络的安全性以及有无远程访问需求。

3. 管理需求分析

网络的管理是企业建网不可或缺的方面，网络按照设计目标提供稳定的服务主要依靠有效的网络管理。

网络管理包括两个方面：一是人为制定的管理规定和策略，用于规范人员操作网络的行为；二是网络管理员利用网络设备和网管软件提供的功能对网络进行的操作。通常所说的网管主要是指第二点，它在网络规模较小、结构简单时，可以很好地完成网管职能。第一点随着现代企业网络规模的日益扩大，逐渐显示出它的重要性，尤其是网管策略的制定对网管的有效实施和保证网络高效运行是至关重要的。

网络管理的需求分析要回答以下基本问题：

① 是否需要对网络进行远程管理？

② 谁来负责网络管理？网络管理人员水平及经验如何？

③ 需要哪些管理功能？

④ 选择哪个供应商的网管软件？是否有详细的评估？

⑤ 选择哪个供应商的网络设备？其可管理性如何？

⑥ 怎样跟踪和分析处理网管信息？

⑦ 如何更新网管策略？

4. 安全性需求分析

随着企业网络规模的扩大和开放程度的增加，网络安全的问题日益突出。网络在为企业做出贡献的同时，也为行业间谍和各种黑客提供了入侵手段和途径。早期一些没有考虑安全性的网络不但可能使企业蒙受巨额经济损失，而且可能使企业形象遭到无法弥补的破坏。

网络安全要达到的目标包括网络访问的控制、信息访问的控制、信息传输的保护、攻击的检测和反应、偶然事故的防备、事故恢复计划的制订、物理安全的保护、灾难防备计划等。

企业网络安全性分析要明确以下安全性需求：

① 企业的敏感性数据及其分布情况。

② 网络用户的安全级别。

③ 可能存在的安全漏洞。

④ 网络设备的安全功能要求。

⑤ 网络系统软件的安全评估。

⑥ 应用系统的安全要求。

⑦ 防火墙技术方案。

⑧ 采用什么样的杀毒软件。

⑨ 网络遵循的安全规范和达到的安全级别。

5. 网络规模分析

确定网络规模就是要明确网络建设的范围，网络规模一般分为小型办公室网络、部门办公网络、主干网络和企业级网络。

明确网络规模的好处是便于确定合适的网络方案，选购合适的网络设备，提高网络系统的性能价格比。

确定网络规模主要考虑的因素包括：

① 整个网络系统涉及的地理范围是多园区、单园区、单栋大型建筑、单栋普通建筑等。

② 哪些部门需要进入网络，各有多少网络用户，各用户的分布情况等。

③ 哪些资源需要上网，哪些资源需要设置访问权限。

④ 采用什么档次的网络设备、各种网络设备的大致数量等。

⑤ 网络系统的带宽要求是多少，与外部网络连接需要多大带宽。

6. 网络拓扑结构分析

影响网络拓扑结构的因素主要包括所采用的网络技术和企业的地理环境，所以，网络拓扑结构的规划在一定的网络技术基础上要充分考虑企业的地理环境，以便于后期网络工程的顺利实施。

拓扑结构分析要明确以下指标：

① 网络接入点（信息点）的数量和地理分布。

② 网络连接的转接点的数量和摆放位置。

③ 网络中心的位置设置与面积要求。

④ 网络各信息点、各转接点以及网络中心的距离参数等。

7. 与外部联网分析

建网的目的就是要拉近人们进行信息交流的距离，网络的范围当然越大越好（尽管有时不是这样）。电子商务、家庭办公、远程教育等 Internet 应用的迅猛发展，使得网络互连成为企业建网的一个必不可少的方面。

与外部网络的互连涉及以下方面的内容：

① 是否与 Internet 联网，内网与外网是否需要物理隔离。

② 采用哪种上网方式。

③ 与外部网络连接的带宽要求。

④ 是否要与某个专用网络连接。

⑤ 上网用户权限如何，采用何种收费方式。

8. 网络扩展性分析

网络的扩展性有两层含义：其一是指新的部门能够简单地接入现有网络；其二是指新的应用能够无缝地在现有网络上运行。

扩展性分析要明确以下指标：

① 企业需求的新增长点有哪些。

② 已有的网络设备和计算机资源有哪些。

③ 哪些设备需要淘汰，哪些设备还可以保留。

④ 网络结点和布线的预留比率是多少。

⑤ 哪些设备便于网络扩展。

⑥ 主要网络设备的升级性能。

⑦ 操作系统平台的升级性能。

9. 通信量需求分析

通信量需求是从网络应用出发，对当前技术条件下可以提供的网络带宽做出评估，如表 2-1 所示。

表 2-1 常见应用类型对通信量的需求情况

应用类型	基本带宽需求	备 注
PC 连接	14.4～56 kbit/s	远程连接、FTP、HTTP、E-mail
文件服务	100 kbit/s 以上	局域网内文件共享、C/S 应用、B/S 应用、在线游戏，绝大部分纯文本应用等
压缩视频	256 kbit/s 以上	MP3、RM 等流媒体传输
非压缩视频	2 Mbit/s 以上	VOD 视频点播、视频会议等

通信量分析要明确以下指标：

① 未来有没有对高带宽服务的要求。

② 是否需要宽带接入方式，本地能够提供的宽带接入方式有哪些。

③ 哪些用户经常对网络访问有特殊的要求，如行政人员经常要访问 OA 服务器、销售人员经常要访问 ERP 数据库等。

④ 哪些用户需要经常访问 Internet，如客户服务人员经常要收发 E-mail。

⑤ 哪些服务器有较大的连接数。

⑥ 哪些网络设备能提供合适的带宽且性价比较高。

⑦ 需要使用什么样的传输介质。

⑧ 服务器和网络应用能否支持负载均衡。

2.1.3 获得需求信息的基本方法

获取需求信息是需求分析的第一步，目的是使网络系统设计人员全面准确地了解用户的需求。初学者可能认为，获取需求信息的手段无非是调查研究，只需多问多看就行。殊不知网络系统设计人员和用户之间的交流与理解，是一条曲折不平的道路。虽然双方都希望系统建设获得成功，但双方都希

望控制事情的进程，双方的意图都可能被对方误解。为此，网络系统人员必须掌握一套行之有效的网络系统需求分析方法和技巧。

目前，常用的网络系统需求分析方法主要包括如下几种：

1. 实地考察

所谓“考察”，就是思考与观察。实地考察是指为明白一个事物的真相和势态发展流程，而去实地进行直观的、局部的调查。实地考察是工程设计人员获得第一手资料采用的最直接的方法，也是必需的步骤。

2. 用户访谈

用户访谈要求工程设计人员与招标单位的负责人通过面谈、电话交谈、电子邮件等通信方式以一问一答的形式获得需求信息。

用户访谈是一个直接与用户交流的过程，既可了解高层用户对网络系统的要求，也可以听取直接用户的呼声。由于是与用户面对面的交流，如果网络系统设计员没有充分的准备，也容易引起用户的反感，从而产生隔阂。在与用户接触之前，先要进行充分的准备：首先，必须对问题的背景和问题所在系统的环境有全面的了解；其次，尽可能了解将要会谈用户的个性特点及任务状况；第三，事先准备一些问题。在与用户交流时，应遵循循序渐进的原则，切不可急于求成，否则欲速则不达。

3. 问卷调查

问卷调查法也称问卷法，它是调查者运用统一设计的问卷向被选取的调查对象了解情况或征询意见的调查方法。

问卷调查是以书面提出问题的方式搜集资料的一种研究方法。调查者将所要询问的问题编制成问题表格，以邮寄（包括电子邮件）、当面作答或者追踪访问方式填答，从而了解被调查者对某一现象或问题的看法和意见。问卷法的运用关键在于编制问卷，应选择切合实际、有针对性的问题。

问卷调查通常是对数量较多的最终用户提出，询问其对将要建设的网络应用的要求。

4. 向同行咨询

将获得的需求分析中不涉及商业机密的部分发布到专门讨论网络相关技术的论坛或新闻组中，请同行在网上提供参考和帮助。

2.1.4　网络需求分析报告

网络需求分析的最终结果是要编制网络需求分析报告。需求分析报告也称需求说明书，它是需求分析阶段的工作成果，是网络规划与设计过程中第一个可以传阅的重要文件，也是下一阶段通信规范分析工作的依据和以后项目验收的检验标准，网络需求分析报告的目的在于对收集到的需求信息作出清晰的概括。编制需求分析报告的基本步骤包括：

1. 数据准备

① 要将原始数据制成表格，并从各个表格看其内在的联系及模式。

② 要把大量的手写调查问卷或表格信息转换成电子表格或数据库。

另外，对于需求收集阶段产生的各种资料，都应该编辑目录并归档，便于后期查阅。

2. 网络需求分析报告的编写

编写网络需求分析报告应该做到尽量简明且信息充分，以节省管理人员的时间。一般情况下，网络需求分析报告应该包括以下五部分：

（1）综述

① 项目的简单描述。

② 设计过程的阶段清单。

③ 项目的状态，包括已完成部分和正在执行的部分。

（2）需求分析阶段概述

简单总结本阶段已做的工作；列出所接触过的群体和个人的名单，标明收集信息的方法（面谈、集中访谈、调查等）；总结该过程中受到的约束，如无法接触关键人物等。

（3）需求数据总汇

应注意描述简单直接，说明来源和优先级，尽量多用图片，指出矛盾的需求。

（4）需求清单（按优先级排队）

对需求数据总结后按优先级列出数据的需求清单。

（5）申请批准部分

应知道谁将对网络设计备选方案作出选择。网络需求分析报告中应说明需要在进行下一步工作之前得到批准的原因。

3. 网络需求分析报告的修改

网络需求分析报告中一般都揭示了不同群体的需求之间的矛盾，管理层会解决这些矛盾。不要修改原来调查的数据，而在分析报告中附加一部分内容，解释管理层的决定，然后给出最终需求。

2.2 网络工程的规划

视频

网络工程的规划

网络规划是在用户需求分析的基础上确定网络的总体方案和网络体系结构的过程。网络规划直接影响到网络的性能和分布情况，决定着一项网络工程能不能既经济实用又兼顾长远发展，它是网络系统建设的重要一环。

2.2.1 网络规划的作用

网络规划的主要作用如下：

① 保证网络系统具有完善的功能、较高的可靠性和安全性。

② 能使网络系统发挥最大的潜力，具有扩大新的应用范围的能力。

③ 具有先进的技术支持，有足够的扩充能力和灵活的升级能力。

④ 保质保量，按时完成系统的建设。

⑤ 为网络的管理和维护以及人员培训提供最大限度的保证。

2.2.2 网络规划的目标与基本原则

网络规划总体目标就是要明确采用哪些网络技术和网络标准，构筑一个满足哪些应用需求的多大规模的网络系统。如果网络工程分期实施，应明确分期工程的目标、建设内容、所需工程费用、时间和进度计划等。

1. 网络规划目标

要想规划一个好的网络，首先要明确网络规划目标。典型的网络规划目标包括：

① 直接或间接地为企业增加收入和利润。

② 加强合作交流，共享数据资源。

③ 加强对分支机构或部属的调控能力。

④ 缩短产品开发周期，提高员工生产力。

⑤ 扩展市场份额，建立新型的客户关系。

⑥ 转变企业生产与管理模式，实现企业管理现代化。

⑦ 降低电信及网络成本，包括与语音、数据、视频等独立网络有关的开销。

⑧ 提高网络系统和数据资源的安全性与可靠性。

⑨ 改善客户服务水平。

2. 网络规划的基本原则

网络规划应遵循以下基本原则：

（1）可靠性原则

网络应具有容错功能，管理、维护方便。对网络的设计、选型、安装和调试等各个环节进行统一的规划和分析，确保系统运行可靠，需从设备本身和网络拓扑两方面考虑。

（2）可扩展性原则

为了保证用户的已有投资以及用户不断增长的业务需求，网络和布线系统必须具有灵活的结构，并留有合理的扩充余地，既能满足用户数量的扩展，又能满足因技术发展需要而实现低成本的扩展和升级的需求。须从设备性能、可升级的能力和 IP 地址、路由协议规划等方面考虑。

（3）可运营性原则

仅仅提供 IP 级别的连通是远远不够的，网络还应能够提供丰富的业务、足够健壮的安全级别、对关键业务的 QoS 保证。搭建网络的目的是能够真正给用户带来效益。

（4）可管理原则

提供灵活的网络管理平台，实现对系统中各种类型设备的统一管理；提供网管对设备进行拓扑管理、配置备份、软件升级、实时监控网络中的流量及异常情况。

2.2.3 网络工程规划的一般方法

实施网络工程的首要工作就是要进行网络规划，深入细致的规划是成功构建网络工程的前提，通过科学合理的网络规划能够用最低的成本建立最佳的网络，达到最高的网络性能，提供最优的服务。

在进行网络总体规划时，可把网络系统大体分为通信子网和资源子网两个部分。

1. 通信子网规划

通信子网规划通常是按照分层拓扑结构的方法进行的，也就是将整个通信子网划分成核心层、汇聚层、接入层三个层。

在通信子网规划过程中，需要解决以下几个基本问题：

① 了解网络系统的地理布局。

② 了解用户所需设备类型。

③ 了解网络服务范围。

④ 了解信号传输所需要的通信类型。

⑤ 了解网络拓扑协议。

⑥ 了解网络工程经费投资情况。

其中，网络地理布局包括用户数量及位置、用户间最大距离、布线走向等；网络服务范围包括数据库、应用程序共享程度、文件传输、网络互连、电子邮件、多媒体服务要求程度等；通信类型即传输信号的类型，包括数字信号、视频信号和语音信号。所有这些因素都影响着通信子网的选型。

2. 资源子网规划

资源子网规划主要是完成各种网络服务器的部署以及服务器的连接。

（1）服务器的部署

企业网络系统通常部署的服务器包括本地服务器、远程服务器和全局服务器。

本地服务器：服务器和终端在一个子网或 VLAN 中，服务器的服务范围局限于一个特定区域，服务器内流量受连接中的链路、交换机、终端用户的影响。

远程服务器：服务器和终端可能靠得很近，也可能较远，但属于不同的子网或 VLAN。数据流可能经过主干部分，但必须跨越广播域边界，需要网络层设备提供远程服务访问。

全局服务器：提供网络中所有用户的公共服务，如 E-mail、视频会议、WWW 等。提供该服务的服务器常被统一放在直接连接在主干上的一个独立子网中。

（2）服务器的连接方式

服务器与交换机的连接方式通常有如下两种：

直接连接：直接将服务器连接在核心交换机的高速端口上。采用这种连接方式可以减少服务器数据流经过的网络设备，减少传输延迟，但会占用比较多的核心层设备端口。这种连接方法适用于服务器台数较少或核心交换机高速端口比较多的场合，如图 2-1 所示。

汇聚连接：将所有服务器连接到一台专用的汇聚层交换机上（服务器交换机）。这种连接方法适合于核心层交换机端口数较少，且服务器能够接受更多的传输延迟的情况，如图 2-2 所示。

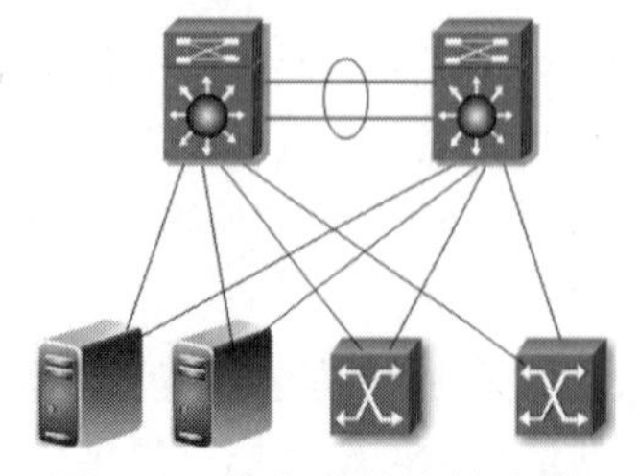

图 2-1　服务器的直接连接

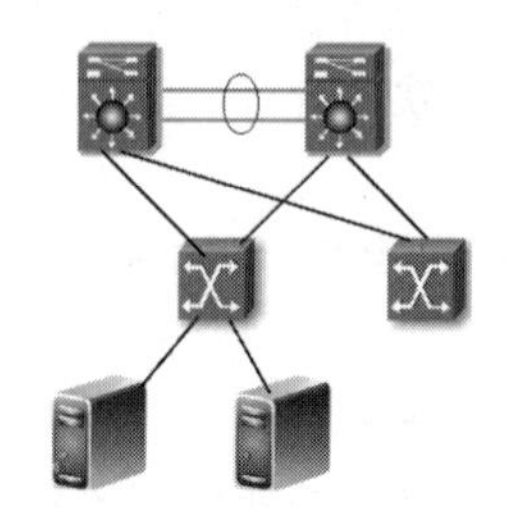

图 2-2　服务器的汇聚连接

2.2.4　影响网络工程规划的主要因素

1. 距离

一般而言，通信双方之间的距离越大，通信费用就越高，通信速率就越慢。随着距离的增加，时延也会随着互连设备（如路由器等）数量的增加而增大。

2. 时段

网络通信与交通状况有许多相似之处。一天中的不同时间段，一个星期中的不同日子，或一年中的不同月份，都会使通信流量有高低的不同分布。这是因为人们生活和生产的方式直接影响着网络的通信流量。

3. 拥塞

拥塞能够造成网络性能严重下降，如果不加抑制，拥塞将使网络中的通信全部中断。因此，需要网络具有能有效发现拥塞的形成和发展，并使客户端迅速降低通信量的机制。

4. 服务类型

有些类型的服务对于网络的时延要求较高，如视频会议；有些类型的服务对差错率要求很高，如银行账目数据；而另一些服务可能对带宽要求较高，如视频点播（VOD）。因此，不同的数据类型对于网络要求差异较大。

5. 可靠性

随着现代生活因为需求的增加而变得越来越复杂，事物的可靠性越来越重要。网络能够满足不断增长的需求是建立在网络可靠性基础上的。

6. 信息冗余

在网络中传输大量相同的数据是司空见惯的事情。例如，网络上随时都有大量的人在不断接收股票交易的数据，而且这些股票信息是相同的。这种大量冗余的数据充斥 Internet 的现象，消耗了大量的带宽。

2.2.5　系统可行性分析

可行性分析是结合用户的具体情况，论证网络建设目标的科学性和正确性。它主要包括网络系统建设的必要性、网络系统建设的可行性、网络系统建设的初步方案、设备配置与投资估算、工程组织与售后服务、结论和建议等几项内容。

在技术上应该根据用户实际需要，所选网络技术是否能够得到技术基础条件的保证，主要包括下列四方面的内容：

① 传输：包括各网络结点传输方式（用基带还是宽带传输）、通信类型及通道数、通信容量、数据传输速率等。

② 用户接口：包括采用协议、工作站类型、主机类型等。

③ 服务器：包括服务器类型、容量和协议等。

④ 网络管理能力：包括网络管理、网络控制和网络安全等。

对于网络体系结构的描述，在可行性论证阶段应尽可能用与厂家无关的功能术语，主要是要说明所提出的网络结构是怎样满足用户需求的。网络结构中可包含多个网络或网络段，例如包含多个局域网，或者既有局域网又有广域网。

系统可行性的另一个重要影响因素是造价，而这一部分是要进行方案设计之后才能确定的。在经费预算可行性分析时，要考虑建网的软硬件设备的投资、安装费用、培训和用户支持及运行和维护费用。尤其应该给出用户培训和运行维护费用的预算，这是维持网络正常运行最为关键的部分。

在网络系统的规划中，通常应给出几个总体方案供用户选择，用户根据具体情况可从中选择最佳方案。下面是一个企业网络系统建设可行性论证报告的建议目录。

企业网络系统建设可行性论证报告目录

1. 项目概述
   1.1 网络系统需求分析
   1.2 网络系统建设目标
   1.3 网络系统建设内容
   1.4 网络系统建设原则
2. 网络系统建设的必要性及可行性
   2.1 网络系统建设的必要性
   2.2 网络系统建设的可行性
      2.2.1 技术可行性分析
      2.2.2 经济可行性分析
      2.2.3 安全与保密可行性分析
      2.2.4 经济效益分析
3. 网络系统设计方案
   3.1 总体技术原则
   3.2 建设方案
      3.2.1 建设内容
      3.2.2 网络层次结构
      3.2.3 主干网络技术选择
      3.2.4 接入网技术选择
      3.2.5 IP 地址规划方案
      3.2.6 综合布线方案
      3.2.7 应用系统建设方案
      3.2.8 网管中心建设方案
      3.2.9 网络安全与服务质量保证方案
      3.2.10 配套机房和电源建设方案

4. 设备配置与投资估算
   4.1　设备配置
   4.2　投资估算依据
   4.3　投资估算
5. 工程组织
   5.1　组织方式
   5.2　工程监理
   5.3　进度控制
   5.4　质量控制
6. 人员培训与售后服务
7. 可行性研究结论

2.3　网络需求分析与规划实例

目前，在网络工程系统建设中，较为典型的网络系统建设是园区网的建设和企业网的建设，下面将结合校园网的建设以及企业网的建设两个实例叙述网络需求分析与规划过程。

2.3.1　校园网的需求分析与规划

校园网是各种类型网络中的一大分支，有着非常广泛的应用。建设校园网对每个学校来说都不是一件容易的事情，要经过周密的论证、谨慎的决策和紧张的施工。要想搞好校园网建设，首先必须做好校园网的总体规划与设计。校园网的总体规划与设计通常包括如下几项内容：

① 进行对象研究和需求调查，弄清学校的性质、任务和改革发展的特点，对学校的信息化环境进行准确的描述，明确系统建设的需求和条件。

② 在应用需求分析的基础上，确定学校 Intranet 服务类型，进而确定系统建设的具体目标，包括网络设施、站点设置、开发应用和管理等方面的目标。

③ 确定网络拓扑结构和功能，根据应用需求、建设目标和学校主要建筑分布特点，进行系统分析和设计。

④ 确定技术设计的原则要求，如在技术选型、布线设计、设备选择、软件配置等方面的标准和要求。

⑤ 规划安排校园网建设的实施步骤。

校园网建设应该以应用为核心，在设计中充分考虑到教育管理和多媒体教学的要求，并且网络技术上应该具有一定的先进性，同时还要为以后的扩展留有一定的空间。

【实例 1】某职业技术学院校园网建设。

（1）项目概述

该职业技术学院有五栋建筑，包括一栋办公楼、两栋教学楼、一栋图书馆楼和一栋综合实训楼，楼层高均为 3.6 m。

办公楼：10层，楼长60 m，每层各有办公室20间，每间办公室需设置两个信息点。

网络中心设在办公楼五层，校园网需要提供文件传输服务、电子邮件服务、学生上网计费服务、校园办公自动化服务，除了通过一条2 Mbit/s光纤与外网相连外，网络中心还设置了一条电话线通过宽带与外网连接。

教学楼：两栋教学楼均为六层，楼长均为80 m，每层楼共有20个信息点，由多媒体教室和部分办公室组成。

图书馆楼：三层，有16间办公室、三个电子阅览室和6台书目查询终端机，每个办公室需设置两个信息点，每个电子阅览室有50台计算机，所有终端均能连网。

综合实训楼：三层，有八间办公室、六个多媒体机房，每个机房有50台计算机，每个办公室需设置两个信息点，所有终端均能连网。

五栋建筑基本上以办公楼为中心呈星状布局，除了综合实训楼距离办公楼在550 m左右以外，其余建筑距离办公楼均在300 m以内。

为了提高总体网络速度，所有多媒体机房和电子阅览室的计算机均需通过代理方式与外网连接。

（2）需求分析与规划

① 校园网建设的目标。

② 网络需求分析。

- 原有网络情况。
- 网络需求分析：包括环境分析、应用需求分析、业务需求分析、安全需求分析、管理需求分析、网络规模分析、拓扑结构分析、扩展性分析等。

③ 可行性论证。

- 网络建设的必要性。
- 网络建设的可行性：包括技术可行性、人员可行性、资金投入与效益可行性等。

④ 网络规划。

- 拓扑结构规划。
- 主干网规划。
- 接入网规划。
- IP地址规划。
- 综合布线系统规划。
- 网络应用规划。
- 网络安全规划。

⑤ 工程组织与进度控制计划。

2.3.2 企业网的需求分析与规划

随着信息技术和信息产业的发展，以Internet为代表的全球性信息化浪潮使得信息网络技术的应用日益普及，应用层次逐渐深入，越来越多的企业建立了自己的企业网络，并与Internet相连。

企业网络与一般的园区网络相比有着其本身的特点，如企业网内部信息的安全问题、企业网与广域网的连接问题等。因此，在企业网的建设过程中，应该本着“实用性强、扩充性好、开放性好、较

先进、安全可靠、升级和使用方便”等原则进行。所建设的企业网既要实用，又要先进，还要考虑今后的发展需要，有良好方便的扩充性能。同时，还要注重其网络的应用和服务功能、应用软件的可靠性与兼容性问题以及整个网络系统的有效管理问题。

【实例 2】××企业网络系统建设。

（1）项目背景

××企业为国家机械制造业重点企业，现有在职员工 115 000 人。为适应信息化社会对企业经营、生产、管理等方面的要求，拟建立企业信息网络。企业信息点分布情况如表 2-2 所示。

表 2-2　企业信息点分布情况

建　筑	信 息 点	建　筑	信 息 点
总部大厦	133	文化活动中心	97
投资公司	67	生产分厂 1#	111
销售中心	117	生产分厂 21#	241
研究院	212	生产分厂 3#	135
商务中心	235	生产分厂 41#	98
物流中心	147	职工宿舍 1#、2#、3#、4#	各 196
家属楼 1#	126	—	—

注：网络中心位于总部大厦 16 楼。每个建筑到信息中心在 1 000～12 000 m 之间。

企业已经兼并了五个省内相关企业，并在全国 20 个省市设立了办事机构，这次网络建设要求将这些部门全部连接（这些分支机构内部网络不必设计）。

（2）用户需求分析

① 建设双核心的高可靠性网络，核心交换互为备份。为充分发挥设备的性能，要求两台核心交换机承担不同用户数据负载。为满足发展的需要，要求建设 10 Gbit/s 主干的企业网。网络应具有良好的可运行性、可管理性，能够满足未来业务发展和新技术的应用。

② 为满足访问互联网的需要，计划通过联通和电信两个 ISP 与互联网连接。为提高访问互联网的速度，充分利用出口带宽资源，要求正常情况下不同用户使用不同 ISP 出口访问互联网，但两个出口任意一个出现故障时不能间断互联网访问。

③ 为满足对外宣传的要求，计划建立对外宣传网站，对外网站应具有良好的可靠性、可扩展性，可以根据访问量的增大灵活扩展网站性能，以满足大用户量的访问。

④ 由于公网 IP 资源不足，要求实现 WWW 服务和 E-mail 服务共用同一个公网 IP。为满足大量 FTP 下载的需求，要求实现多台 FTP 服务器同时通过一个公网 IP 提供对外服务（FTP 服务只能在非工作时间允许访问）。

⑤ 在出口带宽资源不足时应优先保障投资公司和商务中心使用出口带宽。

⑥ 为提高网络安全性，应充分利用路由器、交换机的安全特性，实现对 ARP 攻击、部分 DoS 攻击、部分病毒传播的控制。

⑦ 由于网络规模较大，应实现 IP 地址的自动分配。设计时应充分考虑 DHCP 服务器的性能和安全性，防止私设 DHCP 服务器、假冒 IP 地址欺骗等恶意攻击。

⑧ 办公用计算机除在指定办公场所使用外，不允许未经同意在其他位置接入网络。

⑨ 财务部门可以访问其他部门的网络，但禁止其他部门主动连接财务部门（财务部门没有基于UDP的应用）。其他部门办公地点有可能分散在不同的建筑内。

⑩ 实现分支机构专线和VPN两种连接方式。

（3）可行性论证

① 网络建设的必要性。

② 网络建设的可行性：包括技术可行性、人员可行性、资金投入与效益可行性等。

（4）网络规划

① 拓扑结构规划。

② 主干网规划。

③ 接入网规划。

④ IP地址规划。

⑤ 综合布线系统规划。

⑥ 网络应用规划。

⑦ 网络安全规划。

⑧ 分支机构连接规划。

（5）工程组织与进度控制计划

（略）

习　题

一、选择题

1. 从逻辑结构上看，计算机网络是由通信子网和（　　）组成。

A. 网卡　　B. 服务器　　C. 网线　　D. 资源子网

2. 确定网络的层次结构及各层采用的协议是网络设计中（　　）阶段的主要任务。

A. 网络需求分析　　B. 网络体系结构设计

C. 网络设备选型　　D. 网络安全性设计

3. 网络系统设计过程中，逻辑网络设计阶段的任务是（　　）。

A. 依据逻辑网络设计的要求，确定设备的物理分布和运行环境

B. 分析现有网络和新网络的资源分布，掌握网络的运行状态

C. 根据需求规范和通信规范，实施资源分配和安全规划

D. 理解网络应该具有的功能和性能，设计出符合用户需求的网络

4. 文档的编制在网络项目开发工作中占有突出的地位。下列有关网络工程文档的叙述中，不正确的是（　　）。

A. 网络工程文档不能作为检查项目设计进度和设计质量的依据

B. 网络工程文档是设计人员在一定阶段的工作成果和结束标识

C. 网络工程文档的编制有助于提高设计效率

D. 按照规范要求生成一套文档的过程，就是按照网络分析与设计规范完成网络项目分析与设

计的过程

5. 下面关于网络系统设计原则的说法中，正确的是（　　）。

A. 网络设备应该尽量采用先进的网络设备，获得最高的网络性能

B. 网络总体设计过程中，只需要考虑近期目标即可，不需要考虑扩展性

C. 网络系统应采用开放的标准和技术

D. 网络需求分析独立于应用系统的需求分析

6. 下面关于网络需求调研与系统设计的基本原则的描述中，错误的是（　　）。

A. 大型网络系统的建设需本单位行政负责人对项目执行的全过程进行监理

B. 运用系统的观念，完成网络工程技术方案的规划和设计

C. 各阶段文档资料必须规范和完整

D. 从充分调查入手，充分理解用户业务活动和信息需求

7. 下面关于网络系统安全设计原则错误的是（　　）。

A. 网络系统安全设计原则包括全局考虑的原则、整体设计的原则、有效性与实用性的原则、等级性原则、自主性与可控性原则、安全有价原则

B. 网络系统的造价与系统的规模、复杂程度有关

C. 整体的安全性取决于安全性最好的环节

D. 网络安全与网络使用是矛盾的两个方面

8. 下面关于网络需求分析正确的是（　　）。

A. 网络需求分析是设计、建设与运行网络系统的关键

B. 网络需求分析是为了确定总体的目标和阶段性目标，为系统总体设计打下基础

C. 网络需求分析要从实际出发，通过现场实调研，收集第一手资料

D. 以上都正确

二、填空题

1. 在进行网络总体规划时，可把网络系统大体分为________和________两部分。

2. 资源子网规划主要是完成________以及________。

3. 影响网络工程规划的主要因素有________、________、________、________、________、________。

4. 网络结构中可以包含________网络或网络段。

5. 网络需求分析包括________、________、________、________、________、________、________、________等。

6. 在企业网的建设过程中，应该本着________、________、________、________、________、________和________等原则进行。

7. 在出口带宽资源不足时应优先保障________和________使用出口带宽。

三、思考题

（1）网络需求分析的主要任务是什么？

（2）网络需求分析的主要内容包括哪些？

（3）如何获取网络需求信息？

（4）编制网络需求分析报告的基本步骤是怎样的？

（5）网络规划的作用是什么？

（6）在通信子网规划过程中，需要解决哪几个基本问题？

（7）企业网络系统通常部署的服务器有哪几类？它们有何区别？

（8）服务器与交换机的连接方式通常有哪两种？各适合于什么情况？

（9）如何撰写可行性论证报告？

四、实训题

（1）深入企业调研企业网络系统建设需求，撰写需求调研报告。

（2）根据需求调研报告和企业实际可能提供的网络建设资金情况撰写可行性论证报告。

第 3 章　网络工程的系统设计

网络工程需求分析完成以后，应该形成一份较详尽的网络工程需求分析报告，并通过用户方组织的评审。有了网络工程需求分析报告，网络系统方案设计阶段就会“水到渠成”。网络工程设计阶段包括网络工程目标与设计原则的确定、网络通信平台的规划与设计、网络资源平台的规划与设计、网络通信设备的选型、网络服务器与操作系统的选型、网络综合布线系统的规划与设计、网络安全系统的设计等内容。

学习目标

- 了解网络系统设计的基本原则。
- 掌握层次化网络拓扑结构设计的方法。
- 掌握 IP 地址规划、子网划分及聚合设计的方法和技巧。
- 掌握网络系统冗余设计的方法。
- 掌握网络存储设计的方法。
- 掌握网络安全设计的方法。
- 撰写网络工程设计方案。

3.1　网络工程目标和设计原则

3.1.1　网络工程目标

一般情况下，对网络工程目标要进行总体规划，分步实施。在制定网络工程总目标时，首先应确定采用的网络技术、工程标准、网络规模、网络系统功能结构、网络应用目的和范围，然后对总体目标进行分解，明确各分期工程的具体目标、网络建设内容、所需工程费用、时间和进度计划等。

3.1.2　网络工程设计原则

网络工程建设目标关系到现在和今后几年用户方网络信息化水平和网上应用系统的成败。在工程设计前应对网络系统的设计原则进行选择和平衡，并确定各项原则在方案设计中的优先级。网络工程设计原则的确定对网络工程的设计和实施具有重要的指导意义。

1. 实用、好用与够用性原则

计算机系统、计算机外围设备、网络服务器以及网络通信设备等在技术性能逐步提升的同时，其价格却在逐年或逐季下降，不可能也没必要实现所谓的“一步到位”。所以，网络方案设计中应采用成熟可靠的技术和设备，充分体现“够用”“好用”“实用”的建网原则，切不可用“今天”的钱，买“明天”才可能用得上的设备。

2. 开放性原则

网络系统应采用开放的标准和技术，资源系统建设要采用国家标准，有些还要遵循国际标准（如财务管理系统、电子商务系统）。其目的包括两个方面：第一，有利于网络工程系统的后期扩充；第二，有利于与外部网络互联互通，切不可“闭门造车”，形成信息化孤岛。

3. 可靠性原则

无论是企业还是事业，也无论网络规模大小，网络系统的可靠性都是一个工程的生命线。比如，一个网络系统中的关键设备和应用系统，偶尔出现的死锁，对于政府、教育、企业、税务、证券、金融、铁路、民航等行业产生的将是灾难性的事故。因此，应确保网络系统有很高的平均无故障工作时间和平均无故障率。

4. 安全性原则

网络的安全主要是指网络系统的防病毒、防黑客能力，网络系统的可靠性、高效性，网络数据的可用性、一致性和可信赖性等。为了保证网络系统的安全可靠，在进行网络方案设计时，应充分考虑用户方在网络安全方面可投入的资金，建议用户选用合适的网络防火墙系统、网络防病毒系统等网络安全设施。同时，还应该将网络信息中心对外的服务器与对内的服务器实施隔离。

5. 先进性原则

网络系统应采用国际先进、主流和成熟的技术。比如，局域网可采用千兆以太网和全交换以太网技术。根据网络规模的大小（如网络中连接计算机的台数在 250 台以上时），应选用多层交换技术，支持多层干道传输、生成树等协议。

6. 易用性原则

网络系统的硬件设备和软件程序应易于安装、管理和维护。各种主要网络设备（如核心交换机、汇聚交换机、接入交换机、服务器、大功率长延时 UPS 等）均要支持流行的网管系统，以方便用户管理、配置网络系统。

7. 可扩展性原则

网络总体设计不仅要考虑到近期目标，还要为网络的进一步发展留有一定的扩展余地，因此要选用主流的网络产品和技术。若有可能，最好选用同一品牌的产品，或兼容性好的产品。比如，对于多层交换网络，若要选用两种品牌的交换机，一定要注意它们的 VLAN 干道传输、生成树等协议是否兼容，是否可“无缝”连接。

3.2 网络技术方案设计

随着网络技术的不断发展和应用领域的日益扩大，很多企业都建设了或正在准备建设自己的企业网络系统，以进一步提高企业的综合管理能力。对于企业网络系统建设者而言，在构筑企业网络系统时要考虑的技术内容很多，如网络建设目标方针的确立、总体方案的设计、技术方案的设计、网络安全及其管理、信息资源的建设、网络应用的开发等。在这些技术内容中，网络技术方案的设计是建网

目标最核心的环节，在这一核心环节中，要解决的关键问题就是网络选型。

主干网选择何种网络技术对网络建设的成功与否起着决定性的作用，选择适合企业网络系统需求特点的主流网络技术，不但能保证企业网络的高性能，还能保证企业网络的先进性和扩展性，能够在未来向更新技术平滑过渡，保护企业的投资。

3.2.1 主流网络技术

在计算机网络技术发展过程中，先后出现了以太网技术、快速以太网技术、FDDI 网络技术、Token Ring 网络技术、千兆以太网技术、ATM（异步传输模式）网络技术以及万兆以太网技术等。目前，在局域网络系统中应用最为广泛的是快速以太网技术、千兆以太网技术和万兆以太网技术，特别是千兆以太网以其在局域网领域中支持高带宽、多传输介质、多种服务、保证 QoS 等特点占据着主流位置。

10 Mbit/s 以太网技术、FDDI 网络技术、Token Ring 网络技术已逐渐淡出人们的视野，而 ATM 网络技术主要是用于构建城域网主干和广域网。

1. 快速以太网

快速以太网技术是在传统的 10 Mbit/s 以太网技术的基础上发展起来的 100 Mbit/s 以太网技术，通常采用星状结构的网络拓扑。快速以太网支持共享和交换两种模式，交换模式下的快速以太网完全没有 CSMA/CD 这种机制的缺陷，可以工作在全双工状态下，使网络带宽可以达到 200 Mbit/s。因此，快速以太网是一种在局域网技术中性能价格比较好的网络技术，在支持多媒体技术的应用上可以提供很好的网络质量和服务。

2. 千兆以太网技术

千兆以太网是在 10 Mbit/s 和 100 Mbit/s 以太网基础上发展起来的高速以太网技术。因为千兆以太网利用了传统以太网标准所规定的全部技术规范（其中包括 CSMA/CD 协议、以太网帧、全双工、流量控制以及 IEEE 802.3 标准中所定义的管理对象），所以，不需要对网络做任何改变，就能很方便地将原来的以太网升级到千兆以太网。另外，千兆以太网技术在继承传统以太网技术优点的同时，采用了一系列新的技术特性（包括以光纤和铜缆作为传输介质、使用 8B/10B 编解码方案、采用载波扩展和分组突发技术等）。从而使千兆以太网的连接距离扩展到了 500 m，如果采用 1 300 nm 激光器和 50 μm 的单模光纤，传输距离则可以达到 3 km。

正是因为千兆以太网具有良好的继承性和许多优秀的新特性，特别是千兆以太网的第三层交换主干技术日趋成熟，千兆以太网在企业网、园区网、局域网主干上已完全取代了 ATM 网络，成为局域网的主流解决方案。目前，城域网和局域网已成为千兆以太网主干和 ATM 主干的主要分水岭。

3. 万兆以太网技术

万兆以太网技术与千兆以太网类似，仍然保留了以太网帧结构，通过不同的编码方式或波分复用提供 10 Gbit/s 传输速度。万兆以太网不再支持半双工数据传输，所有数据的传输都以全双工方式进行，这不仅极大地扩展了网络的覆盖区域，而且使标准得以大大简化。同时，万兆以太网采用了更先进的纠错和恢复技术，确保数据传输的可靠性。

不过由于当前宽带业务并未广泛开展，人们对单端口 10 Gbit/s 主干网的带宽没有迫切需求，所以万兆以太网技术的应用将取决于宽带业务的开展，只有广泛开展宽带业务，例如视频广播、高清晰度电视和实时游戏等，才能促使万兆以太网技术广泛应用，推动网络健康有序的发展。

4. ATM 网络技术

ATM（异步传输模式）网络是为满足宽带综合业务数据网（BISDN）通信需要而发展起来的一门技术，ATM 网络以 53B 的信元作为基本信息传输单元，数据传输率可达 155～622 Mbit/s，若采用 SONET（同步光纤网络）则可达 51.8 Mbit/s～9.95 Gbit/s，实现包括声音、数据、图像及多媒体等在内的多种信息类型的快速交换，支持 SDH 帧对数据传送、交换、信令和光纤网所规定的标准。

由于 ATM 技术简化了交换过程，去除了不必要的数据校验，采用易于处理的固定信元格式，所以 ATM 交换速率大大高于传统的数据网，如 x.25、DDN、帧中继等。此外，ATM 网络还采用了一些有效的业务流量监控机制，对网上用户数据进行实时监控，把网络拥塞发生的可能性降到最小，进一步提高了 ATM 网络的 QoS 支持能力。因此，ATM 网络技术是构建城域网主干和广域网的有效选择。

3.2.2 网络技术选型策略

在前面介绍的各种网络技术中，每一种网络技术都有其自身的特点和应用环境，在进行网络系统方案设计时，选择合理的网络主干技术对于一个网络系统来说十分重要，因为它关系到网络的服务品质和可持续发展的特性。通常在网络技术选择上可以采用如下策略：

1. 根据应用选择网络

对于一个实际的网络系统究竟采用何种网络技术方案，用户不应从产品的角度出发，而是应从应用的角度来决定。为了使网络满足实际需要，并且在一个时期内技术上不致落后，首先需要在网络总体方案设计时进行综合、细致的网络需求分析。需求分析包括网络的应用范围、主要业务内容、用户数量、网络负荷预测、现有网络现状及未来网络的升级、管理与维护等。

2. 考虑已有网络设施的利用

由于计算机发展和应用历史的原因，有些单位或部门原来已拥有一些计算机设备，有的已构建了局域网。因此，在建设网络主干的同时，就不得不考虑原有设备的保护性投资效益问题。这一问题直接涉及网络选型，其中要考虑的主要方面是原有局域网的拓扑类型、网卡、集线器、交换设备等的直接使用和兼容利用，以最大限度地节约建网费用，保证原有硬件资源的继续正常使用。

3. 选用主流产品，综合考虑性价比

一般情况下，性能强的网络产品价格高些，但并非绝对。我们在建网时，虽然强调以经济实用为本，但并不是一味赞成选用价格特别低的网络产品，而是要综合考虑产品的性能价格比。如有些网络高端产品，尽管性能很强，但如果不需要其中的一些功能，选用此种产品将造成不必要的浪费。另外，有些网络产品价格特别低廉，但根本不能满足应用需求，也同样是一种浪费。所以选择性价比高、略高于应用需求的网络产品为宜。再则，由于目前市场上不同厂商、不同品牌的网络产品日益增多，在选用时除考虑以上方面外，还应考虑是否属于当前主流产品，如有些网络产品的公司已经倒闭或濒临倒闭，选用这类产品，势必给网络升级与维护带来很大困难。

4. 网络选型与技术人员水平层次

网络技术在不断发展，网络技术人员在管理、维护上的水平也在不断提高。但对于不同的单位或部门而言，发展水平是不平衡的。因此，在进行网络技术选型时，要充分考虑技术人员的水平层次。

如果本单位或部门网络技术人员的水平较高，可以选用管理与维护难度较大的网络方案，反之则应选用管理与维护难度相对容易的网络方案。目前，大多数单位或部门的大中型网络工程按惯例都是由中标的集成商负责完成的，完成后最重要的任务便是网络的管理、维护、资源的开发利用等。如果在网络选型时，忽视对网管人员技术水平的考虑，不考虑网络的可管理性和可维护性，将会带来一些不可预料的风险。

5. 充分考虑网络第三层交换能力

对于一个完整的网络系统而言，第三层交换能力如何，直接影响网络资源的利用效率。传统的第三层交换是将路由模块加入到交换机中，但这并非第三层交换。因为这种交换概念中，虽然流量控制、路由寻址等功能均可实现，但路由的高延迟依然存在。要实现真正的第三层交换，关键在于如何改变路由器处理包转发的技术，即如何实现线速路由。因此，在网络选型时要充分考虑不同网络类型实现第三层交换的机制，以最大限度地提高网络利用效率。

6. 网络安全

网络安全表面上与网络选型无关，但实际上关系非常密切。因为网络类型一旦选定，则必然要进一步选择与之网络类型匹配合理的网络产品、网络操作系统与网管软件，而网络安全的实施是由软硬件确保的。当然，对于不同单位或部门，网络安全的级别各异，如国防军事网络、银行、金融网络等的安全级别就远高于一般园区性网络。因此，网络选型时，也有必要考虑网络安全问题，以便根据不同的安全级别选用不同的防范机制，防止非法用户访问系统主机的敏感数据资源。如通过交换机限定连在某一端口的固定网卡的机器上网；采用包过滤能力，设置合法类型，只允许合法数据通过；通过操作系统来限定合法用户访问系统资源等。

总之，对于不同的单位或部门，究竟选择何种网络技术，要根据原有基础对于选择的影响、现有标准对于选择的影响等几个方面的因素进行综合考虑。其主要原则应该是实用、开放、先进、性价比高、可靠、可扩充、可管理维护和安全。

3.3　网络拓扑结构设计

网络拓扑结构设计是建设计算机网络的第一步，优良的拓扑结构是网络稳定可靠运行的基础。

视频

网络拓扑结构设计

网络拓扑结构设计主要是确定网络中所有的结点以什么方式相互连接，对于同样数量、同样位置分布、同样用户类型的计算机，采用不同的拓扑结构会得到不同的网络性能。因此，在进行网络拓扑结构设计时，要充分考虑网段和互连点、网络规模、网络的体系结构、所采用的网络协议，以及组建网络所需要的硬件设备（如交换机、路由器、服务器等）的类型和数量等各方面因素。

3.3.1　网络的层次化设计方法

网络拓扑结构的规划与设计往往与地理环境分布、传输介质与距离、网络传输可靠性以及网络系统的建设规模等因素紧密相关，一个大规模的网络系统往往被分为几个较小的部分，它们之间既相对独立又互相关联，这种化整为零的做法是分层进行的。通常网络拓扑的分层结构包括三个层次，即核心层、汇聚层和接入层，如图 3–1 所示。

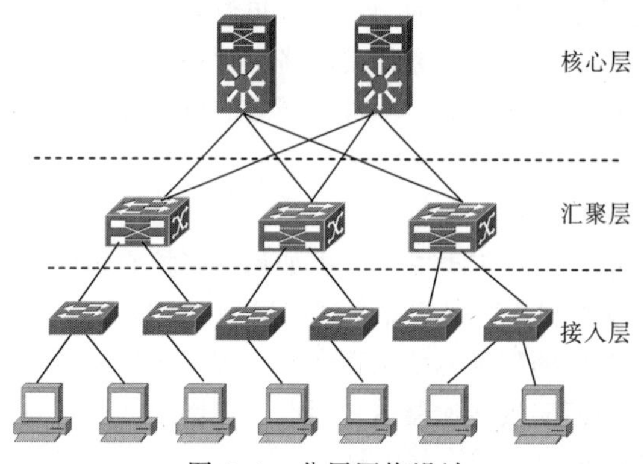

图 3–1　分层网络设计

1. 层次化设计方法的优点

网络的层次化设计具有以下优点：

① 结构简单。通过将网络分成许多小的单元，降低了网络的整体复杂性，使故障排除或扩展更容易，能隔离广播风暴的传播、防止路由循环等潜在问题。

② 升级灵活。网络容易升级到最新的技术，升级任意层的网络不会对其他层造成影响，无须改变整个网络环境。

③ 有助于分配和规划带宽。可以根据业务繁忙程度和传输数据流量大小给不同的部门分配不同的网络带宽。

④ 有利于信息流量的局部化。通常情况下，全局网络对某个部门信息访问的需求很少（如财务部门的信息只能在本部门内授权访问），局部的信息流量传输不会波及全网。

⑤ 易于管理。层次结构降低了设备配置的复杂性，使网络更容易管理。

2. 层次化设计方法的原则

按照分层结构规划网络拓扑时，应遵守以下两条基本原则：

① 网络中因拓扑结构改变而受影响的区域应被限制到最低程度。

② 路由器（及其他网络设备）应传输尽量少的信息。

3.3.2　分层拓扑结构设计要点

1. 核心层的设计

核心层是网络高速交换的主干，对整个网络的性能至关重要。核心层的主要目的在于通过高速的数据包交换，提供可靠的主干传输结构，因此核心层交换机应具有更高的可靠性，更快速的链路连接技术，并且能快速适应网络的变化。性能和吞吐量应根据不同层次用、不同的要求设计网络，并且使用冗余组件来设计，在与汇聚层交换机相连时要考虑采用建立在生成树基础上的多链路冗余连接，以保证与核心层交换机之间存在备份连接和负载均衡，完成高带宽、大容量网络层路由交换功能。

在进行核心层设计时应该特别注意如下几点：

① 不要在核心层执行网络策略。策略就是一些设备支持的标准或系统管理员制订的一系列安全规

则。任何形式的网络策略必须在核心层外执行，禁止采用任何降低核心层设备处理能力或增加数据包交换延迟时间的方法，避免增加核心层交换机配置的复杂程度。

② 核心层的所有设备应具有充分的可到达性。可到达性是指核心层设备具有足够的路由信息来交换发往网络中任意端设备的数据包。

③ 核心层的交换机不应该使用默认的路径到达内部的目的地。

④ 聚合路径能够用来减少核心层路由表大小。

⑤ 冗余性设计能够保障核心网络的可靠性。

2. 汇聚层的设计

位于接入层和核心层之间的部分称为汇聚层或分布层。汇聚层需要将大量低速的链接（来自接入层设备的链接）通过少量的链接接入核心层，以实现通信量的收敛，提高网络汇聚点的效率。

汇聚层的主要任务是聚合路由路径，收敛数据流量。在进行汇聚层设计时应该特别注意如下几点：

① 尽量减少核心层设备可选择的路由路径的数量。

② 以汇聚层为设计模块，实现网络拓扑变化的隔离，增强网络的稳定性。

③ 汇聚层除要进行路由聚合外，还要考虑实施 QoS 保障、网络安全等策略。

④ 汇聚层可以采用必要的冗余措施，以提高网络的可靠性，但这将增加核心层设备的路由信息。

汇聚层交换机是多台接入层交换机的汇聚点，它必须能够处理来自接入层设备的所有通信量，并提供到核心层的上行链路，因此，汇聚层交换机与接入层交换机比较，需要更高的性能、更少的接口和更高的交换速率。汇聚层的设计要满足核心层交换机、汇聚层交换机和服务器集合环境对千兆端口密度、可扩展性、高可用性以及多层交换不断增长的需求，支持大用户量、多媒体信息传输等应用。

汇聚层的主要设计目标是：隔离拓扑结构的变化、控制路由表的大小以及网络流量的收敛。实现这一设计目标的方法一是路径聚合，二是使核心层与汇聚层的连接最小化。

3. 接入层的设计

接入层为用户提供对网络的访问接口，是整个网络的可见部分，也是用户与该网络的连接场所。接入层的目的是允许终端用户连接到网络，为最终用户提供对园区网络访问的途径。接入层应具备提供各种接入方式、将流量馈入网络、执行网络访问控制、交换带宽、MAC 层过滤、网段划分等功能以及一些其他边缘功能（如 QoS）。

接入层交换机具有低成本和高端口密度等特点，可以采用可网管、可堆叠的接入层交换机。交换机的高速端口用于连接高速率的汇聚层交换机，普通端口直接与用户计算机相连，以有效地缓解网络主干的瓶颈。

在进行接入层的设计时应该特别注意如下几点：

① 提供方便快捷的接入方式，将流量馈入网络。

② 接入层交换机所接收的链接数不要超出其与汇聚层之间允许的链接数。

③ 如果不是转发到局域网外主机的流量，就不要通过接入层的设备进行转发。

④ 尽量不要将接入层设备作为两个汇聚层交换机之间的连接点，即不要将一个接入层交换机同时连接两个汇聚层交换机。

⑤ 接入层交换机应该具有较强的网络访问控制功能。接入层是用户接入网络的入口，也是黑客入侵的门户。接入层通常可以采用包过滤策略来提供基本的安全性，保护局部网段免受网络内外的攻击。基本的过滤策略包括严禁欺骗、严禁广播源等。

4. 拓扑结构设计总结

对于大规模网络规划而言，分层拓扑结构是最有效的，它具有以下优势：

① 把一个大问题分解成几个小问题，从而容易解决。

② 将局部拓扑结构改变所产生的影响降至最小。

③ 减少路由器必须存储和处理的数据量。

④ 提供良好的路由聚合及数据流收敛。

当然，分层拓扑结构也有其固有的缺点，那就是在物理层容易产生单个故障点，即某个设备或某个失效的链接会导致网络遭到严重的损坏。克服单个故障点的方法是采用冗余措施，但冗余措施可能会导致网络复杂性的增加。

分层拓扑结构设计中各层次所要完成的主要任务及各层次设计的主要目标和策略如表 3-1 所示。

表 3-1　各层次所要完成的主要任务及主要目标和策略

层次名	主要任务	目标和策略
核心层	交换速度	充分的可到达性
		禁止内部网的默认路径
		无应用策略
		访问控制、禁止策略路由、减少处理器和内存的过载
汇聚层	隔离拓扑结构的变化	路由聚合
		屏蔽拓扑结构变化，隐藏核心层细节，隐藏接入层设备的细节
	控制路由表的大小	使核心层内部连接最小化
	通信量的收敛	减少交换确定的复杂程度，提供正常的聚合和收敛点
接入层	将数据馈入网络	确保接入层交换机所接收的连接数不会超出其与汇聚层之间所允许的连接数
	访问控制	防止直通的数据
		数据包级别的过滤
		标记数据服务属性、关闭通道

在具体的网络拓扑结构设计过程中，可以根据网络系统的规模和具体情况灵活调整。当网络很小时，通常核心层只设置一台交换机，并将该交换机与汇聚层的所有交换机相连。如果网络更小，核心层交换机可以直接与接入层交换机连接，分层结构中的汇聚层就被压缩掉了，如图 3-2 所示。显然，这样设计的网络易于配置和管理，但是其扩展性不好，容错能力较差。

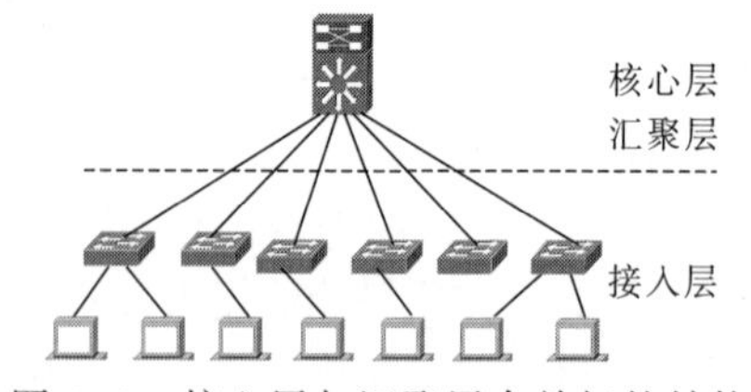

图 3-2　核心层与汇聚层合并拓扑结构

3.3.3　网络拓扑设计应用

1. 网络拓扑结构的绘制方法

小型、简单的网络拓扑结构中涉及的网络设备较少，图元外观也不要求完全符合相应产品的型号，此时，可以通过简单的画图软件（如 Windows 系统中的“画图”软件、HyperSnap 等）进行绘制。拓扑结构图中的各种图元（如计算机、服务器、打印机、交换机、路由器和防火墙等）可以通过平时在工作中的积累进行获取，如图 3-3 所示。

图 3-3　基本图元

而对于一些大型、复杂网络拓扑结构图的绘制则通常要采用一些非常专业的绘图软件，如 Visio、亿图专家、LAN MapShot 等。在这些专业的绘图软件中，不仅会有许多外观漂亮、型号多样的产品外观图，而且提供了圆滑的曲线、斜向文字标注，以及各种特殊的箭头和线条绘制工具。图 3-4 所示为 Visio 中的一个界面，图中的各种图元是从左边图元面板中拉出的一些网络设备符号（它们分别为计算机终端、服务器、打印机、交换机、路由器、防火墙）。

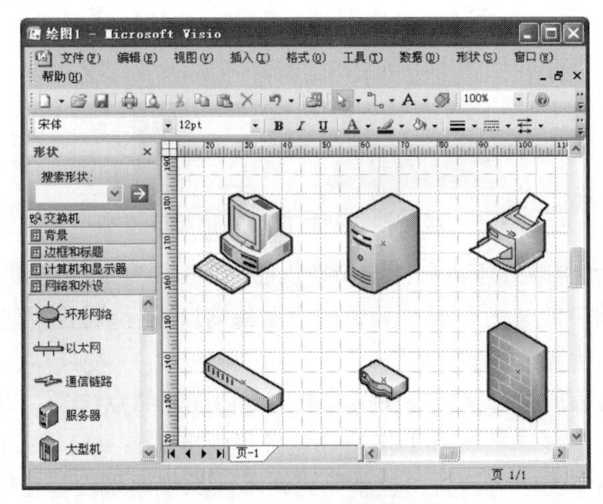

图 3-4　Visio 中的各种图元

2. 小型星状网络结构设计

小型星状网络是指只有一台交换机的星状网络，主要应用于小型独立办公室企业和 SOHO 用户中。小型星状网络所能连接的用户数一般在 20 个左右，也可能达到 40 多个用户，具体要根据交换机可用端口数而定。

【实例 1】某小型办公室网络，是以一台具有 24 个 10/100 Mbit/s 端口，两个 10/100/1 000 Mbit/s 自适应 RJ-45 端口的以太网交换机进行集中连接的。网络中配置一台服务器、一台用于因特网访问的宽带路由器、一台网络打印机和 20 个以内的用户。现请为该小型办公室设计具体网络拓扑结构。

（1）网络要求

① 所有网络设备都与同一台交换机连接。

② 整个网络没有性能瓶颈。

③ 要有一定的可扩展余地。

（2）设计思路

① 确定网络设备总数。确定网络设备总数是整个网络拓扑结构设计的基础，因为一个网络设备至少需要连接一个端口，设备数一旦确定，所需交换机的端口总数也就确定了。这里所指的网络设备包

括工作站、服务器、网络打印机、路由器和防火墙等所有需要与交换机连接的设备。

② 确定交换机端口类型和端口数。一般来说，在网络中的服务器、边界路由器、下级交换机、网络打印机、特殊用户工作站等所需的网络带宽较高，所以通常连接在交换机的高带宽端口。其他设备的带宽需求不是很明显，只需连接在普通的 10/100 Mbit/s 快速自适应端口即可。

③ 保留一定的网络扩展所需端口。交换机的网络扩展主要体现在两个方面：一是用于与下级交换机连接的端口；二是用于连接后续添加的工作站用户。与下级交换机连接的端口一般是通过高带宽端口进行的，如果交换机提供了 Uplink（级联）端口，也可直接使用级联端口。

④ 确定可连接工作站总数。交换机端口总数不等于可连接的工作站数，因为交换机中的一些端口还要用来连接那些不是工作站的网络设备，如服务器、下级交换机、网络打印机、路由器、网关、网桥等。

（3）设计步骤

① 确定关键设备连接，把需要连接在高带宽端口的设备连接在交换机的可用高带宽端口上，并标注其端口类型，如图 3-5 所示。

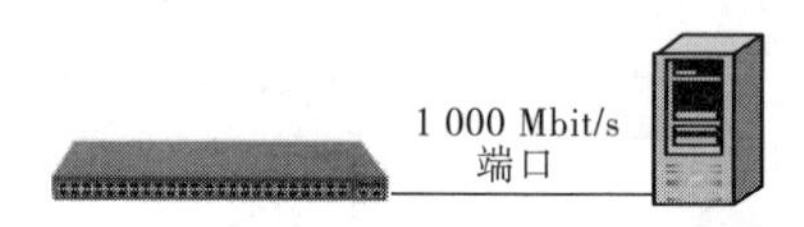

图 3-5　服务器与交换机千兆位端口连接

② 把所有工作站设备和网络打印机分别与交换机的 100 Mbit/s 端口连接，如图 3-6 所示。

相同设备连接在相同端口的，则只需对其中一个设备端口进行端口类型标注；对于相同设备采用不同类型的端口时，则需要特别标注。

对于一些有特殊连接需求的办公室，可在结构图中专门标注结点位置，以备布线施工时正确布线。

在画网络结构图时，并不要求把所有工作站等设备都画出来，只给出一部分代表即可，但一定要全面包括网络中所有不同类型的网络设备，也就是说，不同类型网络设备在图中至少要有一个。

③ 如果网络系统要通过路由器与其他网络连接，则还需要设计因特网连接。

路由器与外部网络连接是通过路由器的 WAN 端口进行的。虽然路由器的 WAN 端口类型有多种，但宽带路由器提供的 WAN 端口基本上是普通的 RJ-45 以太网端口，直接与因特网宽带设备连接即可，如图 3-7 所示。当然，如果是小区光纤以太网连接，则无须宽带设备。

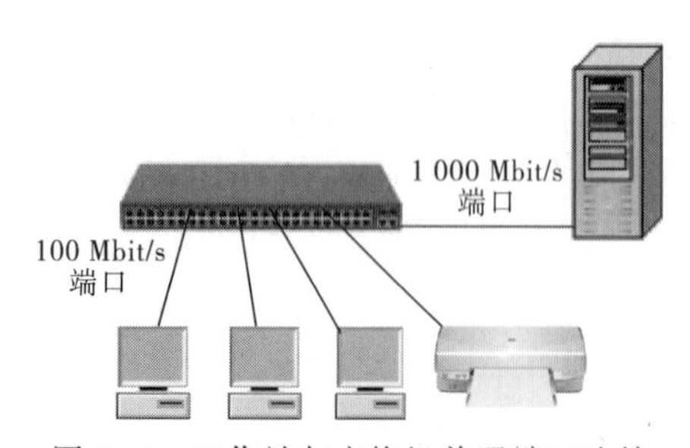

图 3-6　工作站与交换机普通端口连接

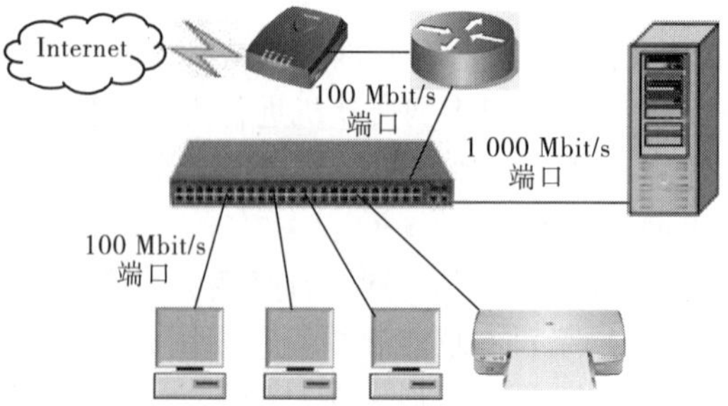

图 3-7　宽带网与交换机普通端口连接

3. 中型扩展星状网络结构设计

中型扩展星状网络是指在整个网络中包括多个交换机，而且各交换机是通过级联方式的分层结构。

在中型或以上的星状网络中，一般有接入层、汇聚层和核心层三个层次。各层中的每一台交换机又各自形成一个相对独立的星状网络结构。主要应用于在同一楼层或单栋建筑物的中小型企业网络中。

在这种网络中通常会有一个单独的机房，集中摆放所有关键设备，如服务器、管理控制台、核心层交换机、路由器、防火墙、UPS 等。

【实例 2】在一个中型企业局域网中，整个网络分布在同一栋楼的多间办公室中。整个网络的交换机分三层结构，核心交换机是两台提供一个 1 000 Mbit/s SC 光纤接口、四个 RJ-45 双绞线 10/100/1 000 Mbit/s 接口、24 个 10/100 Mbit/s 接口的以太网交换机；汇聚层交换机是两台提供两个 RJ-45 双绞线 10/100/1 000 Mbit/s 接口，48 个 10/100 Mbit/s 接口的以太网交换机；接入层为四台 10/100 Mbit/s 双绞线 RJ-45 接口的 24 口以太网交换机。另外，网络通过边界路由器和防火墙与外部网络连接。

（1）网络要求

① 核心交换机能提供负载均衡和冗余配置。

② 所有设备都必须连接在网络上，且使各服务器负载均衡，整个网络无性能瓶颈。

③ 各设备所连交换机要适当，不要出现超过双绞线网段距离的 100 m 限制。

④ 结构图中可清晰知道各主要设备所连端口类型和传输介质。

（2）设计思路

① 采用自上而下的分层结构设计。

② 把关键设备冗余连接在两台核心交换机上。要实现核心交换机负载均衡和冗余配置，最好对核心交换机之间、核心交换机与汇聚层交换机之间，以及核心交换机与关键设备之间进行均衡和冗余连接和配置。

③ 连接其他网络设备。把关键用户的工作站和大负荷网络打印机等设备连接在核心交换机或者汇聚层交换机的普通端口上；把工作负荷相对较小的普通工作站用户连接在接入层交换机上。

（3）设计步骤

① 确定核心交换机位置及主要设备连接，如图 3–8 所示。

② 级联汇聚层交换机，如图 3–9 所示。

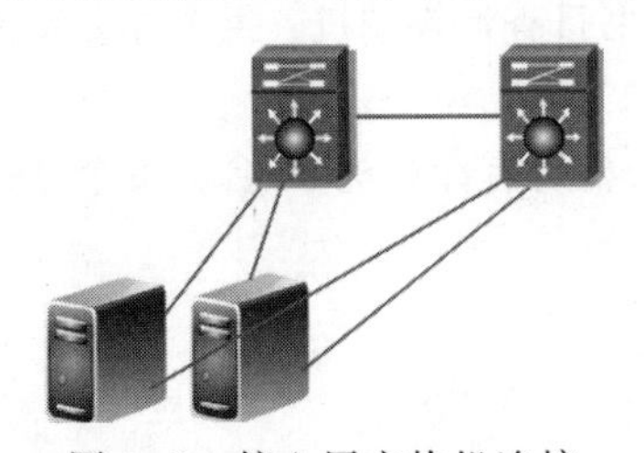

图 3–8　核心层交换机连接

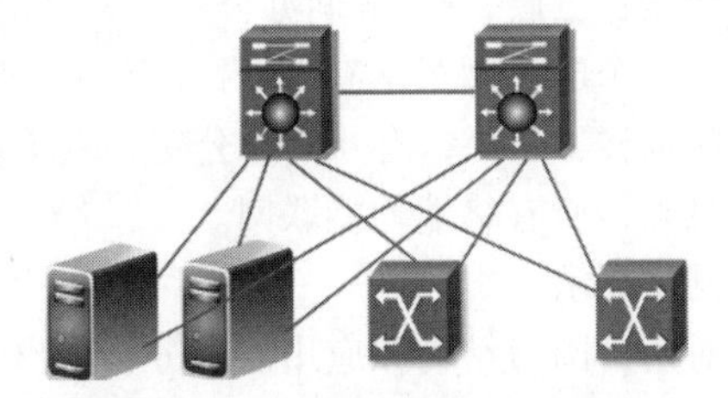

图 3–9　汇聚层交换机连接

③ 级联接入层交换机，并在各层连接相应的计算机终端，如图 3–10 所示。

④ 与外部网络连接，如图 3–11 所示。为了确保与外部网络之间的连接性能，通常与外部网络连接的防火墙或路由器是直接连接在核心交换机上的。如果同时有防火墙和路由器，则防火墙直接与核心交换机连接，而路由器直接与外部网络连接。

在整个网络中都应当充分考虑负载均衡，不要把所有高负荷的用户或设备都连接在同一台交换机上，而应当尽可能地均衡分配负载。另外，每台交换机上至少要留有两个（通常是四个以上）端口，以备有其他端口损坏时更换，或者未来网络扩展。

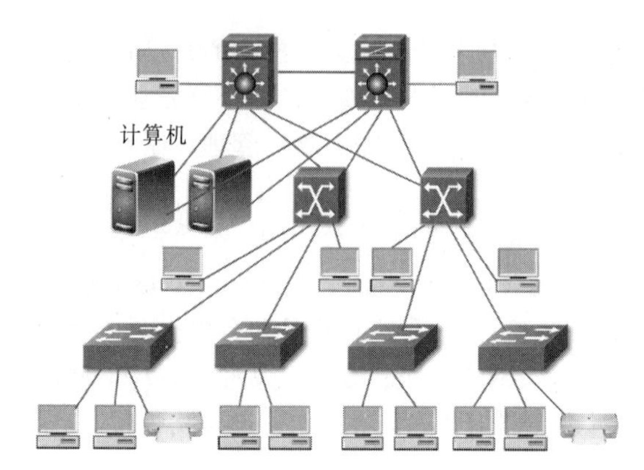

图 3-10　接入层交换机连接

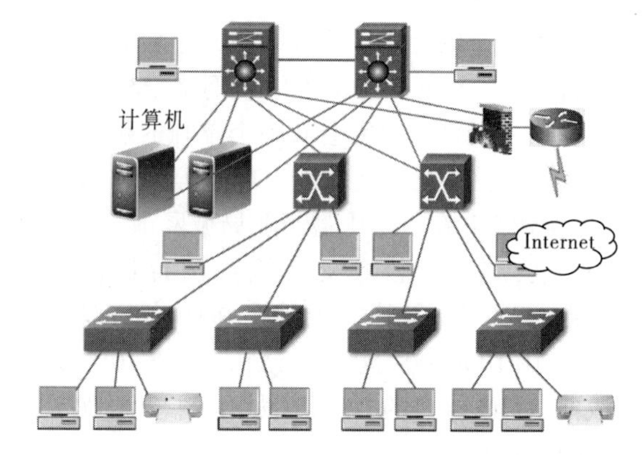

图 3-11　与外部网络连接

4. 园区网络结构设计

园区网络是一个跨越一栋建筑，覆盖一个较大的建筑群的物理网络，为遍及园区内部各个物理位置上的最终用户和设备提供良好的网络通信服务和资源共享服务。园区网络的设计与其他大型复杂网络系统的设计方法基本相同，通常采用冗余核心架构、千兆主干、百兆到桌面的层次化设计方法，以确保园区网络的整体设计能够平衡网络系统的可用性、安全性、灵活性、可管理性等指标需求。

【实例 3】某职业技术学院有五栋建筑，包括一栋办公楼、两栋教学楼、一栋图书馆楼和一栋综合实训楼，楼层高均为 3.6 m。

办公楼：10 层，楼长 60 m，每层各有办公室 20 间，每间办公室需设置两个信息点。

网络中心设在办公楼五层，校园网需要提供文件传输服务、电子邮件服务、学生上网计费服务、校园办公自动化服务，除了通过一条 2 Mbit/s 光纤与外网相连外，网络中心还设置了一条电话线通过宽带与外网连接。

教学楼：两栋教学楼均为 6 层，楼长均为 80 m，每层楼共有 20 个信息点，由多媒体教室和部分办公室组成。

图书馆楼：三层，有 16 间办公室，三个电子阅览室和六台书目查询终端机，每个办公室需设置两个信息点，每个电子阅览室有 50 台计算机，所有终端均能联网。

综合实训楼：三层，有八间办公室，六个多媒体机房，每个机房有计算机 50 台，每个办公室需设置两个信息点，所有终端均能联网。

（1）网络要求

通过对用户网络结构和应用需求分析得出如下网络要求：

① 整个网络无性能瓶颈，特别是教学区中的多媒体教室。

② 各子网间既要保持相对独立，又要允许有权限的用户能相互访问。

③ 各楼层都要预留一定的交换端口，以备扩展。

④ 结构图中可清晰地知道各主要设备连接的传输介质类型。

⑤ 整个网络设计的性价比要高。

（2）设计思路

① 对于有多媒体教室的教学楼，在楼层交换机与建筑物设备间交换机之间，以及相应建筑物设备间交换机与总机房核心交换机之间，可采用 GEC 技术进行多链路聚合，最高可达到 8 Gbit/s 的连接性

能，确保所需的高带宽。

② 为了确保各子网间相对独立，又可以允许有权限用户间的互访，可以在核心交换机或汇聚层交换机上设置允许相互访问的用户列表。

③ 通常可根据各建筑物的相隔距离部署各机房和设备间。各建筑物的设备间均设在各楼的第一层，整个校园网的中心机房设在整个校园网中位置相对中央的一栋教学楼第一层，有时也可以将中心机房与该教学楼的设备间设置在同一位置。

④ 楼层交换机所需预留的端口较多，而建筑物设备间和中心机房核心交换机则可预留少量端口，因为端口的使用主要体现在最终用户端。

⑤ 主干网络中各子网的汇聚层交换机与中心总机房的核心交换机之间都采用光纤星状连接，而同一建筑物的不同楼层则采用双绞线千兆位连接。

（3）设计步骤

① 在教学楼选择用于中心机房的房间，在其他建筑物选择用于设备间的房间。各建筑物设备间交换机用一条带宽为 400 MHz/km、波长为 50/125 μm 的多模光纤（最大长度为 500 m）连接到中心机房核心交换机的多模光纤端口上（要求交换机支持相应的光纤连接类型）。教学区由于有多媒体教室之类高带宽需求应用，所以采取 GEC 技术（要求相应的交换机支持 GEC 技术和千兆位以太网技术），把两个千兆位端口聚合起来，实现 2 Gbit/s 的链路。

② 整个网络的主干部分设计好后，接下来就要对各建筑物内部各楼层交换网络结构进行设计。

③ 进行主要网络设备，如各种服务器、边界路由器和防火墙等的连接。将整个校园网的所有服务器通过一台专用服务器交换机（属汇聚层）冗余连接到校园网的两台核心交换机的高速端口上；将防火墙冗余连接到校园网的两台核心交换机的高速端口上；将边界路由器连接在防火墙与外网之间。

④ 把各建筑物内部的用户终端连接在各建筑物内部各楼层交换机的普通端口上，如图 3-12 所示。

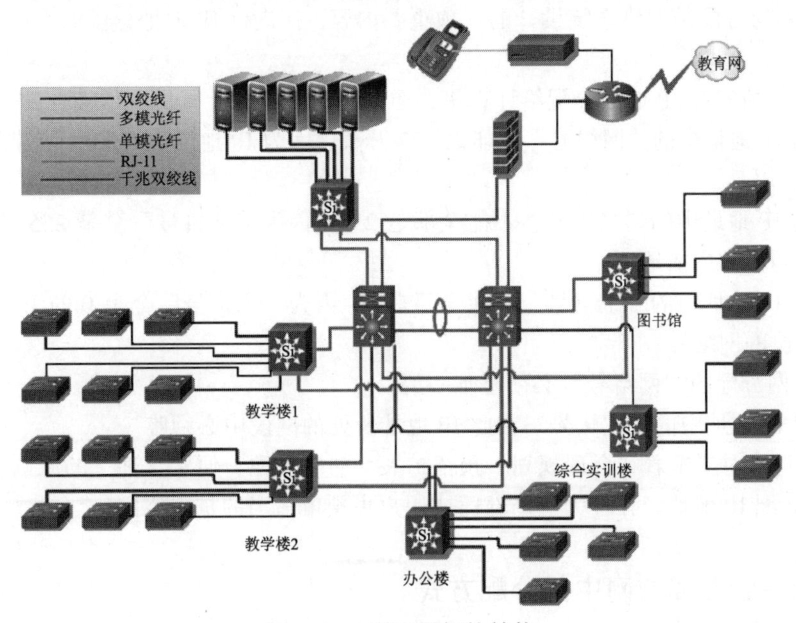

图 3-12　园区网拓扑结构

注意：各交换机所连接的用户终端数和负荷要尽可能均衡，同时要为每台交换机预留至少四个以上的端口用于维护和未来扩展。

3.4 地址分配与聚合设计

在网络方案设计中，IP 地址的规划至关重要，地址分配方案的好坏直接影响着网络的可靠性、稳定性和可扩展性等重要指标，好的 IP 地址分配方案不仅可以减少网络负荷，还能为以后的网络扩展打下良好的基础。地址一旦分配后，其更改的难度和对网络的影响程度都很大，因此，在进行地址分配之前，必须规划好 IP 地址的分配策略和子网划分方案。

3.4.1 IP 地址分类

IP 地址用于在网络上标识唯一一台计算机设备。根据 RFC791 的定义，IPv4 地址由 32 位二进制数组成（4 B），根据 IP 地址中表示网络地址字节数的不同，将 IP 地址划分为 A 类、B 类、C 类三种类型，网络设备根据 IP 地址的第一个字节来确定网络类型。

IPv6 地址的长度为 128 位，由八个 16 位字段组成，相邻字段用冒号分隔。IPv6 地址中的每个字段都必须包含一个十六进制数字，而 IPv4 地址则以点分十进制表示法表示。IPv6 的优势在于它大大地扩展了地址的可用空间。

3.4.2 IP 地址的分配原则

IP 地址的规划与分配是网络系统设计的一项重要内容，在进行 IP 地址分配时，一般应遵循如下基本原则。

① 不一定要将所有的 IP 地址分配给计算机，但网络中的所有计算机必须被分配 IP 地址。

② 要分配的 IP 地址中的“网络号”不能以 127 开头，因为 IP 地址 127.0.0.1 通常被保留，以便做测试本机连接时使用。

③ 要分配的 IP 地址中的“主机号”不能全部是 255，因为“主机号”全是 255 的 IP 地址被定义为此 IP 地址所处网段的广播地址。

④ 要分配的 IP 地址中的“主机号”不能全部是 0，因为“主机号”全是 0 的 IP 地址被用来标识此 IP 地址所处网段的网络号。

⑤ 为每个子网分配的“网络号”必须是唯一的。

⑥ 要分配的 IP 地址中的“主机号”在此 IP 地址所处的网段中必须唯一。

⑦ 分配 IP 地址时应本着“合理规划、预留扩展、顺序分配、便于管理”的原则，尽可能地按照部门或用户集来分配 IP 地址，并且为每个部门或用户集预留适当的扩展空间。

3.4.3 IP 地址在企业局域网中的分配方式

IP 地址包括公网和专用（私有）两种类型，公网 IP 地址又称可全局路由的 IP 地址，是在 Internet

中使用的IP地址，目前对企业来说主要是ISP提供的一个或几个C类地址；而专用（私有）IP地址则包括A、B和C类三种，另外就是为Microsoft Windows的APIPA预留的（169.254.0.0～169.254.255.255）网段地址。IP地址在企业局域网中的分配方式主要包括如下几种。

1. 可全局路由（公网）的IP地址分配方式

毫无疑问，Internet网络中的每一台计算机都需要一个IP地址，然而，在目前IP地址资源非常紧缺的情况下，想从Internet接入商那里获取足够的IP地址简直是不可能的。假如某个企业用户有一个拥有几百台计算机的局域网，但只能从Internet接入商那里获得1～10个公网IP地址，那么该企业就必须考虑如何合理利用这些有限的IP地址资源。

（1）静态分配IP地址

静态分配IP地址，也就是给每台计算机分配一个固定的公网IP地址。如果网络中每台计算机都采用静态的分配方案，那么很可能出现IP地址不够用的情况。所以一般只在下面两种情况下才采用这种方案：

① IP地址数量大于网络中的计算机数量。

② 网络中存在特殊的计算机，如作为路由器的计算机、服务器等。

（2）动态分配IP地址

如果网络中有很多台计算机，且又不是所有的计算机都同时使用，那么不妨采用动态分配IP地址的方式。

采用IP地址的动态分配策略时，只要同时打开的计算机数量少于或等于可供分配的IP地址数量，那么，每台计算机就会自动获取一个IP地址，并实现与Internet的连接。当然，如果打开的计算机数量太多，那么，后面的计算机就无法获得IP地址。但是动态分配IP地址也不是随时适用的，当网络内的计算机的数量达到上百台之多时，几个动态IP地址显然不够用，此时就需要采用NAT（Network Address Translation，网络地址转换）方式或代理服务器方式来解决。

（3）NAT方式

NAT是一种将私有（保留）地址转化为合法IP地址的转换技术，它被广泛应用于各种类型Internet接入方式和各种类型的网络中。借助于NAT，私有（保留）地址的“内部”网络通过路由器发送数据包时，私有地址被转换成合法的IP地址，一个局域网只需使用少量IP地址（甚至是一个）即可实现私有地址网络内所有计算机与Internet的通信需求。

网络地址转换通常有三种基本类型，即静态NAT（Static NAT）、NAT池（pooled NAT）和端口NAT（PAT），如图3-13～图3-15所示。其中，静态NAT设置起来最为简单，内部网络中每个主机的专用IP地址都被永久映射成外部网络中的某个合法IP地址；NAT池方式是在外部网络中定义一系列的合法IP地址，采用动态分配的方法映射到内部网络中；PAT则是把内部地址映射到外部网络的一个IP地址的不同端口上。

除了路由器、ADSL、电缆调制解调器、网关等硬件设备外，Windows系统中的“Internet连接共享”也可以实现NAT，能够广泛地应用于各种类型的Internet接入方式。

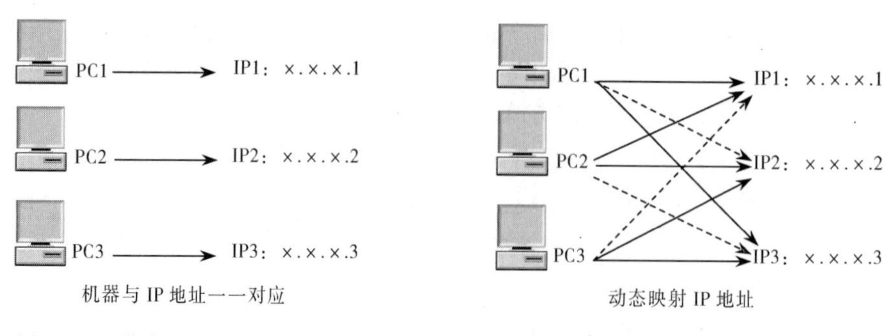

图 3-13　静态 NAT 地址转换方式　　　　图 3-14　NAT 池地址转换方式

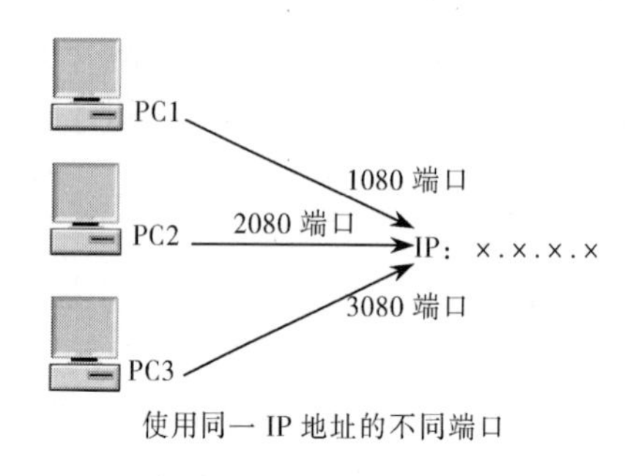

图 3-15　端口 NAT 地址转换方式

（4）代理服务器分配

NAT 地址转换方式虽然好，但也有其自身的缺陷。简单地说，就是只能简单地进行 IP 地址转换，而无法实现文件缓存，从而降低了 Internet 访问流量，无法实现快速的 Internet 访问。

而代理服务器与 NAT 的工作原理不太一样，它并不只是简单地做地址转换，而是代理网络内的计算机访问 Internet，并把访问的结果返回给当初提出该请求的用户。同时，把访问的结果保存在缓存中。当网络用户发出一个 Internet 请求时，服务器将首先检查缓存中是否保存有该页面的内容，如果有，立即从缓存中调出并返还给请求者；如果没有，则向 Internet 发送请求，并再次将访问结果保存起来，以备其他用户访问之需。

除此之外，代理服务器还具有部分网络防火墙的功能。可以对外隐藏网络内的计算机，提高网络安全性；可以限制某些计算机对 Internet 的访问；在带宽较窄的情况下限制 Internet 流量；可以禁止对某些网站的访问等。

总之，代理服务器要比单纯的 NAT 更适合大中型网络的 Internet 共享接入。不过，采用代理服务器方式需要额外添置一台服务器，还需要对代理服务器进行设置。

2. 专用（私有）IP 地址的分配方式

企业网中采用专用（私有）IP 地址方案，首先要考虑选用哪一段专用 IP 地址，小型企业可以选择 192.168.0.0 地址段，大中型企业则可以选择 172.16.0.0 或 10.0.0.0 地址段。

常用的专用（私有）IP 地址分配方式有手工分配、DHCP 分配和自动专用 IP 寻址三种方式，具体采用哪种 IP 地址分配方式，可由网络管理员根据网络规模和网络应用等具体情况而定。

（1）手工分配

手工设置 IP 地址是经常使用的一种 IP 地址分配方式。在以手工方式进行 IP 地址设置时，需要为

网络中的每一台计算机分别设置四项 IP 地址信息（IP 地址、子网掩码、默认网关和 DNS 服务器地址）。所以，在通常情况下，被用于设置网络服务器、计算机数量较少的小型网络（比如几台到十几台的小型网络），或者用于分配数量较少的公用 IP 地址。

手工设置的 IP 地址为静态 IP 地址，在没有重新配置之前，计算机将一直拥有该 IP 地址。因此，既可以据此访问网络内的某台计算机，也可以据此判断计算机是否已经开机并接入网络。

（2）DHCP 分配

为了使 TCP/IP 协议更加易于管理，微软和几家厂商共同建立了一个 Internet 标准——动态主机配置协议（Dynamic Host Configuration Protocol，DHCP），由它提供自动的 TCP/IP 配置。DHCP 服务器为其客户端提供 IP 地址、子网掩码和默认网关地址等各种配置。

网络中的计算机可以通过 DHCP 服务器自动获取 IP 地址信息，DHCP 服务器维护着一个容纳有许多 IP 地址的地址池，并根据计算机的请求而出租。

DHCP 是 Windows 默认采用的地址分配方式。所以，如果选择 DHCP 来分配和管理 IP 地址，网管工作将会减轻很多，而且可以很方便地配置客户机，网络管理人员所要做的就是维护好一台 DHCP 服务器即可。

（3）自动专用 IP 寻址

自动专用 IP 寻址（Automatic Private IP Addressing，APIPA）可以为没有 DHCP 服务器的单网段网络提供自动配置 TCP/IP 协议的功能。默认情况下，运行 Windows 系统的计算机首先尝试与网络中的 DHCP 服务器进行联系，以便从 DHCP 服务器上获得自己的 IP 地址等信息，并对 TCP/IP 协议进行配置。如果无法建立与 DHCP 服务器的连接，则计算机改为使用 APIPA 自动寻址方式，并自动配置 TCP/IP 协议。

使用 APIPA 时，Windows 将在 169.254.0.1～169.254.255.254 的范围内自动获得一个 IP 地址，子网掩码为 255.255.0.0，并以此配置建立网络连接，直到找到 DHCP 服务器为止。

因为 APIPA 范围内指定的 IP 地址是由网络编号机构（IANA）所保留的，这个范围内的任何 IP 地址都不能用于 Internet。因此，APIPA 仅用于不连接到 Internet 的单网段的网络，如小型公司、家庭、办公室等。

值得注意的是，APIPA 分配的 IP 地址只适用于一个子网的网络。如果网络需要与其他的私有网络通信，或者需接入 Internet，则不能使用 APIPA 分配方式。

3.4.4　子网划分

子网划分就是通过借用 IP 地址的若干位主机位来充当子网地址，从而将原网络划分为若干小的网络。

1. 子网划分的主要作用

① 减少网络风暴，对不需要互通的网络进行隔离。

② 有利于交换机的 VLAN 划分。

③ 充分利用 IP 地址资源，利于 IP 地址分配。

④ 利于流量聚合、减小路由表的大小。

2. 子网划分应注意的问题

① 划分子网和进行地址分配时，应充分考虑未来的扩展性需求。

② 分配子网编号时，管理员可以决定是否为每一个子网选择一个有意义的数字。

③ 地址分配后要便于路由聚合。

④ 考虑 IP 资源短缺可以申请一个较小的地址段，然后结合使用 NAT（网络地址转换）技术与私有地址分配技术。

3. 子网划分方法

子网划分一般可按照用户所在的地理位置进行，地理位置分布相对集中的机器要划分到一个子网中。例如，校园内一栋楼里的机器，要属于同一个子网。这样，无论这栋楼里有多少台机器，它们只在与之相连的路由器的路由表中占有一条表项，该栋楼只需一条到路由器的链路就可以把多台机器接入园区网。子网划分的具体步骤如下：

① 根据要划分的子网数量计算子网地址位数。

② 计算子网掩码。

③ 计算各子网的起始地址和结束地址。

4. IP 子网与 VLAN 的区别

① 子网通常是在物理范围内划分的，而 VLAN 通常是在逻辑上划分的。划分子网的计算机通常在同一个地理位置，按照地理位置来组合机器。

② 划分 VLAN 的计算机通常不在同一个地理位置，甚至可以是远程连接的，按照部门、功能、性质、职能等逻辑方式来组织机器。

③ IP 子网是以 IP 地址的方法划分多个网络，各个子网通信要借助于路由器。

④ VLAN 通常是以网络的方式，借助交换机将一个端口集、一个 MAC 地址集、一个 IP 地址集的若干台计算机分配到同一个 VLAN，一个 VLAN 就是一个广播域的边界。通常一个 VLAN 应该对应一个子网，即使对应多个子网，各个子网之间在不借助路由器的情况下也是不能通信的。此外，如果一个子网对应了多个 VLAN，比如 192.168.1.1/24 和 192.168.1.100/24，这两台处于不同 VLAN 之间的计算机是不能通信的，这是因为 ARP 广播无法从一个 VLAN 泛洪到另一个 VLAN，从而导致网络链路层无法封装。因此正确的做法是一个 VLAN 对应一个 IP 子网。

3.4.5 路由聚合设计

1. 路由聚合的概念

路由聚合就是把一组路由汇聚为一个单个的路由广播。路由聚合的最终结果和最明显的好处是缩小网络上路由表的尺寸，这样将减少与每一个路由器有关的延迟，由于减少了路由登录项数量，从而使查询路由表的平均时间加快。同时，由于路由登录项广播的数量减少，路由协议的开销也将显著减少。

路由聚合除了可以缩小路由表的尺寸之外，当拓扑结构变化后，还可以缩短相应信息所必须传输的距离，以及通过在网络连接断开之后限制路由通信的传播来提高网络的稳定性。如果一台路由器仅向下一个下游的路由器发送聚合的路由，那么，它就不会广播与聚合范围所包含具体子网有关的变化。

例如，如果一台路由器仅向其临近的路由器广播聚合路由地址 172.16.0.0/16，那么，当它检测到 172.16.10.0/24 局域网网段中的一个故障时，将不更新临近的路由器。

2. 路由聚合的方法

路由聚合是以分级方式组织网络层 IP 地址的一项技术。常用的路由聚合实现方法包括：

（1）Inter-area 路由聚合

Inter-area 路由聚合是在 ABR 上进行的，它对来自自治系统（AS）内部的路由起作用，而对通过路由重新分发而引入的外部路由不起作用。为了利用路由聚合这个特性，在一个区域中的网络地址应当连续，这些成块的地址可以形成一个地址范围。

（2）External 路由聚合

External 路由聚合是指通过路由重新分发将 External 路由引入 OSPF 区域中。同样，应确保要聚合的 External 路由的范围是连续的。如果从两个不同的路由器聚合的路由含有相同的部分，则在报文转发到目的地址过程中将会发生错误。

3. 路由聚合算法的实现

路由聚合实际上是子网划分的逆过程，路由聚合就是将若干个网络聚合成一个更大的网络的过程。设有 172.18.129.0/24、172.18.130.0/24、172.18.132.0/24、172.18.133.0/24 四个子网，现在需要对这四个子网进行路由聚合，聚合后的网络地址为 172.18.128.0/21。

算法为：由于 129、130、132、133 这四个数字的二进制代码分别是 10000001、10000010、10000100 和 10000101，这四串数字的前五位均为 10000，所以加上前面的 172.18 这两部分相同的位数，网络号的位数就是 8+8+5=21。而 10000000 的十进制数是 128，所以，路由聚合后的 IP 地址就是 172.18.128.0/21。

4. 地址分配与聚合的实现

正确的地址分配将有利于路由聚合的实现，同时将使网络更加稳定可靠。常见的 IP 地址分配方法主要有如下四种。

① 按申请顺序——在一个大的地址池（Address Pool）中取出需要的地址。

这种地址分配方法在网络规划中由来已久，是最常见的做法。当网络规模发生显著变化时，该方法的缺陷就会明显地暴露出来，因此不是一个很好的方案。如图 3-16 所示，网络管理员已按各部门的申请顺序分配了 IP 地址，路由器 A、B、C、D 各有两个网络连接。显然，聚合每个路由器上的两个网络连接是困难的。因此，核心层至少要连接八条路径。

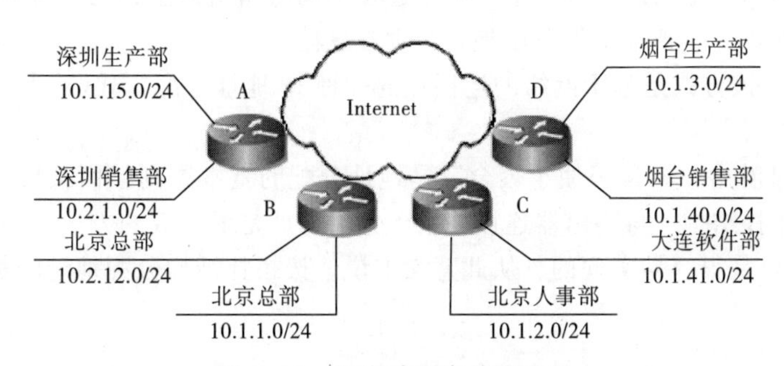

图 3-16　按申请顺序分配地址

② 按行政部门划分——将地址分开，使每一个部门都有一组供其使用的地址。

网络管理员为每个行政部门分配一个地址池，网络如图 3-17 所示。这种方法较按申请顺序分配策略有一定改进：如果 10.1.3.0/24 尚未被分配到别的部门，北京总部的两个连接（10.1.1.0/24 和 10.1.2.0/24）有可能被聚合为 10.1.0.0/16。但一般来讲，这种分配方案与按申请顺序分配地址的方案有相同的问题，即网络扩展性不好。图 3-17 中核心层至少仍需要 7 条路径。

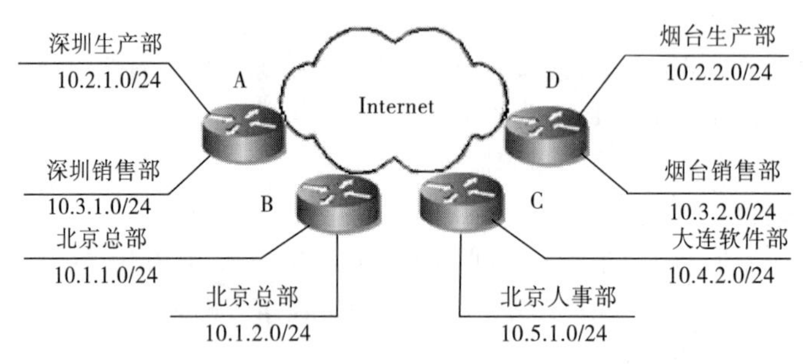

图 3-17　按行政部门分配地址

③ 按地理位置划分——将地址分开，使部门内每个办公室都有一组供其使用的地址，如图 3-18 所示。

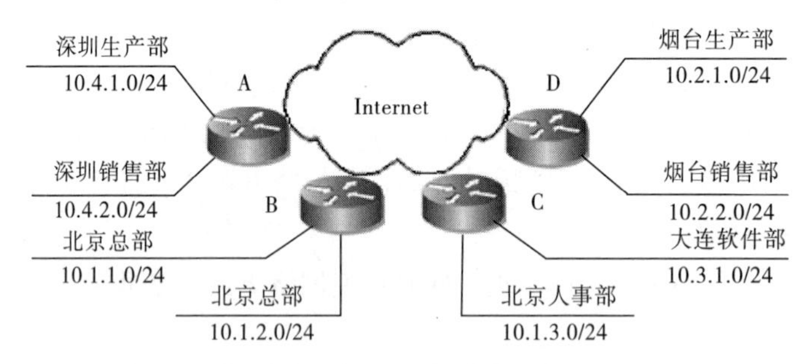

图 3-18　按地理位置分配地址

在这个网络中，两个位于深圳的网络 10.4.1.0/24 和 10.4.2.0/24 聚合为 10.4.0.0/16，这样路由器 A 只需一条路径即可与核心层相连。同样可以将 2 条烟台的路径聚合为 10.2.0.0/16，路由器 D 也只需一条路径即可与核心层相连。但是北京的三条路径 10.1.1.0/24（连在路由器 B 上）、10.1.2.0/24（连在路由器 B 上）和 10.1.3.0/24（连在路由器 C 上）由于连在不同的路由器上，也不可能被聚合成 10.1.×.× 的地址接入核心层。所以，按地址位置分配地址也存在缺陷。

④ 按拓扑结构——该方式是基于网络的连接点的一种 IP 地址分配方式（在某些网络中可能与按地址划分相似）。

从上面的分析不难看出，“是否便于聚合”是地址分配的基本原则，而被聚合连接又与路由器紧密相关。因此，根据拓扑结构（与路由器连接关系）分配地址是最有效的方法。如图 3-19 所示，路由器 A、B、C、D 上聚合是很容易实现的，从此意义上说，按拓扑结构分配地址的策略是保证网络稳定性的最佳分配方案。

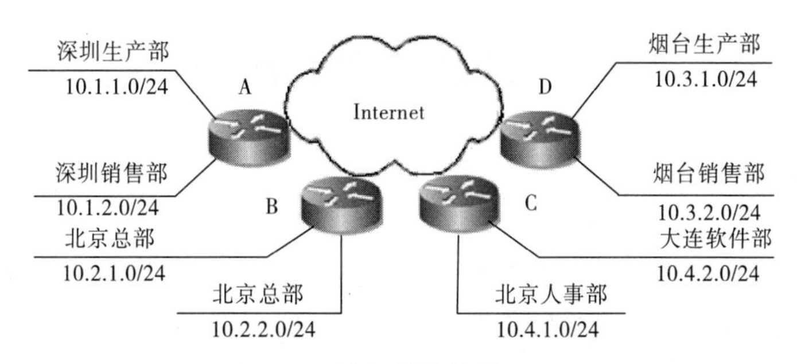

图 3-19　按拓扑结构分配地址

但是，按拓扑结构分配地址的方案存在如下问题：如果没有相应的图表或数据库参照，要确定一些连接之间的上下级关系（如确定某个部门属于哪个网络）是相当困难的。解决（降低）这种困难的做法是将按拓扑结构分配地址的方案与其他有效的方案（如按行政部门分配地址）组合使用。具体做法如下：用 IP 地址的左边两个字节标识地理结构，用第三个字节标识部门结构（或其他组合方式）。相应的地址分配方案如下：

① 进行部门编码，如表 3-2 所示。

表 3-2　部门编码表

行 政 部 门	总部和人事部	软 件 部	生 产 部	销 售 部
部门编码	0～31	32～63	64～95	96～127

② 对各个接入点进行地址分配，如表 3-3 所示。

表 3-3　接入点地址分配表

路 由 器	A	B	C	D
接入点地址	10.4	10.1	10.3	10.2

③ 对各部门进行子网地址分配，如表 3-4 所示。

表 3-4　子网地址分配表

部　　门	地 址 范 围
路由器 A 上的生产部	10.4.64.0/24～10.4.95.0/24
路由器 A 上的销售部	10.4.96.0/24～10.4.127.0/24
路由器 B 上的总部	10.1.0.0/24～10.1.31.0/24
路由器 C 上的人事部	10.3.0.0/24～10.3.31.0/24
路由器 C 上的软件部	10.3.32.0/24～10.3.63.0/24
路由器 D 上的生产部	10.2.64.0/24～10.2.95.0/24
路由器 D 上的销售部	10.2.96.0/24～10.2.127.0/24

3.5 网络系统的冗余设计

3.5.1 冗余设计概述

视频

网络系统的冗余设计

冗余设计是网络设计的重要部分，它是保证网络整体可靠性能的重要手段。冗余设计可以贯穿整个网络结构，每个冗余设计都要有针对性，可以选择其中一部分或几部分应用到网络中，以针对重要的应用。

普通网络冗余设计需要从网络设备、网络链路和服务器三个方面着手。

1. 网络设备的冗余设计

采用冗余配置的单机或多台设备互为热备份，当然最好的方式是多台设备互为热备份，但是这种方案一般情况下比较昂贵。

2. 网络链路的冗余设计

网络链路的冗余设计是最易实现和接受的冗余方式，主要原因是这种冗余设计构思简单而且便宜。

3. 服务器的冗余设计

服务器中常用到的冗余技术有数据冗余、网卡冗余、电源冗余、风扇冗余、服务器冗余。

① 数据冗余：是指系统中的任何单一部件损坏都不会造成硬盘中的数据丢失。

② 网卡冗余：是指系统中的任何一块网卡损坏都不会造成网络服务被中断。

③ 电源冗余：是指系统中的任何一个电源故障都不会造成系统停机。

④ 风扇冗余：是指系统中的任何一个风扇损坏都不会造成系统温度过高而死机。

⑤ 服务器冗余：是指双机系统（双机热备/集群）中的任何一台服务器故障都不会造成系统崩溃。

3.5.2 网络链路冗余设计要点

网络链路的冗余设计是与网络拓扑结构设计同步进行的，可以在网络拓扑结构的三个层次分步实施网络链路的冗余设计。

1. 核心层的冗余设计

核心层冗余规划设计要综合考虑下面三个目标：

① 减少跳（Hop）数。

② 减少可用的路径数量。

③ 增加核心层可承受的故障数量。

常见的核心层冗余规划设计主要有以下两种：

① 完全网状结构的核心层规划。在完全网状规划中，每个核心层交换机都与其他任何一台核心层交换机相连接，提供了最大的冗余可能性，如图 3-20 所示。

完全网状核心层规划的特点是：

- 多个到任意目的地的可用路径。
- 正常情况下，到任意目的地需要 2 跳。

- 最坏的情况下，最大的跳数为 4。

完全网状核心层规划的优点是提供了最大的冗余度和最少的跳数。其缺点是采用完全网状结构的大型网络会产生过多的冗余路径，增加了核心层交换机选择最佳路径的计算量，加大了收敛的时间。

② 部分网状结构的核心层规划。部分网状结构的核心层规划方案是折中了跳数、冗余和网络中路径数量的较好方案，如图 3-21 所示。

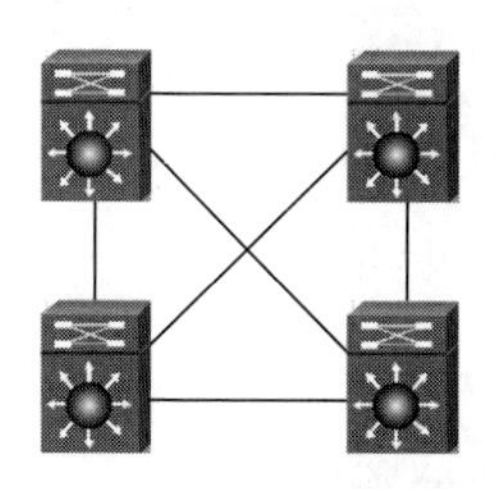
图 3-20 完全网状结构的核心层规划

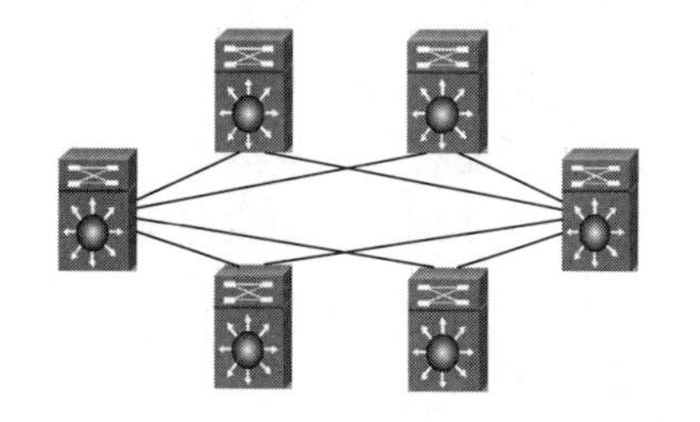
图 3-21 部分网状结构的核心层规划

部分网状结构的优点是：正常情况下，该网络中数据传输不会超过 3 跳；当部分网状结构的网络扩大后，相应的跳数依旧比较小。部分网状结构的缺点是：某些路由协议不能很好地处理多点到多点的部分网状规划，因此在某些核心层里最好仍使用点到点的连接。

2. 汇聚层冗余设计

在汇聚层提供冗余的两种最普通的方法是“双归接入核心层”和“到其他汇聚层交换机的冗余连接”。

（1）双归接入核心层

如图 3-22 所示，汇聚层交换机通过双归链路分别与两个核心层交换机 A 和 C 相连接。

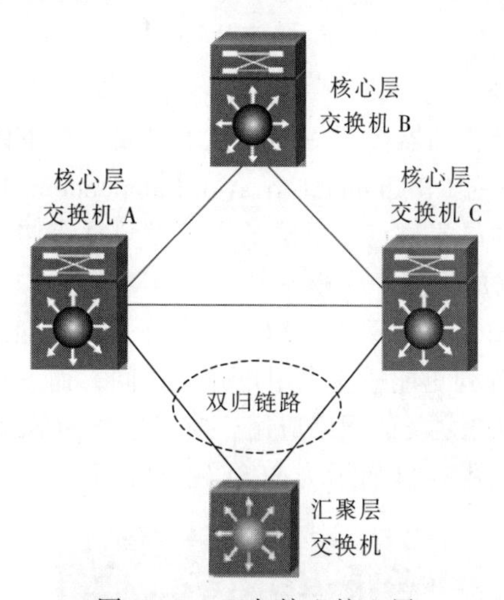

图 3-22 双归接入核心层

双归接入提供了非常好的冗余，当一个核心层交换机或一个链接丢失时，不会削弱汇聚层交换机任何目的地的可到达性。双归接入的问题有两个：其一是网络收敛速度问题，每个双归的汇聚层交换机可能增加一倍路径，因而降低收敛速度；其二是汇聚层交换机的“升级”问题，如果交换机 A 和 C

之间的链接断了，汇聚层交换机就会升级到核心层。

（2）到其他汇聚层交换机的冗余连接

如图 3-23 所示，在汇聚层交换机之间安装连接来提供冗余。虽然该方法的优点非常明显，但也存在一定的缺陷，主要包括：

① 核心层交换机路由表的大小增加了一倍。

② 汇聚层交换机 D 和 E 可能“升级”到核心层。

③ 冗余路径可能替代正常核心层路径。

④ 汇聚层分支之间容易出现路由信息泄露，分支里的交换机会通过冗余连接将信息传送到另一个分支中的网络中。

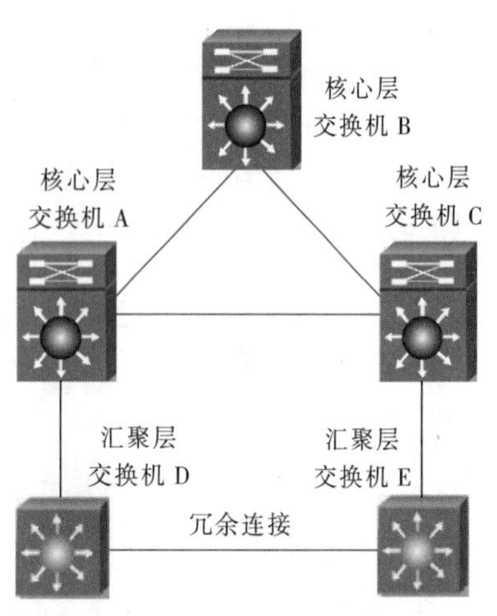

图 3-23　汇聚层交换机的冗余连接

3. 接入层冗余设计

接入层的冗余设计与汇聚层基本相似，常见的接入层冗余方法也是双归。接入层冗余设计一般仅适于与特别重要的场合，大量的接入层冗余设计会增加整个网络的复杂性。

3.6　网络存储设计

网络系统往往需要海量存储，如电子期刊数据库、企业设备数据库、职工工资数据库、多媒体数据资料等，这些大量的数据资料需要使用专用的网络存储设备进行可靠存储。目前，常用的网络存储设备主要有两种类型，即磁盘阵列和 NAS。

3.6.1　磁盘阵列

磁盘阵列是一种把若干硬磁盘驱动器按照一定的要求组成一个整体，并且由阵列控制器统一管理整个磁盘阵列的系统。冗余磁盘阵列（Redundant Array of Independent Disks，RAID）技术最初研制的目的是组合小的廉价磁盘来代替大的昂贵磁盘，以降低大批量数据存储的费用；同时，采用冗余信息的方式，使得磁盘失效时不会对数据的访问产生影响。

磁盘阵列有两种类型，即 SCSI 磁盘阵列和 SATA 磁盘阵列，存储总容量均可达到几太字节至几十太字节。相比较而言，SCSI 磁盘阵列更能适应多用户并发访问，而 SATA 磁盘阵列拥有更低的价格。因此，视频点播服务、数据查询服务之类的网络应用，应当选择 SCSI 磁盘阵列；而数据备份或数据存储，则应当选择 SATA 磁盘阵列。图 3-24 所示为 SCSI 磁盘阵列。

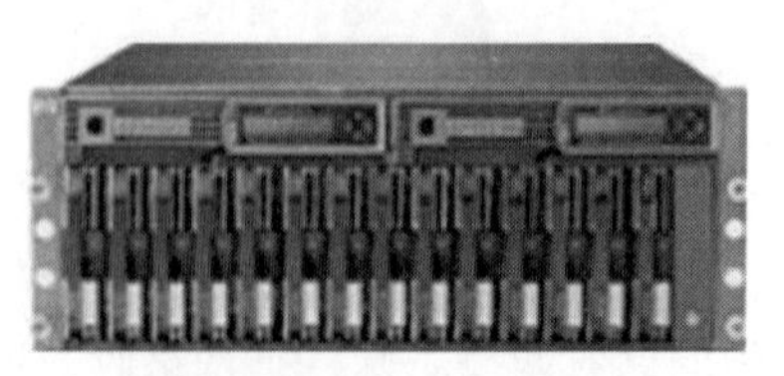
图 3-24　SCSI 磁盘阵列

磁盘阵列与服务器之间是借助 SCSI 接口或 SATA 接口进行连接的，并由服务器实现对磁盘阵列中

数据的读取和存储。图 3-25 所示为磁盘阵列与服务器连接的拓扑结构。

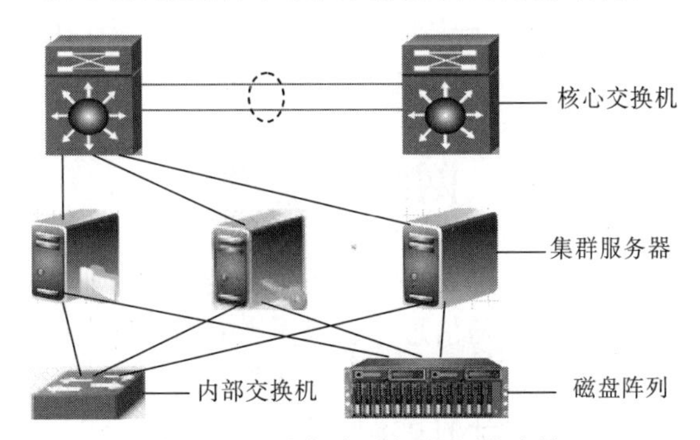

图 3-25　磁盘阵列与服务器连接

3.6.2　NAS

NAS（Network Attached Storage，网络附加存储）是通过网络连接的冗余磁盘阵列，具备了磁盘阵列的所有主要特征，如高容量、高效能和高可靠性。NAS 其实是一种专用文件服务器，它把存储功能从通用服务器中分离出来，使其更加专门化，从而获得更高的存取效率和更低的存储成本。NAS 设备近几年来非常流行，稳定可靠的性能、特别优化的文件管理系统和低廉的价格使 NAS 市场占有率高速增长，特别适合用于实现简单的文件共享和数据存储。图 3-26 所示为威联通 NAS 产品。

将 NAS 直接通过网络接口连接到网络上，只需简单地配置 IP 地址，就可以使其被网络上的用户所共享。NAS 将所有的软件全部固化在其引擎内，因此安装和使用均非常简单。同时，能够支持多种协议和各种操作系统，在网络内的任何一台计算机上，都可以采用 Web 浏览器、FTP 客户端或者网上邻居等方式实现对共享资源的访问和存储。NAS 网络连接方式如图 3-27 所示。

图 3-26　威联通 NAS 产品

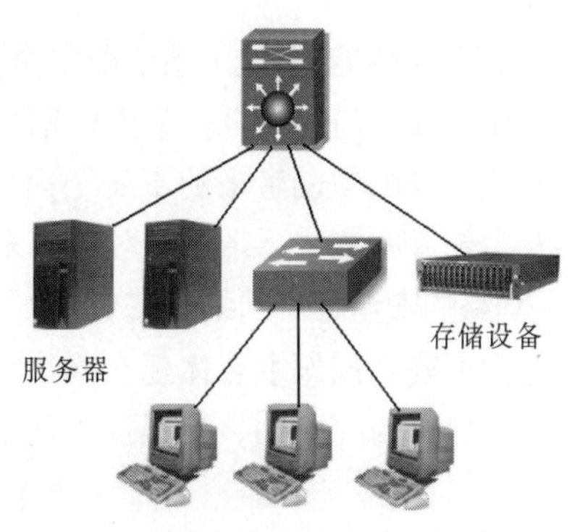

图 3-27　NAS 网络连接方式

NAS 产品具有以下几个引人注意的优点：

① NAS 是真正的即插即用产品，NAS 设备支持多计算机平台，通过网络协议的支持使多个用户可以进入相同的文档。

② NAS 的放置位置比较灵活，无须应用服务器干预，NAS 设备允许在网络上存取数据，这样既可以减少服务器的负荷，又能显著改善网络的性能。

③ NAS 独立于应用服务器，即使相应的应用服务器不再工作，仍然可以从 NAS 中读取数据。

④ 服务器本身不会崩溃，因为它避免了引起服务器崩溃的首要原因，保证了系统的安全性和可靠性。

⑤ 采用一个面向用户设计的、专门用于数据存储的简化操作系统，内置了与网络连接所需的协议，使整个系统的管理和设置更为简单。

3.7 网络安全设计

随着信息化进程的深入和互联网的快速发展，网络化已经成为企业信息化发展的必然趋势，信息资源也得到了最大限度的共享。但是，紧随信息化发展而来的网络安全问题日渐凸出，网络安全问题已成为信息时代人类共同面临的挑战，如果不能很好地解决这个问题，必将阻碍信息化发展的进程。

网络安全设计的重点在于根据安全设计的基本原则，制定出网络各层次的安全策略和措施，然后确定出选用什么样的网络安全系统产品。

3.7.1 网络安全防范体系层次

全方位的、整体的网络安全防范体系是分层次的，不同层次反映了不同的安全问题，根据网络的应用现状和网络结构，可以将安全防范体系的层次划分为物理层安全、系统层安全、网络层安全、应用层安全和安全管理。

1. 物理环境的安全性（物理层安全）

该层次的安全包括通信线路的安全、物理设备的安全、机房的安全等。物理层的安全主要体现在通信线路的可靠性（线路备份、网管软件、传输介质）、软硬件设备安全性（替换设备、拆卸设备、增加设备）、设备的备份、防灾害能力、抗干扰能力、设备的运行环境（温度、湿度、烟尘）、不间断电源保障等。

2. 操作系统的安全性（系统层安全）

该层次的安全问题来自网络内使用的操作系统的安全，如 Windows 系统。主要表现在三方面：一是操作系统本身的缺陷带来的不安全因素，主要包括身份认证、访问控制、系统漏洞等；二是对操作系统的安全配置问题；三是病毒对操作系统的威胁。

3. 网络的安全性（网络层安全）

该层次的安全问题主要体现在网络方面的安全性，包括网络层身份认证、网络资源的访问控制、数据传输的保密与完整性、远程接入的安全、域名系统的安全、路由系统的安全、入侵检测的手段、网络设施防病毒等。

4. 应用的安全性（应用层安全）

该层次的安全问题主要由提供服务所采用的应用软件和数据的安全性产生，包括 Web 服务、电子邮件系统、DNS 等。此外，还包括病毒对系统的威胁。

5. 管理的安全性（安全管理）

安全管理包括安全技术和设备的管理、安全管理制度、部门与人员的组织规则等。管理的制度化极大程度地影响着整个网络的安全，严格的安全管理制度、明确的部门安全职责划分、合理的人员角色配置都可以在很大程度上降低其他层次的安全漏洞。

3.7.2　网络安全设计的基本原则

尽管没有绝对安全的网络，但是，如果在网络方案设计之初就遵循一些安全原则，那么网络系统的安全就会有保障。设计时如不全面考虑，消极地将安全和保密措施寄托在网管阶段，这种事后“打补丁”的思路是相当危险的。从工程技术角度出发，在进行网络系统设计时，应该遵循以下原则。

1. 网络信息安全的木桶原则

网络信息安全的木桶原则是指对信息均衡、全面地进行保护。大家都知道，“木桶的最大容积取决于最短的一块木板”，此道理对网络安全来说也是有效的。网络信息系统是一个复杂的计算机系统，它本身在物理上、操作上和管理上的种种漏洞构成了系统安全的脆弱性，尤其是多用户网络系统自身的复杂性、资源共享性使单纯的技术保护防不胜防。攻击者使用的“最易渗透原则”，必然在系统中最薄弱的地方进行攻击。因此，充分、全面、完整地对系统的安全漏洞和安全威胁进行分析、评估和检测（包括模拟攻击）是设计信息安全系统的前提。安全机制和安全服务设计的首要目的是防止最常用的攻击手段，根本目的是提高整个系统的“安全最低点”的安全性能。

2. 网络信息安全的整体性原则

网络信息安全的整体性原则强调的是网络系统的安全防护、监测和应急恢复。要求在网络发生被攻击、破坏事件的情况下，尽可能地快速恢复网络信息系统的服务，减少损失。因此，网络安全系统应该包括安全防护、安全监测、安全恢复三种机制。安全防护机制是根据具体系统存在的各种安全威胁采取的相应的防护措施，避免非法攻击的进行；安全检测机制是监测系统的运行情况，及时发现和制止对系统进行的各种攻击；安全恢复机制是在安全防护机制失效的情况下，进行应急处理和及时地恢复信息，降低攻击的破坏程度。

3. 安全性评价与平衡原则

对任何网络，绝对安全难以达到，而且也不一定是必要的，所以需要建立合理的实用安全性与用户需求评价和平衡体系。安全体系设计要正确处理需求、风险与代价的关系，做到安全性与可用性相容，做到组织上可执行。评价信息是否安全，没有绝对的评判标准和衡量指标，只能依据系统的用户需求和具体的应用环境，具体取决于系统的规模和范围、系统的性质和信息的重要程度。

4. 标准化与一致性原则

网络系统是一个庞大的系统工程，其安全体系的设计必须遵循一系列的标准，这样才能确保各个分系统的一致性，使整个系统安全地互联互通、信息共享。

5. 技术与管理相结合原则

安全体系是一个复杂的系统工程，涉及人、技术、操作等要素，单靠技术或单靠管理都不可能实现。因此，必须将各种安全技术与运行管理机制、人员思想教育与技术培训、安全规章制度建设等相结合。

6. 统筹规划，分步实施原则

由于政策规定、服务需求的不明朗，环境、条件、时间的变化，攻击手段的进步，安全防护不可能一步到位，可在一个比较全面的安全规划下，根据网络的实际需要，先建立基本的安全体系，保证基本的、必需的安全性。今后随着网络规模的扩大及应用的增加，网络应用和复杂程度的变化，网络脆弱性也会不断增加，调整或增强安全防护力度，保证整个网络最根本的安全需求。

7. 等级性原则

等级性原则是指安全层次和安全级别。良好的网络安全系统必然是分为不同级别的，包括对信息保密程度分级（绝密、机密、秘密、普密），对用户操作权限分级（面向个人及面向群组），对网络安全程度分级（安全子网和安全区域），对系统结构层分级（应用层、网络层、链路层等）。针对不同级别的安全对象，提供全面的、可选的安全算法和安全体制，以满足网络中不同层次的各种实际需求。

8. 动态发展原则

要根据网络安全的变化不断调整安全措施，适应新的网络环境，满足新的网络安全需求。

9. 易操作性原则

首先，安全措施需要人为去完成，如果措施过于复杂，对人的要求过高，本身就降低了安全性。其次，措施的采用不能影响系统的正常运行。

总之，在进行网络总体设计时必须充分考虑安全系统的设计，避免因考虑不周，出了问题之后“拆东墙补西墙”的做法。由于安全与保密问题是一个相当复杂的问题，因此必须注重网络安全管理，要安全策略到设备、安全责任到人、安全机制贯穿整个网络系统，这样才能保证网络的安全性。

3.7.3 网络安全防范措施

既然各种各样的因素威胁着网络系统的安全，为了保证网络系统安全可靠地运行，就必须采用各种相应的网络安全防范措施。

① 安全管理。安全管理包括法律制度的健全以及管理制度和道德规范的约束。1994 年我国颁布的《中华人民共和国计算机信息系统安全保护条例》标志着我国整个计算机安全工作已走上规范化、法制化的道路。

② 防火墙技术。Internet 的防火墙技术目前已比较成熟，简单的防火墙技术可在路由器上直接实现，而专用防火墙可提供更加可靠的网络安全控制方法。

③ 数据加密技术。信息保密是网络安全中关键的一环，数据被发送到网络之前，数据的加密和解密是不可忽视的安全问题，密码技术广泛用于防止传输中的信息和记录存储的信息被窃取、修改和伪造，还可以识别双方身份的真实性。

④ 访问控制技术。访问控制技术是根据预先设定的规则对用户访问某项资源（目标）进行控制，只有规则允许时才能访问，违反预定的安全规则的访问行为将被拒绝。

⑤ 子网划分技术。在网络设计时，把庞大的网络划分成若干部分，每部分分配一个系统管理员，每个管理员对有限个本地用户和主机负责。而作为一个整体来观察网络时，可令外人看不出其部分的划分。同时，当整个网络被分成若干可管理的部分时，每一个任务就更小并更便于控制。

⑥ 更换口令。在系统内使用口令进行身份验证时，应采取恰当的保密措施防止口令字的泄露，同时，不能总使用相同的口令。经常修改口令，可以有效地阻止那些试图通过猜测口令而进行的网络入侵。口令的设计可采用大小写敏感、字母数字特殊、字符混合编排等方法。

3.7.4 网络安全设计的实施步骤

在进行网络系统的整体安全设计过程中，通常可以采用如下基本设计和实施步骤。

1. 确定面临的各种攻击和风险

对计算机网络来说，计算机系统本身的脆弱性和通信设施的脆弱性，共同构成了对计算机网络潜在的威胁，主要有以下几个方面：

（1）自然因素

① 自然灾害：包括地震、雷电、水灾、风灾等不以人们意志为转移的自然灾害。

② 自然环境：温度、湿度、灰尘度和电磁场等。

（2）意外事故

停电、火灾等不可预见的意外事故。

（3）人为的物理破坏

① 非故意：误操作、失误、失职等人为疏忽而造成的事故。

② 故意：未经系统授权，非法地对计算机网络系统的资源进行窃取、复制、修改和毁坏。

（4）计算机病毒

网络技术的发展，使得计算机病毒可通过网络进行传播，从而大大加快了计算机病毒的传播速度，扩大了传播范围。计算机病毒不仅会发生在Windows或DOS系统，而且也会发生在UNIX等系统上，震惊整个计算机界的“蠕虫”病毒即发生在UNIX系统上。计算机病毒由许多不同功能的组件构成，它不仅可分布在同一台计算机上，也可分布在网络系统的其他计算机上。因此，必须对网络化计算机病毒的传播和威胁引起足够的重视。

（5）网络协议分析软件

网络协议分析软件可以用来排除各种网络故障、监视网络系统、防止黑客的侵入，同时它也可以被黑客用来截获并分析网络通信中的所有数据，从而对网络的安全造成极大的威胁。好的网络协议分析软件不仅可以用于分析OSI网络七层模型的每一层的数据包，如广域网中的DDN、帧中继、X.25数据包，局域网中的以太网、令牌环网、FDDI数据包；还可以用于分析各种各样的网络协议（如TCP/IP协议、IBM SNA协议、NETBIOS协议、RLOGIN协议、RIP协议、OSPF等）。对于普通的计算机用户，根本不需要掌握多么深奥的协议理论，可以通过网络协议分析软件来截取网络上的各种数据，这无疑对网络系统的安全问题提出了更高的要求。

（6）黑客攻击

现在，黑客在国际互联网上的攻击活动十分频繁，他们利用Internet的内在缺陷和管理上的一些漏洞非法进入网络系统，修改或毁坏网络系统中的重要数据等。网络的开放性决定了它的复杂性和多样性，随着技术的不断进步，各种各样高明的黑客还会不断出现，同时，他们使用的手段也会越来越先进。

2. 确定安全策略

安全策略是网络安全系统设计的目标和原则，是对应用系统完整的安全解决方案。安全策略的制订要综合以下几方面的情况：

① 系统整体安全性。由应用环境和用户方需求决定，包括各个安全机制的子系统的安全目标和性能指标。

② 对原系统的运行造成的负荷和影响（如网络通信时延、数据扩展等）。

③ 便于网络管理人员进行控制、管理和配置。

④ 可扩展的编程接口，便于更新和升级。

⑤ 用户界面的友好性和使用的方便性。

⑥ 投资总额和工程时间等。

3. 建立安全模型

模型的建立可以使复杂的问题简化，更好地解决与安全策略有关的问题。网络安全系统的设计和实现可以分为安全体制、网络安全连接和网络安全传输三部分。

① 安全体制：包括安全算法库、安全信息库和用户接口界面。

② 网络安全连接：包括安全协议和网络通信接口模块。

③ 网络安全传输：包括网络安全管理系统、网络安全支撑系统和网络安全传输系统。

4. 选择并实现安全服务

① 物理层的安全：物理层信息安全主要防止物理通路的损坏、物理通路的窃听和对物理通路的攻击（干扰等）。

② 链路层的安全：链路层的网络安全需要保证通过网络链路传送的数据不被窃听，主要采用划分VLAN（局域网）、加密通信（远程网）等手段。

③ 网络层的安全：网络层的安全需要保证网络只给授权的客户使用授权的服务，保证网络传输正确，避免被拦截或监听。

④ 操作系统的安全：操作系统安全要求保证客户资料、操作系统访问控制的安全，同时能够对该操作系统上的应用进行审计。

⑤ 应用平台的安全：应用平台指建立在网络系统之上的应用软件服务，如数据库服务器、电子邮件服务器、Web 服务器等。由于应用平台的系统非常复杂，通常要采用多种技术（如 SSL 等）来增强应用平台的安全性。

⑥ 应用系统的安全：应用系统是为用户提供的各种网络服务，应用系统使用应用平台提供的安全服务来保证其基本安全，如通信内容安全、通信双方的认证和审计等手段。

5. 安全产品的选型

网络安全产品主要包括防火墙、用户身份认证、网络防病系统等。安全产品的选型工作要严格按照企业（学校）信息与网络系统安全产品的功能规范要求，利用综合的技术手段，对产品功能、性能与可用性等方面进行测试，为企业、学校选出符合功能要求的安全产品。

3.8 网络工程方案设计

视频

网络工程方案设计

3.8.1 网络工程设计方案的基本内容

一个完整的设计方案，应包括以下基本内容：

1. 设计总说明

对网络工程起动的背景进行简要的说明。主要包括：

① 技术的普及与应用。

② 业主发展的需要（对网络需求分析报告进行概括）。

2. 设计总则

在这一部分阐述整个系统设计的总体原则。主要包括：

① 系统设计思想。

② 总体目标。

③ 所遵循的标准。

3. 技术方案设计

对所采用的技术进行详细说明，给出全面的技术方案。主要包括：

① 整体设计概要。

② 设计思想与设计原则。

③ 综合布线系统设计。

④ 网络系统设计。

⑤ 网络应用系统平台设计。

⑥ 服务器系统安全策略。

4. 预算

对整个系统项目进行预算。主要内容包括整个系统的设备、材料用量表，系统建设费用，对建设成本进行分析。最后，以综合单价法给出整个系统的预算表。

5. 项目实施管理

对整个项目的实施进行管理与控制。主要包括：

① 项目实施组织构架及管理。

② 奖惩体系。

③ 施工方案。

④ 技术措施方案。

⑤ 项目进度计划。

⑥ 对业主配合的要求。

6. 供货计划、方式

主要描述项目的材料、设备到达现场的计划以及供货方式。

7. 培训工作计划、方式

在此项目实施过程中，对业主方相关人员进行的所有培训计划。主要包括：

① 培训的内容。

② 培训的方式。

③ 培训的时间安排。

④ 培训教师资历等。

8. 技术支持及售后服务工作计划、方式

主要内容包括：

① 技术支持方式。

② 技术支持内容。

③ 售后现场服务的内容。
④ 售后现场服务的时限规定。
⑤ 售后现场服务质量保证措施。
⑥ 公司的其他相关规定。

9. 公司近几年的主要业绩

列出公司近几年内在网络系统工程方面的主要业绩，并根据要求附上合同原件或复印件。

10. 公司的资质

主要包括公司营业执照、税务登记证、法定代表人授权书、生产厂商的产品授权书、企业资质证书、投标人的资信证明、银行担保函、ISO 等质量认证体系认证证书以及与此项工程有关的其他资信证明材料的原件和复印件。

3.8.2 方案书写的一般原则

1. 用词与语法

方案书写时，尽量使用通俗易懂的语言，用词准确，避免造成歧义。在用到新专业词汇时，应适当给予注解。

2. 图形符号

方案中的图表要使用专业的工具软件制作。尤其是图形，要使用标准的符号集。

3. 文档格式

一般建议采用 Word 文档格式。

4. 能准确表达设计工程师的意图

（略）

5. 尽量避免枯燥乏味的专业词汇罗列

实际操作中应注意以下几点：
① 所描述的设计应能解决需求文档中所列出的问题。
② 相关技术支持与售后服务的承诺要保证真实、可行，以免引起纠纷。
③ 定稿时，应要求所有参与设计的人员讨论通过并签名。

3.8.3 方案的修改

在某些技术方面需要修改时，由相应的设计工程师提出书面请求，报部门经理批准并召开所有参与设计人员的会议讨论通过，以防止个别方面的改动影响其他模块功能实现时的技术可行性，同时应对预算进行修改。

技术支持与服务承诺的变更，要经过公司分管副经理或经理的批准。

3.8.4　方案的印刷与装订

定稿后的设计方案的印刷和装订应遵循以下原则：

1. 保密原则

任何的设计方案泄密都会给公司造成重大的损失。所以在印刷装订期间应注意设计方案的保密工作。要防止非授权以外的人员接触设计方案的草稿和正式文稿，为此应制定相应的保密制度。

2. 高质量印刷

一般采用激光打印机输出，而后进行复印。如果设计中用到彩图，应使用彩色激光打印机或彩色喷墨打印机打印输出，以保证设计方案中图的质量。

作为正式的投标用设计方案，其印刷质量的好坏对投标的结果有一定的影响。

3. 专业化装订

网络工程设计方案的装订应精美，以体现其专业化方面的精益求精。印刷质量与装订方式从细节上体现了一个公司的管理水平，所以应认真对待，尽量做到专业化。另外，在设计方案装订时，最好在各部分中间加上彩色分隔页。

3.9　网络系统设计实例

3.9.1　校园网的规划与设计

高校校园网络作为教育信息化的技术手段，是教育面向现代化、面向世界、面向未来的物质技术基础，是一流高等教育的重要标志。自古以来，教育就是一个永恒的话题，教育信息化建设的成功与否将被赋予新的内涵。在当今移动互联网爆炸式发展的背景下，推陈出新的信息技术赋予了“互联网+”战略前所未有的正能量，我国高校的信息化工作也由此进入了一个崭新的阶段。

自从 1992 年 12 月我国第一个采用 TCP/IP 体系结构的校园网（清华大学校园网）建成并投入使用以来，我国高校校园网迅速普及，迄今其覆盖率已经达到 100%。但是，随着国内大学办学规模的不断扩大和应用需求的不断增长，对校园网的传输带宽、网络安全、网络管理等都提出了更高的要求，如何在这种背景下，将校园网络建设成为既满足当前应用需求，又能适合长远发展的高速、灵活、高可靠的网络系统平台，是每一个网络建设人员所要面对和需要探讨的严峻课题。

1. 校园网的特点和基本需求

校园网虽然属于典型的园区网络，但其在网络性能、安全管理、技术前瞻性等方面的要求却远远超出普通的园区网。

① 校园网的覆盖范围不断扩大。很多学校通过建设新校区或学校间的合并，使学校的网络覆盖范围超越了一般园区网的范畴，而形成了一个综合性的网络系统，其规模甚至已经超过了很多城域网。因此，在校园网系统设计时必须统盘考虑。

② 校园网信息结构的多样化。校园网应用范围非常广泛，如校园办公自动化、校园一卡通、数字图书馆、远程教学、FTP 服务、联网游戏、视频点播、视频聊天等，不同的网络应用对网络的响应速

度和网络的传输带宽均有不同的质量需求。

③ 校园网需要高速的局域网连接。校园网是面向校园内部师生的网络，其网络应用中包含着大量的多媒体信息，故大容量、高速率的数据传输是网络的一项基本要求。

④ 校园网的安全可靠程度不断提高。校园网中搭建有各种各样的网络服务器，如文件服务器、档案服务器、计费服务器等，其中存放着大量的重要数据，不论是被损坏、丢失还是被窃取，都将带来极大的损失。

⑤ 操作方便，易于管理。校园网面积大、接入复杂，网络维护必须方便快捷，设备网管性强，方便网络故障排除。

⑥ 认证计费。校园网应能够方便地对用户进行认证并具有丰富的计费策略，有效地保证网络利用效率。

2. 校园网设计思想

校园网建设是一项综合性非常强的系统工程，它包括了网络系统的总体规划、硬件的选型配置、系统管理软件的应用以及人员培训等诸多方面。因此在校园网的建设工作中必须处理好实用与发展、建设与管理、使用与培训等关系，从而使校园网的建设工作健康稳定地开展。

进行校园网总体设计，首先要进行深入的需求调查，明确学校的性质、任务和改革发展的特点及系统建设的需求和条件，对学校的信息化环境进行准确的描述；其次，在应用需求分析的基础上，确定学校 Internet 服务类型，进而确定系统建设的具体目标，包括网络设施、站点设置、开发应用和管理等方面的目标；第三，确定网络拓扑结构和功能，根据应用需求建设目标和学校主要建筑分布特点，进行系统分析和设计；第四，确定技术涉及的原则要求，如在技术选型、布线设计、设备选择、软件配置等方面的标准和要求；第五，规划和设计校园网建设的实施步骤。

3. 大学校园网总体设计

目前，大学校园网主要有单校区校园网和多校区校园网两种类型，从某种程度上来说，单校区的校园网与多校区校园网中的校区一级网络非常相似，只是单校区校园网的网络核心设备通常也是采用三层交换机。

对于多校区的大学校园网来说，其核心层通常可以采用多核心的环状拓扑结构设计（也可以采用双核心结构），核心设备均选用高性能的三层交换机，并采用链路汇聚方式将各个核心设备相互连接，从而实现核心设备之间的无阻塞数据交换，并实现链路的冗余备份和负载均衡。

核心交换机与汇聚层交换机、堆叠交换机之间通常采用两条高速链路连接，实现主干链路的冗余备份。汇聚层交换机与接入层交换机之间最好也采用 1 000 Mbit/s 连接，保证所有接入计算机能够获得高速的上行链路。校园网借助两条链路分别接入 CERNET 和中国联通（或中国电信），并将其置于网络防火墙的保护之下。校园网总体拓扑结构如图 3-28 所示。

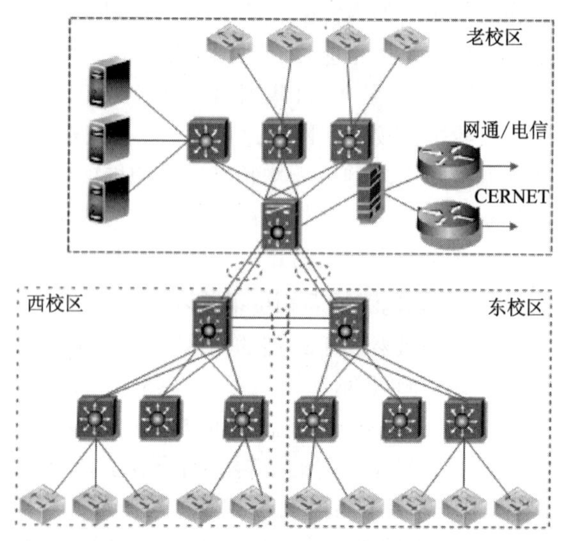

图 3-28 校园网总体拓扑结构

4. 单校区校园网核心设计

由于单校区校园网络的计算机数量相对较少，所以大多采用双核心或单核心接入方式，即将所有的汇聚层交换机和网络服务器都连接至核心交换机，实现所有设备和数据在核心交换机的汇聚和交换。同时，视投资额的数量设计适当的设备和链路冗余。

（1）核心冗余方案

校园网设置两台核心交换机，借助两条高速链路进行汇聚连接。所有的汇聚层交换机和堆叠交换机以 1 000 Mbit/s 链路分别连接至两台核心交换机，以实现链路冗余。当两台核心交换机都能正常工作时，分担所有汇聚设备的接入和数据通信，实现网络接入的负载均衡。当其中一台核心设备发生故障时，由另一台核心设备迅速承担全部交换任务，以保证网络的稳定运行。核心层冗余拓扑结构如图 3-29 所示。

（2）链路冗余方案

当校园网只设置一台核心交换机时，所有的汇聚层交换机和堆叠交换机均以两条 1 000 Mbit/s 链路连接至核心交换机的不同业务插板，实现主干链路的冗余备份。当核心交换机的某个业务板、汇聚层交换机的某个模块或某条主干链路发生故障时，另一条主干链路能够及时由备份状态改变为激活状态，从而保证网络主干的稳定连接。汇聚层链路冗余拓扑结构如图 3-30 所示。

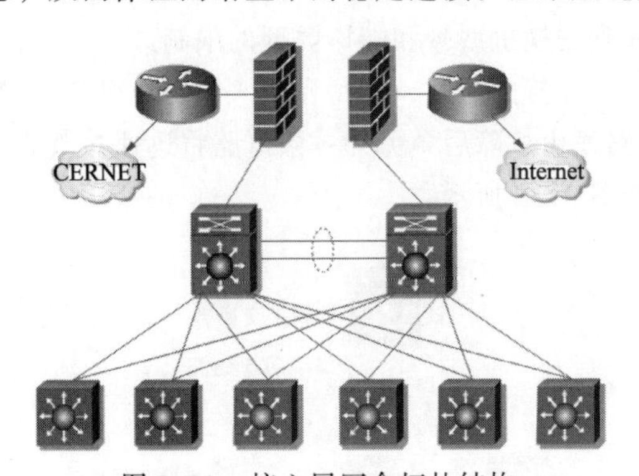

图 3-29 核心层冗余拓扑结构

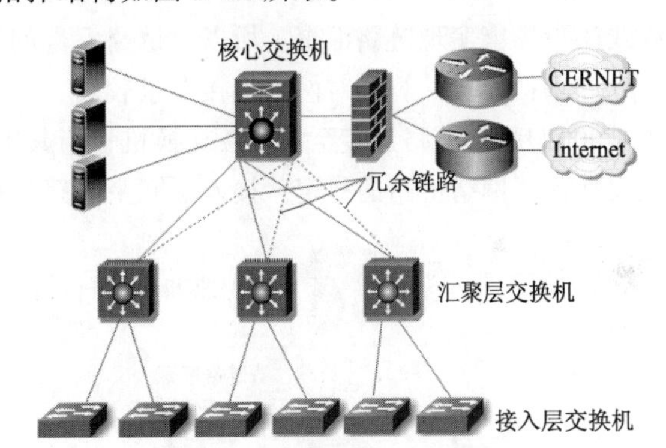

图 3-30 汇聚层链路冗余拓扑结构

对于一个单核心的校园网系统来说，采用链路冗余方案，可以保证任何一条网络链路发生故障时，都不会影响核心交换机与汇聚层交换机的连接，从而在很大程度上保证了网络连接的稳定性。然而，一旦核心交换机发生故障，将导致整个网络的瘫痪。不过，可以通过采用核心交换机关键部件冗余，特别是交换引擎冗余等方式来尽量提高核心交换机的可靠性，最大限度地确保网络系统的稳定运行。

在一个单核心的校园网系统中，由于只需购置一台核心交换机，节省了部分建设投资，适用于规模较小且对稳定性没有太高要求的校园网络。

（3）简单链路方案

校园网只设置一台核心交换机，所有的汇聚层交换机和堆叠交换机以一条 1 000 Mbit/s 链路，连接至核心交换机，实现主干链路的高速连接。当某台汇聚层交换机或某条主干链路发生故障时，不会影响其他子网络的正常运行。汇聚层简单链路拓扑结构如图 3-31 所示。

由于只需购置一台核心交换机，并且采购的业务板数量和GBIC或SFP模块数量较链路冗余方案减少一倍。因此，该方案的投资额最低，但安全性最差，只适用于规模较小且对稳定性没有太高要求的校园网络。该方案对网络稳定的唯一保障，是选择支持交换引擎和其他关键部件冗余的交换机，以保证核心交换机的稳定。

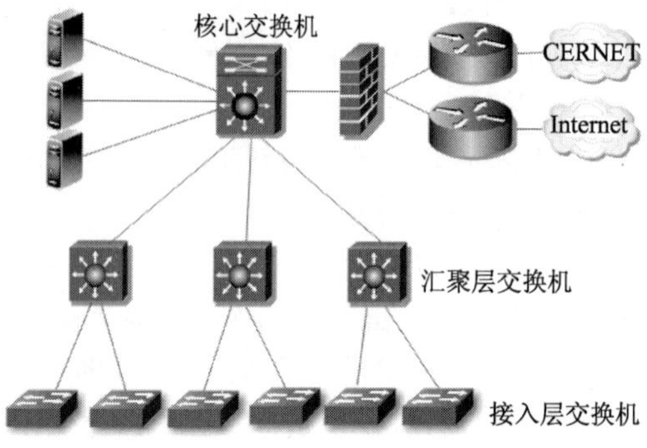

图3-31　汇聚层简单链路拓扑结构

5. 网络汇聚层设计

汇聚层交换机与接入层交换机之间，根据对网络稳定性、网络带宽的要求不同，既可以采用冗余连接，也可以采用简单连接。

（1）网络汇聚层拓扑设计

如果不仅计算机数量较多，而且对网络带宽有较高的要求，那么应当采用链路汇聚（两条或四条1 000 Mbit/s链路）的方式。这样，既可以成倍提高接入层交换机与汇聚层交换机之间的网络带宽，同时还提供了链路冗余，从而提供稳定、高速的网络连接。汇聚层链路汇聚拓扑结构如图3-32所示。

GBIC和SFP接口不能实现链路汇聚，只有固定端口的光纤端口（100 Mbit/s或1 000 Mbit/s）和双绞线端口才能实现链路汇聚。所以，链路汇聚的实现要受到交换机型号和端口类型的限制。

如果接入层计算机对网络连接要求较高，应当采用冗余连接的方式，即每台接入层交换机都有2条1 000 Mbit/s链路连接至汇聚层交换机；当其中一条链路发生故障后，另外一条链路将迅速被激活，从而保证了网络链路的稳定。接入层冗余链路拓扑结构如图3-33所示。

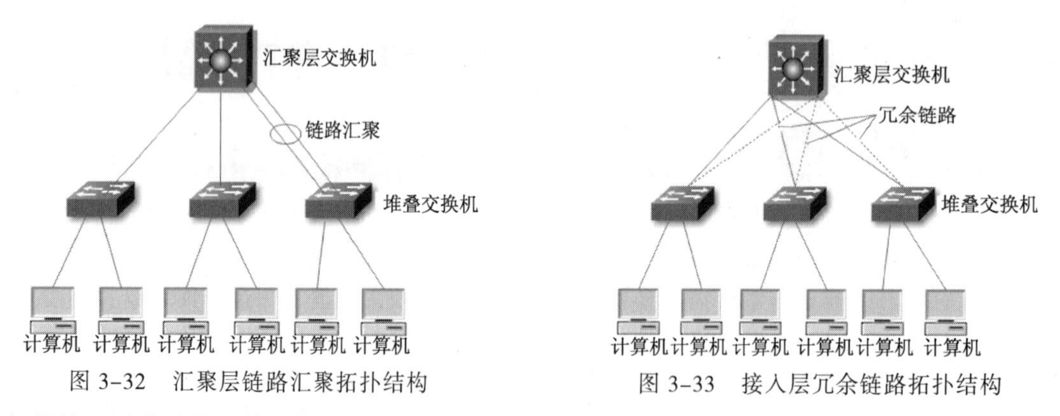

图3-32　汇聚层链路汇聚拓扑结构

图3-33　接入层冗余链路拓扑结构

如果接入层的计算机数量较少，且对网络链路稳定性没有较高的要求，也可以采用简单链路方式，只用一条1 000 Mbit/s链路连接接入层交换机和汇聚层交换机，以节约设备购置费用。然而，一旦该链路发生故障，那么接入层交换机所连接的所有网络终端设备，都将失去与校园网络的连接。

（2）汇聚层设备选择

根据楼宇内的计算机数量，以及子网规模和应用需求，决定应当选择汇聚层交换机的类型。对于较大规模的子网（如图书馆、计算机系、学生公寓、办公大楼等）而言，应当选择拥有较高性能的模块化三层交换机；而对于较小规模的子网（如实验楼、阶梯教室楼等），则可以选择固定端口三层交换机。固定端口的三层交换机能够同时提供多个高速专用堆叠端口和百兆位、千兆位光口/电口，在提

供高密度千兆位端口接入的同时，还能够满足汇聚层智能高速处理的需要，并保留必要时在楼宇内实现三层交换的可能。模块化交换机能够提供更多的端口数量，更多的端口类型，能适应更为复杂的网络环境，实现更加灵活的部署。汇聚层交换机都应具备较强的多业务提供能力，可支持包括智能的 CCL、MPLS、组播在内的各种业务，为用户提供丰富、高性价比的组网选择。

6. 接入层设计

随着校园网络服务和应用的不断深入，在网络边缘出现了用户数量增加、桌面计算能力提高、用户数据量剧增、高敏感数据应用增加、多种终端设备并存等新趋势。鉴于这一趋势，在接入层设计过程中，除了应当提供高速的网络连接外，还应当进一步加强校园网络对边缘接入层面的安全控制能力。用户可以根据需要来定制自身的安全策略并部署在此交换机上。同时，接入层交换机还应当支持一些安全功能，如 CPU 防攻击能力、防流量攻击病毒的能力、防组播、广播攻击的能力；使交换机能够智能地自动阻断或隔离内外部的攻击和网络病毒。除此之外，交换机还应具备多个专用堆叠接口，可满足楼层、楼宇内多个交换机高性能汇聚的需要。

（1）接入层堆叠设计

对于计算机机房、电子阅览室、学生公寓等接入计算机数量很大的接入场所，应当采用可堆叠交换机，以提供大量的 100 Mbit/s 端口。接入交换机之间以高速堆叠模块相互连接在一起，并借助 1 000 Mbit/s 链路实现与汇聚层交换机之间的连接。为了提高网络稳定性和网络带宽，可以将 2～4 条千兆位链路绑定在一起，借助链路汇聚技术实现链路冗余、负载均衡和带宽倍增，以确保所有计算机都能够无阻塞地实现与校园网络的连接。

（2）接入层链路汇聚设计

如果所连接的计算机数量较多，且接入层交换机不支持堆叠，那么可以使用链路汇聚的方式实现接入层交换机之间的高速连接，既增加了接入层交换机之间的互连带宽，又提高了连接的稳定性。特别是对于只拥有 100 Mbit/s 端口的交换机而言，链路汇聚无疑是接入层交换机之间高速连接的最佳选择，同时也是用于代替 1 000 Mbit/s 连接的最廉价方案。

（3）接入层级联设计

如果接入网络的计算机数量较多，需要由多台交换机才能满足时，也可以采用最简单的级联方式。当然，如果接入层交换机拥有 1 000 Mbit/s 端口，那么采用级联方式也可以实现接入层交换机之间的高速连接。但是，如果交换机只拥有 100 Mbit/s 端口，那么这种连接方式将无法满足接入计算机与校园网络高速通信的需求。

（4）接入层设备选择

接入层设备最好采用拥有 24～48 个 10/100 Mbit/s 端口的固定配置可网管交换机，并拥有 2～4 个 SFP、GBIC 或 1000Base-T 端口，以实现与汇聚层交换机的相互连接，或实现彼此之间的互连。对一些需要提供远程供电的特殊需求（如 IP 电话和瘦无线 AP），还应当支持 PoE 功能。

7. 服务器的部署与连接

对于校园网络而言，最重要的不外乎两件事情：一是保证网络链路的畅通，实现校园网络连接和 Internet 连接共享；二是保证网络服务器的稳定和高效，向校园网用户提供不间断的高速网络服务。

（1）服务器的部署

为了进一步提高校园网的安全性，更有效地避免一些互连应用需要公开而与内部安全策略相矛盾的情况发生，通常需要对网络防火墙进行 DMZ 配置，设立一个非安全系统与安全系统之间的缓冲区（即 DMZ 区）。对于一些对安全性要求不高，并且需要对外发布的服务器（如学校的 Web 服务器、FTP 服务器和论坛等），可以直接放置在网络防火墙的 DMZ 区域，以保证外部网络能够获得对该服务器群组的高速访问。而对于一些存储有敏感数据，对网络安全性要求非常严格的服务器（如数据库服务器、计费服务器、办公 OA 服务器、应用服务器等），则必须将其置于网络防火墙的保护之后，从而使之尽量避免来自网络内外的网络攻击，确保其数据的完整和安全。服务器部署如图 3-34 所示。

（2）服务器的连接

服务器与交换机的连接可以采用链路汇聚连接和简单连接两种方式，对于某些需要保证网络连接稳定的服务器（如 DHCP 服务器、DNS 服务器等），可以借助链路汇聚连接方式，实现服务器与交换机之间的冗余连接。特别是当网络服务器的数量较多时，最好采用服务器群集设计策略。

服务器集群是指将很多服务器集中起来一起进行同一种服务，在客户端看来就像是只有一个服务器。一个服务器群集包含多台拥有共享数据存储空间的服务器，各服务器之间通过内部局域网互相连接；当其中一台服务器发生故障时，它所运行的应用程序将被与之相连的其他服务器自动接管。服务器群集适用于为校园网络提供高性能、稳定的网络服务，如数据库服务、视频点播服务、Web 服务、教务管理系统等。一旦在服务器上安装并运行了群集服务，该服务器即可加入群集，加入群集的服务器使用两条 1 000 Mbit/s 链路，分别连接至堆叠交换机上，而堆叠交换机以链路汇聚方式，分别连接至两台核心交换机，实现链路冗余。服务器集群连接如图 3-35 所示。

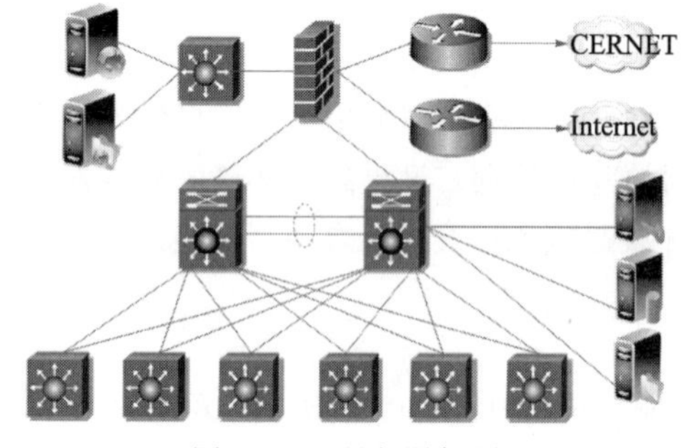

图 3-34　服务器部署

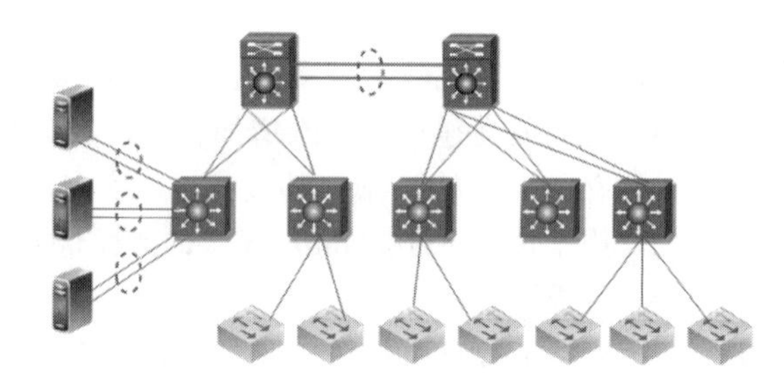
图 3-35　服务器集群连接

当网络服务器的数量较少且核心交换机的高速端口较多时，也可以将服务器直接连接到核心交换机上，这样可以有效地减少服务器数据流经过的网络设备数量，提高传输速度。

（3）交换机选择

由于网络服务器需要为整个校园网提供网络服务，并发连接数量和数据流量都非常大，因此，对交换机的性能要求非常高。通常情况下，用于连接服务器的交换机应当是千兆位交换机，并拥有 2 ~ 4 个 10 Gbit/s 端口，以实现与核心交换机的高速连接。当然，该交换机还必须支持链路汇聚，以获取更高的网络带宽和连接稳定性。

8. 校园网出口设计

教育科研网的计费方式与中国联通、中国电信等其他 ISP 的计费方式有所不同。大多数 ISP 只是按照接入带宽收取固定的线路租赁费用，而教育科研网除按接入带宽收取相应的月租费外（其中包含国内流量的费用），还按照实际发生的国际流入量收取国际流量分担费用。因此，校园网可采取的接入

方式有两种：一是只接入教育科研网，然后采取严格的计费方式，将所发生的国际流量分摊至相应的用户；二是同时接入教育科研网和其他 ISP（如中国联通、中国电信等），对教育科研网的访问直接路由至 CERNET，而对其他网络的访问（如非免费列表中的 IP 地址）则路由至 Internet，从而既保证了对所有网络的快速访问，又能将接入费用降至最低。

（1）双路由设计

两台核心交换机分别连接至网络防火墙和路由器，并且在核心交换机设置策略路由，实现 Internet 访问的分流。同时，实现 Internet 连接冗余，确保 Internet 连接的稳定和可靠。双路由出口如图 3-36 所示。

（2）单路由设计

如果校园网对 Internet 连接要求不是很高，同时投入的资金也非常有限，可以采用单路由方案，并在路由器上设置路由策略，以实现对 CERNET 和 Internet 的访问。单路由出口如图 3-37 所示。

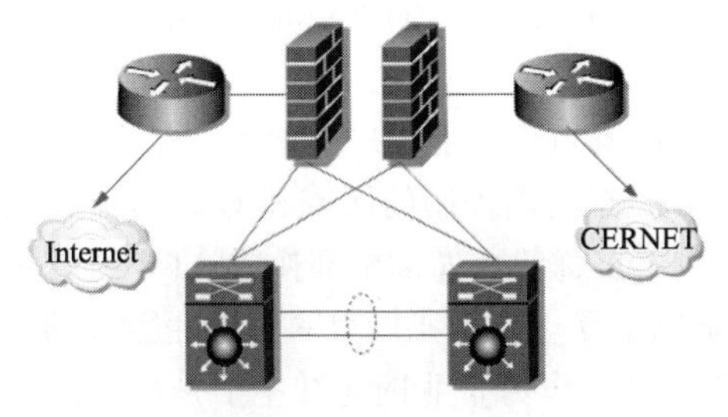

图 3-36　双路由出口

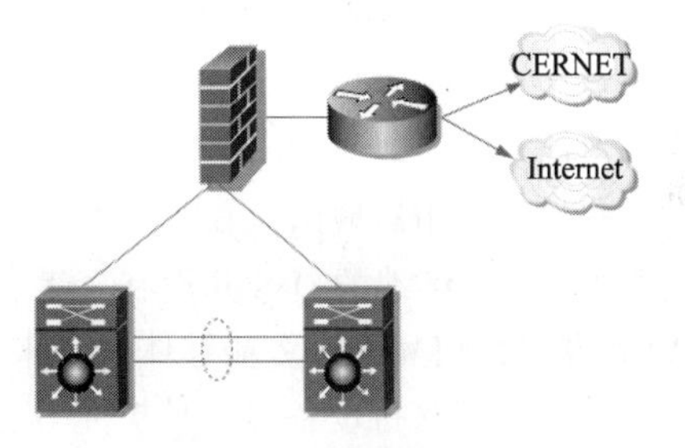

图 3-37　单路由出口

（3）路由器设备选择

校园网接入 CERNET 的用途大多是图书馆或报刊数据库资料检索，因此，数据流量往往并不大，因此，对路由器的性能要求也不高。通常情况下，可以选择中低端的集成多业务路由器。由于 Internet 通常采用 LAN 或城域网接入方式（光纤接入），而且 ISP 提供的合法 IP 地址有限，因此，通常采用 NAT 方式实现 IP 地址转换。这样，就需要选择性能较高的路由器。

（4）网络防火墙的部署

由于 CERNET 采取国内流量包月、国际流量按流量计费的方式，所以许多学校都采用两条 Internet 链路，一条接入 CERNET，一条接入城域网。因此，通常也就需要两台网络防火墙，分别置于 CERNET 路由器的后端和城域网光电收发器的后端。鉴于校园网数据流量较大，建议购置高性能的硬件防火墙。

3.9.2　企业网的规划与设计

1. 系统建设目标

建设一个千兆主干、百兆到桌面的企业网络系统，该系统要求采用多模光纤连接企业中的主要工厂建筑物，并与建筑物内各部门的计算机、局域网（LAN）互连；对外与 Internet 互连，形成一个高速、高性能、开放的企业网络系统，为全体企业员工提供一个先进、快捷、方便的信息交流、资源共享、科学计算和科研合作的基础环境，促进职工培训、科研和行政管理工作的全面提高和发展。

2. 具体目标

① 采用主干—子网—用户的三级结构，首先建成连接企业内部主要部门、工厂、行政大楼的企业

主干网。

② 主干网采用具有第三层交换功能的千兆以太网技术和GEC技术相结合的方式与二级子网互连。

③ 采用TCP/IP协议为主，兼顾其他标准的网络体系结构。

④ 可同时传输数据、语音、图形、图像及视频信息。

⑤ 提供广泛的资源共享和综合的网络服务。

⑥ 开发符合企业实际需要、具有企业特色的网络应用系统。

3. 需求分析

企业将建立全方位的信息管理系统，因此需要建设高性能的企业网，实现数据管理、电子邮件、多媒体通信、数据库管理信息系统，以及实现内部局域网的互连，并且和Internet互连。其企业网应是一个以宽带IP网为目标，建立数据、语音、视频三网合一的一体化网络。为提高网络可靠性及安全性，需要在主干网采用光纤布线。在设备方面，应选择有企业网成功案例的网络厂商的设备，同时为Internet、拨号用户和移动用户提供接口。网络还应具有良好的扩展性。

从目前大型企业应用的情况来看，企业网主要的性能受交换机包交换能力的影响。如果选用ATM方案，则需要采用局域网仿真（ELAN），这样就会造成ATM的端到端控制的区域和QoS的优势仅仅体现在主干上，终端的QoS并没有真正实现，而且价格方面也不占优势；如果全部换成ATM到桌面的纯ATM方案，ATM的优势能够体现出来，但是费用又高得难以承受。而千兆以太网具有性能可靠、符合国际标准、可支持设备多、易扩充等特点，因此采用千兆以太网作为企业网光纤主干是性价比较高的选择。

4. 企业网的拓扑结构设计

整个企业网的拓扑结构设计为倒树状分层拓扑机构，共分为三级，如图3-38所示。

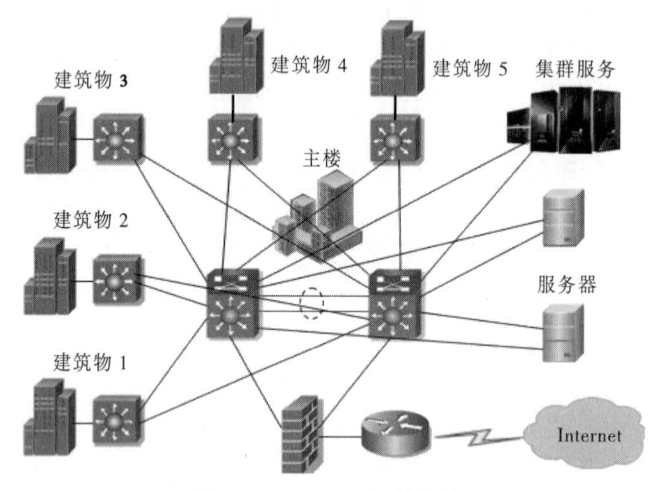

图3-38　企业网拓扑结构

① 第一级是企业网的千兆主干网络，属核心层。千兆核心交换机的任务是将各个子网分布路由后的信息间接快速地交换到目的地址，起到信息快速通道的作用。网络主干连接的对宽带和可靠性要求很高的网络设备（如服务器群、汇聚层交换机、边缘路由器等）安装在企业内部的网络中心。

② 第二级是设置在企业内主要建筑物中各部门、厂房的汇聚层交换机，并通过多模光纤上连到核

心交换机，通过超 5 类双绞线下连到三级交换机。

③ 第三级交换机直接连接用户的计算机，属接入层。

按照这样的层次划分有以下特点：结构清晰，易于设计和管理，大大提高了网络的扩充能力；网络拓扑结构与实际应用的组织结构相一致，便于安全管理，减轻网络的数据流量；根据不同层次和实际经济承受能力，选择相应的网络设备和硬件设备，使投资更合理。总之，采用层次化的网络设计，其优点是便于网络管理，优化网络性能，增强网络的扩展性。

（1）网络核心层设计

网络核心层是网络的中心枢纽，其功能是实现高性能的交换和传输。因此核心层设备应该是高性能的交换机，可实现高速度的交换传输，以连接服务器等核心设备；并且非常可靠，可实现不间断工作。考虑企业网络应用的复杂性和多样性、需要提供最佳的性能、可管理性和灵活性及投资保护，因此企业网络主干采用两台华为 S7706 交换机（见图 3-39）作为核心交换机来连接各级交换机，以进一步提高网络的交换能力、系统的互动性和系统的实时性。表 3-5 给出了华为 S7706 的主要参数。

图 3-39　华为 S7706 交换机

表 3-5　华为 S7706 的主要参数

主要参数	
产品类型	路由交换机、POE 交换机
应用层级	三层
传输速率	10/100/1 000 Mbit/s
交换方式	存储—转发
背板带宽	19.84/86.4 Tbit/s
包转发率	3 240/26 400 MPPS
端口参数	
端口结构	模块化
扩展模块	6 个业务槽位
功能特性	
VLAN	支持 Access、Trunk、Hybrid 方式 支持 Default VLAN 支持 VLAN 交换 支持 QinQ、增强型灵活 QinQ 支持基于 MAC 的动态 VLAN 分配
QoS	支持基于 Layer2 协议头、Layer3 协议、Layer4 协议、802.1p 优先级等的组合流分类 支持 ACL、CAR、Remark、Schedule 等动作 支持 PQ、WRR、DRR、PQ+WRR、PQ+DRR 等队列调度方式 支持 WRED、尾丢弃等拥塞避免机制 支持流量整形

续表

组播管理	支持 IGMPv1/v2/v3、IGMP v1/v2/v3 Snooping 支持 PIM DM、PIM SM、PIM SSM 支持 MSDP、MBGP 支持用户快速离开机制 支持组播流量控制 支持组播查询器 支持组播协议报文抑制功能 支持组播 CAC 支持组播 ACL
网络管理	支持 Console、Telnet、SSH 等终端服务 支持 SNMPv1/v2/v3 等网络管理协议 支持通过 FTP、TFTP 方式上载、下载文件 支持 BootROM 升级和远程在线升级 支持热补丁 支持用户操作日志
安全管理	802.1x 认证，Portal 认证 支持 NAC 支持 RADIUS 和 HWTACACS 用户登录认证 命令行分级保护，未授权用户无法侵入 支持防范 DoS 攻击、TCP 的 SYN Flood 攻击、UDP Flood 攻击、广播风暴攻击、大流量攻击 支持 1K CPU 通道队列保护 支持 ICMP 实现 ping 和 traceroute 功能 支持 RMON

华为 S7706 交换机为企业网提供了一组高性能、多层交换的解决方案。华为 S7706 具备强大的网络管理功能，用户机动性、安全性、高度实用性和对多媒体的支持能力都很高。

企业网中两台核心交换机，将两条线路整合起来从而增加交换机之间的连接带宽，且两条线路彼此互为备份并实现负载均衡。倘若任何一条千兆线路连路出现故障，则自动切换到另一条线路上去，保障网络畅通。

（2）汇聚层交换机的设计

汇聚层交换机即各部门、厂房子网内的主交换机。各汇聚层通过 1 000 Mbit/s 光纤与千兆以太网主干连接，形成网络的高速主干。企业网各部门间主干线路均采用千兆连接，各个楼宇通过各自的一台华为 S5735S 交换机（见图 3-40）组成自己的子网，可以根据各自的安全管理需要和信息需要，通过汇聚层交换机内置的三层交换技术，将子网内外的信息安全有效地进行过滤交换，互连到核心交换机，完成分布式路由。

协议简单可靠、倒换性能高、维护方便、拓扑灵活，可以大大方便用户进行网络的管理和规划。S5700 系列支持双电源冗余供电，也可以交、直流同时输入，从而实现了跨设备的链路聚合和链路负载分担功能，极大地提升了接入侧设备的可靠性。用户可灵活选择单电源工作模式或者双电源工作模式，提高了设备可靠性。

（3）接入层交换机的设计

每一个部门、厂房内部按照各自不同的端口需求量和信息速度需求量配置一定数量的华为（HUAWEI）24 口百兆以太接入交换机：S2700-26TP-EI-AC 交换机（见图 3-41），背板带宽为 32 Gbit/s。

交换技术避免了使用集线器时多个用户共享网段造成的冲突和拥塞，大大了提高网络性能。

图 3-40　华为 S5735S 交换机

图 3-41　华为 S2700 交换机

5. 服务器群架构

企业网服务器全部选用 Oracle 公司的 ENTERPRISE SEVER450、ULTRA10，运行 UNIX 网络操作系统。其中主服务器上运行企业网的 WWW、FTP、DNS 和流媒体服务等；另外还配备了电子邮件和数据库服务器、代理服务器等。所有服务器都带有 RAID 卡和可插拔硬盘，极大提高了系统的冗余和可靠性，并且配备专用存储设备进行数据备份。

6. 网络安全防护方案

企业网在实现时重点考虑了信息系统整体的安全控制策略和重要设备的安全控制，在服务器上同时运行 Cisco Secure ACS for UNIX 软件，保证需要访问交换机、路由器等关键设备的用户能通过 TACACS + 进行认证，并记录该用户的访问行为；在各个路由器上进行 ARP 控制、通过启动路由器的各种控制防止源路由攻击、SYN 流攻击和网络号诈骗等来启动关机设备的 SYSLOG 功能；通过网管进行相应管理和跟踪，在主服务器上运行 XINETD 等软件，限定和控制主机提供的服务。

信息系统的安全主要是通过应用信息系统本身的安全控制机制以及通过路由器上设置的访问控制列表来实现的，并从 Internet 上免费获取 NETSCAPE CERTIFFICATE SERVER 安全认证系统，为邮件和自行开发的信息系统提供数字签名、密钥分配管理、加密解密等功能。

为了增强网络的安全，企业网中引入 Cisco 特有的网络安全工具——NETSONAR 软件。该软件可以对网络的安全性进行主动性审计、安全性监测、设置定期检查、跟踪不安全因素，并及时向网络管理人员发出警告。

7. 总结分析及技术点评

网络系统集成项目从设计、选购设备到使用管理这一系列过程的好坏在很大程度上决定了一个项目是否成功。网络系统集成是一项整体性、综合性的工作，不但要强调其整体性，还要明确局部管理工作的重要性。局部管理工作一般体现在项目生命周期的每一个阶段当中，某一过程（或环节）管理的成败，通常会影响到其他过程和阶段，甚至是项目整体管理。

因此，网络系统集成从设计到实现过程相互联系、相互作用、相互影响，如何使整个管理过程最优化，不但要强调点（各阶段、过程），还要强调面（整体化），更要强调点与点之间、点与面之间结合的有效性，最终在相互作用和影响中取得项目管理的成功。

习　题

一、选择题

1. 以下关于网络拓扑结构的描述中，错误的是（　　）。

A. 大中型企业网、校园网或机关办公网基本上都采用了二层网络结构

B. 不同的网络规模和层次结构对核心路由器与接入路由器的性能要求差异很大

C. 拓扑结构对网络性能、系统可靠性与通信费用都有很大影响

D. 大型和中型网络系统采用分层的设计思想，是解决网络系统规模、结构和技术的复杂性的最有效方法

2. 网络设计涉及的核心标准是（　　）和 IEEE 两大系列。

A. RFC　　B. TCP/IP

C. ITU-T　　D. Ethernet

3. 大型校园网外部一般采用双出口，一个接入到宽带 ChinaNet，另外一个出口接入到（　　）。

A. 城域网　　B. 接入网

C. CERNet　　D. Internet

4. 可以采用 VLAN 划分的方法缩小（　　）的范围。

A. 路由域　　B. 广播域

C. 交换域　　D. 服务域

5. 在网络设计中应当控制冲突域的规模，使网段中的（　　）数量尽量最小化。

A. 交换机　　B. 路由器

C. 主机　　D. 网络结点

6. 在 NE16 路由器所实现的 RIP v1 和 RIP v2 中，下列说法中正确的是（　　）。

A. RIP v1 报文支持子网掩码

B. RIP v2 报文支持子网掩码，但需要特殊配置

C. RIP v1 只支持报文的简单口令认证，而 RIP v2 支持 MD5 认证

D. RIP v2 默认打开路由聚合功能

7. 网络冗余设计主要是通过重复设置（　　）和网络设备，以提高网络的可用性。

A. 光纤　　B. 双绞线

C. 网络服务　　D. 网络链路

二、填空题

1. 网络工程设计原则包括________、________、________、________、________、________和________。

2. 通常网络拓扑的分层结构分为________、________、________。

3. 可全局路由（公网）的 IP 地址分配有________、________、________、________。

4. 网络链路冗余设计包括________、________、________。

5. 专有 IP 地址的分配方式________、________、________。

6. 服务器中常用到的冗余技术有________、________、________、________、________。

三、思考题

（1）网络工程设计原则是什么？

（2）网络技术选型应采用的策略包括哪些？

（3）通常网络拓扑的分层结构包括哪三个层次？

（4）层次化设计方法应遵循的原则是什么？

（5）核心层的主要任务是什么？在进行核心层的设计时应该特别注意哪些问题？

（6）汇聚层的主要任务是什么？在进行汇聚层的设计时应该特别注意哪些问题？汇聚层的主要设计目标是什么？

（7）接入层的主要任务是什么？在进行接入层的设计时应该特别注意哪些问题？

（8）IP 地址分配应遵循什么原则？

（9）在企业网中，可全局路由（公网）的 IP 地址有哪些分配方式？

（10）在企业网中，如何分配专用（私有）IP 地址？

（11）为什么要进行子网划分？子网划分应注意哪些问题？

（12）IP 子网与 VLAN 有何区别？

（13）全 0 和全 1 能不能作为子网号？为什么？

（14）什么是路由聚合？其目的是什么？

（15）常用的路由聚合实现方法有哪些？

（16）普通网络冗余设计可以从哪三个方面着手？

（17）核心层冗余规划设计需要综合考虑哪几个目标？常见的核心层冗余规划设计主要有哪两种方法？

（18）汇聚层提供冗余的两种最普通的方法是什么？

（19）网络安全防范体系可分为哪几个层次？各自解决的主要问题是什么？

（20）网络安全设计应遵循哪些基本原则？

（21）网络安全防范措施主要有哪些？

（22）网络安全设计的实施步骤包括哪些？

四、实训题

（1）根据第 1 章实训题的网络建设要求，进行校园网的规划与设计（包括拓扑结构设计、IP 地址的规划与分配、IP 子网或 VLAN 的划分以及网络安全方案设计），并撰写系统设计报告。

（2）某单位为管理方便，拟将网络 195.3.1.0 划分为五个子网，每个子网中的计算机数不超过 15 台，请规划该子网。写出子网掩码和每个子网的子网地址。

（3）某单位申请了一个 C 类 IP 地址 200.100.10.0，现需要划分四个子网，四个子网中的计算机数分别为 100 台、50 台、30 台和 20 台，试给出子网划分方案，并给出各子网的地址范围和子网掩码。

（4）上网查询主流的网络存储设备，并说明它们各自的特点。

第 4 章 网络设备选型

一个大型的网络系统可能涉及各种各样的网络设备，根据网络需求分析和扩展性要求，选择合适的网络设备，是构建一个完整的计算机网络系统非常关键的一环。

学习目标

- 了解交换机、路由器、防火墙、服务器等设备的性能指标和主流产品。
- 掌握交换机、路由器、防火墙、服务器等设备的选型方法和技巧。
- 了解宽带路由器、UPS、网络存储设备等的性能指标和主流产品。
- 掌握宽带路由器、UPS、网络存储设备等的选型方法和技巧。
- 了解网络操作系统和网络数据库的性能指标和主流产品。
- 掌握网络操作系统和网络数据库的选型方法和技巧。

4.1 交换机及其选型

4.1.1 交换机简介

交换机（Switch）是集线器的换代产品，其作用也是将传输介质的线缆汇聚在一起，以实现计算机的连接。在外观上看，交换机和集线器没有很大区别，但集线器工作在 OSI 模型的物理层，而交换机工作在 OSI 模型的数据链路层。交换机在网络中的作用主要表现在以下几方面：

视频

交换机的分类和选型

1. 提供网络接口

交换机在网络中最重要的应用就是提供网络接口，所有网络设备的互连都必须借助交换机才能实现。主要包括：

① 连接交换机、路由器、防火墙和无线接入点等网络设备。

② 连接计算机、服务器等计算机设备。

③ 连接网络打印机、网络摄像头、IP 电话等其他网络终端。

2. 扩充网络接口

尽管有的交换机拥有较多数量的端口（如 48 口），但是当网络规模较大时，一台交换机所能提供的网络接口数量往往不够。此时，就必须将两台或更多台交换机连接在一起，从而成倍地扩充网络接口。

3. 扩展网络范围

交换机与计算机或其他网络设备是依靠传输介质连接在一起的，而每种传输介质的传输距离都是有限的，根据网络技术不同，同一种传输介质的传输距离也是不同的。当网络覆盖范围较大时，必须借助交换机进行中继，以成倍地扩展网络传输距离，增大网络覆盖范围。

4.1.2 交换机的分类

根据不同的标准，可以对交换机进行不同的分类。不同种类的交换机其功能特点和应用范围也有所不同，应当根据具体的网络环境和实际需求进行选择。

1. 可网管交换机和不可网管交换机

以交换机是否可管理，可以将交换机划分为可网管交换机和不可网管交换机两种类型。

（1）可网管交换机

可网管交换机也称智能交换机，它拥有独立的操作系统，且可以进行配置与管理。一台可网管的交换机在正面或背面一般有一个网管配置 Console 接口，现在的交换机控制台端口一般采用 RJ-45 端口，如图 4-1 所示。可管理型交换机便于网络监控、流量分析，但成本也相对较高。大中型网络在汇聚层应该选择可管理型交换机，在接入层视应用需要而定，核心层交换机则全部是可管理型交换机。

图 4-1 RJ-45 控制端口

（2）不可网管交换机

不能进行配置与管理的交换机称为不可网管交换机，也称“傻瓜”交换机。如果局域网对安全性要求不是很高，接入层交换机可以选用不可网管交换机。由于不可网管交换机价格便宜，因此广泛应用于低端网络（如学生机房、网吧等）的接入层，用于提供大量的网络接口。

2. 固定端口交换机和模块化交换机

以交换机的结构为标准，交换机可分为固定端口交换机和模块化交换机两种不同的结构。

（1）固定端口交换机

固定端口交换机只能提供有限数量的端口和固定类型的接口（如 100Base-T、1000Base-T 或 GBIC、SFP 插槽）。一般的端口标准是 8 端口、16 端口、24 端口、48 端口等。固定端口交换机通常作为接入层交换机，为终端用户提供网络接入，或作为汇聚层交换机，实现与接入层交换机之间的连接。图 4-2 所示为 H3C S5120-28P-SI 固定端口交换机。如果交换机拥有 GBIC、SFP 插槽，也可以通过采用不同类型的 GBIC、SFP 模块（如 1000Base-SX、1000Base-LX、1000Base-T 等）来适应多种类型的传输介质，从而拥有一定程度的灵活性。

（2）模块化交换机

模块化交换机也称机箱交换机，拥有更大的灵活性和可扩充性。用户可任意选择不同数量、不同速率和不同接口类型的模块，以适应千变万化的网络需求。图 4-3 所示为 H3C S7503E 系列模块化交换机。模块化交换机大都具有很高的性能（如背板带宽、转发速率和传输速率等）、很强的容错能力，支持交换模块的冗余备份，并且往往拥有可插拔的双电源，以保证交换机的电力供应。模块化交换机通常被用于核心交换机或主干交换机，以适应复杂的网络环境和网络需求。

3. 接入层交换机、汇聚层交换机和核心层交换机

以交换机的应用规模为标准，交换机被划分为接入层交换机、汇聚层交换机和核心层交换机。

在构建满足中小型企业需求的 LAN 时，通常采用分层网络设计，以便于网络管理、网络扩展和网

络故障排除。分层网络设计需要将网络分成相互分离的层，每层提供特定的功能，这些功能界定了该层在整个网络中扮演的角色。

图 4-2　H3C S5120-28P-SI 固定端口交换机

图 4-3　H3C S7503E 系列模块化交换机

（1）接入层交换机

部署在接入层的交换机称为接入层交换机，也称工作组交换机，通常为固定端口交换机，用于实现终端计算机的网络接入。接入层用于实现与汇聚层交换机的连接。图 4-4 所示为华为 S2700 系列交换机。

（2）汇聚层交换机

部署在汇聚层的交换机称为汇聚层交换机，也称主干交换机、部门交换机，是面向楼宇或部门接入的交换机。汇聚层交换机首先汇聚接入层交换机发送的数据，再将其传输给核心层，最终发送到目的地。汇聚层交换机可以是固定端口交换机，也可以是模块化交换机，一般配有光纤接口。与接入层交换机相比，拥有网络管理的功能。图 4-5 所示为华为 S5735S 交换机。

图 4-4　华为 S2700 系列交换机

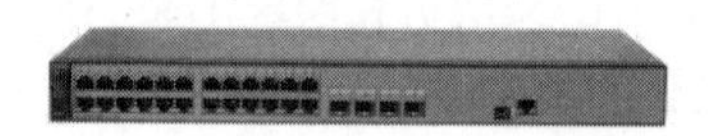
图 4-5　华为 S5735S 交换机

（3）核心层交换机

部署在核心层的交换机称为核心层交换机，也称中心交换机。核心层交换机属于高端交换机，一般全部采用模块化结构的可网管交换机，作为网络主干构建高速局域网。图 4-6 所示为华为 S7706 交换机。

图 4-6　华为 S7706 交换机

4. 第二、三、四层交换机

根据交换机工作在 OSI 七层网络模型的协议层不同，交换机又可以分为第二层交换机、第三层交换机、第四层交换机等。

（1）第二层交换机

第二层交换机依赖数据链路层的信息（如 MAC 地址）完成不同端口间数据的线速交换，它对网络协议和用户应用程序完全是透明的。第二层交换机通过内置的一张 MAC 地址表来完成数据的转发决策。接入层交换机通常全部采用第二层交换机。

（2）第三层交换机

第三层交换机具有第二层交换机的交换功能和第三层路由器的路由功能，可将 IP 地址信息用于网络路径选择，并实现不同网段间数据的快速交换。当网络规模较大或通过划分 VLAN 来减小广播所造成的影响时，只有借助第三层交换机才能实现。在大中型网络中，核心层交换机通常都由第三层交换机来充当。当然，某些网络应用较为复杂的汇聚层交换机也可以选用第三层交换机。

（3）第四层交换机

第四层交换机工作在传输层，通过包含在每一个 IP 数据包包头中的服务进程/协议（如 HTTP 用于传输 Web，Telnet 用于终端通信，SSL 用于安全通信等）来完成报文的交换和传输处理，并具有带宽分配、故障诊断和对 TCP/IP 应用程序数据流进行访问控制等功能。由此可见，第四层交换机应当是核心层交换机的首选。

5. 快速以太网交换机、千兆以太网交换机和万兆以太网交换机

依据交换机所提供的传输速率为标准，可以将交换机划分为快速以太网交换机、千兆以太网交换机和万兆以太网交换机等。

（1）快速以太网交换机

快速以太网交换机是指交换机所提供的端口或插槽全部为 100 Mbit/s，几乎全部为固定配置交换机，通常用于接入层。为了保证与汇聚层交换机实现高速连接，通常配置有少量（1～4 个）的 1 000 Mbit/s 端口。快速以太网交换机的接口类型包括：

① 100Base-T 双绞线端口。

② 100Base-FX 光纤接口。

（2）千兆以太网交换机

千兆以太网交换机是指交换机提供的端口或插槽全部为 1 000 Mbit/s，可以是固定端口交换机，也可以是模块化交换机，通常用于汇聚层或核心层。千兆以太网交换机的接口类型包括：

① 1000Base-T 双绞线端口。

② 1000Base-SX 光纤接口。

③ 1000Base-LX 光纤接口。

④ 1000Base-ZX 光纤接口。

⑤ 1 000 Mbit/s GBIC 插槽。

⑥ 1 000 Mbit/s SFP 插槽。

（3）万兆以太网交换机

万兆以太网交换机，是指交换机拥有 10 Gbit/s 以太网端口或插槽，可以是固定端口交换机，也可以是模块化交换机，通常用于大型网络的核心层。万兆以太网交换机接口类型包括：

① 10GBase-T 双绞线端口。

② 10 Gbit/s SFP 插槽。

6. 对称交换机和非对称交换机

依据交换机端口速率的一致性标准，可将交换机分为对称交换机或非对称交换机两类。

（1）对称交换机

在对称交换机中，所有端口的传输速率均相同，全部为 100 Mbit/s（快速以太网交换机）或者全部为 1 Gbit/s（千兆以太网交换机）。其中，100 Mbit/s 对称交换机用于小型网络或者充当接入层交换机，1 Gbit/s 对称交换机则主要充当大中型网络中的汇聚层或核心层交换机。

（2）非对称交换机

非对称交换机是指拥有不同速率端口的交换机。提供不同带宽端口（如 100 Mbit/s 端口和 1 000 Mbit/s 端口）之间的交换连接。其通常拥有 2～4 个高速率端口（1 Gbit/s 或 10 Gbit/s）以及 12～48 个低速率端口（100 Mbit/s 或 1 Gbit/s）。高速率端口用于实现与汇聚层交换机、核心层交换机、接入层交换机和服务器的连接，搭建高速主干网络。低速率端口则用于直接连接客户端或其他低速率设备。

4.1.3 交换机的性能指标

1. 转发速率

转发速率是交换机的一个非常重要的参数。转发速率通常以 MPPS（Million Packet - Per Second，每秒百万包数）来表示，即每秒能够处理的数据包的数量。转发速率体现了交换引擎的转发功能，该值越大，交换机的性能越强劲。

2. 端口吞吐量

端口吞吐量反映交换机端口的分组转发能力，通常可以通过两个相同速率的端口进行测试，吞吐量是指在没有帧丢失的情况下，设备能够接受的最大速率。

3. 背板带宽

背板带宽是交换机接口处理器或接口卡和数据总线间所能吞吐的最大数据量。背板带宽体现了交换机总的数据交换能力，单位为吉比特每秒（Gbit/s），也称交换带宽。一台交换机的背板带宽越高，所能处理数据的能力就越强，但同时设计成本也会越高。

4. 端口种类

交换机按其所提供的端口种类不同主要包括三种类型的产品，它们分别是纯百兆端口交换机、百兆和千兆端口混合交换机、纯千兆端口交换机。每一种产品所应用的网络环境各不相同，核心主干网络上最好选择千兆产品，上连主干网络一般选择百兆/千兆混合交换机，边缘接入一般选择纯百兆交换机。

5. MAC 地址数量

每台交换机都维护着一张 MAC 地址表，记录 MAC 地址与端口的对应关系，交换机就是根据 MAC 地址将访问请求直接转发到对应端口上的。存储的 MAC 地址数量越多，数据转发的速度和效率也就越高，抗 MAC 地址溢出供给能力也就越强。

6. 缓存大小

交换机的缓存用于暂时存储等待转发的数据。如果缓存容量较小，当并发访问量较大时，数据将被丢弃，从而导致网络通信失败。只有缓存容量较大，才可以在组播和广播流量很大的情况下，提供更佳的整体性能，同时保证最大可能的吞吐量。目前，几乎所有的廉价交换机都采用共享内存结构，由所有端口共享交换机内存，均衡网络负载并防止数据包丢失。

7. 支持网管类型

网管功能是指网络管理员通过网络管理程序对网络上的资源进行集中化管理的操作，包括配置管理、性能和记账管理、问题管理、操作管理和变化管理等。一台设备所支持的管理程度反映了该设备的可管理性及可操作性，交换机的管理通常是通过厂商提供的管理软件或通过第三方管理软件的管理来实现的。

8. VLAN支持

一台交换机是否支持 VLAN 是衡量其性能好坏的一个重要指标。通过将局域网划分为虚拟网络VLAN网段，可以强化网络管理和网络安全，控制不必要的数据广播，减少广播风暴的产生。由于VLAN是基于逻辑上的连接而不是物理上的连接，因此网络中工作组的划分可以突破共享网络中的地理位置限制，而完全根据管理功能来划分。目前，好的产品可提供功能较为细致丰富的虚网划分功能。

9. 支持的网络类型

一般情况下，固定配置式不带扩展槽的交换机仅支持一种类型的网络，机架式交换机和固定配置式带扩展槽的交换机则可以支持一种以上类型的网络，如支持以太网、快速以太网、千兆以太网、ATM、令牌环及FDDI等。一台交换机所支持的网络类型越多，其可用性、可扩展性越强。

10. 冗余支持

冗余强调了设备的可靠性，也就是当一个部件失效时，相应的冗余部件能够接替工作，使设备继续运转。冗余组件一般包括管理卡、交换结构、接口模块、电源、机箱风扇等。对于提供关键服务的管理引擎及交换结构模块，不仅要求冗余，还要求这些部件具有“自动切换”的特性，以保证设备冗余的完整性。

4.1.4　主流交换机产品

目前，在中国交换机市场上流行的交换机品牌种类繁多，不同品牌的交换机又包含多种不同型号的产品。据ZDC统计显示，在中国以太网交换机市场上备受关注的品牌，仍旧以华为、华三（H3C）、思科（Cisco）三家为主，形成第一阵营，占据了整体品牌关注度的四分之三强。其中，鉴于2015年华为企业业务在研发投入、渠道拓展方面上的显著成效，其交换机品牌也获得了市场的一致认可与关注，以31.47%的高比例领跑前三强。而国内政企单位出于数据安全方面的考量，设备国产化的浪潮则直接导致了国际品牌思科市场占有率下降。同时，以锐捷网络为首的第二阵营对比第一阵营来说，则仍有较大的提升空间。

1. 华为交换机

华为是全球领先的电信解决方案供应商，华为产品和解决方案涵盖移动、核心网、局域网、电信增值业务和终端（UMTS/CDMA）等领域。华为交换机主要包括Quidway S2300、Quidway S2700、Quidway S3000、Quidway S3300、Quidway S3700、Quidway S5300、Quidway S5700、Quidway S9300等系列。

用户常用的华为交换机型号主要包括S2326TP-EI、S2403H-HI、S2700-52P-EI-AC、S3328TP-EI（AC）、S3700-28TP-SI-AC、S5328C-EI-24S、S5700-24TP-SI-AC、S5700-28C-SI、S7802、S9306等。

2. H3C交换机

H3C交换机产品覆盖园区交换机和数据中心交换机，从核心主干到边缘接入，共有10多个系列上百款产品，全部通过原信息产业部、Tolly Group、MetroEthernet论坛以及IPv6 Ready等权威部门的测试和认证。其主要交换机产品包括H3C E126、H3C S1000、H3C S1200、H3C S1500、H3C S2100、H3C S3100、H3C S3600、H3C S5000、H3C S5100、H3C S5500、H3C S5600、H3C S5800、H3C S7500、H3C S7600、H3C S9500、H3C S12500等系列。

用户常用的 H3C 交换机主要有 S1016R-CN、S1224R-CN、S1526-CN、LS-2126-EI-ENT-AC、

LS-3100-26TP-SI-H3、LS-3600-28TP-SI、S5120-28P-SI、S5500-24P-SI、S5800-32C、LS-7506E、S9508、S12508 等。

3. 锐捷交换机

锐捷网络是业界领先的网络设备及解决方案的专业化网络厂商，其网络产品线覆盖交换、路由、软件、安全、无线、存储等多个应用领域。锐捷网络的交换机产品主要包括 RG-S1800、RG-S1900、RG-S2000、RG-S2100、RG-S2300、RG-S2600、RG-S2900、RG-S3200、RG-S3500、RG-S3700、RG-S5700、RG-S6500、RG-S6800、RG-S7600、RG-S7800、RG-S8600、RG-S9600、RG-S18000 等系列。其中，S1～S2 为接入交换机、S3～S5 为汇聚交换机、S6 及以后为核心路由交换机。

用户常用的锐捷交换机型号主要包括 RG-S1850G、RG-S1926S+、RG-S1926S、RG-S2026F、RG-S2352G、RG-S2724G、RG-S3760-12SFP/GT、 RG-S5750-24GT/12SFP、RG-S6506、RG-S6810E、RG-S8610、RG-S9620 等。

4. D-Link 交换机

友讯集团（D-Link）是国际著名网络设备和解决方案提供商，主要致力于局域网、宽带网、无线网、语音网、网络安全、网络存储、网络监控及相关网络设备的研发、生产和行销。其交换机产品主要包括 DES-1000、DES-1100、DES-1200、DES-1500、DES-3000、DES-3200、DES-3400、DES-3500、DES-3600、DES-3800、DES-6500、DES-8500 等系列。

用户常用的 D-Link 交换机型号主要包括 DES-1008D、DES-1016D、DES-1024D、DES-1226G、DIS-2024TG、DES-3326 SR、DES-3550、DES-3624I、DES-3828DC、DIS-5024T、DES-3528、DES-3828、DES-6500、DES-8510 等。

5. TP-Link 交换机

TP-Link 全称是深圳市普联技术有限公司，是专门从事网络与通信终端设备研发、制造和行销的业内主流厂商，其产品线覆盖网卡、交换机、路由器、XDSL、无线以及防火墙等全系列网络产品。TP-Link 交换机产品主要包括 TL-SF1000、TL-SG1000、TL-SG2200、TL-SL1200、TL-SL2200、TL-SL2400、TL-SL3400、TL-SL5400 等系列。

用户常用的 TP-Link 交换机型号主要包括 TL-SF1008+、TL-SF1016D、TL-SF1024S、TL-SG1024DT、TL-SL2226P、TL-SL3452 等。

6. 神码交换机

神州数码网络（DCN）是国内领先的数据通信设备制造商和服务提供商，为客户提供业界领先的以太网交换机、路由器、网络安全、应用交付、无线网络、IP 融合通信、网络管理等产品。DCN 的交换机产品主要包括 DCS-1000、DCS-3600、DCS-4500、DCRS-5950、DCRS-6800 等系列。

用户常用的神码交换机型号主要包括 DCS-1008D+、DCS-1024+（R2）、DCS-1024G+（R2）、DCS-3600-26C、DCS-4500-26T、DCRS-5950-28T-L（R3）、DCRS-6804、DCRS-6808 等。

4.1.5 交换机的选购

近年来，各网络产品公司纷纷推出了各种类型、功能齐全的交换机产品。在众多的品牌及各种档次的交换机市场中，到底选择什么样的交换机设备以满足用户的不同需求呢？功能需求和性价比是第

一重要的。通常，在进行交换机产品选择时，应重点考虑如下几个方面的问题。

1. 交换机数据包的转发方式

数据包的转发方式主要分为“直通式转发”和“存储式转发”两种。由于不同的转发方式适应于不同的网络环境，因此，应当根据自己的需要作出相应的选择。

直通转发方式由于只检查数据包的包头，不需要存储，所以切入方式具有延迟小、交换速度快的优点。但直通式转发存在可能转发出错的数据包、不能将速率不同的端口直接接通、容易出现丢包现象等缺点。

存储转发方式在数据处理时延时大，但它可以对进入交换机的数据包进行错误检测，并且能支持不同速度输入/输出端口间的切换，保持高速端口和低速端口间的协同工作，有效地改善网络性能。

低端交换机通常只提供一种转发方式，只有中高端产品才兼具两种转发方式，并具有智能转换功能，可根据通信状况自动切换转发方式。通常情况下，如果网络对数据的传输速率要求不是太高，可选择存储转发式交换机，反之，可选择直通转发式交换机。

2. 延时

交换机的延时（Latency）也称延迟时间，是指从交换机接收到数据包到开始向目的端口发送数据包之间的时间间隔。这主要受所采用的转发技术等因素的影响，延时越小，数据的传输速率越快，网络的效率也就越高。特别是对于多媒体网络而言，较大的数据延迟，往往导致多媒体的短暂中断，所以交换机的延时越小越好，当然延时越小的交换机价格也就越贵。

3. 管理功能

交换机的管理功能（Management）是指交换机如何控制用户访问交换机，以及系统管理人员通过软件对交换机的可管理程度如何。如果需要以上配置和管理，则须选择网管型交换机，否则只需选择非网管型交换机即可。目前几乎所有中、高档交换机都是可网管的，一般来说所有的厂商都会随机提供一份本公司开发的交换机管理软件；另外，所有的交换机都能被第三方管理软件所管理。低档的交换机通常不具有网管功能，只需接上电源、插好网线即可正常工作；但网管型价格要贵许多。

4. MAC 地址数

不同档次的交换机每个端口所能够支持的 MAC 地址数量不同。在交换机的每个端口，都需要足够的缓存来记忆这些 MAC 地址，所以缓存容量的大小决定了相应交换机所能记忆的 MAC 地址数的多少。通常交换机只要能够记忆 1 024 个 MAC 地址基本上就可以了，而一般的交换机通常都能做到这一点。所以，如果在网络规模不是很大的情况下，该参数无须太多考虑。当然，越是高档的交换机能记住的 MAC 地址数也就越多，这在选择时要视所连接网络的规模而定。

5. 背板带宽

交换机背板带宽越宽越好，高背板带宽的交换机在高负荷下能够提供更高速度的数据交换。由于所有端口间的通信都需要通过背板来完成，所以背板所能够提供的带宽就成为端口间并发通信时的总带宽。带宽越大，能够给各通信端口提供的可用带宽越大，数据交换速度越快。因此，在端口带宽、延时相同的情况下，背板带宽越大，交换机的传输速率越快。

6. 端口带宽

交换机的端口带宽目前主要包括 10 Mbit/s、100 Mbit/s 和 1 000 Mbit/s 三种，但就这三种带宽又有不同的组合形式，以满足不同类型网络的需要。最常见的组合形式包括 $n\times100$ Mbit/s+$m\times10$ Mbit/s、

$n\times10/100$ Mbit/s、$n\times1\ 000$ Mbit/s + $m\times100$ Mbit/s 和 $n\times1\ 000$ Mbit/s 四种。其中 $n+m$ 是交换机的端口总和。

当然这里的 n 与 m 可以是相同的，也可以是不同的，一般来说这 n 数要远比 m 数小。这种组合的交换机既可以作为小型廉价网络的中心结点，也可以用于大、中型网络中的工作组交换机。

7. 光纤解决方案

如果布线中必须选用光纤，则在交换机选择方案中可以有以下三种方案：一是选择具有光纤接口的交换机；二是在模块结构的交换机中加装光纤模块；三是加装光纤与双绞线的转发器。第一种方案性能最好，但不够灵活，而且价格较贵；第二种方案具有较强的灵活配置能力，性能也较好，但价格最贵；最后一种方案价格最便宜，但性能受影响较大。

8. 交换机的外型尺寸

如果网络规模较大，或已完成综合布线，工程要求网络设备集中管理，就应该选择 19 英寸宽的机架式交换器，否则可以选择桌面型的交换机，因为桌面型交换机具有更高的性能价格比。

4.2 路由器及其选型

4.2.1 路由器简介

路由器是一种连接多个网络或网段的网络设备，它能将不同网络或网段之间的数据信息进行“翻译”，使不同的网络或网段能够相互“读”懂对方的数据，从而构成一个更大的网络。

路由器有两大主要功能，即数据通道功能和控制功能。数据通道功能包括转发决定、背板转发以及输出链路调度等，一般由特定的硬件来完成；控制功能一般用软件来实现，包括与相邻路由器之间的信息交换、系统配置、系统管理等。

路由器是 OSI 七层网络模型中的第三层设备，当路由器收到任何一个来自网络中的数据包（包括广播包在内）后，首先要将该数据包第二层（数据链路层）的信息去掉（称为“拆包”），并查看第三层信息。然后，根据路由表确定数据包的路由，再检查安全访问控制列表；若被通过，则再进行第二层信息的封装（称为“打包”），最后将该数据包转发。如果在路由表中查不到对应 MAC 地址的网络，则路由器将向源地址的站点返回一个信息，并把这个数据包丢掉。具体工作过程如图 4-7 所示。

A、B、C、D 四个网络通过路由器连接在一起，现假设网络 A 中一个用户 A1 要向 C 网络中的 C3 用户发送一个请求信号，该信号传递的步骤如下：

① 用户 A1 将目的用户 C3 的地址连同数据信息封装成数据帧，并通过集线器或交换机以广播的形式发送给同一网络中的所有结点，当路由器的 A5 端口侦听到这个数据帧后，分析得知所发送的目的结点不是本网段，需要经过路由器进行转发，就把数据帧接收下来。

② 路由器 A5 端口接收到用户 A1 的数据帧后，先从报头中取出目的用户 C3 的 IP 地址，并根据路由表计算出发往用户 C3 的最佳路径。因为从分析得知，到 C3 的网络 ID 号与路由器的 C5 端口所在网络的网络 ID 号相同，所以由路由器的 A5 端口直接发向路由器的 C5 端口应是信号传递的最佳途径。

③ 路由器的 C5 端口再次取出目的用户 C3 的 IP 地址，找出 C3 的 IP 地址中的主机 ID 号，如果在网络中有交换机则可先发给交换机，由交换机根据 MAC 地址表找出具体的网络结点位置；如果没有交

换机设备，则根据其 IP 地址中的主机 ID 直接把数据帧发送给用户 C3。

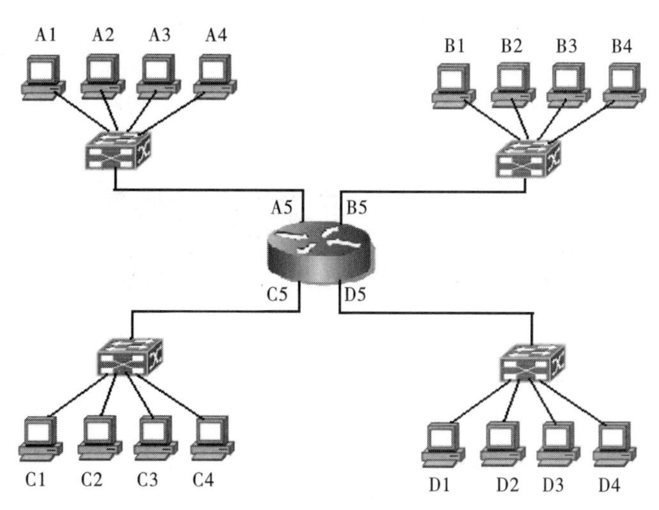

图 4-7　路由器工作过程

到此为止，一个完整的数据通信转发过程全部完成。

从上面可以看出，不管网络有多么复杂，路由器其实所作的工作就是这么几步，所以整个路由器的工作原理基本都差不多。当然，在实际的网络中要复杂许多，实际的步骤也不会像上述过程那么简单，但总的过程是相似的。

4.2.2　路由器的分类

路由器发展到今天，为了满足各种应用需求，相继出现了各式各样的路由器，其分类方法也各不相同。

视频

路由器的分类和性能指标

1. 按性能档次划分

按性能档次不同可以将路由器可分高、中和低档路由器，不过不同厂家的划分方法并不完全一致。通常将背板交换能力大于 40 Gbit/s 的路由器称为高档路由器，背板交换能力在 25～40 Gbit/s 之间的路由器称为中档路由器，低于 25 Gbit/s 的称为低档路由器。这只是一种宏观上的划分标准，实际上路由器档次的划分不应只按背板带宽进行，而应根据各种指标综合进行考虑。图 4-8 所示为华为系列路由器产品。

图 4-8　华为系列路由器产品

2. 按结构划分

从结构上划分，路由器可分为模块化和非模块化两种结构。模块化结构可以灵活地配置路由器，以适应企业不断增加的业务需求，非模块化的就只能提供固定的端口。通常中高端路由器为模块化结构，低端路由器为非模块化结构。图 4-9 所示为非模块化结构和模块化结构路由器产品。

（a）非模块化结构路由器

（b）模块化结构路由器

图 4-9　非模块化结构和模块化结构路由器产品

3. 按功能划分

按功能划分，可将路由器分为核心层（主干级）路由器，分发层（企业级）路由器和访问层（接入级）路由器。

（1）主干级路由器

主干级路由器是实现企业级网络互连的关键设备，其数据吞吐量较大，在企业网络系统中起着非常重要的作用。对主干级路由器的基本性能要求是高速度和高可靠性。为了获得高可靠性，网络系统普遍采用诸如热备份、双电源、双数据通路等传统冗余技术，从而保证主干路由器的可靠性。主干级路由器的主要瓶颈在于如何快速地通过路由表查找某条路由信息，通常是将一些访问频率较高的目的端口放到缓存中，从而达到提高路由查找效率的目的。

（2）企业级路由器

企业或校园级路由器连接许多终端系统，连接对象较多，但系统相对简单，且数据流量较小，对这类路由器的要求是以尽量方便的方法实现尽可能多的端点互连，同时还要求能够支持不同的服务质量。使用路由器连接的网络系统因能够将机器分成多个广播域，所以可以方便地控制一个网络的大小。此外，路由器还可以支持一定的服务等级（服务的优先级别）。由于路由器的每端口造价相对较贵，在使用之前还要求用户进行大量的配置工作，因此，企业级路由器的成败就在于是否可提供一定数量的低价端口、是否容易配置、是否支持 QoS、是否支持广播和组播等多项功能。

（3）接入级路由器

接入级路由器主要应用于连接家庭或 ISP 内的小型企业客户群体。接入路由器要求能够支持多种异构的高速端口，并能在各个端口上运行多种协议。

4. 按所处网络位置划分

如果按路由器所处的网络位置划分，可以将路由器划分为“边界路由器”和“中间结点路由器”两类。边界路由器处于网络边界的边缘或末端，用于不同网络之间路由器的连接，这也是目前大多数路由器的类型，如互联网接入路由器和 VPN 路由器都属于边界路由器。边界路由器所支持的网络协议和路由协议比较广，背板带宽非常高，具有较高的吞吐能力，以满足各种不同类型网络（包括局域网和广域网）的互连。而中间结点路由器则处于局域网的内部，通常用于连接不同的局域网，起到数据转发的桥梁作用。中间结点路由器更注重 MAC 地址的记忆能力，需要较大的缓存。因为所连接的网络

基本上是局域网，所以所支持的网络协议比较单一，背板带宽也较小，这些都是为了获得较高的性价比，适应一般企业的基本需求。

5. 按性能划分

按性能分，路由器可分为线速路由器及非线速路由器。线速路由器就是完全可以按传输介质带宽进行通畅传输，基本没有间断和延时。通常线速路由器是高端路由器，具有非常高的端口带宽和数据转发能力，能以媒体速率转发数据包；中低端路由器一般均为非线速路由器，但是一些新的宽带接入路由器也具备线速转发能力。

4.2.3　路由器的性能指标

1. 吞吐量

吞吐量是核心路由器的数据包转发能力。吞吐量与路由器的端口数量、端口速率、数据包长度、数据包类型、路由计算模式（分布或集中）以及测试方法有关，一般泛指处理器处理数据包的能力，高速路由器的数据包转发能力至少能够达到 20 MPPS 以上。吞吐量包括整机吞吐量和端口吞吐量两个方面，整机吞吐量通常小于核心路由器所有端口吞吐量之和。

2. 路由表容量

路由器通常依靠所建立及维护的路由表来决定包的转发。路由表容量是指路由表内所容纳路由表项数量的极限。由于在 Internet 上执行 BGP 协议的核心路由器通常拥有数十万条路由表项，所以该项目也是路由器能力的重要体现。一般而言，高速核心路由器应该能够支持至少 25 万条路由，平均每个目的地址至少提供两条路径，系统必须支持至少 25 个 BGP 对等互连以及至少 50 个 IGP 邻居。

3. 背板能力

背板指的是输入与输出端口间的物理通路，背板能力通常是指路由器背板容量或者总线带宽能力，这个性能对于保证整个网络之间的连接速度是非常重要的。如果所连接的两个网络速率都较快，而由于路由器的带宽限制，将直接影响整个网络之间的通信速度。

背板能力主要体现在路由器的吞吐量上，传统路由器通常采用共享背板，但是作为高性能路由器不可避免会遇到拥塞问题，也很难设计出高速的共享总线，所以现有高速核心路由器一般都采用可交换式背板的设计。

4. 丢包率

丢包率是指核心路由器在稳定的持续负荷下，由于资源缺少而不能转发的数据包在应该转发的数据包中所占的比例。丢包率通常用作衡量路由器在超负荷工作时核心路由器的性能。丢包率与数据包长度及包发送频率相关，在一些环境下，可以加上路由抖动或大量路由后进行测试模拟。

5. 时延

时延是指数据包第一个比特进入路由器到最后一个比特从核心路由器输出的时间间隔。该时间间隔是存储转发方式工作的核心路由器的处理时间。时延与数据包的长度以及链路速率都有关系，通常是在路由器端口吞吐量范围内进行测试。时延对网络性能影响较大，作为高速路由器，在最差的情况下，要求对 1 518 B 及以下的 IP 包时延必须小于 1 ms。

6. 时延抖动

时延抖动是指时延变化。数据业务对时延抖动不敏感，所以该指标通常不作为衡量高速核心路由器的重要指标。当网络上需要传输语音、视频等数据量较大的业务时，该指标才有测试的必要性。

7. 背靠背帧数

背靠背帧数是指以最小帧间隔发送最多数据包不引起丢包时的数据包数量。该指标用于测试核心路由器的缓存能力。具有线速全双工转发能力的核心路由器，该指标值无限大。

8. 服务质量能力

服务质量能力包括队列管理控制机制和端口硬件队列数两项指标。其中：

① 队列管理控制机制是指路由器拥塞管理机制及其队列调度算法。常见的方法有 RED、WRED、WRR、DRR、WFQ、WF2Q 等。

② 端口硬件队列数是指路由器所支持的优先级是由端口硬件队列来保证的，而每个队列中的优先级又是由队列调度算法进行控制的。

9. 网络管理能力

网络管理是指网络管理员通过网络管理程序对网络上资源进行集中化管理的操作，包括配置管理、计账管理、性能管理、差错管理和安全管理。设备所支持的网管程度体现设备的可管理性与可维护性，通常使用 SNMPv2 协议进行管理。网管力度指示路由器管理的精细程度，如管理到端口、到网段、到 IP 地址、到 MAC 地址等，管理力度可能会影响路由器的转发能力。

10. 可靠性和可用性

路由器的可靠性和可用性主要是通过路由器本身的设备冗余程度、组件热插拔、无故障工作时间以及内部时钟精度等四项指标来提供保证的。

① 设备冗余程度：设备冗余可以包括接口冗余、插卡冗余、电源冗余、系统板冗余、时钟板冗余等。

② 组件热插拔：组件热插拔是路由器 24 小时不间断工作的保障。

③ 无故障工作时间：即路由器不间断可靠工作的时间长短，该指标可以通过主要器件的无故障工作时间或者大量相同设备的工作情况计算。

④ 内部时钟精度：拥有 ATM 端口做电路仿真或者 POS 口的路由器互连通常需要同步，在使用内部时钟时，其精度会影响误码率。

4.2.4 主流路由器产品

根据 IDC 数据，国内运营商在 2017—2018 年进行大规模采购后，2019 年国内路由器市场规模同比下降 1.22%至 36.4 亿美元。2020 年，我国路由器市场规模约为 37.7 亿美元。

从市场竞争情况来看，据 IDC 统计数据显示，我国路由器市场目前呈现出一家独大的竞争局面，华为在路由器领域的领先优势明显，2019 年，华为以 79%的市场份额位居国内第一；H3C 以 6%的市场份额位居国内第二。图 4-10 所示为 2020 年中国路由器市场品牌关注比例分布图。

在路由器市场上，华为排名第一，关注比例为 35.90%；H3C 排名第二，关注比例为 23.50%；TP-Link 关注比例为 16.40%，排名第三；国产厂商占据前三名的为主，并且市场关注比例大幅领先其他厂商。

在前10名中，国外厂商仅有思科和LINKSYS，国内厂商强势崛起。

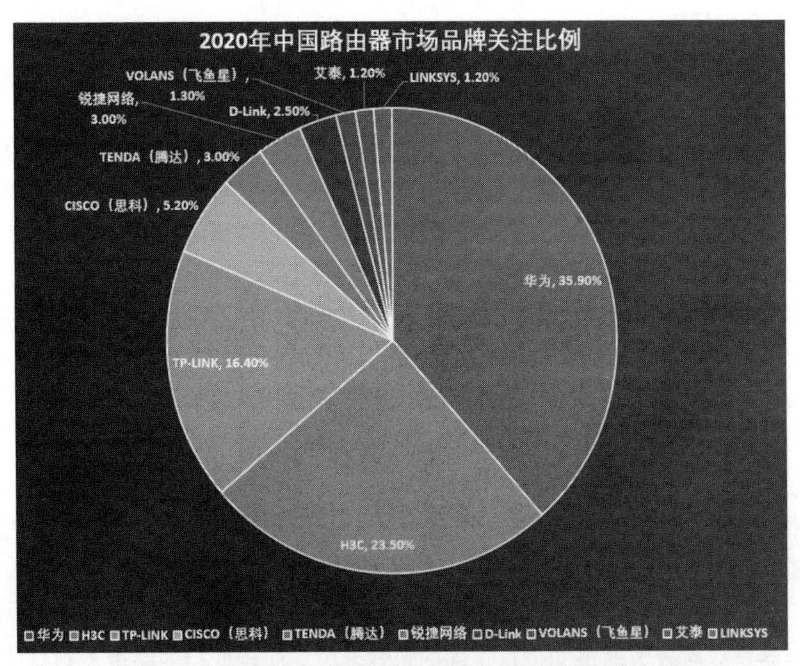

图4-10 2020年中国路由器市场品牌关注比例分布图

4.2.5 路由器的选购

路由器因为价格昂贵，且配置复杂，所以绝大多数用户对路由器的选购不熟悉。路由器的选购主要应从以下几个方面加以考虑：

1. 路由器的管理方式

路由器最基本的管理方式是利用终端（如Windows系统所提供的超级终端）通过专用配置线连接到路由器的Console端口（配置端口）直接进行配置。因为新购买的路由器配置文件是空的，所以用户购买路由器以后一般都是先使用此方式对路由器进行基本配置。但仅仅通过这种配置方法不能对路由器进行全面的配置，以实现路由器的管理功能，只有在基本配置完成后再进行有针对性的项目配置（如通信协议、路由协议配置等），才可以更加全面地实现路由器的管理功能。还有一种情况，就是有时可能需要改变路由器的许多设置，而管理人员又不在路由器旁边，无法连接专用配置线，这时就需要路由器提供Telnet程序进行远程配置，或者通过Modem拨号来进行远程登录配置，还可以通过Web方式来实现路由器的远程配置。现在一般的路由器都具有一种或几种远程配置管理方式。

2. 路由器所支持的路由协议

路由器可能会连接多个不同类型的网络，其所能支持的通信协议、路由协议也就有可能不一样，这时对于在网络之间起到连接桥梁作用的路由器来说，如果不支持任何一方的协议，就无法实现相应的路由功能，为此在选购路由器时必须注意路由器所能支持的路由协议有哪些，特别是在广域网中的路由器。同时，在选购路由器时，还要根据目前及将来的企业实际需求，来决定路由器所能支持的协议种类。

3. 路由器的安全性保障

网络安全越来越受到用户的高度重视，而路由器作为个人、事业单位内部网和外部进行连接的设备，能否提供高性能的安全保障极其重要。目前许多厂家的路由器可以通过设置权限列表来控制哪些可以进出路由器，实现防火墙的某些功能，防止非法用户的入侵。另外，通过路由器的 NAT（地址转换）功能，能够很好地屏蔽公司内部局域网的地址，将内部网络中的私有地址统一转换成电信部门提供的广域网地址，这样，外部用户就无法了解到公司内部网的地址，进一步防止了外部用户的非法入侵。

4. 丢包率

路由器作为报文转发设备存在一个严重的问题就是丢包。丢包率影响着路由器线路的实际工作速度，严重时甚至会使线路中断。小型企业一般来说流量不会很大，所以出现丢包现象的概率也很小，在此方面不必作太多考虑，而且一般来说常见的路由器在此方面都还是可以接受的。

5. 背板能力

一般来说，如果是用路由器来实现两个较大规模的网络之间的连接，且网络流量较大，此时，就应该选择高背板带宽容量的路由器。对于小型企业网络来说，由于网络的数据流量通常较小，常用的路由器基本上都能够满足要求。

6. 吞吐量

较高档的路由器可以对较大的报文进行正确的快速转发，而较低档的路由器则只能转发小的报文，对于较大的报文需要拆分成许多小的数据包来分开转发，这种路由器的包转发能力相对较差。

7. 转发时延

转发时延与路由器的背板容量、吞吐量等参数紧密相关。

8. 路由表容量

一般来说，越是高档的路由器路由表容量越大。路由表容量与路由器自身所带的缓存大小有关，由于常见的路由器一般均能满足用户需求，故在选购路由器时，通常不需要太注重这一参数。

9. 可靠性和可用性

可靠性和可用性在选购路由器时一般无法进行现场验证，只能通过开发商的介绍以及走访该产品的已有用户。当然，也可以通过选购信誉较好以及先进的品牌作保障。

4.3 防火墙选型

4.3.1 防火墙简介

视频

防火墙简介

防火墙是一种设置在不同网络（如可信任的企业内部网和不可信的公共网）或网络安全域之间的一系列部件的组合。它是不同网络或网络安全域之间信息的唯一出入口，能根据企业的安全策略控制（允许、拒绝、监测）出入网络的信息流，且本身具有较强的抗攻击能力。在逻辑上，防火墙是一个分离器，一个限制器，也是一个分析器，它可以有效地监控内部网和 Internet 之间的任何活动，进而保证内部网络的安全。对于普通用户来说，防火墙就是一

种被放置在自己的计算机与外界网络之间的防御系统，从网络发往计算机的所有数据都要经过它的判断处理后，才会决定能不能把这些数据交给计算机，一旦发现有害数据，防火墙就会拦截下来，从而实现对计算机的必要保护。防火墙的具体功能主要表现在如下几个方面：

1. 防火墙是网络安全的屏障

防火墙（作为阻塞点、控制点）能极大地提高一个内部网络的安全性，并通过过滤不安全的服务降低风险。由于只有经过精心选择的应用协议才能通过防火墙，所以网络环境变得更安全。如防火墙可以禁止不安全的 NFS 协议进出受保护网络，这样外部的攻击者就不可能利用这个脆弱的协议来攻击内部网络。防火墙同时可以保护网络免受基于路由的攻击，如 IP 选项中的源路由攻击和 ICMP 的重定向攻击。

2. 防火墙可以强化网络安全策略

通过以防火墙为中心的安全方案配置，能将所有安全软件（如口令、加密、身份认证、审计等）配置在防火墙上。与将网络安全问题分散到各个主机上相比，防火墙的集中安全管理更经济。例如在网络访问时，一次一密口令系统和其他身份认证系统完全可以不必分散在各个主机上，而集中在防火墙中统一实现。

3. 对网络存取和访问进行监控审计

如果所有的访问都经过防火墙，那么，防火墙就能记录下这些访问并作出日志记录，同时也能提供网络使用情况的统计数据。当发生可疑动作时，防火墙能进行适当的报警，并提供网络是否受到监测和攻击的详细信息。另外，收集一个网络的使用和误用情况也是非常重要的，管理员既能了解防火墙是否能够抵挡攻击者的探测和攻击，还能了解防火墙的控制是否充足，同时可以通过网络使用统计方便地对网络需求和威胁进行分析。

4. 防止内部信息的外泄

利用防火墙对内部网络的划分，可以实现对内部网重点网段的隔离，从而限制了局部重点或敏感网络安全问题对全局网络造成的影响。再者，隐私是内部网络非常关心的问题，一个内部网络中不引人注意的细节可能包含了有关安全的线索而引起外部攻击者的兴趣，甚至因此而暴露内部网络的某些安全漏洞。使用防火墙就可以隐蔽那些透漏内部信息的细节，如 Finger、DNS 等服务。

5. VPN 支持

除了安全作用，防火墙还支持具有 Internet 服务特性的企业内部网络技术体系 VPN。通过 VPN，将企事业单位在地域上分布在全世界各地的 LAN 或专用子网有机地连成一个整体。这样，不仅省去了专用通信线路，而且为信息共享提供了技术保障。

4.3.2　防火墙的分类

目前，防火墙产品种类繁多，其分类方法也各不相同，常见的分类方法主要包括如下几种：

1. 按防火墙的物理特性进行分类

防火墙按其物理特性进行分类可分为硬件防火墙和软件防火墙以及芯片级防火墙。

（1）硬件防火墙

硬件防火墙是一种以物理形式存在的专用设备，通常架设于两个网络的驳接处，直接从网络设备上检查、过滤有害的数据报文，位于防火墙设备后端的网络或者服务器接收到的是经过防火墙处理的相对安全的数据，不必另外分出 CPU 资源去进行基于软件架构的 NDIS 数据检测，可以大大提高工作效率。

硬件防火墙一般是通过网线连接于外部网络接口与内部服务器或企业网络之间的设备，由于硬件防火墙的主要作用是把传入的数据报文进行过滤处理后转发到位于防火墙后面的网络中，因此它自身的硬件规格也是分档次的。尽管硬件防火墙已经足以实现比较高的信息处理效率，但是在一些对数据吞吐量要求很高的网络里，档次低的防火墙仍然会形成瓶颈，所以对于一些大企业而言，芯片级的硬件防火墙才是它们的首选。华为防火墙产品中的 USG2000、USG5000、USG6000 和 USG9500 分别适合于不同环境的网络需求，其中，USG2000 和 USG5000 系列定位于 UTM（统一威胁管理）产品，USG6000 系列属于下一代防火墙产品，USG9500 系列属于高端防火墙产品。图 4-11 所示为华为 USG2000 防火墙。

图 4-11　华为 USG2000 防火墙

（2）软件防火墙

软件防火墙是一种安装在负责内外网络转换的网关服务器或者独立的个人计算机上的特殊程序，它是以逻辑形式存在的，防火墙程序跟随系统启动，通过运行在 Ring0 级别的特殊驱动模块把防御机制插入系统关于网络的处理部分和网络接口设备驱动之间，形成一种逻辑上的防御体系。软件防火墙就像其他软件产品一样需要先在计算机上安装并做好配置才可以使用。使用软件防火墙，需要网络管理人员对所工作的操作系统平台比较熟悉。

（3）芯片级防火墙

芯片级防火墙基于专门的硬件平台，设有操作系统。专有的 ASIC 芯片促使它们比其他种类的防火墙速度更快、处理能力更强、性能更高。做这类防火墙比较出名的厂商有 NetScreen、FortiNet、Cisco 等。这类防火墙由于是专用 OS（操作系统），因此防火墙本身的漏洞比较少，不过价格相对比较高昂。

2. 按防火墙所采用的技术进行分类

防火墙按其所采用的技术可分为包过滤技术防火墙、应用代理技术防火墙、状态监视技术防火墙。

（1）包过滤技术防火墙

包过滤技术防火墙工作在 OSI 网络参考模型的网络层和传输层，它根据数据报文中的源地址、目的地址、端口号和协议类型等标志确定是否允许通过。只有满足过滤条件的报文才被转发到相应的目的地，其余报文则被从数据流中丢弃。

在整个防火墙技术的发展过程中，包过滤技术出现了两种不同版本，称为“第一代静态包过滤”和“第二代动态包过滤”。

① 第一代静态包过滤防火墙。这类防火墙几乎是与路由器同时产生的，它是根据定义好的过滤规则审查每个数据报文，以便确定其是否与某一条包过滤规则相匹配。过滤规则基于数据包的报头信息进行制定，报头信息中包括 IP 源地址、IP 目标地址、传输协议（TCP、UDP、ICMP 等）、TCP/UDP 目标端口、ICMP 消息类型等。包过滤类型的防火墙要遵循的一条基本原则是“最小特权原则”，即明确允许那些管理员希望通过的数据包，禁止其他数据包。

② 第二代动态包过滤防火墙。这类防火墙采用动态设置包过滤规则的方法，避免了静态包过滤存在的问题。动态包过滤功能在保持原有静态包过滤技术和过滤规则的基础上，会对已经成功与计算机连接的报文传输进行跟踪，并且判断该连接发送的数据包是否会对系统构成威胁，一旦触发其判断机

制，防火墙就会自动产生新的临时过滤规则或者修改已经存在的过滤规则，从而阻止该有害数据的继续传输。现代的包过滤防火墙均为动态包过滤防火墙。

基于包过滤技术的防火墙是依据过滤规则的实施来实现包过滤的，不能满足建立精细规则的要求，而且只能工作于网络层和传输层，不能判断高层协议里的数据是否有害，但价格廉价，容易实现。

（2）应用代理技术防火墙

由于包过滤技术无法提供完善的数据保护措施，而且一些特殊的报文攻击仅仅使用过滤的方法并不能消除危害（如 SYN 攻击、ICMP 洪水等），因此人们需要一种更全面的防火墙保护技术，这就是采用“应用代理”（Application Proxy）技术的防火墙。

应用代理技术防火墙工作在 OSI 的最高层，即应用层。其特点是完全“阻隔”了网络通信流，通过对每种应用服务编制专门的代理程序，实现监视和控制应用层通信流的作用。

应用代理技术防火墙也称应用层网关（Application Gateway）防火墙。这种防火墙通过一种代理（Proxy）技术参与到一个 TCP 连接的全过程，从内部发出的数据包经过这样的防火墙处理后，就好像是源于防火墙外部网卡一样，从而可以达到隐藏内部网结构的作用，它的核心技术就是代理服务器技术。

所谓代理服务器，是指代表客户在服务器上处理用户连接请求的程序。当代理服务器收到一个客户的连接请求时，服务器将核实该客户请求，并经过特定的安全化的 Proxy 应用程序处理连接请求，将处理后的请求传递到真实的服务器上，然后接收服务器应答，并做进一步处理后，将答复交给发出请求的最终客户。

在应用代理技术防火墙的发展过程中，它也经历了两个不同的版本，即第一代应用网关型代理防火墙和第二代自适应代理防火墙。

应用代理技术防火墙的最突出的优点就是安全。由于每一个内外网络之间的连接都要通过 Proxy 的介入和转换，通过专门为特定的服务如 HTTP 编写的安全化的应用程序进行处理，然后由防火墙本身提交请求和应答，没有给内外网络的计算机以任何直接会话的机会，从而避免了入侵者使用数据驱动类型的攻击方式入侵内部网。

（3）状态监视技术防火墙

状态监视技术是继“包过滤”技术和“应用代理”技术后发展的防火墙技术，这种防火墙技术通过一种称为“状态监视”的模块，在不影响网络安全正常工作的前提下采用抽取相关数据的方法对网络通信的各个层次实行监测，并根据各种过滤规则作出安全决策。

状态监视技术在保留了对每个数据包的头部、协议、地址、端口、类型等信息进行分析的基础上，进一步发展了“会话过滤”功能，在每个连接建立时，防火墙会为这个连接构造一个会话状态，里面包含了这个连接数据包的所有信息，以后这个连接都基于这个状态信息进行，这种检测的高明之处是能对每个数据包的内容进行监视，一旦建立了一个会话状态，则此后的数据传输都要以此会话状态作为依据。状态监视可以对数据包的内容进行分析，从而摆脱了传统防火墙仅局限于几个包头部信息的检测弱点，而且这种防火墙不必开放过多端口，进一步杜绝了可能因为开放端口过多而带来的安全隐患。

3. 按防火墙的结构进行分类

防火墙按其结构进行分类可分为单一主机防火墙、路由器集成式防火墙和分布式防火墙。

（1）单一主机防火墙

单一主机防火墙是最为传统的防火墙，独立于其他网络设备，位于网络边界。这种防火墙其实与一台计算机结构差不多，同样包括主板、CPU、内存、硬盘等基本组件。它与一般计算机最主要的区别就是一般防火墙都集成了两个以上的以太网卡，用来连接一个以上的内、外部网络。其中的硬盘用来存储防火墙所用的基本程序，如包过滤程序和代理服务器程序等，有的防火墙还把日志记录也记录在硬盘上。

（2）路由器集成式防火墙

随着防火墙技术的发展及应用需求的提高，原来作为单一主机的防火墙已发生了许多变化。最明显的变化就是在许多中、高档的路由器中已集成了防火墙的功能。

（3）分布式防火墙

分布式防火墙不仅位于网络边界，而且还渗透于网络的每一台主机，对整个内部网络的主机实施保护。在网络服务器中，通常会安装一个用于管理防火墙系统的软件，在服务器及各主机上安装有集成网卡功能的 PCI 防火墙卡，一块防火墙卡同时兼有网卡和防火墙的双重功能，这样一个防火墙系统就可以彻底保护内部网络。各主机把任何其他主机发送的通信连接都视为“不可信”的，都需要严格过滤，而不是像传统边界防火墙那样，仅对外部网络发出的通信请求“不信任”。

4.3.3 主流防火墙产品

1. 华为防火墙

华为各个系列的产品介绍如下：

（1）USG2110：USG2110 是华为针对中小企业及连锁机构、SOHO 企业等发布的防火墙设备，其功能涵盖防火墙、UTM、Virtual Private Network、路由、无线等。USG2110 其具有性能高、可靠性高、配置方便等特性，而且价格相对较低，支持多种 Virtual Private Network 组网方式。

（2）USG6600：华为面向下一代网络环境防火墙产品，适用于大中型企业及数据中心等网络环境，具有访问控制精准、防护范围全面、安全管理简单、防护性能高等特点，可进行企业网边界防护、互联网出口防护、云数据中心边界防护、Virtual Private Network 远程互连等组网应用。

（3）USG9500：该系列包含 USG9520、USG9560、USG9580 三种系列，适用于云服务提供商、大型数据中心、大型企业园区网络等。它拥有最精准的访问控制、最实用的 NGFW 特性，最领先的“NP+多核+分布式”构架及最丰富的虚拟化，被称为最稳定可靠的安全网关产品，可用于大型数据中心边界防护、广电和二级运营商网络出口安全防护、教育网出口安全防护等网络场景。

（4）NGFW：即下一代防火墙，更适用于新的网络环境。NGFW 在功能方面不仅要具备标准的防火墙功能，如网络地址转换、状态检测、Virtual Private Network 和大企业需要的功能，而且要实现 IPS（Invasion 防御系统）和防火墙真正的一体化，而不是简单地基于模块。另外，NGFW 还需要具备强大的应用程序感知和应用可视化能力，基于应用策略、日志统计、安全能力与应用深度融合，使用更多的外部信息协助改进安全策略，如身份识别等。

2. Juniper 防火墙

Juniper SRX 系列防火墙是 Juniper 公司基于 JUNOS 操作系统的安全系列产品，JUNOS 集成了路由、交换、安全性和一系列丰富的网络服务,是全球首款将转发与控制功能相隔离，并采用模块化软件架构

的网络操作系统。JUNOS 具有优秀的安全性和管理特性，为构建高性能、高可用、高可扩展的网络奠定了基础。

Juniper SRX 系列防火墙作为一个易于管理的平台，集高端口密度、高级安全特性和灵活的连接性于一体，能够为数据中心和分支办事处的运营提供快速、安全和高可用性支持。SRX 平台的经济高效和通用性使其具有业内最高的性价比，它凭借硬件和操作系统的合并、操作的灵活性和无可比拟的性能，简化了部署和运营，降低了总体拥有成本（TCO）。

Juniper SRX 系列防火墙的典型产品包括 Juniper SSG-550M-SH、 Juniper NS-ISG-2000 等。

3. H3C SecPath 防火墙

H3C SecPath 防火墙系列产品基于 H3C 先进的 OAA 开放应用架构，能够灵活扩展病毒防范、网络流量监控和 SSL VPN 等硬件业务模块，实现 2～7 层的全面安全。强大的攻击防范能力能防御 DoS/DDoS 攻击（如 CC、SYN Flood、DNS Query Flood、SYN Flood、UDP Flood 等）、ARP 欺骗攻击、TCP 报文标志位不合法攻击、Large ICMP 报文攻击、地址扫描攻击和端口扫描攻击等多种恶意攻击，同时支持黑名单、MAC 绑定、内容过滤等先进功能。H3C SecPath 防火墙主要包括 H3C SecPath U200 和 H3C SecPath F10X0 两大系列产品。

（1）SecPath U200 系列防火墙

SecPath U200 系列防火墙不仅能够全面有效地保证用户网络的安全，还支持 SNMP 和 TR-069 网管方式，最大限度地降低设备运营成本和维护复杂性。SecPath U200 系列防火墙是一款面向中小型企业及分支机构设计的防火墙设备，中小企业客户完全可以根据自身网络特点和安全需求进行多种搭配选择，以应对越来越复杂的网络安全威胁。

（2）SecPath F10X0 系列防火墙

SecPath F10X0 系列防火墙是 H3C 公司伴随 Web 2.0 时代的到来并结合当前安全与网络深入融合的技术趋势，针对中小型企业、园区网互联网出口以及广域网分支市场推出的高性能防火墙产品。该系列防火墙支持多维一体化安全防护，可从用户、应用、时间、五元组等多个维度，对流量展开 IPS、AV、DLP 等一体化安全访问控制，能够有效地保证网络的安全。H3C SecPath F10X0 系列防火墙采用互为冗余备份的双电源（1 + 1 备份），同时支持双机集群化部署的 SCF 技术，充分满足高性能网络的可靠性要求。

4. Check Point 防火墙

Check Point 是全球首屈一指的互联网安全解决方案供应商，通过其独特的安全体系架构，帮助客户抵御各种威胁，减低复杂性，降低总拥有成本。它发明了 FireWall-1 及状态检测技术，并持续不断在软件刀片架构基础上进行创新，是唯一一家把安全定义为商业流程的厂商。Check Point 的开放式安全平台（OPSEC）是行业中推动整合和互操作性的一个联盟和平台，它使得 Check Point 的解决方案能够与 350 多家领先企业的卓越解决方案集成及协同工作。Check Point 防火墙主要有 Check Point CPAP、Check Point UTM、Check Point IP 等系列产品。

5. 深信服 NGAF 系列防火墙

深信服科技有限公司是中国领先的新网络产品供应商，于 2000 年成立于深圳，致力于通过创新的网络产品帮助商业用户提升业务效率，增加收益，防范风险并降低成本，提升用户的带宽价值。

深信服下一代防火墙（NGAF）是面向应用层设计，能够精确识别用户、应用和内容，具备完整安全防护能力，能够全面替代传统防火墙，并具有强劲应用层处理能力的全新网络安全设备。NGAF 弥补了传统防火墙基于端口/IP 无法防护应用层安全威胁的缺陷，改善了 UTM 类设备简单功能堆砌，性能瓶颈的弱点。NGAF 可以为不同规模的行业用户的数据中心、广域网边界、互联网出口等场景提供更精细、更全面、更高性能、更完整的应用内容防护方案。深信服 NGAF 系列防火墙主流产品包括深信服 NGAF-1120、深信服 NGAF-1520、深信服 NGAF-1720 等。

6. 网康 NGFW 系列防火墙

网康科技有限公司自 2005 年发布中国第一款上网行为管理产品（ICG）以来，陆续推出下一代防火墙（NGFW）、智能流控（ITM）、广域网优化网关（WOG）等产品，产品覆盖网络安全、终端安全、网络优化，形成了完整的网络安全与管理解决方案。同时，网康科技顺应移动互联网和云计算的发展，于 2015 年发布了 PDFP 新型网络安全模型，率先推出“云管端下一代网络安全架构”，以实现“云管端”智能协同、主动防御，有效应对未知威胁与 APT 攻击等功能。

网康 NGFW 是一款可以全面应对应用层威胁的高性能防火墙，该防火墙通过深入洞察网络流量中的用户、应用和内容，借助全新的高性能单路径异构并行处理引擎，能够为用户提供有效的应用层一体化安全防护，帮助用户安全地开展业务，并简化用户的网络安全架构。网康 NGFW 系列防火墙主流产品包括网康 NF-S320 系列、网康 NF-3000 系列、网康 NF-5000 系列等。

7. 天融信防火墙

北京天融信科技股份有限公司是中国领先的信息安全产品与服务解决方案提供商。从 1996 年率先推出填补国内空白的自主知识产权防火墙产品，到自主研发的可编程 ASIC 安全芯片，到云时代超百 G 机架式“擎天”安全网关，天融信坚持自主创新完成了国产防火墙跟随、跟进甚至超越国际知名产品的过渡。连续 10 年以上位居中国信息安全市场防火墙、安全网关、安全硬件第一，天融信始终引领和见证着中国信息安全产业发展的每一个里程碑。天融信的网络安全防火墙产品主要有 NGFW ARES、NGFW 4000 以及 NGFW 4000-UF 等系列。

4.3.4 防火墙的选购

1. 选购防火墙的基本原则

① 明确防火墙的防范范围，亦即允许哪些应用要求允许通过，哪些应用要求不允许通过。

② 要明确想要达到什么级别的监测和控制。根据网络用户的实际需要，建立相应的风险级别，随之便可形成一个需要监测、允许、禁止的清单。

③ 费用问题。防火墙的售价差别较大，安全性越高，实现越复杂，费用也相应越高，反之费用较低。可以根据现有经济条件尽可能科学地配置各种防御措施，使防火墙充分发挥作用。

2. 选购防火墙的基本标准

① 防火墙管理的难易度。

② 防火墙自身的安全性。

③ 选好安全等级。按照美国国家安全局（NSA）国家计算机安全中心（NCSC）的认证标准，依安全性由高至低划分为 A、B、C、D 四个等级。

④ 能否弥补其他操作系统之不足。

⑤ 能否为使用者提供不同平台的选择。

⑥ 能否向使用者提供完善的售后服务。

⑦ 应该考虑企业的特殊需求（包括 IP 地址转换、双重 DNS 、虚拟专用网 VPN、扫毒功能、限制同时上网人数等特殊控制需求）。

3. 选购防火墙的基本技巧

选购防火墙重点应把握住品牌、性能、价格和服务等四个基本要素。

（1）品牌

品牌是品质的保证。作为企业信息安全保护最基础的硬件，防火墙在企业网络整体防范体系中占据着重要的地位。一款反应和处理能力不强的防火墙，不但保护不了企业的信息安全，甚至会成为安全的最大隐患，许多黑客就是重点对防火墙进行攻击，一旦攻击得逞，就可以在整个系统内为所欲为。因此，选购防火墙需要谨慎，应购买具有品牌优势、质量信得过的产品。目前市场上的防火墙产品虽然众多，但有品牌优势的并不多。大致说来，国外的主要品牌有思科、赛门铁克、诺基亚等，国内的主流厂商则有天融信、启明星辰、联想网御、清华得实、瑞星等。最近几年，国内防火墙技术发展非常迅速，已具备一定实力，特别在行业低端应用上，与国外不相上下，而价格与服务则明显优于国外。对于在高端功能应用不多的中小企业来说，选择国内品牌性价比更高。

（2）性能

只选适合不选最高。面对市场上标榜自己技术最先进、功能最强大的各种防火墙，用户往往有点无从选择的感觉。其实，一款适合企业自身应用的防火墙，不一定是技术最高超的，而应是最能满足企业需要的。在选择的过程中，应从以下几个方面综合考虑：产品本身应该安全可靠，许多用户把视线集中在防火墙的功能上，却忽略它本身的安全问题，这很容易使防火墙成为黑客攻击的突破口；产品应有良好的扩展性与适应性，黑客攻击与反攻击的斗争在不断持续和升级，网络随时都面临新攻击的威胁，而新的危险来临时，防火墙需要采用新的对策，这就要求它必须具有良好的可扩展性与适应性；对防火墙的基本性能，如效率与安全防护能力、网络吞吐量、提供专业代理的数量及与其他信息安全产品的联动等，当然也必须好好考虑，原则是在预算范围内，选择最好的。

（3）价格

并非越贵越好。目前市场上的防火墙产品众多，而价格从几百元到几百万元不等。不同价格的防火墙，带来的自然是安全程度的不同。例如：100～500 PC 用户数量区间的企业网络、ISP、ASP、数据中心等部门，在这个区间的防火墙应当较多考虑高容量、高速度、低延迟、高可靠性以及防火墙本身的健壮性等特点。这个区间的防火墙报价一般在 20 万元左右，成交价格是公开报价 2～3 折，实际的成交价格一般仅为数万元，甚至更低。同时单一的防火墙与整套防火墙解决方案的安全保护能力不同，价格相差悬殊，对于有条件的企业来说，最好选择整套企业级的防火墙解决方案。目前国外产品集中在行业高端市场，价格都比较昂贵。对于规模较小的企业来说，可以选择国内的产品，同样能获得比较完整的安全防范解决方案，而在价格上只需几万元，比国外品牌同类产品低很多。

（4）服务

应该细致周到。好的防火墙，应该是企业整体网络的保护者，能弥补其他操作系统的不足，并支持多种平台。而防火墙在恒久的使用过程中，可能出现一些技术问题，需要有专人进行维修和维护。同时，由于攻击手段的层出不穷，与防病毒软件一样，防火墙也需要不断地进行升级和完善。因此，用户在选择防火墙时，除了考虑性能与价格外，还应考虑厂商提供的售后服务。

4.4 网 卡 选 型

4.4.1 网卡简介

视频

网卡选型

网卡也称“网络适配器”，英文全称为 Network Interface Card，简称 NIC。网卡是局域网中最基本的部件之一，它是连接计算机与网络的硬件设备。网卡上面装有处理器和存储器（包括 RAM 和 ROM）。网卡和局域网之间的通信是通过电缆或双绞线以串行传输方式进行的，而网卡和计算机之间的通信则是通过计算机主板上的 I/O 总线以并行传输方式进行。

当网卡收到一个有差错的帧时，它就将这个帧丢弃而不必通知它所插入的计算机。当网卡收到一个正确的帧时，它就使用中断来通知该计算机并交付给协议栈中的网络层。当计算机要发送一个 IP 数据报时，它就由协议栈向下交给网卡，由网卡组装成帧后发送到局域网。

虽然现在各厂家生产的网卡种类繁多，但其功能大同小异。网卡的主要功能有以下三个：

① 数据的封装与解封。发送时将上一层交下来的数据加上首部和尾部，封装成以太网的帧，并通过网线（对无线网络来说就是电磁波）将数据发送到网络上。接收时将以太网的帧剥去首部和尾部，然后送交上一层。

② 链路管理。主要是 CSMA/CD 协议的实现。

③ 编码与译码。即曼彻斯特编码与译码。

对于网卡而言，每块网卡都有一个唯一的网络结点地址，它是网卡生产厂家在生产时烧入 ROM（只读存储芯片）中的，通常称为 MAC 地址（物理地址），且保证绝对不会重复。网卡接收所有在网络上传输的信号，但只接受发送到该计算机的帧和广播帧，其余的帧将丢弃。网卡处理这些帧后，传送到系统 CPU 做进一步处理。当需要发送数据时，网卡等待合适的时间将分组插入到数据流中，接收系统通知计算机信息是否完整到达，如果出现问题，将要求对方重新发送。

4.4.2 网卡的分类

1. 按总线接口类型划分

按网卡的总线接口类型划分，一般可分为 ISA 接口网卡、PCI 接口网卡以及在服务器上使用的 PCI-X 接口网卡、PCI Express 接口网卡，笔记本计算机所使用的 PCMCIA 接口网卡及 USB 接口网卡。

（1）ISA 接口网卡

ISA 是早期网卡使用的一种总线接口，ISA 网卡采用程序请求 I/O 方式与 CPU 进行通信，这种方式的网络传输速率低，CPU 资源占用大，其多为 10 Mbit/s 网卡，如图 4–12 所示。目前市面上已基本上看不到 ISA 总线类型的网卡。

（2）PCI 接口网卡

PCI（Peripheral Component Interconnect）总线插槽仍是目前主板上最基本的接口。其基于 32 位数据总线，可扩展为 64 位，它的工作频率为 33/66 MHz，数据传输率为 132 Mbit/s。目前 PCI 接口网卡仍是家用消费级市场上的绝对主流，如图 4–13 所示。

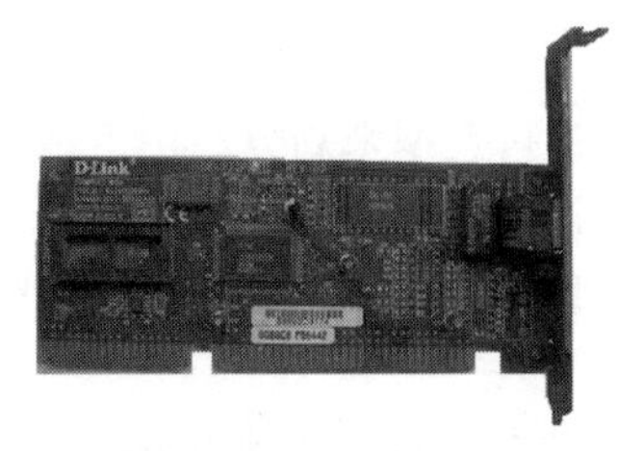

图 4-12 ISA 接口网卡

图 4-13 PCI 接口网卡

（3）PCI-X 接口网卡

PCI-X 是 PCI 总线的一种扩展架构，它与 PCI 总线不同的是，PCI 总线必须频繁地在目标设备与总线之间交换数据，而 PCI-X 则允许目标设备仅与单个 PCI-X 设备进行数据交换。同时，如果 PCI-X 设备没有任何数据传送，总线会自动将 PCI-X 设备移除，以减少 PCI 设备间的等待周期。所以，在相同的频率下，PCI-X 将能提供比 PCI 高 30%左右的性能。目前服务器网卡经常采用此类接口的网卡，如图 4-14 所示。

（4）PCI Express 接口网卡

PCI Express 接口已成为目前主流主板的必备接口。PCI Express 接口采用点对点的串行连接方式，PCI Express 接口根据总线接口对位宽的要求不同而有所差异，分为 PCI Express 1X（标准 250 MB/s，双向 500 MB/s）、2X（标准 500 MB/s）、4X（1 GB/s）、8X（2 GB/s）、16X（4 GB/s）、32X（8 GB/s）等几种。采用 PCI-E 接口的网卡多为千兆网卡，如图 4-15 所示。

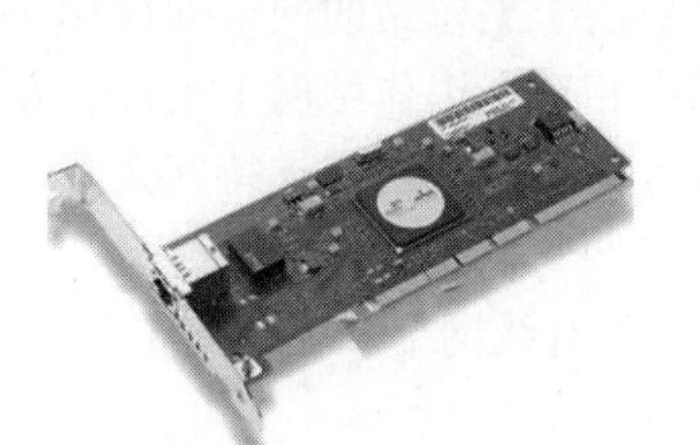

图 4-14 PCI-X 接口网卡

图 4-15 PCI Express 接口网卡

（5）PCMCIA 接口网卡

PCMCIA 接口的网卡是笔记本计算机的专用网卡，这种网卡具有易于安装、小巧玲珑、支持热插拔等特点，如图 4-16 所示。

（6）USB 接口网卡

作为一种新型的总线技术 USB（Universal Serial Bus，通用串行总线）不仅在一些外置设备中得到广泛的应用，如 Modem、打印机、数码相机等，在网卡中也不例外。图 4-17 所示为 D-Link DSB-650TX USB 接口网卡。

图 4-16 PCMCIA 接口网卡

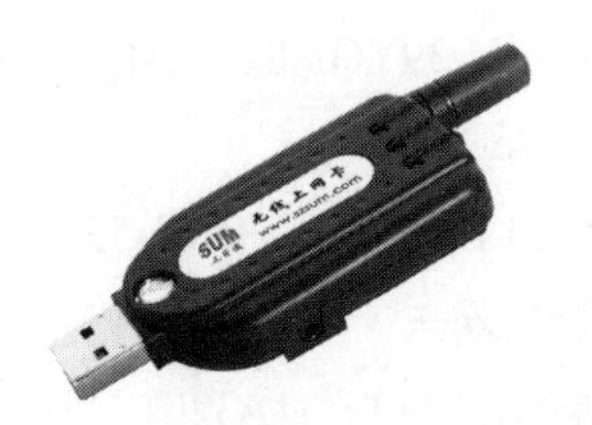

图 4-17 D-Link DSB-650TX USB 接口网卡

2. 按网络接口划分

网卡除了可以按总线接口类型划分外，还可以按网卡的网络接口类型来划分。网卡最终是要与网络进行连接，所以也就必须有一个接口使网线通过它与其他网络设备连接起来。不同的网络接口适用于不同的网络类型，常见的接口主要有以太网的 RJ-45 接口、SC 型光纤接口、细同轴电缆的 BNC 接口和粗同轴电缆 AUI 接口、FDDI 接口、ATM 接口等。

其中，由于 BNC 接口网卡和 AUI 接口网卡主要应用于以细同轴电缆和粗同轴电缆为传输介质的以太网或令牌网中，FDDI 接口网卡和 ATM 接口网卡主要适用于 FDDI 网络和 ATM 网络中，因此这四种接口的网卡在现代局域网中很少使用，目前最为常用的网卡主要是 RJ-45 接口的以太网卡和光纤接口的以太网卡。

3. 按带宽划分

随着网络技术的发展，网络带宽也在不断提高，这样就出现了适用于不同网络带宽环境下的网卡产品，常见的网卡主要有 10 Mbit/s 网卡、100 Mbit/s 网卡、10/100 Mbit/s 自适应网卡、1 000 Mbit/s 网卡四种。

其中，100 Mbit/s 网卡和 10/100 Mbit/s 自适应网卡是目前最为流行的网卡；千兆以太网卡主要应用于高速以太网中，它能够在铜线上提供 1 Gbit/s 的带宽，千兆网卡的网络接口有两种主要类型，一种是普通的双绞线 RJ-45 接口，另一种是多模 SC 型标准光纤接口。

4. 按网卡应用领域划分

如果根据网卡所应用的计算机类型划分，可以将网卡分为应用于工作站的网卡和应用于服务器的网卡。在大型网络中，服务器通常采用专门的网卡，服务器网卡相对于工作站网卡来说，在带宽、接口数量、稳定性、纠错等方面都有比较明显的提高。此外，服务器网卡通常都支持冗余备份、热插拔等功能。

当然，如果按网卡是否提供有线传输介质接口来分还可以分为有线网卡和无线网卡。

4.4.3 主流网卡产品

目前，各网卡生产厂商分别推出了各种不同档次的网卡产品，比较流行的网卡产品主要包括如下几款：

1. 英特尔网卡

主要包括 Expi 9300PT、Expi 9402PT 、PWLA8490MF、Expi9400PF、PXLA8591LR 等。

2. 3Com 网卡

主要包括 3CCFE575CT、3C985B-SX、3COM 905B、3C905CX-TX-M 等。

3. IBM 网卡

主要包括 IBM 39Y6088、IBM 39Y6105、IBM 39Y6098 等。

4. D-Link 网卡

主要包括 DFE-530TX、DGE-528T、DGE-530T、DGE-660TD、DGE-550T 等。

5. TP-Link 网卡

主要包括 TG-5269、TG-3201、TG-3269C、TF-3239DL 等。

6. 腾达网卡

主要包括 TEL9939D、TEL8139D、TEL9901G、L8139D 等。

4.4.4　网卡的选择

1. 选择性价比高的网卡

由于网卡属于技术含量较低的产品，名牌网卡和普通网卡在性能方面并不会相差太多。因此，对于普通用户来说没有必要一定要买名牌网卡。

2. 根据组网类型来选择网卡

用户在选购网卡之前，最好明确需要组建的局域网是通过什么介质来连接各个工作站的，工作站之间数据传输的容量和要求高不高等因素。现在大多数局域网都是使用双绞线来连接工作站的，因此 RJ-45 接口的网卡成为普通用户的首选产品。此外，如果局域网对数据传输的速度要求很高，还必须选择合适带宽的网卡。一般个人用户和家庭组网时因传输的数据信息量不是很大，主要可选择 10/100 Mbit/s 自适应网卡。

3. 根据工作站选择合适总线类型的网卡

由于网卡是要插在计算机的插槽中的，这就要求所购买的网卡总线类型必须与装入机器的总线相符。目前市场上应用最为广泛的网卡通常为 PCI 总线网卡。

4. 根据使用环境来选择网卡

为了能使选择的网卡与计算机协同高效地工作，还必须根据使用环境来选择合适的网卡。在普通的工作站中，选择常见的 10/100 Mbit/s 自适应网卡即可。相反，服务器中的网卡就应该选择带有自动功能处理器的高性能网卡。另外，还应该让服务器网卡实现高级容错、带宽汇聚等功能，这样服务器就可以通过增插几块网卡提高系统的可靠性。

5. 根据特殊要求来选择网卡

不同的服务器实现的功能和要求也是不一样的，用户应该根据局域网实现的功能和要求来选择网卡。例如，如果需要对网络系统进行远程控制，则应该选择一款带有远程唤醒功能的网卡；如果想要组建一个无盘工作站网络，就应该选择一款具有远程启动芯片（BOOTROM 芯片）的网卡。

6. 其他选择细节

除了上面的主要因素外，用户还应该学会鉴别网卡的真伪。因为，在目前种类繁多的网卡市场中，存在一些假货，用户如果对网卡知识一无所知或者了解甚少，就很容易会上当受骗。

4.5　服务器选型

视频

服务器选型

4.5.1　服务器简介

服务器英文名称为 Server，是网络环境下为客户提供各种服务的专用计算机，在网络环境中，服务器承担着数据的存储、转发、发布等关键任务，是网络中不可或缺的重要组成部分。

因为服务器在网络中是连续不断地工作的，且网络数据流又可能在这里形成一个瓶颈，所以服务器的数据处理速度和系统可靠性要比普通的计算机高得多。

服务器的硬件结构由PC发展而来，也包括处理器、芯片组、内存、存储系统以及I/O设备等部分，但是和普通PC相比，服务器硬件中包含着专门的服务器技术，这些技术保证了服务器能够承担更高的负载，具有更高的稳定性和扩展能力。

与普通PC相比，服务器应该具有如下特殊要求：

1. 较高的稳定性

服务器用来承担企业应用中的关键任务，需要长时间的无故障稳定运行。在某些需要不间断服务的领域，如银行、医疗、电信等领域，需要服务器365天24小时运行，一旦出现服务器死机，后果是非常严重的。这些关键领域的服务器从开始运行到报废可能只开一次机，这就要求服务器具备极高的稳定性，这是普通PC无法达到的。

为了实现如此高的稳定性，服务器的硬件结构需要进行专门设计。比如，机箱、电源、风扇这些在PC机上要求并不苛刻的部件在服务器上就需要进行专门的设计，并且提供冗余。服务器处理器的主频、前端总线等关键参数一般低于主流消费级处理器，这样也是为了降低处理器的发热量，提高服务器工作的稳定性。服务器内存技术如ECC、Chipkill、内存镜像、在线备份等也提高了数据的可靠性和稳定性。服务器硬盘的热插拔技术、磁盘阵列技术也是为了保证服务器稳定运行和数据的安全可靠而设计的。

2. 较高的性能

除了稳定性之外，服务器对于性能的要求同样很高。因为服务器是在网络计算环境中提供服务的计算机，承载着网络中的关键任务，维系着网络服务的正常运行，所以为了实现提供服务所需的高处理能力，服务器的硬件采用与PC不同的专门设计。

① 服务器的处理器相对PC处理器具有更大的二级缓存，高端的服务器处理器甚至集成了远远大于PC的三级缓存，并且服务器一般采用双路甚至多路处理器，来提供强大的运算能力。

② 服务器的芯片组不同于PC芯片组，服务器芯片组提供了对双路、多路处理器的支持。同时，服务器芯片组对于内存容量和内存数据带宽的支持高于PC，如5400系列芯片组的内存最大可以支持128 GB，并且支持四通道内存技术，内存数据读取带宽可以达到21 GB/s左右。

③ 服务器的内存和PC内存也有不同。为了实现更高的数据可靠性和稳定性，服务器内存集成了ECC、Chipkill等内存检错纠错功能，近年来内存全缓冲技术的出现，使数据可以通过类似PCI-E的串行方式进行传输，显著提升了数据传输速度，提高了内存性能。

④ 在存储系统方面，服务器硬盘为了能够提供更高的数据读取速度，一般采用SCSI接口和SAS接口，转速通常都在每秒万转或者每秒一万五千转以上。此外，服务器上一般会应用RAID技术，来提高磁盘性能并提供数据冗余容错。

3. 较高的扩展性能

服务器在成本上远高于PC，并且承担企业关键任务，一旦更新换代需要投入很大的资金和维护成本，所以相对来说服务器更新换代比较慢。企业信息化的要求也不是一成不变，所以服务器要留有一定的扩展空间。相对于PC来说，服务器上一般提供了更多的扩展插槽，并且内存、硬盘扩展能力也高于PC，如主流服务器上一般会提供八个或12个内存插槽，提供六个或八个硬盘托架。

4.5.2 服务器的分类

服务器在网络系统中的应用范围非常广泛，用途各种各样，环境要求、性能要求也各不相同，因此服务器的分类标准也有很多，常见的分类方法主要包括如下几个方面。

1. 按应用层次划分

服务器按其应用层次划分可分为入门级服务器、工作组级服务器、部门级服务器和企业级服务器四类。

（1）入门级服务器

入门级服务器通常只使用一块 CPU，并根据需要配置相应的内存和大容量 IDE 硬盘，必要时也会采用 IDE RAID（一种磁盘阵列技术，主要目的是保证数据的可靠性和可恢复性）进行数据保护。入门级服务器主要是针对基于 Windows、Linux 等网络操作系统的用户，可以满足办公室型的中小型网络用户的文件共享、打印服务、数据处理、Internet 接入及简单数据库应用的需求，也可以在小范围内完成诸如 E-mail、Proxy、DNS 等服务。

（2）工作组级服务器

工作组级服务器一般支持 1～2 个处理器，可支持大容量的 ECC（一种内存技术，多用于服务器内存）内存，功能全面，可管理性强，且易于维护，具备了小型服务器所必备的各种特性，如采用 SCSI 总线的 I/O 系统、SMP 对称多处理器结构、可选装 RAID、热插拔硬盘、热插拔电源等，具有较高的可用性，适用于为中小企业提供 Web、E-mail 等服务，也能够用于学校等教育部门的数字校园网、多媒体教室的建设等。

（3）部门级服务器

部门级服务器通常可以支持 2～4 个处理器，具有较高的可靠性、可用性、可扩展性和可管理性。首先，集成了大量的监测及管理电路，具有全面的服务器管理能力，可监测如温度、电压、风扇、机箱等状态参数。此外，结合服务器管理软件，可以使管理人员及时了解服务器的工作状况。同时，大多数部门级服务器具有优良的系统扩展性，当用户在业务量迅速增大时能够及时在线升级系统，可保护用户的投资。目前，部门级服务器是企业网络中分散的各基层数据采集单位与最高层数据中心保持顺利连通的必要环节，适合中型企业（如金融、邮电等行业）作为数据中心、Web 站点等应用。

（4）企业级服务器

企业级服务器属于高档服务器，普遍可支持 4～8 个处理器，拥有独立的双 PCI 通道和内存扩展板设计，具有高内存带宽，大容量热插拔硬盘和热插拔电源，具有超强的数据处理能力。这类产品具有高度的容错能力、优异的扩展性能和系统性能、极长的系统连续运行时间，能在很大程度上保护用户的投资。可作为大型企业级网络的数据库服务器。

目前，企业级服务器主要适用于需要处理大量数据、高处理速度和对可靠性要求极高的大型企业和重要行业（如金融、证券、交通、邮电、通信等行业），可用于提供 ERP（企业资源配置）、电子商务、OA（办公自动化）等服务。

2. 按服务器的处理器架构划分

服务器按其处理器的架构（也就是服务器 CPU 所采用的指令系统）划分可以分为 CISC 架构服务器、RISC 架构服务器和 VLIW 架构服务器三种。

（1）CISC 架构服务器

CISC 的英文全称为 Complex Instruction Set Computer，即“复杂指令系统计算机”，从计算机诞生以来，人们一直沿用 CISC 指令集方式。早期的桌面软件是按 CISC 设计的，并一直沿续到现在，所以，微处理器（CPU）厂商一直在走 CISC 的发展道路，包括 Intel、AMD，以及 TI（得州仪器）、Cyrix 以及 VIA（威盛）等。在 CISC 微处理器中，程序的各条指令是按顺序串行执行的，每条指令中的各个操作也是按顺序串行执行的。顺序执行的优点是控制简单，但计算机各部分的利用率不高，执行速度慢。CISC 架构的服务器主要以 IA-32 架构（Intel Architecture，英特尔架构）为主，而且多数为中低档服务器所采用。

如果企业的应用都是基于 Windows 或 Linux 平台的应用，那么服务器的选择基本上就定位于 IA 架构（CISC 架构）的服务器；如果应用必须是基于 Solaris 的，那么服务器只能选择 Oracle 服务器。如果应用基于 AIX（IBM 的 UNIX 操作系统）的，那么只能选择 IBM UNIX 服务器（RISC 架构服务器）。

（2）RISC 架构服务器

RISC 的英文全称为 Reduced Instruction Set Computing，即“精简指令集”，它的指令系统相对简单，只要求硬件执行很有限且最常用的那部分指令，大部分复杂的操作则使用成熟的编译技术，由简单指令合成。目前在中高档服务器中普遍采用这一指令系统的 CPU，如 Compaq（康柏，即新惠普）公司的 Alpha、HP 公司的 PA-RISC、IBM 公司的 Power PC、MIPS 公司的 MIPS 和 Oracle 公司的 Spare。

（3）VLIW 架构服务器

VLIW 是英文 Very Long Instruction Word 的缩写，即“超长指令集架构”，简称“IA-64 架构”。VLIW 架构采用了先进的 EPIC（清晰并行指令）设计，指令运行速度非常快（每时钟周期 IA-64 可运行 20 条指令，CISC 可运行 1～3 条指令，RISC 可运行 4 条指令）。VLIW 的最大优点是简化了处理器的结构，删除了处理器内部许多复杂的控制电路。从而，使 VLIW 的结构变得简单，芯片制造成本降低，价格低廉，能耗少，性能显著提高。目前基于这种指令架构的微处理器主要有 Intel 的 IA-64 和 AMD 的 x86-64 两种。

3. 按服务器的用途划分

服务器按其用途不同可分为通用型服务器和专用型服务器两类。

（1）通用型服务器

通用型服务器是可以提供各种服务功能的服务器，当前大多数服务器均是通用型服务器。这类服务器因为不是专为某一功能而设计，所以在设计时需要兼顾多方面的应用需要，服务器的结构相对较为复杂，而且要求性能较高，当然在价格上也就更贵些。

（2）专用型服务器

专用型（或称“功能型”）服务器是专门为某一种或某几种功能专门设计的服务器，如光盘镜像服务器主要是用来存放光盘镜像文件的，需要配备大容量、高速的硬盘以及光盘镜像软件。FTP 服务器主要用于在网上（包括 Intranet 和 Internet）进行文件传输，这就要求服务器在硬盘稳定性、存取速度、I/O 带宽方面具有明显优势。而 E-mail 服务器则主要是要求服务器配置高速宽带上网工具，硬盘容量要大等。这些功能型的服务器的性能要求比较低，因为它只需要满足某些需要的功能应用即可，所以结构比较简单，采用单 CPU 结构即可；在稳定性、扩展性等方面要求不高，价格也便宜许多。

4. 按服务器的结构划分

服务器按其结构不同可分为塔式服务器、机架式服务器和刀片服务器三种结构。

（1）塔式服务器

塔式服务器是目前应用最为广泛、最为常见的一种服务器。塔式服务器从外观上看就像一台体积比较大的PC，机箱做工一般比较扎实，非常沉重。

塔式服务器由于机箱很大，可以提供良好的散热性能和扩展性能，并且配置可以很高，可以配置多个处理器、多根内存条和多块硬盘，当然也可以配置多个冗余电源和散热风扇。图4-18所示为浪潮（INSPUR）NP5570M5塔式服务器。

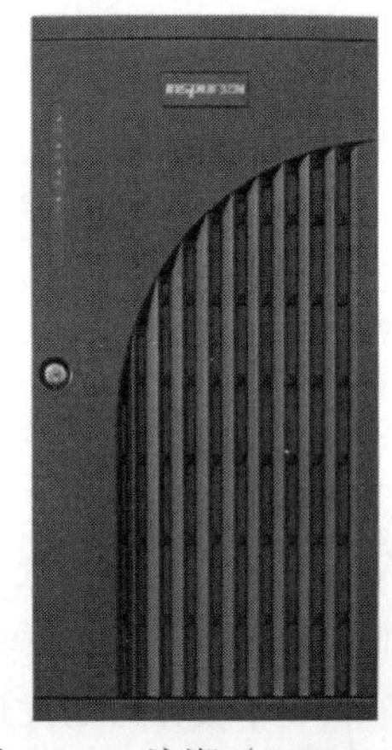

图4-18 浪潮（INSPUR）NP5570M5 塔式服务器

塔式服务器由于具备良好的扩展能力，配置上可以根据用户需求进行升级，所以可以满足企业大多数应用的需求。塔式服务器是一种通用的服务器，可以集多种应用于一身，非常适合服务器采购数量要求不高的用户。塔式服务器在设计成本上要低于机架式和刀片服务器，所以价格通常较低。目前主流应用的工作组级服务器一般采用塔式结构，部门级和企业级服务器也会采用这一结构。

塔式服务器虽然具备良好的扩展能力，但是即使扩展能力再强，一台服务器的扩展升级也会有个限度，而且塔式服务器需要占用很大的空间，不利于服务器的托管，所以在需要服务器密集型部署，实现多机协作的领域，塔式服务器并不占优势。

（2）机架式服务器

顾名思义，机架式服务器就是“可以安装在机架上的服务器”。机架式服务器相对塔式服务器大大节省了空间占用，节省了机房的托管费用，并且随着技术的不断发展，机架式服务器有着不逊色于塔式服务器的性能，机架式服务器是一种平衡了性能和空间占用的解决方案，如图4-19所示。

图4-19 华为 FusionServer Pro 1288H V6 机架式服务器

机架式服务器是按照机柜的规格进行设计的，可以统一安装在19英寸的标准机柜中。机柜的高度以U为单位，1 U是一个基本高度单元，为1.75英寸，机柜的高度有多种规格，如10 U、24 U、42 U等，机柜的深度没有特别要求。通过机柜安装服务器可以使管理、布线更为方便整洁，也可以方便地和其他网络设备的连接。

机架式服务器由于机身受到限制，在扩展能力和散热能力上不如塔式服务器，这就需要对机架式服务器的系统结构专门进行设计，如主板、接口、散热系统等，这样就使机架式服务器的设计成本提高，所以价格一般高于塔式服务器。

（3）刀片服务器

刀片式结构是一种比机架式更为紧凑整合的服务器结构，它是专门为特殊行业和高密度计算环境所设计的。刀片服务器在外形上比机架服务器更小，只有机架服务器的1/3～1/2，这样就可以使服务器密度更加集中，更大地节省了空间，如图 4-20 所示。

每个刀片就是一台独立的服务器，具有独立的 CPU、内存、I/O 总线，通过外置磁盘可以独立地安装操作系统，可以提供不同的网络服务，相互之间并不影响。刀片服务器也可以像机架式服务器那样，安装到刀片服务器机柜中，形成一个刀片服务器系统，可以实现更为密集的计算机部署，如图 4-21 所示。

图 4-20　刀片服务器

图 4-21　刀片服务器系统

虽然刀片服务器在空间节省、集群计算、扩展升级、集中管理、总体成本等方面相对于另外两种结构的服务器具有很大优势，但是刀片服务器至今还没有形成一个统一的标准，刀片服务器的几大巨头如 IBM、HP、Oracle 各自有不同的标准，之间互不兼容，导致了刀片服务器用户选择的空间很狭窄，制约了刀片服务器的发展。

4.5.3　服务器的性能指标

服务器性能指标主要是以系统响应速度和作业吞吐量为代表。响应速度是指用户从输入信息到服务器完成任务给出响应的时间，作业吞吐量是整个服务器在单位时间内完成的任务量。假定用户不间断地输入请求，则在系统资源充裕的情况下，单个用户的吞吐量与响应时间成反比，即响应时间越短，吞吐量越大。

影响服务器性能指标的主要因素包括服务器的 CPU 占用率、服务器的可用内存数以及物理磁盘读写时间等。

4.5.4　主流服务器

ZDC 数据统计，2019 年半年度中国 x86 服务器市场品牌关注度方面，戴尔易安信以 27.70%的关注度继续蝉联第一，联想、浪潮、华为、HPE 四大知名服务器品牌牢牢占据关注度 TOP2～TOP5 席位，关注度分别为 23.20%、21.12%、12.58%、9.44%。同时，加上关注度 2.93%的曙光，六大服务器厂商总关注度达到 95%。

1. 华为 FusionServer 2288H V5

华为 FusionServer 2288H V5 是一款性能很稳定的服务器，能够积极响应服务请求并进行处理，处理能力、稳定性、可靠性、安全性、可扩展性、可管理性等方面的能力都有保障，最多 9 个 PCIe 扩展槽位：四个全高全长的 PCIe3.0 x16 标准卡（信号为 x8），三个全高半长的 PCIe3.0 x16 标准卡（信号为 x8），一个全高半长的 PCIe3.0 x8 标准卡（信号为 x8），一个 RAID 控制卡槽位。

2. DELL PowerEdge R740XD

DELL PowerEdge R740xd 提供可扩展的存储性能和数据集处理。这款 2 U 双路平台所提供的可扩展性和性能可满足各种应用程序的需求。很高可选配 24 个 NVMe 硬盘，或者总共 32 个 2.5 英寸或 18 个 3.5 英寸硬盘。

3. 联想 ThinkSystem SR650

24 个 DIMM 插槽中多达 9 TB，使用 128 GB DIMM 和英特尔傲腾数据中心级持久内存；2 666 MHz / 2 933 MHz TruDDR4。支持热插拔硬盘，3.5 英寸硬盘最多到 14 个，或 2.5 英寸硬盘最多到 24 个（其中最多可支持 12 个 AnyBay，或其中最多可支持 24 个 NVMe）+3.5 英寸后置硬盘两个；另可支持两个通过 PCIe 接口连接至 PCH 的 M.2 启动盘（可支持 RAID1）。

4. 浪潮英信 NF5280M5

新计算平台提供强劲计算能力，支持全新一代英特尔处理器，最大支持 TDP 205W CPU。最高主频 3.6 GHz、38.5 MB L3 缓存和两条 10.4 GT/s UPI 互连链路，使服务器拥有高的处理性能。可以支持 24 个热插拔 NVMe SSD 全闪配置，极致的存储 IO 带来存储性能质的飞跃，消除存储瓶颈。全模块化设计，存储、I/O、异构模块随需搭配，可提供 30 多种应用配置。在 2 U 机箱狭小的空间内可容纳高达 20 块 3.5 英寸硬盘，内置两块 M.2 硬盘，实现存储模块的个性化选择。支持 OCP 和 PHY 网卡自由切换，提供 1G、10G、25G、40G 多种网络接口选择，为应用提供更加灵活的网络结构。支持 Intel 集成 I/O 技术，可将 PCI Express 3.0 控制器集成到英特尔至强可扩展处理器中，能够显著缩短 I/O 延迟并且提高总体系统性能。

4.5.5 服务器的选购

服务器可以说是整个局域网的核心，如何选择与网络规模相适应的服务器，是决策者和技术人员都要考虑的问题。选购服务器可以从下列几个方面加以考虑。

1. 可靠性

为了保证网络能正常运转，选择的服务器首先要确保稳定可靠，也就是死机率低。因为一个性能不稳定的服务器，即使配置再高、技术再先进，也不能保证网络正常工作，严重时可能给使用者造成难以估计的损失，更何况性能稳定的服务器还意味着为公司节省维护费用。用户可以通过整体组装品质、良好的散热设计、权威性评比推荐、整体口碑、实际测试、承诺售后服务内容等几个方面加以判断。

2. 可用性

可用性是以设备处于正常运行状态的时间比例作为衡量指标的，例如，99.9%的可用性表示每年有 8 小时的时间设备不能正常运行，99.999%的可用性表示每年有 5 分钟的时间设备不能正常运行。部件冗余是提高可用性的基本方法，通常是对发生故障给系统造成危害最大的那些部件（如电源、硬盘、风扇和 PCI 卡）添加冗余配置，并设计方便的更换结构（如热插拔），从而保证这些设备即使发生故障也不会影响系统的正常运行。

3. 可扩展性

由于网络处在不断发展之中，快速增长的应用不断对服务器的性能提出新的要求，为了减少更新服务器带来的额外开销和对工作的影响，选购的服务器应当具有一定的可扩展性，以便能够适应将来的发展和使用。可扩展性具体表现在两个方面：一是留有富余的机箱可用空间；二是充裕的 I/O 带宽。因为随着处理器运算速度的提高和并行处理器数量的增加，服务器性能的瓶颈将会归结为 PCI 及其附属设备。高扩展性意义在于用户可以根据需要随时增加有关部件，在满足系统运行要求的同时，能够有效保护用户投资。

4. 可管理性

可管理性旨在利用特定的技术和产品来提高系统的可靠性，降低系统的购买、使用、部署和支持费用。服务器的可管理性主要体现在服务器的管理方式（如远程管理）、系统部件运行状态的自动监视、故障自动报警、冗余组件自动切换等方面，其最显著的作用就是减少维护人员的工时占用和避免系统停机带来的损失。服务器的管理性能直接影响服务器的易用性，系统的可管理性既是 IT 部门的迫切要求，又对企业经营效益起着非常关键的作用。

5. 以够用为准则

在选购服务器时，由于本身的信息资源以及资金实力有限，不可能一次性投资太多的经费去采购档次很高、技术很先进的服务器。对于中小规模的网络而言，最重要的就是根据实际情况，并参考以后的发展规划，有针对性地选择满足目前信息化建设的需要又不需投入太多资源的解决方法。如果片面去追求高、新、全的服务器，不但在价格上要远远高于市场上的普通服务器，更重要的是这些先进的功能对普通用户来说可能很少用到或者根本就用不到。

6. 升级维护成本

许多品牌服务器可能在购买时总价并不高，但却有着十分可观的升级维护成本。例如，一些国外品牌的服务器为了提高市场占有率，将出售的价格压得很低，但是诸如 CPU、内存、硬盘和磁盘阵列卡等维护配件十分昂贵，在原厂保修到期后的维护成本也十分昂贵，所以这也是一个需要考虑的因素。

7. 能否满足特殊要求

不同网络应用侧重点不同，对服务器性能的要求也不一样。比如，在线视频播放服务器要求具有较高的存储容量和数据吞吐率，而 Web 服务器和电子邮件服务器则要求 24 小时不间断运行，如果网络服务器中存放的信息属于机密资料，这就要求选择的服务器有较高的安全性。

4.6　网络操作系统选型

4.6.1　网络操作系统简介

网络操作系统（NOS）是网络的心脏和灵魂，是向网络计算机提供网络通信和网络资源共享功能的操作系统。它是负责管理整个网络资源和网络用户的软件的集合。由于网络操作系统是运行在服务器之上的，所以有时称之为服务器操作系统。

网络操作系统与运行在工作站上的单用户操作系统或多用户操作系统相比，由于提供的服务类型不同而有差别。一般情况下，网络操作系统以使网络相关特性最佳为目的。如共享数据文件、软件应用以及共享硬盘、打印机、调制解调器、扫描仪和传真机等。

4.6.2　典型网络操作系统

目前流行的网络操作系统有四大类：Windows 操作系统、NetWare 操作系统、UNIX 操作系统和 Linux 操作系统。

1. Windows 操作系统

Windows 操作系统是由美国 Microsoft 公司开发的，先后推出了多个版本，而且每个版本都存在自身的特点。Windows 操作系统配置在整个局域网中是最常见的，但由于它的稳定性能不是很高，所以微软的网络操作系统一般只是用在中低档服务器中，高端服务器通常采用 UNIX、Linux 或 Solaris 等非 Windows 操作系统。目前，在局域网中常用的 Windows 操作系统主要有 Windows Server 2008、Windows Server 2012、Windows Server 2016、Windows Server 2019。

2. NetWare 操作系统

NetWare 操作系统是 Novell 公司开发的用于管理网络的操作系统。在 20 世纪 80 年代初，Novell 公司就充分借鉴了 UNIX 操作系统的优点，吸收了 UNIX 的多用户多任务的功能，推出了 NetWare 网络操作系统，该操作系统在 20 世纪 80 年代末到 90 年代初曾是风靡一时的网络操作系统。

NetWare 网络操作系统最大的缺点就是最初的版本没有采用 TCP/IP 协议，而是自己指定了 IPX/SPX 协议（Internet Packet Exchange/Sequenced Exchange）。虽然 IPX/SPX 协议实现的功能较多，有较强的适应性，而且可以路由，但是这个协议仍然没有得到大多数设备制造商的支持，并且与 Internet 有所脱节，不能与 Internet 互连，未能赶上 Internet 的流行脚步，直到 20 世纪 90 年代才有集成 TCP/IP 的 NetWare 网络操作系统出现。

3. UNIX 操作系统

UNIX 网络操作系统出现于 20 世纪 60 年代，最初是为第一代网络所开发的，是标准的多用户终端系统。UNIX 操作系统一般主要应用于小型机和大型机上，从事工程设计、科学计算、CAD 等工作。

UNIX 网络操作系统的一个最突出的特点就是安全可靠。UNIX 网络操作系统本身就是为多任务和多用户工作环境而开发的，它在用户访问权限、计算机及网络管理方面有着严格的规定，使得 UNIX 有很高的安全性。当然这种优势只是相对的，随着技术的发展，也出现了攻击 UNIX 网络操作系统的病毒，而且网络黑客也可以攻击采用 UNIX 操作系统的网站，可见如何保证网络的安全是网络管理员所必须面对的最具挑战的工作。

UNIX 网络操作系统的另一突出特点就是能够很方便地与 Internet 相连。这是因为 UNIX 网络操作系统本身就是为管理网络而开发的，现在 TCP/IP 协议已成了 UNIX 网络操作系统的基本组成部分，这样 UNIX 网络操作系统就可以很容易地增强和扩展，所以不同的公司都为自己的计算机设计了不同的 UNIX 操作系统，目前市场上流行的主要是 HP、Oracle、IBM 等公司的 UNIX 网络操作系统，但不同公司的 UNIX 网络操作系统的内核互不兼容，不可交换。这种互不兼容的局面成了 UNIX 网络操作系统应用推广中的最大障碍。

4. Linux 操作系统

1991 年，芬兰赫尔辛基大学的 Linus Torvalds 利用 Internet 发布了他在 80x86 个人计算机开发的 Linux 操作系统内核的源代码，开创了 Linux 操作系统的历史，也促进了自由软件 Linux 的诞生。随后经过各地 Linux 爱好者不断补充和完善，以及 Linux 编程人员（有许多是原来从事 UNIX 开发的）的不断努力，如今 Linux 家族有近 200 个不同的版本。中文版本的 Linux，如 RedHat Linux、红旗 Linux 等在国内得到了广大用户的充分肯定。

Linux 网络操作系统具有开放的源代码、可运行在多种硬件平台之上，支持多种网络协议，支持多种文件系统，在国内外得到了广泛应用。尽管 Linux 的发展势头很好，但 Linux 存在的版本繁多，且不同版本之间存在大量的不兼容等缺点也影响了它的大范围应用。

总地来说，对特定计算环境的支持使得每一个操作系统都有适合于自己的工作场合，这就是系统对特定计算环境的支持。例如，Windows Professional 适用于桌面计算机，Linux 适用于小型的网络，而 Windows Server 和 UNIX 则适用于大型服务器应用程序。因此，对于不同的网络应用，需要有目的地选择合适的网络操作系统。

4.6.3 网络操作系统的选择

网络操作系统是网络中的一个重要部分，它与网络的应用紧密相关。网络操作系统所面向的服务领域不同，在很多方面有较大的差异，用户可以结合网络系统的需求适当选择。

1. 成本问题

价格因素是选择网络操作系统的一个主要因素。试想，拥有强大的财力和雄厚的技术支持能力当然可以选择安全、可靠性更高的网络操作系统。但如果不具备这些条件，就应从实际出发，根据现有的财力、技术维护力量，选择经济适用的系统。同时，考虑到成本因素，选择网络操作系统时，也要和现有的网络硬件环境相结合，在财力有限的情况下，尽量不购买需要很大程度地升级硬件的操作系统。在购买成本上，免费的 Linux 当然占有很大的优势；而 NetWare 由于适应性较差，仅能在 Intel 等少数几种处理器硬件系统上运行，因而对硬件的要求比较高，可能会引起很大的硬件扩充费用。

在成本问题上，尽管购买操作系统的费用会有所区别，但从长远来看，购买网络操作系统的费用只是整个网络系统成本的一小部分，而网络管理的大部分费用是技术维护的费用。所以，网络操作系统越容易管理和配置，其运行成本越低。一般来说，Windows 网络操作系统比较简单易用，适合于技术维护力量较薄弱的网络环境中；而 UNIX 由于其命令比较难懂，易用性则稍差一些。

2. 安全性问题

操作系统安全是计算机网络系统安全的基础，一个健壮的网络必须具有一定的防病毒及防外界侵入的能力，网络安全性越来越受到用户的重视。从网络安全性来看，NetWare 网络操作系统的安全保护机制较为完善和科学；UNIX 的安全性也是有口皆碑的（Linux 也是 UNIX 的变种）；但 Windows 则存在着重大的安全漏洞。无论安全性能如何，各个操作系统都自带有安全服务。比如，Linux、UNIX 网络操作系统提供了用户账号、文件系统权限和系统日志文件；NetWare 提供了四级的安全系统：登录安全、权限安全、属性安全、服务安全；Windows Server 提供了用户账号、文件系统权限、Registry 保护、审核、性能监视等基本安全机制。

3. 可集成性与可扩展性问题

可集成性就是对硬件及软件的容纳能力，硬件平台无关性对系统来说非常重要。现在一般构建网络都有多种不同应用的要求，因而具有不同的硬件及软件环境，而网络操作系统作为这些不同环境集成的管理者，应该有较强的管理各种软硬件资源的能力。

由于 NetWare 硬件适应性较差，所以其可集成性也就较差。UNIX 系统一般都是针对自己的专用服务器和工作站进行优化，其兼容性也较差；而 Linux 对 CPU 的支持比 Windows 要好得多。在对 TCP/ IP 的支持程度方面，这几种主流操作系统都是比较优秀的。

4. 兼容性问题

网络系统应当是开放的系统，只有开放才能兼容并蓄，才能真正实现网络的功能。当用户应用的需求增大时，网络处理能力也要随之增加、扩展，这样可以保证用户在早期的投资不至于浪费，也为今后的发展打好基础。

5. 可维护性问题

在购买网络操作系统时，还要考虑维护的难易程度。从用户界面和易用性来看，Windows 网络操作系统明显优于其他的网络操作系统。

目前，大部分网络操作系统提供的管理工具已经能够满足网络管理员的大部分需求，所以一般都不用再购买第三方软件。

总之，在购买网络操作系统时，最重要的还是要和自己的网络环境相结合。如中小型企业及网站建设中，多选用 Windows 网络操作系统；做网站的服务器和邮件服务器时多选用 Linux；在工业控制、生产企业、证券系统的环境中，多选用 NetWare；而在安全性要求很高的情况下，如金融、银行、军事及大型企业网络上，则推荐选用 UNIX。

4.7　网络数据库选型

4.7.1　网络数据库简介

数据和资源共享这两种方式结合在一起即成为今天广泛使用的网络数据库（Web 数据库），它是以后台（远程）数据库为基础，加上一定的前台（本地计算机）程序，通过浏览器完成数据存储、查询等操作的系统。

网络数据库（Network Database）的含义有三个：

① 跨越计算机在网络上创建、运行的数据库。

② 网络上包含其他用户地址的数据库。

③ 信息管理中，数据记录可以以多种方式相互关联的一种数据库。

网络数据库和分层数据库相似，也是由一条条记录组成的。它们的根本区别在于网络数据库有更不严格的结构，即任何一个记录可指向多个记录，而多个记录也可以指向一个记录。实际上，网络数据库允许两个结点间有多个路径，而分层数据库只能有一个从父记录到子记录的路径。也就是说，网络数据库中数据之间的关系不是一一对应的，可能存在着一对多的关系，并且这种关系不是只有一种路径的涵盖关系，而可能会有多种路径或从属的关系。

4.7.2　典型的数据库管理系统

目前，商品化的数据库管理系统以关系型数据库为主导产品，技术比较成熟。面向对象的数据库管理系统虽然技术先进，数据库易于开发、维护，但尚没有成熟的产品。其中，主要的关系型数据库管理系统有 Oracle、Sybase、Informix 和 Ingres，这些产品都支持多平台，如 UNIX、VMS、Windows，但支持的程度不一样。此外，IBM 的 DB2 也是成熟的关系型数据库，但 DB2 是内嵌于 IBM 的 AS/400 系列机中的，只支持 OS/400 操作系统。在网络系统集成中，为了能够更好地选择数据库管理系统，需要充分了解各种数据库管理系统的综合性能。

1. Oracle 数据库管理系统

Oracle 是以高级结构化查询语言（SQL）为基础的大型关系数据库，通俗地讲它是用方便逻辑管理的语言操纵大量有规律数据的集合，是目前最流行的客户机/服务器（C/S）体系结构的数据库之一。

（1）Oracle 数据库管理系统的技术特点

无范式要求，可根据实际系统需求构造数据库；采用标准的 SQL 结构化查询语言；具有丰富的开发工具，覆盖开发周期的各个阶段；支持大型数据库，数据类型支持数字、字符、大至 2 GB 的二进制数据，为数据库的面向对象存储提供数据支持；具有第四代语言的开发工具（SQL Forms、SQL Reports、SQL Menu 等）；具有字符界面和图形界面，易于开发；通过 SQL Dba 控制用户权限，提供数据保护功能，监控数据库的运行状态，调整数据缓冲区的大小；分布优化查询功能；具有数据透明、网络透明，支持异种网络、异构数据库系统；并行处理采用动态数据分片技术；支持客户机/服务器体系结构及混合的体系结构（集中式、分布式、客户机/服务器）；实现了两阶段提交、多线索查询手段；支持多种系统平台（HPUX、Solaris、OSF/1、VMS、Windows、OS/2）；自动检测死锁和冲突并解决；较高的数据安全级别；具有面向制造系统的管理信息系统和财务系统的应用系统。

（2）Oracle 的开发工具

Oracle数据库管理系统的开发工具非常广泛，除了 Oracle 自身提供的 SQL Plus、Toad、SQL Developer、Workflow Builder、XML Publisher、Discoverer、JDeveloper、Developer 6i（9i and 10g）、Forms and Reports 等开发工具以外，还有很多更加好用的第三方开发工具。

（3）Oracle 存在的缺点

Oracle 的安装相对比较复杂，自身的开发管理工具功能相对较弱。

2. Sybase 10 数据库管理系统

ASE 数据库系统产品包括 SQL Sybase 10（数据库管理系统的核心）、Replication Server（实现数据库分布的服务器）、Backup Server（网络环境下的快速备份服务器）、Omini SQL Gateway（异构数据库网关）、Navigation Server（网络上可扩充的并行处理能力服务器）、Control Server（数据库管理员服务器），属于客户机/服务器体系结构，提供了在网络环境下的各结点上的数据库数据的互访。

（1）Sybase 数据库管理系统的技术特点

完全的客户机/服务器体系结构，能适应 OLTP（On-Link Transaction Processing）要求，能为数百用户提供高性能需求；采用单进程多线索（Single Process and Multi-Threaded）技术进行查询，节省系统开销，提高内存的利用率；支持存储过程，客户只需通过网络发出执行请求，就可马上执行，有效地加快了数据库访问速度，明显减少网络通信量，有效地提高了网络环境的运行效率，增加数据库的服务容量；虚服务器体系结构与对称多处理器（SMP）技术结合，充分发挥多 CPU 硬件平台的高性能。

（2）Sybase 的开发工具

Sybase 的开发工具主要包括 Data Workbench、Visual Query Language（图形查询语言）、Interactive SQL

（交互式 SQL 环境）、Easy SQR（基于菜单的报表生成器）、SQR Debug（调试工具）、Gain Momentum（面向对象的多媒体开发平台）等。

（3）Sybase 的不足

多服务器系统不支持分布透明；Replication Server 数据方面的性能较差，不能与操作系统集成；对中文的支持较差。

3. Ingres 数据库管理系统

Ingres 数据库系统在技术上一直处于领先水平，Ingres 数据库不仅能管理数据，而且还能管理知识和对象。Ingres 产品分为三类：第一类为数据库基本系统，包括数据管理、知识管理、对象管理；第二类为开发工具；第三类为开放互连产品。

（1）Ingres 数据库管理系统的技术特点

开放的客户机/服务器体系结构，允许用户建立多个多线索服务器；采用编译的数据库过程，有效地降低了 CPU 的占用率，减小了网络开销；根据查询语言的要求自动地在网络环境中调整查询顺序，寻找最佳路径；采用在线备份数据，无须中断系统的正常运行，保持一致性的数据库备份；提供快速提交、成组提交、多块读出与写入的技术，减少 I/O 数据量；采用多文件存储数据，便于在异常情况下对数据库的恢复；采用两阶段提交协议，保证了网络分布事务的一致性；具有数据库规则系统，自动激活满足行为条件的规则，对每个表拥有的独立规则数不受限制；具有系统报警功能，当数据在规定的数据量极限时，自动作出相应的操作；能够对用户自己定义的数据类型进行处理、存储、定义数据的有效区间；允许用户将自己定义的函数嵌入到数据库管理系统中。

（2）Ingres 的应用开发工具

Ingres 的应用开发工具主要包括 Ingres/Windows 4GL、Ingres/Star 和 Ingres Enhanced Security。

（3）Ingres 系统的不足

Ingres 系统的不足之处是在产品服务上比较薄弱。

4. Informix 数据库管理系统

（1）技术特点

Informix 运行在 UNIX 平台，支持 Solaris、HPUX、ALFAOSF/1；采用双引擎机制，占用资源小，简单易用；具有 DSA 动态可调整结构，支持 SMP 查询语句、多线索查询机制、三个任务队列、虚拟处理器、并行索引功能、静态分片数据物理结构、支持双机簇族、对复杂系统应用开发的 Informix 4GL CADE 工具等功能，适用于中小型数据库管理。

（2）开发工具

Informix 数据库的软件开发工具（环境）主要有 Informix-SQL、Informix-ESQL、Informix-4GL 等。它们具有不同的功能和特点，既能单独使用，也可根据实际需要相互配合使用。

（3）存在的缺陷

不支持异种网络；并发控制容易出现死锁现象；数据备份速度较慢；可移植性较差，不同版本的数据结构不兼容。

5. DB2 数据库管理系统

DB2 是内嵌于 IBM 的 AS/400 系统上的数据库管理系统，直接由硬件支持。它支持标准的 SQL 语言，具有与异种数据库相连的 Gateway（网关）。因此它具有速度快、可靠性好的优点。但是，只有硬件平台选择了 IBM 的 AS/400，才能选择使用 DB2 数据库管理系统。

（1）技术特点

首先，由于 DB2 应用程序和数据库管理系统运行在相同的进程空间当中，进行数据操作时可以避免烦琐的进程间通信，因此耗费在通信上的开销自然也就降低到了极低。其次，DB2 使用简单的函数调用接口来完成所有的数据库操作，而不是在数据库系统中经常用到的 SQL 语言，这样就避免了对结构化查询语言进行解析和处理所需的开销。

（2）开发工具

DB2 是 IBM 公司的产品，IBM 提供了许多开发工具，主要有 Visualizer Query、VisualAge、VisualGen 等。

Visualizer 是客户机/服务器环境中的集成工具软件，主要包括 Visualizer Query 可视化查询工具、Visualizer Ultimedia Query 可视化多媒体查询工具、Visualizer Chart 可视化图标工具、Visualizer Procedure 可视化过程工具、Visualizer Statistics 可视化统计工具、Visualizer Plans 可视化规划工具、Visualizer Development 可视化开发工具。

（3）存在缺陷

容易出现死锁等待现象；在 API（应用程序编程接口）与函数的提供上还不完善；高可用性的实现对于普通用户来说比较复杂。

4.7.3 网络数据库系统的选型

选择数据库管理系统时应从以下几个方面予以考虑：

1. 构造数据库的难易程度

需要分析数据库管理系统有没有范式的要求，即是否必须按照系统所规定的数据模型分析现实世界，建立相应的模型；数据库管理语句是否符合国际标准，以便于系统的维护、开发、移植；有没有面向用户的易用的开发工具；所支持的数据库容量有多少，数据库的容量特性决定了数据库管理系统的使用范围。

2. 程序开发的难易程度

有无计算机辅助软件工程工具——计算机辅助软件工程工具可以帮助开发者根据软件工程的方法提供各开发阶段的维护、编码环境，便于复杂软件的开发、维护。

有无第四代语言的开发平台——第四代语言具有非过程语言的设计方法，用户不需编写复杂的过程性代码，易学、易懂、易维护。

有无面向对象的设计平台——面向对象的设计思想接近人类的逻辑思维方式，便于开发和维护。

对多媒体数据类型的支持——支持多媒体数据类型的数据库管理系统可以减少应用程序的开发和维护工作。

3. 数据库管理系统的性能分析

包括性能评估（响应时间、数据单位时间吞吐量）、性能监控（内外存使用情况、系统输入/输出速率、SQL 语句的执行、数据库元组控制）、性能管理（参数设定与调整）。

4. 对分布式应用的支持

包括数据透明与网络透明程度。数据透明是指用户在应用中不需指出数据在网络中的什么结点上，数据库管理系统可以自动搜索网络，提取所需数据；网络透明是指用户在应用中无须指出网络所采用的协议，数据库管理系统自动将数据包转换成相应的协议数据。

5. 并行处理能力

数据库系统必须能够实现负载均衡、并行处理，才能应付大数据量下、大用户量的办公业务；另外，数据库系统还必须能够实现失效接管，也就是当集群系统中的一个结点或多个结点出现故障，只要还有结点能够正常工作，数据库就仍然能够正常工作。

6. 可移植性和可扩展性

可移植性指垂直扩展和水平扩展能力。垂直扩展要求新平台能够支持低版本的平台，数据库客户机/服务器机制支持集中式管理模式，这样保证用户以前的投资和系统；水平扩展要求满足硬件上的扩展，支持从单 CPU 模式转换成多 CPU 并行模式（SMP、CLUSTER、MPP）。

7. 数据完整性约束

数据完整性指数据的正确性和一致性保护，包括实体完整性、参照完整性、复杂的事务规则。

8. 并发控制功能

对于分布式数据库管理系统，并发控制功能是必不可少的。因为它面临的是多任务分布环境，可能会有多个用户点在同一时刻对同一数据进行读或写操作，为了保证数据的一致性，需要由数据库管理系统的并发控制功能来完成。评价并发控制的标准应从下面几方面加以考虑：

① 保证查询结果一致性方法。

② 数据锁的控制范围（表、页、元组等）。

③ 数据锁的升级管理功能。

④ 死锁的检测和解决方法。

9. 容错能力

异常情况下对数据的容错处理。主要包括硬件的容错（有无磁盘镜像处理功能）、软件的容错（有无利用软件方法处理异常情况）两个方面的容错能力。

10. 安全性控制

包括安全保密的程度（账户管理、用户权限、网络安全控制、数据约束）。

11. 支持汉字处理能力

包括数据库描述语言的汉字处理能力（表名、域名、数据）和数据库开发工具对汉字的支持能力。

4.8　宽带路由器选型

4.8.1　宽带路由器简介

宽带路由器是近几年来新兴的一种网络产品，它伴随着宽带的普及应运而生。宽带路由器在一个紧凑的箱子中集成了路由器、防火墙、带宽控制和管理等功能，具备快速转发、灵活的网络管理和丰富的网络状态监控等特点。宽带路由器采用高度集成设计，集成有 10/100 Mbit/s 宽带以太网 WAN 接口、并内置多口 10/100 Mbit/s 自适应交换机，方便多台机器连接内部网络与 Internet，可以广泛应用于家庭、学校、办公室、网吧、小区接入、政府、企业等场合。

4.8.2 宽带路由器的性能指标

随着宽带网络的逐步普及，各厂家纷纷推出功能各异、名目众多的宽带路由器产品，使大多数想要购买路由器但又缺乏基本技术知识的消费者无从选择，在选购宽带路由器时应考虑的性能指标主要包括如下几项。

1. 处理器主频

宽带路由器的处理器同计算机主板、交换机等产品一样，是路由器最核心的器件，它的好坏直接影响路由器的性能。宽带路由器除了处理器的主频外，缓存的容量与结构、内部总线结构、是单 CPU 还是多 CPU 分布式处理、运算模式等也都会直接影响处理器的整体性能，关键要看这颗 CPU 到底用的是什么内核，内部结构如何。

2. 内存容量

处理器内存用来存放运算过程中的所有数据，因此内存的容量大小对处理器的处理能力有一定影响。

3. 吞吐量

吞吐量是指路由器每秒能处理的数据量，是路由器性能的直观反映。路由器的吞吐量应该是在 NAT（网络地址转换）开启、防火墙关闭的情况下得出的测试数据，这是因为 NAT 是宽带路由器最基本、最核心的功能。

4. 带机数量

宽带路由器的带机数量直接受实际使用环境的网络繁忙程度影响，不同的网络环境带机数量相差很大。比如在网吧里，所有人都在上网聊天、游戏，几乎所有数据都通过 WAN 口，路由器负载很重。而企业网经常同一时间只有小部分人在用网络，而且大部分数据都是在企业网内部流动，路由器负载很轻。在一个 200 台 PC 的企业网性能够用的路由器，放到网吧往往可能连 50 台 PC 都带不动。所以，较为客观的说法应该指明这个带机量是针对哪种类型网络的，而且是根据典型情况估算出来的范围。

另外，有些路由器会提到“最大允许带机量”，这种说法根本不是指路由器的性能，而是 DHCP 最大可以分配的 IP 地址数，这个数值对用户来说毫无意义。

5. WAN 端口数

WAN 端口数决定路由器可以接入的进线数量，比如，双 WAN 口路由器可以选择两条接入，如选择电信的 ADSL 接入后，还可以选择联通或者其他运营商的一条接入。多端口数路由器首先性能要够强，相对于出口带宽要有富余，如果本身处理能力有限，多 WAN 端口数就纯粹是一个摆设。

4.8.3 宽带路由器的选购

目前，宽带路由器品牌很多，性能和质量参差不齐，用户在购买产品时，也往往只是看重价格，对于宽带路由器所具有的功能、性能并不十分了解。在选购宽带路由器时，应该注意以下几个问题。

1. 弄清需求最重要

在选择边缘接入型宽带路由器之前，首先要弄清自身需求。因为，市场上各种各样的宽带路由器

在性能、功能上都各不相同，适用面也不一样。而且，不同用户有不同的需求，如果盲目地去选择，不仅会造成浪费，还会对上网性能、企业信息安全等产生负面影响。

用户在选择宽带路由器之前，必须弄清楚几个方面的问题：一是终端接入的数量、接入的类型或环境，如 xDSL、Cable Modem、FTTH 或无线接入等；二是应用业务类型，如数据、VoIP、视频或混合应用等；三是对安全的要求，如地址过滤、VPN 等；四是对路由器数据转发速率的要求。

2. 熟悉宽带路由器硬件

宽带路由器的主要硬件包括处理器、内存、闪存、广域网接口和局域网接口。其中，处理器的型号和频率、内存与闪存的大小是决定宽带路由器档次的关键。而广域网接口用于与宽带网入口连接，局域网接口用于连接计算机终端或交换机。

路由器作为一种网间连接设备，一个作用是连通不同的网络，另一个作用是选择信息传送的线路。选择通畅快捷的路径能大大提高通信速度，减轻网络系统通信负荷，节约网络系统资源，提高网络系统畅通率。

3. 选好宽带路由器功能

随着技术的不断发展，宽带路由器的功能在不断扩展。目前，市场上大部分宽带路由器均能提供 VPN、防火墙、DMZ、按需拨号、支持虚拟服务器、支持动态 DNS 等功能。具体选择具有哪些功能的宽带路由器，需要根据自身需求和投资大小来衡量。

4. 多听专家建议

在选择宽带路由器时，要问清楚支持接入用户的数量。从理论上讲，每台接入路由器能带动 253 台 PC 共享一个 IP 地址，但实际上每个 IP 地址只能支持 10～30 台，一般中高档次的接入路由器可支持 100 台 PC。

另外，选择宽带路由器还要重视品牌，因为品牌产品在售后服务、质量保证上都有承诺，能够大大减少用户在使用中的麻烦。

4.9　UPS 及其选型

4.9.1　UPS 简介

UPS（Uninterruptible Power System），是一种含有储能装置，以逆变器为主要组成部分的恒压恒频的不间断电源，主要用于给单台计算机、计算机网络系统或其他电力电子设备提供不间断的电力供应。当市电输入正常时，UPS 将市电稳压后供应给负载使用，此时的 UPS 就是一台交流市电稳压器，同时它还向机内电池充电；当市电中断（事故停电）时，UPS 立即将机内电池的电能，通过逆变转换的方法向负载继续供应 220 V 交流电，使负载维持正常工作并保护负载软、硬件不受损坏。

4.9.2　UPS 的分类

UPS 的分类方式主要是按工作方式来划分的，通常可分为后备式、在线互动式及在线式三大类。

1. 后备式 UPS

在市电正常时直接由市电向负载供电，当市电超出其工作范围或停电时，通过转换开关转为电池逆变供电。

后备式 UPS 的特点是结构简单、体积小、成本低，但输入电压范围窄、输出电压稳定精度差，有切换时间，且输出波形一般为方波。

2. 在线互动式 UPS

在市电正常时直接由市电向负载供电，当市电偏低或偏高时，通过 UPS 内部稳压线路稳压后输出，当市电异常或停电时，通过转换开关转为电池逆变供电。

在线互动式 UPS 的特点是有较宽的输入电压范围、噪声小、体积小等，但同样存在切换时间。

3. 在线式 UPS

在市电正常时，由市电进行整流，提供直流电压给逆变器，并由逆变器向负载提供交流电，在市电异常时，逆变器由电池提供能量，逆变器始终处于工作状态，保证无间断输出。

在线式 UPS 的特点是有极宽的输入电压范围、无切换时间，且输出电压稳定精度高，特别适合对电源要求较高的场合，但是成本较高。目前，功率大于 3 kVA 的 UPS 几乎都是在线式 UPS。

4.9.3 主流 UPS 产品

1. 伊顿爱克赛

美国著名电气机械设备商，世界 500 强企业。近年来该公司相继整合了 Powerware（原美国爱克赛）公司和中国台湾飞瑞股份有限公司，已成为全球规模最大的全系列 UPS 厂商之一。其主流产品主要包括山特 3C10KS、山特 3C3 EX 40KS、山特 C6KS 等。

2. 施耐德

世界著名电气设备制造商，世界 500 强企业。2007 年该公司收购 APC 公司后，与旗下的 MGE 公司（原法国梅兰日兰公司）形成全球最大的 UPS 厂商之一。其中，由 APC 公司推出的 InfraStruXure 框架系统，在机房一体化产品市场中也处于行业领先位置。其主流产品主要包括 APC Smart XL SU5000UXICH、APC Smart RT SURT5000UXICH 等。

3. 艾默生

美国著名电气制造商，世界 500 强企业。该公司是通信行业网络能源产品、动力一体化解决方案、大功率 UPS 及整体机房的主力供应商。近年来，艾默生相继整合了 Libert（原美国利博特公司）和华为电气，成为 UPS 市场，特别是大功率 UPS 市场重要的供应商。艾默生推出了为客户提供机房一体化柔性解决方案，并且依靠其自身的技术、规模和品牌等优势已处于该市场的领先地位。其主流产品主要包括艾默生 UH11-0100L、艾默生 US11R-0020L 等。

4. 科士达

中国本土综合实力较强的 UPS 厂商，在广东深圳、惠州等地建有生产基地。公司 UPS 产品线齐全，2007—2009 年销售收入列本土 UPS 厂商前列。其主流产品主要包括科士达友电 YDE1200、科士达友电 YDE9102H 等。

5. 科华恒盛

中国本土综合实力较强的 UPS 厂商，在福建漳州建有生产基地。科华恒盛注重大功率 UPS 产品的研究和开发，有较强的技术能力。其主流产品主要包括 FR-UK 系列 UPS、智能化高频在线式 KR 系列 UPS 等。其主流产品主要包括科华 YTR/B3340、科华 YTR3120 等。

6. 易事特 EAST

广东易事特电源股份有限公司（简称易事特）创立于 1989 年，是国家火炬计划重点高新技术企业、全球电能质量解决方案供应商和绿色能源制造商，长期致力于 UPS 电源、EPS 电源、通信电源、数据中心集成系统、光伏逆变器、分布式光伏发电电气设备与系统、智能微电网等高科技产品的研发、制造、销售和服务。其主流产品主要包括易事特 EA903、易事特 EA906、易事特 EA810 等

7. 台达科技 DELTA

台达电子工业股份有限公司在交换式电源供应器产品为世界第一的领导厂商，并且在多项产品领域亦居世界级的领导地位，其中包括提供电源管理的整体解决方案、视讯显示器、工业自动化、网络通讯产品、与可再生能源相关产品。其主流产品主要包括台达 H 20KVA、台达 N 3KVA 等。

8. 志成冠军

广东志成冠军集团有限公司（简称志成冠军）是一家集科、工、贸、投资于一体的国家火炬计划重点高新技术企业，主要从事高端的不间断电源、逆变电源、应急电源、新型阀控型全密封免维护铅酸蓄电池、非晶硅太阳能薄膜电池、光伏并网发电系统、网络视频监控系统平台的投资、研发、生产和销售服务。其主流产品主要包括 CPHP 多制式模块化不间断电源、CPE-ST 系列消防应急电源等。

4.9.4 UPS 的性能指标

1. 输入电压范围

即保证 UPS 不转入电池逆变供电的市电电压范围。在此电压范围内，逆变器（负载）电流由市电提供，而不是由电池提供。输入电压范围越宽，UPS 电池放电的可能性越小，电池的寿命就相对越长。

2. 输入频率范围

即 UPS 能自动跟踪市电、保持同步的频率范围。当切换旁路时，UPS 能自动跟踪市电、保持同步，从而可避免因输入/输出相位差开甚至反相，引起逆变器模块电源和交流旁路电源间出现大的环流电源而损害 UPS。

3. 输入功率因数

指 UPS 输入端的功率因数。输入功率因数越高，UPS 所吸收的无功功率越小，因而对市电电网的干扰就越小。一般 UPS 为 0.9 左右。

4. 输出功率因数

指 UPS 输出端的功率因数。如果有非计算机负载，越大则带载能力越强。一般 UPS 为 0.8 左右。

5. 过载能力

过载能力实际上包括两个内容，即过载承受能力和过载保护能力。过载承受能力是指当 UPS 的负载超过额定容量一定的数额之后，UPS 能够承受多长时间；过载保护能力是指当 UPS 的负载超过额定

容量一定的数额之后，UPS 在多短的时间内能够作出保护。过载能力越大，表明逆变器的性能越好。

6. 切换时间

由于计算机开关电源在 10 ms 的间隔时间能保证计算机的输出，因此一般要求 UPS 切换时间小于 10 ms，在线式 UPS 的切换时间为 0。

7. 输出电压稳定度

指 UPS 输出电压的稳定程度。输出电压稳定程度越高，UPS 输出电压的波动范围越小，也就是电压精度越高。大部分 UPS 的电压稳定度大于 5%。

8. 输出电压失真度

即 UPS 输出波形中所含的谐波分量所占的比率。常见的波形失真有削顶、毛刺、畸变等。失真度越小，对负载可能造成的干扰或破坏就越小。

9. 负载峰值因数

指 UPS 输出所能达到的峰值电流与平均电流之比。一般峰值因数越高，UPS 所能承受的负载冲击电流越大。

10. 旁路功能

指 UPS 超载或逆变器发生故障时，通过控制开关转换至市电供电，也就是旁路供电。

11. 接发电机功能

发电机的输出波形一般失真度较高，且频率波动范围很大。因此，UPS 必须具有良好的跟踪发电机频率的性能，保持与发电机同步工作，并且保持质量较高的输出波形和稳定的输出电压。

12. 电池管理水平

由于电池在 UPS 整机成本中所占比重较大（长延时 UPS 的成本占到总成本的 1/3 以上），电池故障在 UPS 故障中所占比例也较高（通常在 70%以上），所以电池管理水平的高低直接关系到 UPS 的使用。

4.9.5 UPS 的选购

目前，生产 UPS 电源的厂商众多，型号各异，其应用环境也各不相同。其中，伊顿、施耐德、艾默生经过整合，已完全占据 UPS 市场的主导地位，但这些知名的 UPS 电源产品的价格都相对较高。但是，随着 UPS 电源生产技术的日益成熟，只有模块化机器、特大功率 UPS 电源以及多机并机等技术还掌握在少数几家大公司手上以外，像科士达、科华恒盛等这样的国内厂商生产的适合普通用户使用的性价比较高的 UPS 电源产品正在被广大用户所认可，其市场占有率也在逐年提高。

通常，选购 UPS 可以参考如下步骤进行：

1. 确定所需 UPS 的容量

计算所有的负载总和（$S=S_1+S_2+\cdots+S_n$），单位：V·A。

UPS 的容量≥$S\div0.8$（考虑 UPS 的抗冲击能力及扩容需要）。

2. 确定所需 UPS 的类型

根据负载对输出稳定度、切换时间、输出波形要求来确定是选择在线式、在线互动式、后备式以及正弦波、方波等类型的 UPS。

在线式 UPS 的输出稳定度、瞬间响应能力比另外两种强，对非线性负载及感性负载的适应能力也较强。对一些较精密和较重要的设备要求采用在线式 UPS。在一些市电波动范围比较大的地区，避免使用互动式和后备式。如果要使用发电机配短延时 UPS，推荐用在线式 UPS。

3. 确定所需电池后备时间

电池所需后备时间，根据掉电后设备所需的工作时间而定，长延时型的电池其成本可能超过 UPS 主机本身。电池要选择信誉度高的供货商，这对 UPS 系统的可靠性很关键。

4. 附加功能

为了提高系统的可靠性，建议采用 UPS 热备份系统，可以考虑串联热备份或并联热备份，小容量的 UPS（1～2 kVA）还可以选用冗余开关。可以选用远程监控面板，实现在远端监视和控制 UPS 的工作，也可以选用监控软件，实现计算机和 UPS 之间的智能化管理，还可以选用网络适配器，实现 UPS 的网络化管理（基于 SNMP）。在某些多雨多雷地区，可以配用防雷器。

5. 售后服务

要选择售后服务质量较好的供货商。可以从信誉度、技术实力、服务机构、维修备件等多方面进行考查。

4.9.6　使用 UPS 时的注意事项

① UPS 的使用环境应注意通风良好，利于散热。并保持环境的清洁。
② UPS 输出插座有明确标识，勿插入无相关负载。
③ 切勿带感性负载，如点钞机、日光灯、空调，以免造成损坏。
④ 若用户在市电停电期间使用发电机供电，应保证发电机功率大于 UPS 额定容量的两倍。
⑤ 开启 UPS 负载时，一般遵循先大后小的原则。
⑥ UPS 输出负载控制在 80%左右为最佳，可靠性最好。

4.10　网络存储设备的选型

4.10.1　网络存储技术简介

对个人来说，存储就是一种能够存储数据的设备，它可能是一块硬盘、一个闪存盘或者是一根内存条。但是对企业来说，存储却是一种架构、一种技术、一种可以保证企业业务正常运行的基础设施。

随着互联网技术和应用的迅速发展，使得人们对网络的依赖越来越强。但是，不管网络发展到何种阶段，用户最终需要的是数据，对网络上大量的数据需要进行有效存储和管理，从而诞生了网络存储技术这一概念。

所谓网络存储技术，就是以互联网为载体实现数据的传输与存储，是针对网络存储的管理技术和使用技术的总称。简单来说，网络存储技术就是对直接连接到网络上的硬盘进行组织与管理，从而形成网络存储系统。

4.10.2 常用的网络存储结构

网络存储结构大致可分为直连附属存储（Direct Attached Storage，DAS）、网络附属存储（Network Attached Storage，NAS）、存储区域网络（Storage Area Network，SAN）三种类型。

1. 直连附属存储

直连附属存储是一种早期的存储应用模式，其特点是依赖主机，存储系统必须被直接连接到服务器上，每一台主机管理它本身的文件系统，所以不能实现与其他主机的资源共享，如图 4-22 所示。

直连附属存储系统能应用于支持 NFS 或 CIFS 的客户端，也可以作为应用服务器或者是数据库服务器的存储设备，各主机之间通过网络互连。这种网络存储架构的主要缺点在于：

① 不能提供跨平台的文件共享功能，且受限于某个独立的操作系统。

② 分散的数据存储模式，使得网络管理员需要耗费大量的精力和时间到不同的服务器上进行相应的系统维护，在增加维护成本的同时，也为系统管理带来了麻烦。

③ 由于各个主机之间的数据独立，使得数据需要逐一备份，使得数据备份工作较为困难。

由于直连附属存储过于依赖主机操作系统进行数据的 I/O 读写和存储维护管理，数据备份和恢复要求占用主机资源，数据流需要回流主机再到服务器连接着的存储设备。因此，许多企业用户的日常数据备份常常在深夜或业务系统不繁忙时进行，而且备份和恢复的时间比较长。

2. 网络附属存储

网络附属存储是一种将分布、独立的数据整合为大型、集中化管理的数据中心，以便于对不同主机和应用服务器进行访问的技术，如图 4-23 所示。

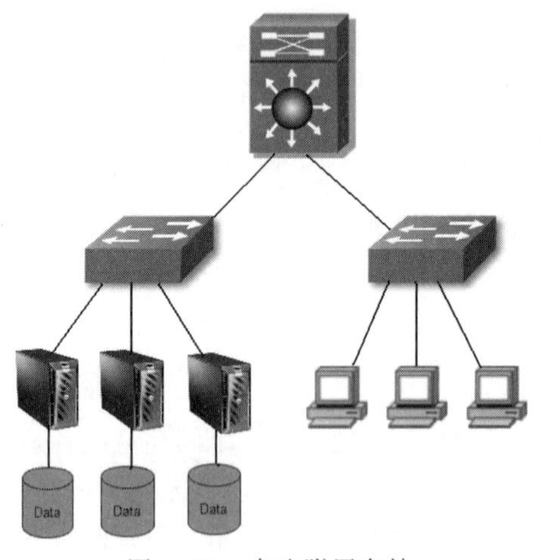

图 4-22 直连附属存储

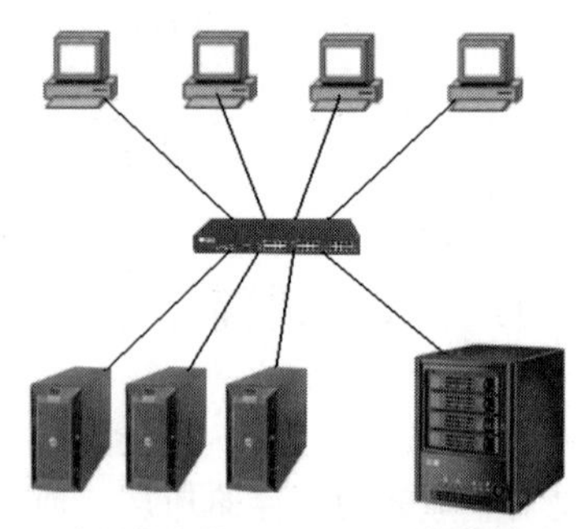

图 4-23 网络附属存储

NAS 中服务器与存储之间的通信使用 TCP/IP 协议，数据处理是“文件级”（File Level）。简单来说，NAS 存储架构是为解决直连附属存储架构中的一系列问题而产生的。与直连附属存储的最大不同是，在 NAS 中，存储系统是直接附加到以太网上，存储与服务器是分离的，并加入了数据集中管理系统。这样做的好处是释放带宽、提高性能、降低成本、保护投资。其成本远远低于使用服务器存储，而效率却远远高于服务器存储。此外，NAS 能支持多种协议，包括 NFS、CIFS、FTP、HTTP 等。用户可以使用任何一台工作站(无论是 NT 工作站还是 UNIX 工作站)采用浏览器的方式对 NAS 设备进行直观方便的管理。

NAS 的优点在于摆脱了传统服务器和异构化构架的桎梏，而且这种架构在提供足够的存储和扩展空间的同时还提供了极高的性价比，很适合中小企业选择。

3. 存储区域网络

存储区域网络是一个高速的子网，通常 SAN 由 RAID 阵列连接光纤通道(Fibre Channel)组成，SAN 和服务器以及客户机的数据通信通过 SCSI 命令而非 TCP/IP 协议，数据处理是“块级”(Block Level)，如图 4-24 所示。

SAN 实现的硬件基础是存储和备份设备，包括磁带库、磁盘阵列和光盘库等；SAN 高速子网的实现基础是光纤通道，包括主机总线适配卡和驱动程序、光缆、交换机以及 SCSI 间的桥接器等；SAN 的管理软件包括备份软件、存储资源管理软件和设备管理软件。

存储区域网络的支撑技术是 Fibre Channel(FC)，这是 ANSI 为网络和通道 I/O 接口建立的一个标准集成。支持 HIPPI、IPI、SCSI、IP、ATM 等多种高级协议，它的最大特性是将网络和设备的通信协议与传输物理介质隔离开。

SAN 经过十多年的发展，已经相当成熟，已成为业界的事实标准。目前来说，SAN 最高可提供 2 Gbit/s 的存储带宽。

当然，SAN 存储架构也存在一定的问题。首先，这种架构的部署成本以及管理难度较高，使众多中小企业难以承受。其次，由于 SAN 本身技术的局限，SAN 与应用网络的异构性会导致“孤岛”现象的出现。为此，应该寻求一种新的方式，用与应用网络相同的体系架构、技术标准去构造存储网。

以 IP 网络起家的网络厂商巨头 Cisco 和 IBM 联手，专门研究与开发了 iSCSI 技术标准。于是，一种新兴的、既降低成本又简化管理的 IP-SAN 技术应运而生，如图 4-25 所示。

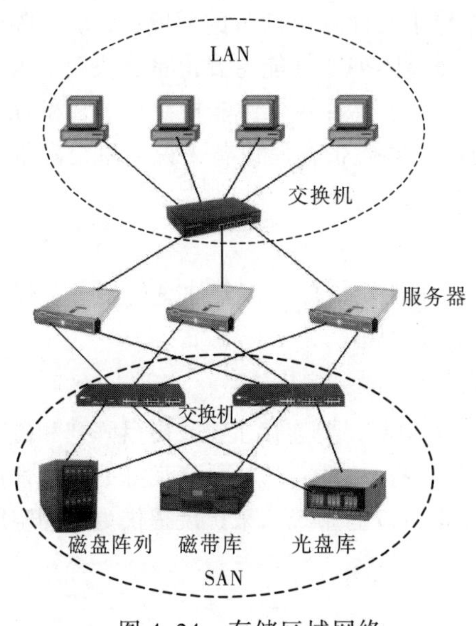

图 4-24　存储区域网络

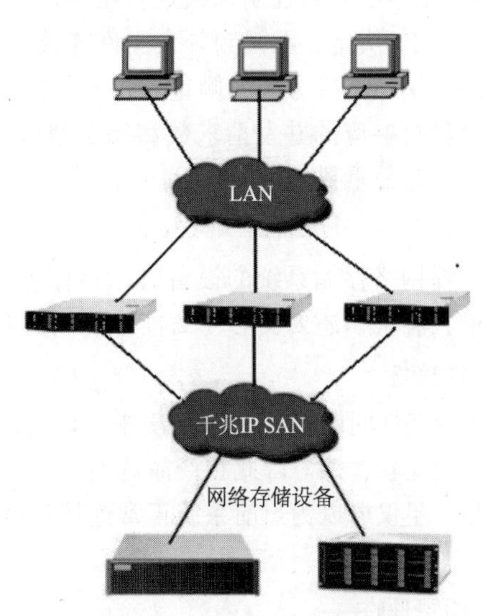

图 4-25　IP-SAN 存储架构

IP-SAN 通过结合 iSICI 和千兆以太网的优势，不仅提供了 FC SAN 的强大的稳定性和功能，还省掉了 FC 不菲的成本，简化了设计、管理与维护，降低了各种费用和总体拥有成本，从而成为数据量高速增长企业的新选择。

目前主流的三种 IP 存储方案包括互联网小型计算机系统接口（Internet Small Computer Systems Interface，iSCSI）、互联网光纤通道协议（Internet Fibre Channel Protocol，iFCP）和基于 IP 的光纤通道（FCIP）方案。

4.10.3 网络存储设备的选型

选择和评价网络存储系统的存储设备，主要可以从容错能力、性能、容量、连接性、可管理性和附加功能等方面考虑。

1. 容错能力

容错能力是指当存储设备遇到各种偶然性错误和意外情况时，原设计可以实现的预期应对功能，以及采取的预防或补救措施。由于存储系统是一个从软到硬的复杂系统，因此对数据保护能力的评价应当考虑到整个系统。一些低端磁盘阵列厂商宣称他们的产品由于采用了 RAID、热交换磁盘和双电源等技术而使数据永不丢失。对一些中小型应用的用户，这些数据保护技术基本可以满足要求，但是对于运行关键性业务的用户，这些技术只是数据保护的最基本前提。对数据完整性的保护、对写缓存的保护、对主机连接的保护，以及对远程容灾的支持等才是真正体现数据保护能力的指标。

2. 性能

评价存储产品的性能并不难，因为这一指标可以被充分量化。对于磁盘阵列产品，主要看两个性能指数：带宽和每秒 I/O 次数 IOPS。带宽取决于整个阵列系统，与所配置的磁盘个数也有一定关系；而 IOPS 则基本由阵列控制器决定。在 Web、Mail 和数据库等小文件频繁读写的环境下，磁盘阵列的性能主要由 IOPS 决定；在视频等大文件连续读写的环境下，磁盘阵列的性能主要由带宽决定。因此，对于不同的应用，需要考查的侧重点各不相同。对于 NAS 产品，主要看两个性能指数：OPS 和 ORT，分别代表每秒可响应的并发请求数和每个请求的平均反应时间。对磁带存储设备来说，单个磁带驱动器的读写速度是最重要的性能指标。

3. 容量

在选择网络存储系统的设备时，存储容量是最简单的一个性能指标。需要注意的是，不仅要关心产品的最大容量，还要关心厂商推荐使用的容量和扩容成本等问题。

4. 连接性

关于连接性问题，在 SAN 环境中，以光纤通道连接设备为中心，要连接主机、磁盘阵列和磁带库等设备，环境比较复杂。因此在产品选型时，要充分考虑设备间的连接性。选择具有良好的开放性和连接性的产品，不仅可以为当前系统正常连接和运行提供保障，也可以为系统未来扩展提供更大的空间和灵活性。

5. 可管理性

对于可管理性的考查，首先应考虑产品所提供的管理功能是否实用可靠，提供支持中心化管理和远程管理功能的产品对用户将十分方便。需要注意的是，很多产品的故障自动通知机制给用户带来方

便，但同时也构成安全隐患。另外，在配置改变或系统扩容时能够做到不需要停机或尽可能缩短停机时间，是企业级产品的重要特征。

6. 附加功能

现代的存储系统产品，特别是部门级和企业级的在线存储产品已经不仅仅是存储数据的设备，而是一个具备一定智能的小型系统。各个厂商将很多功能性软件都整合到自己的存储设备中，向用户提供更好的解决方案。比较常见的附加功能主要有数据快照功能、LUN Masking（基于主机的数据隔离）功能和异地数据复制功能等几种。

习　题

一、选择题

1. 交换机通过（　　）知道将帧转发到哪个端口。
   A. 用 MAC 地址表　　B. 用 ARP 地址表
   C. 读取源 ARP 地址　　D. 读取源 MAC 地址
2. 人们目前多数选择交换机而不选用 HUB 的原因是（　　）。
   A. 交换机便宜　　B. 交换机读取帧的速度比 HUB 快
   C. 交换机产生更多的冲突域　　D. 交换机不转发广播
3. 路由器的主要性能指标不包括（　　）。
   A. 吞吐量　　B. 时延
   C. 路由计算能力　　D. 语音数据压缩比
4. 在互联网中，需要具备路由选择功能的设备是（　　）。
   A. 具有单网卡的主机　　B. 具有多网卡的宿主主机
   C. 路由器　　D. 以上设备都需要
5. 对于防火墙不足之处，描述错误的是（　　）。
   A. 无法防护基于尊重作系统漏洞的攻击　　B. 无法防护端口反弹木马的攻击
   C. 无法防护病毒的侵袭　　D. 无法进行带宽管理
6. 网卡的主要功能不包括（　　）。
   A. 将计算机连接到通信介质上　　B. 进行电信号匹配
   C. 实现数据传输　　D. 网络互连
7. 在 Web 服务器上通过建立（　　）向用户提供网页资源。
   A. DHCP 中继代理　　B. 作用域
   C. Web 站点　　D. 主要区域
8. （　　）存储系统有自己的文件系统。
   A. DAS　　B. NAS　　C. SAN　　D. IP SAN

二、填空题

1. 交换机在网络中的作用主要表现在________、________和________。
2. 数据包的转发方式主要分为________和________两种。

3. 路由器从结构上划分可分为________和________两种结构。

4. 路由器按性能划分为________和________。

5. ________是核心路由器的数据包转发能力。

6. 吞吐量包括________和________两个方面。

7. 选购防火墙应重点把握住________、________、________和________等四个基本要素。

8. 服务器的性能指标主要以________和________为代表。

9. 网络存储结构大致可分为________、________和________三种类型。

10. 网络存储设备的连接性在SAN环境中，以________为中心，要连接主机、磁盘阵列和磁带库等设备，环境比较复杂。

三、思考题

（1）交换机在网络中的主要作用是什么？

（2）交换机是怎样分类的？各有什么特点？

（3）交换机的主要性能指标包括哪些？

（4）交换机的数据包转发方式有哪几种？各有什么特点？

（5）什么是交换机的延时？

（6）什么是交换机的MAC地址数？

（7）什么是交换机的背板带宽？

（8）简述交换机的工作原理。

（9）交换机的光纤解决方案有哪几种？

（10）路由器的主要功能包括哪些？

（11）简述路由器的工作原理。

（12）路由器是如何分类的？

（13）路由器的性能指标有哪些？

（14）选购路由器主要应从哪几个方面进行考虑？

（15）防火墙的主要功能是什么？

（16）防火墙是如何分类的？

（17）选购防火墙的基本原则是什么？

（18）如何选购防火墙？

（19）网卡的主要功能有哪些？

（20）网卡是如何分类的？

（21）如何选购网卡？

（22）服务器应该具有哪些特殊要求？

（23）服务器是如何分类的？

（24）服务器的性能指标主要有哪些？

（25）选购服务器主要应考虑哪些问题？

（26）选择操作系统主要应考虑哪些因素？

（27）选择数据库管理系统主要应考虑哪些因素？

（28）宽带路由器的性能指标主要有哪些？

（29）选购宽带路由器需要注意哪些问题？

（30）UPS是如何分类的？

（31）UPS的性能指标主要有哪些？

（32）简述选购UPS的基本步骤。

（33）使用UPS时应注意哪些问题？

（34）常见的网络存储结构有哪几种？

（35）常用的网络存储技术有哪些？各有什么特点？

（36）目前主流的三种IP存储方案包括哪些？

（37）选择和评价网络存储系统的存储设备，主要应从哪些方面加以考虑？

四、实训题

根据第1章实训题的网络建设要求和第3章实训题进行的校园网系统设计结果，上网查询选购相应的网络设备，并将设备名称、型号、配置情况、单价、数量、总价填入设备清单列表中。

××第二职业高中校园网设备清单

设备名称	设备型号	配置参数	单价	数量	总价

第 5 章　综合布线系统设计

综合布线系统是一种模块化的、灵活性极高的建筑物内或建筑物之间的信息传输网络。它是智能化建筑或智能化小区的信息网络系统中的重要组成部分。它把各种设备互相连接，并与外界通信网络相接，可以支持语音、数据、图像和视频以及自动监控等各种应用。

学习目标：

- 理解综合布线系统的概念、特点。
- 了解综合布线系统采用的标准。
- 掌握综合布线系统的组成。
- 了解综合布线系统工程产品。
- 掌握综合布线系统的结构。
- 掌握综合布线系统缆线长度划分。
- 理解综合布线系统的选择。
- 能够对一幢建筑物进行综合布线系统的设计。

5.1　综合布线系统概述

5.1.1　综合布线系统的概念

视频

综合布线系统概述

综合布线系统是指按照标准的、统一的、简洁的和结构化的方式布置各种建筑物（或建筑群）内若干种线路系统，包括计算机网络系统、电话语音系统、视频电视系统、监控报警系统和电源照明系统等。

过去设计一幢大楼或一个建筑群内的语音或数据业务线路时，往往采用不同类型的电缆、配线插座以及连接器件等。例如，用户电话通常采用一对对绞电话线，局域网（数据）则采用四对双绞线或光纤，这些不同系统使用不同的传输线缆构成各自的网络，同时连接这些布线的插头、插座及配线架也各不相同，彼此互不兼容，所以当发生办公布局及环境改变的情况时需移动设备，或随着新技术的发展，需要更换设备时，就必须重新布线。这样既增加了新电缆资金的投入，也留下了不用的旧电缆，日积月累，导致建筑物内线缆杂乱，造成很大的维护隐患，要进行各种线缆的敷设改造也十分困难。

随着全球社会信息化与经济国际化的深入发展，人们对信息共享的需求日趋迫切，这就需要一个适合信息时代的布线方案。美国电话电报（AT&T）公司贝尔（Bell）实验室的专家经过多年的研究，在办公楼和工厂试验成功的基础上，于 20 世纪 80 年代末期率先推出 SYSTIMATMPDS（建筑与建筑群综合布线系统），并推出结构化布线系统SCS。在国家标准GB 50311—2016《综合布线系统工程设计规范》中将其命名为综合布线系统（Generic Cabling System，GCS）。综合布线系统是一种预布线，能够适应较长一段时间的需求。

综合布线系统能够支持语音、图形、图像、数据多媒体、安全监控、传感等各种信息的传输，支持非屏蔽双绞线、光缆、屏蔽双绞线、同轴电缆等各种传输载体，支持多用户多类型产品的应用，支持高速网络的应用系统。

目前，对于综合布线系统存在着两种看法：一种主张将所有的弱电系统都建立在综合布线系统中；另一种则主张将计算机网络、电话布线纳入综合布线系统中，其他弱电系统仍采用其特有的传统布线。目前，大多采用第二种看法。综合布线系统更适合于计算机网络的各种高速数据通信综合应用，对于视频信号、低速监控数据信号等非高速数据传输，则不需要很高的灵活性，应使用专用的线缆材料，以免增加建设成本。由于行业的要求，消防报警和保安监控所用的线路应单独敷设，不宜纳入综合布线系统中。

5.1.2　综合布线系统的特点

综合布线系统可以满足建筑物内部及建筑物之间的所有计算机、通信及建筑物自动化系统设备的配线要求，具有兼容性、开放性、灵活性、可靠性、先进性和经济性等特点。

1. 兼容性

综合布线系统将所有语音、数据与图像及多媒体业务的布线网络经过统一的规划和设计，组合到一套标准的布线系统中传送，并且将各种设备终端插头插入标准的插座。在使用时，用户可不用定义某个工作区的信息插座的具体应用，只需把某种终端设备（如个人计算机、电话、视频设备等）插入到这个信息插座，然后在电信间和设备间的配线设备上作相应的接线操作，这个终端即可接入到相应的系统中。

2. 开放性

对于传统的布线方式，只要用户选定了某种设备，也就选定了与之相适应的布线方式和传输方式。如果更换另一设备，那么原来的布线就要全部更换。对于一个已经完工的建筑物，要对隐蔽的布线工程实现这种变化是十分困难的，需要增加很多投资。综合布线系统采用开放式体系结构，符合各种国际上现行的标准，几乎对所有著名厂商的产品都是开放的，如计算机设备、交换机设备等，并且支持相应的通信协议。

3. 灵活性

传统的布线是封闭的，其体系结构是固定的，若要迁移或增加设备，则相当困难而麻烦，甚至是不可能的。综合布线系统采用标准的传输线缆和相关连接硬件，进行模块化设计。因此，所有通道都是通用与共享的，设备的开通及更改均不需要改变布线，只需增减相应的应用设备以及在配线架上进行必要的跳线管理即可。

4. 可靠性

综合布线系统采用高品质的材料和组合的方式构成一套高标准的信息传输通道。所有线槽和相关连接件均通过ISO认证，每条通道都要采用专用仪器测试以保证其电气性能。应用系统布线全部采用点到点端接，任何一条链路故障均不影响其他链路的运行，这就为链路的运行维护及故障检修提供了方便，从而保障了应用系统的可靠运行。

5. 先进性

综合布线系统采用光缆与双绞线电缆混合布线方式，极为合理地构成一套完整的布线系统。所有布线均符合国际、地区及国内标准，采用 8 芯双绞线，带宽可达 16～600 MHz。根据用户的要求可把光缆引到桌面（FTTD），适用于 100 Mbit/s 以太网、155 Mbit/s ATM 网、千兆以太网和万兆以太网，并完全具有适应未来的语音、数据、图像、多媒体对传输带宽的要求。

6. 经济性

综合布线系统比传统布线更具经济性，主要是综合布线可适应相当长时期的用户需求，而传统布线因业务的拓展需改造时，则很费时间。

另外，综合布线系统可以采用相应的软件和电子配线系统进行维护管理，提高效率，降低物业管理费用。

通过上面的介绍可知，综合布线系统较好地解决了传统布线方法存在的许多问题，随着科学技术的迅猛发展，人们对信息资源共享的要求越来越迫切，尤其以电话业务为主的通信网逐渐向综合业务数字网过渡，越来越重视能够同时提供语音、数据和视频传输的配线网。因此，综合布线系统取代单一、昂贵、复杂的传统布线，是“信息时代”的要求，也是历史发展的必然趋势。

5.1.3 综合布线系统标准

自 20 世纪 80 年代末期在美国率先推出结构化综合布线系统（SCS）以来，相关标准一直在不断完善和更新。不论国外标准（包括国际标准、其他国家标准）还是国内标准都是从无到有、从少到多的，而且标准的类型、品种和数量都在逐渐增加，标准的内容也日趋完善丰富。表 5-1 所示为综合布线系统相关的一些主要标准，这些也是综合布线系统方案中引用最多的标准。在实际工程项目中，虽然并不需要涉及所有的标准和规范，但作为综合布线系统的设计人员，在进行综合布线系统方案设计时应遵守综合布线系统性能和系统设计标准，综合布线施工工程应遵守布线测试、安装、管理标准，以及防火、防雷接地标准。

表 5-1　综合布线系统相关的一些主要标准

应用范围	布线标准		
	国际布线标准	北美布线标准	中国布线标准
综合布线系统性能、系统设计	ISO/IEC 11801：2002 ISO/IEC 61156-5 ISO/IEC 61156-6	ANSI/TIA/EIA 568-A ANSI/TIA/EIA 568-B ANSI/TIA/EIA TSB 67—1995 ANSI/TIA/EIA/IS 729	GB 50311—2016 GB 50373—2019 YD/T 926.1—2009 YD/T 926.2—2009 YD/T 926.3—2009
安装、测试和管理	ISO/IEC 14763-1 ISO/IEC 14763-2 ISO/IEC 14763-3	ANSI/TIA/EIA 569 ANSI/TIA/EIA 606 ANSI/TIA/EIA 607	GB/T 50312—2016 GB/T 50374—2018 YD/T 1013—2013
部件	ISO/IEC 61156 等 ISO/IEC 60794-1-2	ANSI/TIA/EIA 455-25C—2002	GB/T 9771.1—2020 YD/T 1092—2013
防火 测试	ISO/IEC 60332 ISO/IEC 1034-1/2	UL 910 NEPA 262—1999	GB/T 18380—2008 GB/T 12666—2008

1. 北美布线标准

美国国家标准委员会（ANSI）是 ISO 的主要成员，在国际标准化方面扮演着重要的角色。ANSI 布线的北美标准主要由 TIA/EIA 制定，ANSI/TIA/EIA 标准在全世界一直起着综合布线产品的导向作用。北美标准主要包括 EIA/TIA-568-A、EIA/TIA-568-B、EIA/TIA-568-C、EIA/TIA-569-A、EIA/TIA-569-B、EIA/TIA-570-A、EIA/TIA-606-A 和 EIA/TIA-607-A 等。

2. 国际布线标准

由 ISO（国际标准化组织）和 IEC（国际电工技术委员会）于 1995 年制定并颁布了国际标准 ISO/IEC 11801《信息技术—用户通用布线系统》。该标准是根据 ANSI/TIA/EIA-568 制定的，但该标准主要针对欧洲使用的电缆。目前，该标准有 ISO/IEC 11801：1995、ISO/IEC 11801：2000、ISO/IEC 11801：2002（E）共 3 个版本。定义了 6 类（250 MHz）、7 类（700 MHz）缆线的标准，把 Cat 5/Class D 的系统按照 Cat 5+重新定义，以确保所有的 Cat 5/Class D 系统均可运行千兆以太网，定义了 Cat 6/Class E 和 Cat 7/Class F 链路，并考虑了电磁兼容性（EMC）问题。

3. 中国布线标准

现有国内综合布线系统标准分为两类，即通信行业标准和国家标准。国家标准是指对国家经济、技术和管理发展具有重大意义而且必须在全国范围内统一的标准，而行业标准是指没有国家标准而又需要在全国本行业范围内统一的标准。

（1）国家标准

在国内进行综合布线系统设计施工时必须参考中华人民共和国国家标准和通信行业标准。国家标准的制定主要是以 ANSI EIA/TIA-568A 和 ISO/IEC 11801 等作为依据，并结合国内实际情况进行了相应的修改。

与综合布线系统设计、实施和验收有关的国家标准主要包括：

① GB 50311—2016《综合布线系统工程设计规范》。

② GB/T 50312—2016《综合布线系统工程验收规范》。

③ GB 50314—2015《智能建筑设计标准》。

（2）行业标准

目前，我国有关综合布线系统的通信行业标准主要有：

① YD/T 926—2009《大楼通信综合布线系统》，工业和信息化部发布。

② YD/T 1384—2005《住宅通信综合布线系统》，原信息产业部发布。

③ YD 5124—2005《综合布线系统工程施工监理暂行规定》，原信息产业部发布。

（3）行业布线惯例

在综合布线设计施工中，如果有相关的国际标准、国家标准和地方法规，应该首先参考执行。当然，实际应用中仍然会存在一些“无据可查”的情况，这时可参考一些行业惯例。

例如，在管理区，绿色代表“绿色场区”，接至公用网；紫色代表“紫色场区”，通过“灰色场区”接至设备间，再通过配线架连接到“白色场区”至干线子系统，再由干线子系统分线接入“蓝色场区”，即配线子系统，最终接入工作区的信息插座。

4. 综合布线系统工程标准的应用

在综合布线系统工程建设中，以执行国内标准为主，但也可参考国外标准，并密切注意近期的科技发展动态和有关标准状况，考虑是否符合国内工程中的实际需要，必要时需再进行深入调查、分析研究，根据客观要求来合理确定能否选用。

5.1.4 综合布线系统的组成

视频

综合布线系统组成

在我国关于综合布线系统的组成部分说法有所不同，其主要原因在于目前综合布线系统的产品和工程设计以及安装施工中所遵循的标准主要有两种：一种是国际标准化组织/国际电工委员会制定的国际标准 ISO/IEC 11801《信息技术—用户通用布线系统》，另一种是美国标准《商用建筑电信布线标准》(ANSI/EIA/TIA-568A)。例如，按照美国标准制定的国家标准 GB 50311—2016《综合布线系统工程设计规范》将综合布线系统分为工作区、配线子系统、干线子系统、建筑群子系统、设备间、进线间、管理等7个部分；而按照国际标准化组织/国际电工委员会标准制定的通信行业标准《大楼通信综合布线系统 第1部分：总规范》(YD/T 926.1—2009)则规定综合布线系统由建筑群主干布线子系统、建筑物主干布线子系统和水平布线子系统三个布线子系统构成，工作区布线因是非永久性的布线方式，用户在使用前可以随时布线，在工程设计和安装施工中一般不列在内，所以不包括在综合布线系统工程中。

虽然如此，目前我国绝大多数网络集成公司在综合布线系统工程设计与实施中基本上还是依照国家标准 GB 50311—2016《综合布线系统工程设计规范》来进行的，也就是将园区网综合布线系统划分为七个基本组成部分，如图 5-1 所示。

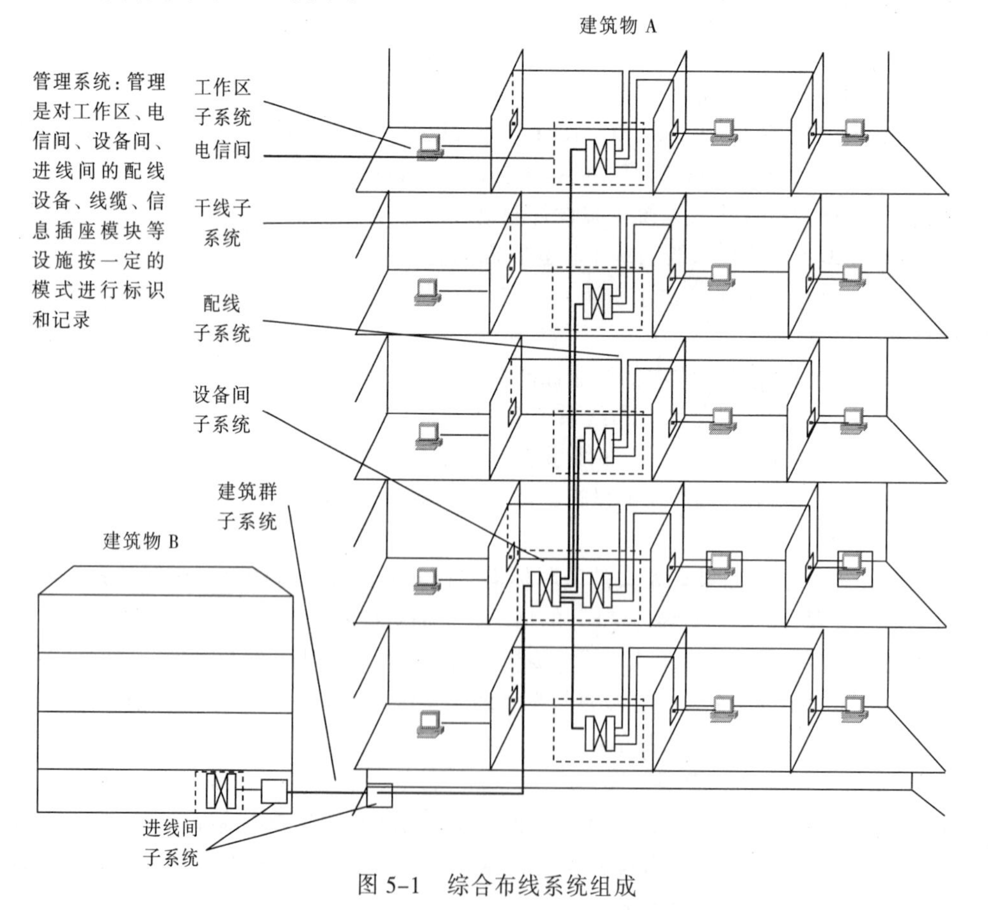

图 5-1 综合布线系统组成

1. 工作区子系统

工作区是包括办公室、写字间、作业间、机房等需要电话、计算机或其他终端设备（如网络打印机、网络摄像头等）设施的区域或相应设备的统称。工作区子系统由终端设备至信息插座的连接器件组成，包括跳线、连接器或适配器等，实现用户终端与网络的有效连接。

一个独立的需要设置终端设备（Terminal Equipment，TE）的区域宜划分为一个工作区，一般以房间为单位进行划分。工作区的布线一般是非永久的，用户根据工作需要可以随时移动、增加或减少布线，既便于连接，也易于管理。

根据标准的综合布线设计，每个信息插座旁边要求有一个单相电源插座，以备计算机或其他有源设备使用，且信息插座与电源插座的间距不得小于 20 cm。

2. 配线子系统

配线子系统应由工作区的信息插座模块、信息插座模块至电信间配线设备（Floor Distributor，FD）的配线电缆和光缆、电信间的配线设备及设备缆线和跳线等组成。

配线子系统通常采用星状网络拓扑结构，它以电信间楼层配线架 FD 为主结点，各工作区信息插座为分结点，二者之间采用独立的线路相互连接，形成以 FD 为中心向工作区信息插座辐射的星状网络，如图 5-2 所示。

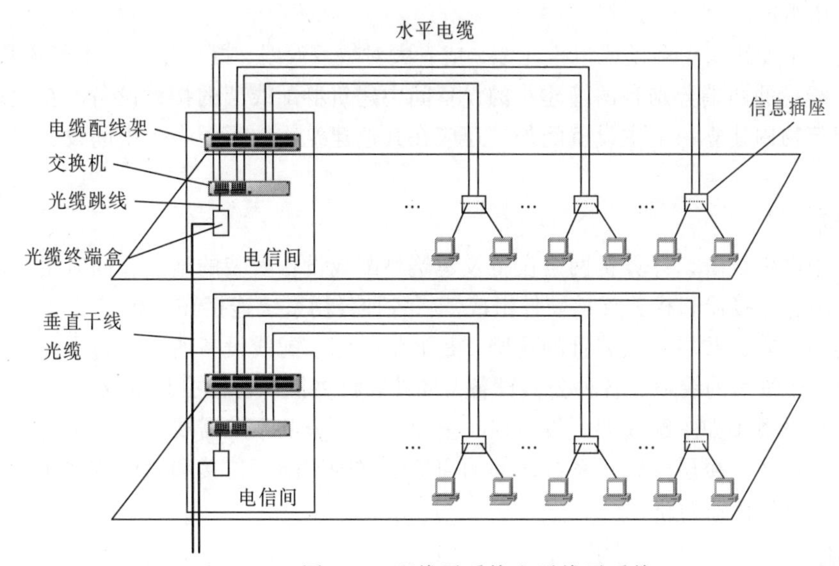

图 5-2　配线子系统和干线子系统

配线子系统的水平电缆、水平光缆宜从电信间的楼层配线架直接连接到通信引出端（信息插座）。

在楼层配线架和每个通信引出端之间允许有一个转接点（TP）。进入和接出转接点的电缆线对或光纤芯数一般不变化，应按 1∶1 连接以保持对应关系。转接点处的所有电缆、光缆应做机械终端。转接点只包括无源连接硬件，应用设备不应在这里连接。

配线子系统通常采用超 5 类或 6 类四对非屏蔽双绞线连接至本层电信间的配线柜内。根据传输速率或传输距离的需要，也可以采用多模光纤。配线子系统应当按楼层各工作区的要求设置信息插座的数量和位置，设计并布放相应数量的水平线路。为了简化施工程序，配线子系统的管路或槽道的设计和施工最好与建筑物同步进行。

3. 干线子系统

干线子系统（又称建筑物主干布线子系统、垂直子系统）是建筑物内综合布线系统的主干部分，由建筑物配线架（BD）至楼层配线架（FD）之间的缆线及配套设施组成。

建筑物主干电缆、主干光缆应直接端接到有关的楼层配线架，中间不应有转接点和接头。

干线子系统的主干缆线、语音电缆通常可采用大对数电缆，数据电缆可采用超 5 类或 6 类双绞线电缆。如果考虑可扩展性或更高传输速率等，则应当采用光缆。干线子系统的主干线缆通常敷设在专用的上升管路或电缆竖井内。

4. 建筑群子系统

建筑群子系统（Campus Backbone Subsystem）（又称建筑群主干布线子系统）应由连接多个建筑物之间的主干电缆和光缆、建筑群配线设备（Campus Distributor，CD）及设备缆线和跳线组成。

大中型网络中都拥有多幢建筑物，建筑群子系统用于实现建筑物之间的各种通信。建筑群子系统是指建筑物之间使用传输介质（电缆或光缆）和各种支持设备（如配线架、交换机）连接在一起，构成的一个完整的系统，从而实现彼此间语音、数据、图像或监控等信号的传输。建筑群子系统包括建筑物之间的主干布线及建筑物中的引入设备，由建筑群配线架（CD）及其他建筑物的楼宇配线架（BD）之间的缆线及配套设施组成。

建筑群子系统的主干缆线采用多模或单模光缆，或者大对数双绞线，既可采用地下管道敷设方式，也可采用悬挂方式。线缆的两端分别是两幢建筑的设备间中建筑群配线架的接续设备。在建筑群环境中，除了需在某个建筑物内建立一个主设备间外，还应在其他建筑物内都配一个中间设备间（通常和电信间合并）。

5. 设备间子系统

设备间是建筑物中电信设备、计算机网络设备及建筑物配线设备安装的地点，同时也是网络管理的场所，由设备间电缆、连接器和相关支承硬件组成，将各种公用系统连接在一起。

设备间子系统是一个安放共用通信装置的场所，是通信设施、配线设备所在地，也是线路管理的集中点。设备间由引入建筑物的线缆、各种公共设备（如计算机主机、各种控制系统、网络互连设备、监控设备）和其他连接设备（如主配线架）等组成，把建筑物内公共系统需要相互连接的各种不同设备集中连接在一起，完成各个楼层配线子系统之间的通信线路的调配、连接和测试，并建立与其他建筑物的连接，从而形成对外传输的路径。

6. 进线间子系统

进线间是建筑物外部通信和信息管线的入口部位，并可作为入口设施和建筑群配线设备的安装场地。

进线间一般提供给多家电信业务经营者使用，通常设于地下一层。进线间主要作为室外电缆和光缆引入楼内的成端与分支及光缆的盘长空间位置。随着光缆至大楼（FTTB）、至用户（FTTH）、至桌面（FTTO）的应用及容量日益增多，进线间显得尤为重要。由于许多商用建筑物地下一层的环境条件已大大改善，也可以安装配线架设备及通信设施。在不具备设置单独进线间，或入楼电缆和光缆数量较少及入口设施容量较小时，建筑物也可以在入口处采用挖地沟或使用较小的空间完成缆线的成端与盘长，入口设施则可安装在设备间，但宜单独设置场地，以便功能分区。

7. 管理系统

管理系统是针对设备间、电信间和工作区的配线设备、缆线等设施，按一定的模式所进行的标识和记录。其内容包括管理方式、标识、色标、连接等。这些内容的实施，将给今后维护和管理带来很大的方便，有利于提高管理水平和工作效率。特别是较为复杂的综合布线系统，如果采用计算机进行管理，其效果将更加明显。

5.2　综合布线系统工程产品

在综合布线工程中需要使用各种设备和部件，而目前市场上有大量的综合布线产品供应商，不同厂商提供的产品各有特点。

5.2.1　综合布线传输介质

在综合布线工程中，首先将面临通信传输介质的选择问题。是选择安装铜缆介质、光纤介质，还是无线介质？或者选择混用三种传输介质，形成网络？在选择网络通信传输介质时，主要的依据是用户目前和未来的网络应用和业务的范围，并需要考虑网络的性能、价格、使用原则、工程实施的难易程度、可扩展性及其他一些因素。

视频

传输介质

在综合布线系统中，语音通信系统一般使用非屏蔽双绞线电缆；计算机网络一般采用双绞线电缆、光缆或者二者结合；楼宇自动控制系统也采用双绞线电缆；商用楼和居民楼中的视频系统，通常采用同轴电缆；广播系统通常采用 18 AWG 标准的半导体电缆，但在综合布线系统中，也可采用双绞线电缆。

1. 双绞线电缆

（1）双绞线电缆概述

双绞线是由两根具有绝缘保护层的铜导线（22～26 号）互相缠绕而成的，每根铜导线的绝缘层上分别涂有不同的颜色，如果把一对或多对双绞线放在一个绝缘套管中便构成了双绞线电缆（简称双绞线），如图 5-3 所示。在双绞线电缆（又称双扭线电缆或对称双绞电缆，为便于统一，本书中统一用双绞线表示）内，不同线对具有不同的扭绞长度，按逆时针方向扭绞。把两根绝缘的铜导线按一定密度互相绞合在一起，可降低信号干扰的程度，每一根导线在传输中辐射出来的电波会被另一根导线上发出的电波抵消，一般扭线越密其抗干扰能力就越强。

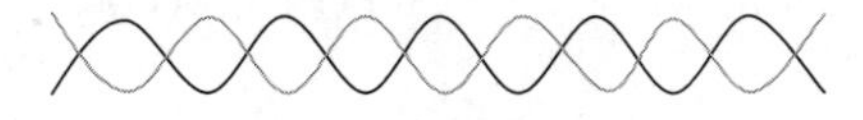

图 5-3　双绞线图解

双绞线较适合于近距离、环境单纯（远离磁场、潮湿等）的局域网络系统。双绞线可用来传输数字和模拟信号。采用双绞线电缆的局域网的带宽取决于所用导线的质量、长度及传输技术。只要精心选择和安装双绞线电缆，就可以在有限距离内实现每秒几百万位的可靠传输。当距离较短，并且采用特殊的电子传输技术时，数据传输速率可达 100 Mbit/s～10 Gbit/s。

（2）双绞线的分类

双绞线是目前局域网中最常用的电缆，它具有价格便宜、易于安装、适用于多种网络拓扑结构等优点。

① 按结构分类，双绞线电缆分为非屏蔽双绞线电缆和屏蔽双绞线电缆。

② 按性能指标分类。EIA/TIA根据性能不同将双绞线电缆分为1类、2类、3类、4类、5类、5e、6类、7类双绞线电缆。

1、2类双绞线：语音级电缆，电缆最高频带带宽是1 MHz，只适合于语音和低数据传输速率的传输（低于4 Mbit/s）。

3类双绞线：最低级数据级电缆，链路等级为C。3类电缆最高频带带宽为16 MHz，主要应用于语音、10 Mbit/s的以太网和4 Mbit/s的令牌环网，最大网段100 m，采用RJ-45 连接器。

4类双绞线：数据级电缆，4类电缆最高频带带宽为20 MHz，最高数据传输速率为20 Mbit/s。主要应用于语音、10 Mbit/s的以太网和16 Mbit/s的令牌环网，最大网段100 m，采用RJ-45连接器，未被广泛采用。

5类双绞线：数据级电缆，链路等级为D。5类电缆最高频带带宽为100 MHz，数据传输速率100 Mbit/s（最高可达1 000 Mbit/s）。主要应用于语音、100 Mbit/s的快速以太网，最大网段100 m，采用RJ-45连接器。用于数据通信的5类产品已淡出市场，目前主要应用于语音主干布线的5类大对数电缆。

超5类双绞线（Enhanced CAT5）：或称“5类增强型”“增强型5类”，简称“5e类”，是目前市场的主流产品。链路等级为D+。电缆最高频带带宽为100 MHz，但对近端串扰、远端串扰和回路损耗等性能指标有明显改善，并且超5类线的全部4个线对都能实现全双工传输，可更好地支持千兆以太网。

6类双绞线：6类电缆最高频带带宽为250 MHz，链路等级为E，是1 000 Mbit/s数据传输的最佳选择。仍采用传统8端口RJ-45模块化插座和插头。

超6类双绞线（Enhanced CAT6）：又称“6类增强型”“增强型6类”，简称“6e类”，链路等级为E+。电缆最高频带带宽为500 MHz。

7类双绞线：电缆最高频带带宽为600 MHz，链路等级为F。基于7类/F级标准开发的STP布线系统，可以在一个连接器和单根电缆中，同时传送独立的视频、语音和数据信号。它甚至可以支持在单对电缆上传送全带宽的模拟视频（一般为870 MHz），并且在同一护套内的其他双绞线线对上也能同时进行语音和数据实时传送。

③ 按特性阻抗分类。双绞线电缆有100 Ω、120 Ω、150 Ω等几种，常用的是100 Ω的双绞线电缆。

④ 按双绞线对数进行分类。有1对、2对、4对双绞线电缆，其中4对最常用。另外，还有25对、50对、100对的大对数双绞线电缆。

（3）非屏蔽双绞线电缆

非屏蔽双绞线电缆（Unshielded Twisted Pair，UTP）是指没有用来屏蔽双绞线的金属屏蔽层，它在绝缘套管中封装了一对或一对以上的双绞线，每对双绞线按一定密度互相绞在一起。

UTP电缆是有线通信系统和综合布线系统中最普遍的传输介质，并且因其灵活性而应用广泛。UTP电缆可以用于传输语音、低速数据、高速数据等。

4对束UTP电缆的4对线具有不同的颜色标记，这四种颜色分别是蓝色、橙色、绿色、棕色。具体的颜色编码方案如表5-2所示。

表 5-2　4 对束 UTP 电缆颜色编码

线　　对	颜 色 编 码	简　　写	线　　对	颜 色 编 码	简　　写
线对 1	白—蓝	W-BL	线对 3	白—绿	W-G
	蓝	BL		绿	G
线对 2	白—橙	W-O	线对 4	白—棕	W-BR
	橙	O		棕	BR

25 线对束 UTP 电缆的每个线对束都有不同的颜色编码，同一束内的每个线对又有不同的颜色编码。25 线对束的 UTP 电缆颜色编码方案如表 5-3 所示。

表 5-3　25 线对束 UTP 电缆颜色编码

线　　对	颜 色 编 码	线　　对	颜 色 编 码	线　　对	颜 色 编 码
线对 1	白/蓝条	线对 10	红/蓝灰条	线对 19	黄/棕条
	蓝/白条		蓝灰/红条		棕/黄条
线对 2	白/橙条	线对 11	黑/蓝条	线对 20	黄/蓝灰条
	橙/白条		蓝/黑条		蓝灰/黄条
线对 3	白/绿条	线对 12	黑/橙条	线对 21	紫蓝/蓝条
	绿/白条		橙/黑条		蓝/紫蓝条
线对 4	白/棕条	线对 13	黑/绿条	线对 22	紫蓝/橙条
	棕白条		绿/黑条		橙/紫蓝条
线对 5	白/蓝灰条	线对 14	黑/棕条	线对 23	紫蓝/绿条
	蓝灰/白条		棕/黑条		绿/紫蓝条
线对 6	红/蓝条	线对 15	黑/蓝灰条	线对 24	紫蓝/棕条
	蓝/红条		蓝灰/黑条		棕/紫蓝条
线对 7	红/橙条	线对 16	黄/蓝条	线对 25	紫蓝/蓝灰条
	橙/红条		蓝/黄条		蓝灰/紫蓝条
线对 8	红/绿条	线对 17	黄/橙条	—	—
	绿/红条		橙/黄条		—
线对 9	红/棕条	线对 18	黄/绿条	—	—
	棕/红条		绿/黄条		—

25 线对束一般分为五组，一组有五个线对，这五个线对组的颜色如下：

① 白色：线对 1～5。

② 红色：线对 6～10。

③ 黑色：线对 11～15。

④ 黄色：线对 16～20。

⑤ 紫色：线对 21～25。

在每个组内，五个线对按照组的颜色和线对的颜色进行编码，一个组的五个线对的颜色编码如下：

① 蓝色：第一个线对。

② 橙色：第二个线对。

③ 绿色：第三个线对。

④ 棕色：第四个线对。

⑤ 蓝灰色：第五个线对。

多线对 UTP 电缆的组织方式使得电缆中的线对与其所在组的颜色编码关联起来。每个组都有相应的颜色编码组，每个线对都与组的颜色编码结合起来，这样便于跟踪每个电缆线对。

（4）屏蔽双绞线电缆

在双绞线电缆中增加屏蔽层是为了提高电缆的物理性能和电气性能，减少周围信号对电缆中传输信号的电磁干扰。

电缆屏蔽层的设计有如下几种形式：

① 屏蔽整个电缆。

② 屏蔽电缆中的线对。

③ 屏蔽电缆中的单根导线。

电缆屏蔽层由金属箔、金属丝或金属网构成。屏蔽双绞线电缆与非屏蔽双绞线电缆一样，电缆芯是铜双绞线电缆，护套层是塑橡皮，只不过在护套层内增加了金属层。按金属屏蔽层数量和金属屏蔽层绕包方式，屏蔽双绞线电缆可分为以下几种：

① 电缆金属箔屏蔽双绞线电缆（F/UTP）。图 5-4 所示为 F/UTP 横截面结构。

② 线对金属箔屏蔽双绞线电缆（U/FTP）。

③ 电缆金属编织网加金属箔屏蔽双绞线电缆（SF/UTP）。图 5-5 所示为 SF/UTP 横截面结构。

④ 电缆金属箔编织网屏蔽加上线对金属箔屏蔽双绞线电缆（S/FTP）。

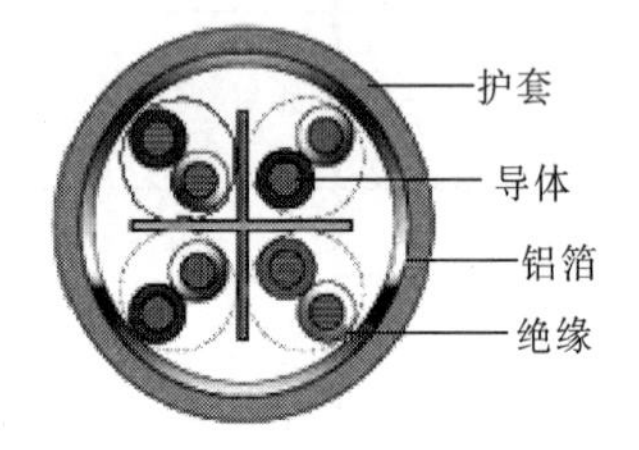

图 5-4　F/UTP 横截面结构

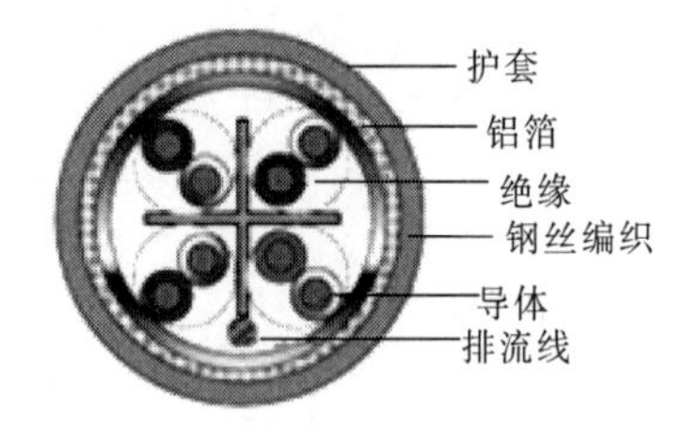

图 5-5　SF/UTP 横截面结构

不同的屏蔽电缆会产生不同的屏蔽效果。一般金属箔对高频、金属编织网对低频的电磁屏蔽效果较佳。如果采用双重屏蔽（SF/UTP 和 S/FTP），则屏蔽效果更为理想，可以同时抵御线对之间和来自外部的电磁屏蔽辐射干扰，减少线对之间及线对对外部的电磁辐射干扰。

2. 光纤传输介质

光纤是光导纤维的简称，是一种用来传输光信号的细而柔软的介质，是数据传输中最有效的一种传输介质。

（1）光纤的结构

计算机网络中的光纤主要是用石英玻璃（SiO_2）制成的横截面积很小的双层同心圆柱体，裸光纤由

光纤芯、包层和涂覆层三部分组成。最里面的是光纤芯（折射率高），包层（折射率低）将光纤芯围裹起来，使光纤芯与外界隔离，以防止与其他相邻的光纤相互干扰。包层的外面涂覆一层很薄的涂覆层，涂覆材料为硅酮树脂或聚氨基甲酸乙酯。涂覆层的外面是用尼龙、聚乙烯或聚丙烯等制成的套塑（或称二次涂覆）。

光纤芯是光的传导部分，光纤芯和包层的成分都是玻璃，光纤芯的折射率高，包层的折射率低，这样可以把光封闭在光纤芯内。

（2）光纤的分类

光纤的种类很多，可以根据构成光纤的材料、光纤的制造方法、光纤的传输总模数、光纤横截面上的折射率分布和工作波长进行分类。

① 按照构成光纤的材料，光纤一般可分为玻璃光纤、胶套硅光纤、塑料光纤三类。

② 按光在光纤中的传输模式可分为单模光纤和多模光纤。

③ 按光纤的工作波长分类，有短波长光纤、长波长光纤和超长波长光纤。多模光纤的工作波长为 850～1 300 nm，单模光纤的工作波长为 1 310～1 550 nm。

（3）光缆及其结构

光纤是不能在工程中直接使用的，必须把若干根光纤疏松地置于特制的塑料棒带或铝皮内，再用塑料涂覆或用钢带铠装，加上外护套后构成光缆才能使用。光缆中有 1 根光纤、2 根光纤、4 根光纤、6 根光纤甚至更多根光纤（48 根光纤、1 000 根光纤），一般单芯光缆或双芯光缆用于光纤跳线，多芯光缆用于室内、室外的综合布线。

（4）光缆的分类

光缆的分类有多种方法，在综合布线系统中，主要是按照光缆的使用环境和敷设方式进行分类的。按照光缆缆芯结构可以分为层绞式、中心束管式、骨架式和带状式 4 种基本型式；按照光缆中光纤芯数可以分为 4 芯、6 芯、8 芯、12 芯、24 芯、36 芯、48 芯、72 芯……144 芯；按照光缆的应用环境与条件可分为室内光缆、室外光缆以及室内/室外通用光缆。

① 室内光缆（行业标准 YD/T 1258.1—2015、YD/T 1258.2—2009、YD/T 1258.3—2009、YD/T 1258.4—2019、YD/T 1258.5—2019、YD/T 1258.6—2006、YD/T 1258.7—2019）。室内光缆主要用于干线、配线子系统和光纤跳线。室内光缆在外皮与光纤之间加了一层尼龙纱线作为加强结构。室内光缆纤芯主要有 OptiSPEED、LazrSPEED 两类。

图 5-6 所示为 AVAYA OptiSPEED 62.5/125 μm 多模室内光缆，用于支持主干网建设和光纤到工作站应用，使用了 Aramid 纤维使光缆具有极高的强度。

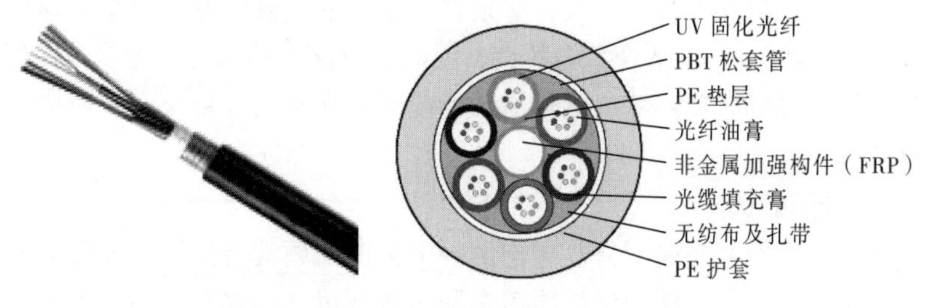

图 5-6　多模室内光缆

② 室外光缆。室外光缆的抗拉强度比较大，保护层厚重，在综合布线系统中主要用于建筑群子系统。根据敷设方式的不同，室外光缆可以分为架空式光缆、直埋式光缆、管道光缆和水底光缆。

- 架空式光缆：当地面不适宜开挖或无法开挖（如需要跨越河道布线）时，可以考虑采用架空的方式架设光缆。架空光缆是架挂在电杆上使用的光缆，要求能适应各种自然环境。架空光缆易受台风、冰凌、洪水等自然灾害的威胁，也容易受到外力影响，还有本身机械强度减弱等问题。因此，架空光缆的故障率高于直埋和管道光缆。架空光缆的敷设方法有吊线式和自承式两种。吊线式需先将吊线禁锢在电杆上，然后用挂钩将光缆悬挂在吊线上，光缆的负荷由吊线承载。自承式光缆呈 8 字形，上部为自承线，光缆的负荷由自承线承载。
- 直埋式光缆：这种光缆外部有钢带或钢丝的铠装，直接埋设在地下，要求有抵抗外界机械损伤和防止土壤腐蚀的性能。要根据不同的使用环境和条件选用不同的护层结构，例如在有虫鼠害的地区，应选用有防虫鼠咬啮护层的光缆。图 5-7 所示为中心束管式直埋光缆的结构图，图 5-8 所示为层绞式直埋光缆的结构图。根据土质和环境的不同，光缆埋入地下的深度一般为 0.8～1.2 m。在敷设时，还必须注意保持光纤应变要在允许的限度内。

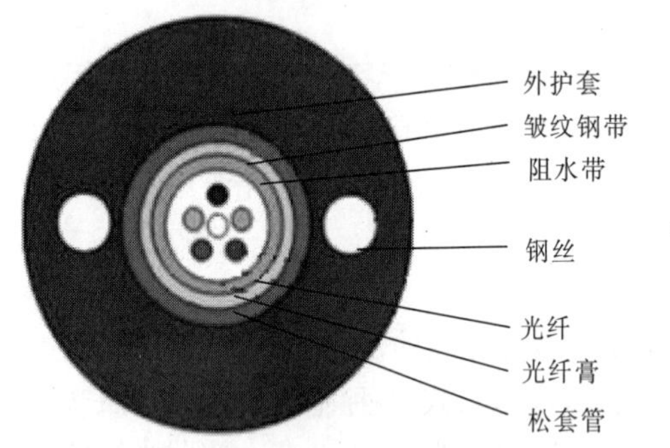

图 5-7 中心束管式直埋光缆

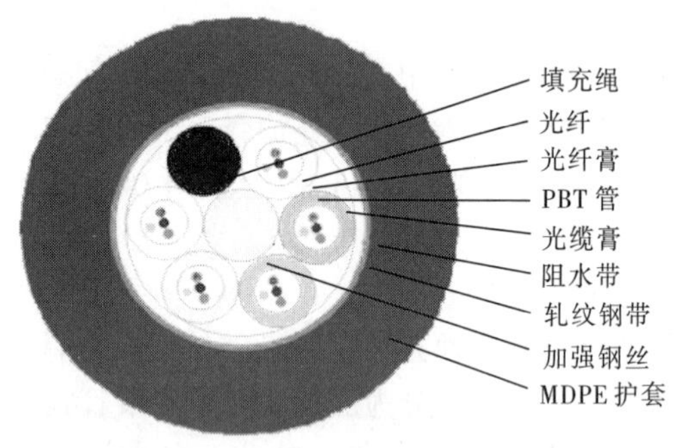

图 5-8 层绞式直埋光缆

- 管道光缆：管道敷设一般是在城市地区，管道敷设的环境比较好，因此对光缆护层没有特殊要求，无须铠装。
- 水底光缆：水底光缆是敷设于水底穿越河流、湖泊和滩岸等处的光缆。这种光缆的敷设环境比管道敷设、直埋敷设的条件差得多。水底光缆必须采用钢丝或钢带铠装的结构，护层的结构要根据河流的水文地质情况综合考虑。

③ 室内/室外通用光缆。由于敷设方式不同，室外光缆必须具有与室内光缆不同的结构特点。室外光缆要承受蒸汽扩散和潮气的侵入，必须具有足够的机械强度及对啮咬等保护措施。室外光缆由于有 PE 护套及易燃填充物，不适合室内敷设，因此，应该在建筑物的光缆入口处设置一个移入点，实现室外光缆到室内光缆的转换。室内室外通用光缆既可在室内也可在室外使用，不需要在室外向室内的过渡点进行熔接。

3. 传输介质的选择

在设计综合布线系统时，需要考虑的一个关键问题就是使用何种传输介质，不同的传输介质有着不同的性能指标，适应不同网络性能需求和布线环境。综合布线系统工程的产品类别及链路、信道等级的确定应综合考虑建筑物的功能、网络应用类型、业务终端类型、业务的需求及发展、性能价格比、现场安装条件等因素。表 5-4 给出了国家标准 GB 50311—2016 中规定的布线系统等级与类别选用要求。

表 5-4　布线系统等级与类别选用

业务种类	配线子系统		干线子系统		建筑群子系统	
	等级	类　别	等级	类　别	等级	类　别
语音	D/E	5e/6	C	3（大对数）	C	3（室外大对数）
数据	D/E/F	5e/6/7	D/E/F	5e/6/7（4 对）		
	光纤（多模或单模）	62.5 μm 多模 50 μm 多模 <10 μm 单模	光纤	62.5 μm 多模 50 μm 多模 <10 μm 单模	光纤	62.5 μm 多模 50 μm 多模 <1 μm 单模
其他应用	可采用 5e/6 类 4 对对绞电缆和 62.5 pm 多模/50 μm 多模/<10 μm 多模、单模光缆					

5.2.2　双绞线连接器件

视频

连接器

在综合布线系统中除了需要使用传输介质外，还需要与传输介质对应的连接器件，这些器件用于端接或直接连接电缆，从而组成一个完整的信息传输通道。双绞线的主要连接器件有配线架、信息插座和接插软线（跳接线）。

1. RJ-45 连接器

RJ-45 连接器是一种塑料接插件，又称 RJ-45 水晶头。用于制作双绞线跳线，实现与配线架、信息插座、网卡或其他网络设备（如集线器、交换机、路由器等）的连接。RJ-45 连接器是 8 针的。

根据端接的双绞线的类型，有 5 类、5e 类、6 类 RJ-45 连接器以及非屏蔽 RJ-45 连接器（见图 5-9，用于和非屏蔽双绞线端接）和屏蔽的 RJ-45 连接器（见图 5-10，用于和屏蔽双绞线端接）。

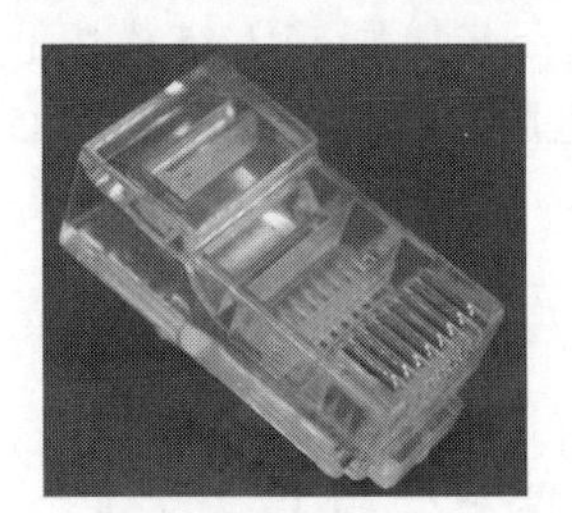

图 5-9　非屏蔽 RJ-45 连接器

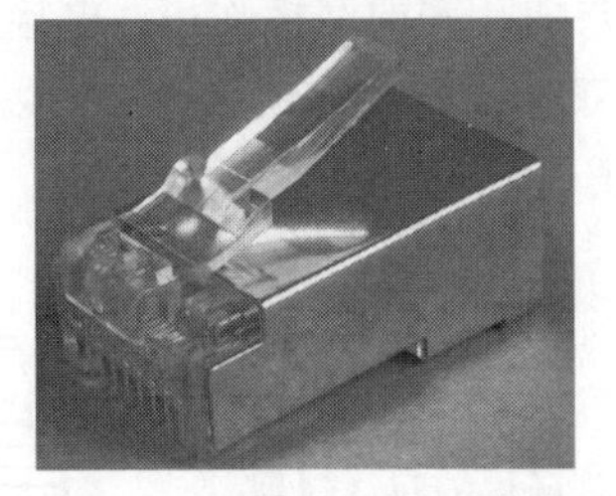

图 5-10　屏蔽的 RJ-45 连接器

在使用双绞线电缆布线时，通常要使用双绞线跳线来完成布线系统与相应设备的连接。所谓双绞线跳线，是指两端带有 RJ-45 连接器的双绞线电缆，如图 5-11 所示。在计算机网络中使用的双绞线跳线有直通线、交叉线、反接线三种类型。制作双绞线跳线时可以按照 EIA/TIA 568A 或 EIA/TIA 568B 两种标准之一进行，但在同一工程中只能按照同一个标准进行，一般多采用 EIA/TIA 568B 标准。

2. 信息插座

信息插座固定于墙壁或地面上，其作用是为计算机等终端设备提供一个网络接口。通过双绞线跳线即可将计算机通过信息插座连接到综合布线系统，从而接入到网络中。

信息插座通常由信息模块、面板和底盒三部分组成。信息模块是信息插座的核心，双绞线电缆与信息插座的连接实际上是与信息模块的连接。信息模块所遵循的标准，决定着信息插座所适用的信息传输通道。面板和底盒的不同，决定着信息插座所适用的安装环境。图 5-12 所示为信息插座的结构图。

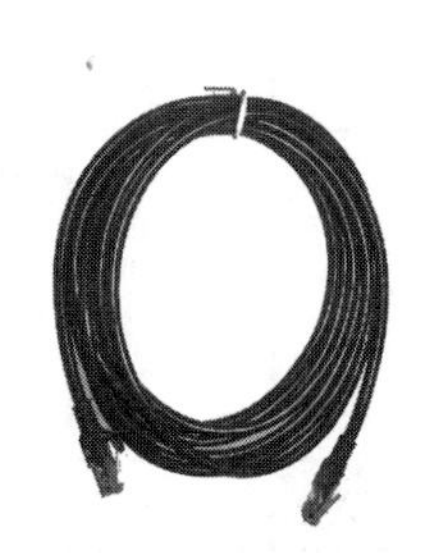
图 5-11　双绞线跳线

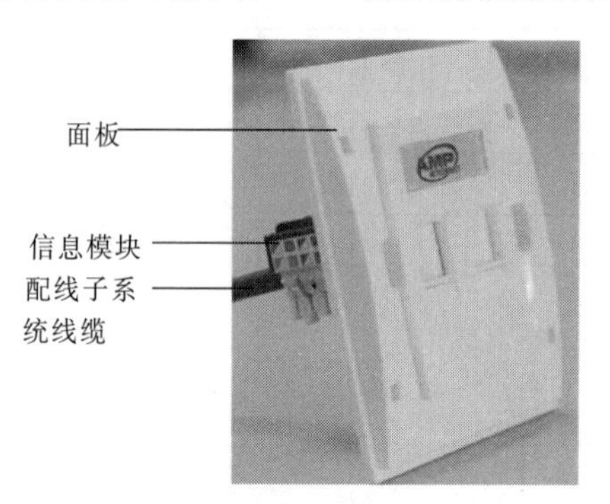

图 5-12　信息插座结构

（1）RJ-45 信息模块

信息插座中的信息模块通过配线子系统与楼层配线架相连，通过工作区跳线与应用综合布线的终端设备相连。信息模块的类型必须与配线子系统和工作区跳线的线缆类型一致。RJ-45 信息模块是根据国际标准 ISO/IEC 11801、EIA/TIA 568 设计制造的，该模块为八线式插座模块，适用于双绞线电缆的连接。RJ-45 信息模块除了安装到信息插座外，还可以安装到模块化配线架中。

RJ-45 信息模块中有一个包含八个金属针的 RJ-45 插孔，用于工作区的电缆连接。要辨别插孔中的金属针针位，可以拿起信息模块，面对着模块式插头要连接的那一面，确认有卡条的那一面是朝下的。这时，金属针 1 就是最左边的一根，金属针 8 就是最右边的一根。

RJ-45 连接器插入 RJ-45 信息模块后，与相应触点连接在一起。信息模块与 RJ-45 连接头的八根针状金属片之间具有弹性连接，且有锁定装置，一旦插入连接，很难直接拔出，必须解锁后才能顺利拔出。由于弹片与插孔间的摩擦作用，电接触随插头的插入而得到进一步加强。RJ-45 模块上的接线块通过线槽来连接双绞线电缆，锁定弹片可以在面板的信息出口装置上固定 RJ-45 模块。图 5-13 分别是 RJ-45 模块的正视图、侧视图、立体图。

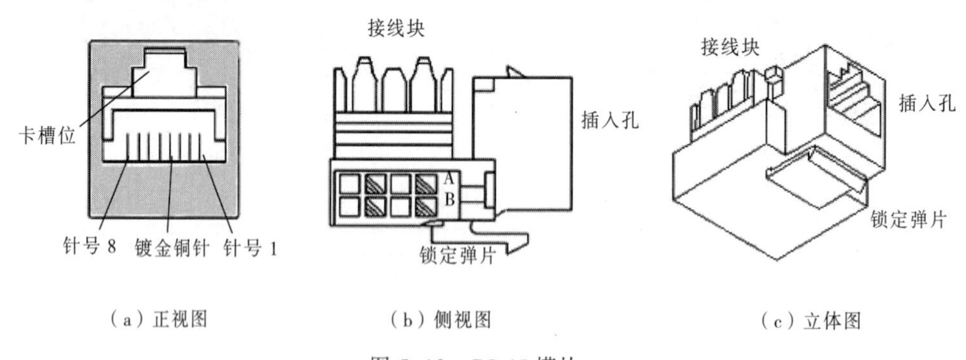

（a）正视图　（b）侧视图　（c）立体图

图 5-13　RJ-45 模块

RJ-45 信息模块的类型是与双绞线电缆的类型相对应的，根据其对应的双绞线电缆的等级，RJ-45 信息模块可以分为 5 类、5e 类和 6 类 RJ-45 信息模块等。

RJ-45 信息模块也分为非屏蔽模块和屏蔽模块，如图 5-14 和图 5-15 所示。

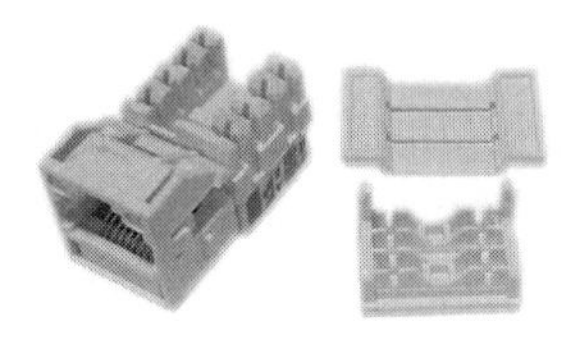

图 5-14　非屏蔽信息模块

图 5-15　屏蔽信息模块

RJ-45 信息模块根据打线方式还可分为打线式信息模块和免打线式信息模块（见图 5-16）。打线式信息模块需要用专用的打线工具将双绞线导线压入信息模块的接线块里；免打线式信息模块只需用连接器帽盖将双绞线导线压入信息模块的接线块（也可用专用的打线工具）即可。

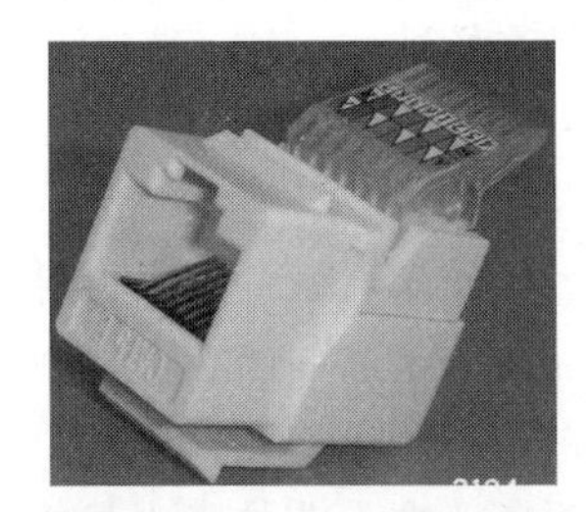

图 5-16　免打线式信息模块

（2）信息插座面板

信息插座面板用于在信息出口位置安装固定信息模块。插座面板有单口、双口型号，也有三口或四口的型号。面板一般为平面插口，也有斜口插口的，如图 5-17 所示。

图 5-17　信息插座面板

（3）信息插座底盒

信息插座底盒一般为塑料材质，预埋在墙体里的底盒也有金属材料的。底盒有单底盒和双底盒两种，一个底盒安装一个面板，且底盒的大小必须与面板制式相匹配。接线底盒有明装和暗装两种，内部有供固定面板用的螺孔。底盒都预留了穿线孔，有的底盒在多个方向预留有穿线位，安装时凿穿与线管对接的穿线位即可。图 5-18 所示为信息插座单接线底盒。

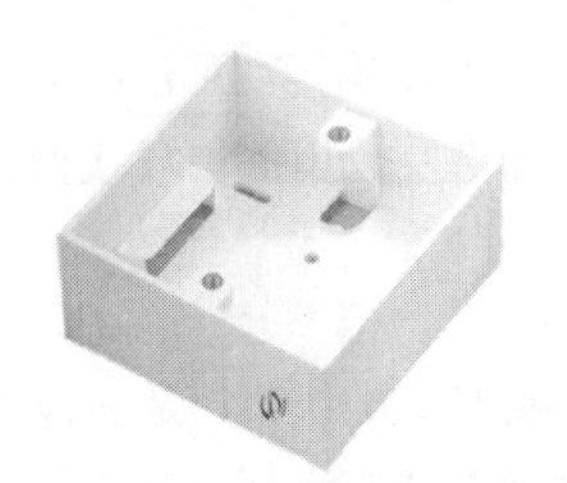

图 5-18　信息插座单接线底盒

（4）信息插座的分类

信息插座根据其所采用信息模块的类型不同，以及面板和底盒的结构不同有很多种分类方法。在综合布线系统，通常是根据安装位置的不同，把信息插座分成墙面型、桌面型和地面型等几种类型。

3. 双绞线电缆配线架

配线架是电缆或光缆进行端接和连接的装置，在配线架上可进行互连或交接操作，双绞线配线架可分为 110 型配线架和模块式快速配线架。相应地，许多厂商都有自己的产品系列，并且对应 3 类、5 类、5e 类、6 类和 7 类缆线分别有不同的规格和型号。在具体项目中，可参考产品手册，根据实际情况进行配置。

（1）110 型连接管理系统

110 型连接管理系统由 AT&T 公司于 1988 年首先推出，该系统后来成为工业标准的蓝本。110 型连接管理系统基本部件是配线架、连接块、跳线和标签。110 型配线架是 110 型连接管理系统的核心部分，110 配线架是阻燃、注模塑料做的基本器件，用于端接布线系统中的电缆线对。

110 型配线架有 25 对、50 对、100 对、300 对多种规格，它的套件还应包括 4 对连接块或 5 对连接块（见图 5-19）、空白标签和标签夹、基座。110 型配线系统使用方便的插拔式跳接，可以简单地进行回路的重新排列，这样就为非专业技术人员管理交叉连接系统提供了方便。110 型配线架主要有以下类型：

① 110AW2：100 对和 300 对连接块，带腿。

② 110DW2：25 对、50 对、100 对和 300 对接线块，不带腿。

③ 110AB：100 对和 300 对带连接器的终端块，带腿。

④ 110PB-C：150 对和 450 对带连接器的终端块，不带腿。

⑤ 110AB：100 对和 300 对接线块，带腿。

⑥ 110BB：100 对连接块，不带腿。

110 型配线架的缺点是不能进行二次保护，所以在入楼的地方需要考虑安装具有过流、过压保护装置的配线架。

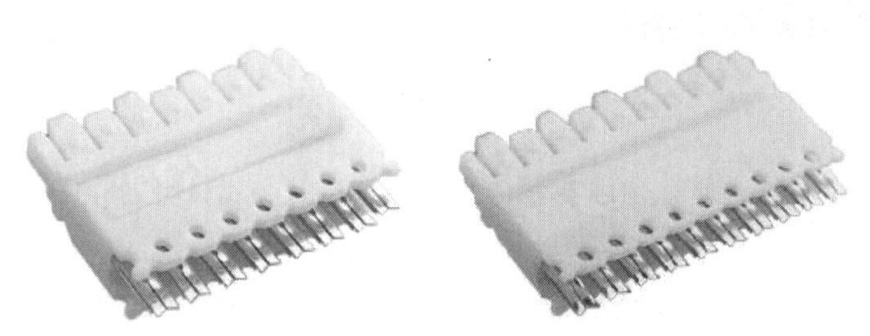

图 5-19　4 对和 5 对连接块

110 型配线架主要有 110A 型、110P 型、110JP 型、110VP VisiPatch 型和 XLBET 超大型五种端接硬件类型。它们具有相同的电气性能，但是其性能、规格及占用的墙场或面板大小有所不同，每一种硬件都有自己的优点。

（2）模块化快速配线架

模块化快速配线架又称快接式（插拔式）配线架、机柜式配线架，是一种 19 英寸的模块式嵌座配线架。它通过背部的卡线连接水平或垂直干线，并通过前面的 RJ-45 接口将工作区终端连接到网络设备。

按安装方式，模块式配线架有壁挂式和机架式两种。常用的配线架通常在 1 U 或 2 U 的空间可以提供 24 个或 48 个标准的 RJ-45 接口，而使用高密度配线架可以在同样的机架空间内获得高达 48 个或 72 个标准的 RJ-45 接口，从而大大提高了机柜的使用密度，节省了空间。

模块化快速配线架中还有混合多功能型配线架，它只提供一个配线架空板，用户可以根据自己的应用情况选择 6 类、5e 类、5 类模块或光纤模块进行安装，并且可以混合安装。

图 5-20 所示为一款 48 口模块化快速配线架，图 5-21 所示为一款 24 口面板可翻转模块化快速配线架。

图 5-20　48 口模块化快速配线架

图 5-21　24 口面板可翻转模块化快速配线架

为了使机柜可以容纳更多的信息点，市场上出现了角型配线架、凹型配线架等型号。

5.2.3　光纤连接器件

在光纤通信链路中，为了实现不同模块、设备和系统之间灵活连接的需要，需有一种能在光纤与光纤之间进行可拆卸连接的器件，使光信号能按所需的信道进行传输，以实现和完成预定或期望的目标和要求。

光纤连接器件主要有配线架、端接架、接线盒、光缆信息插座、各种连接器（如 ST、SC、FC 等）以及光电转换器等。它们的作用是实现光缆线路的端接、接续、交连和光缆传输系统的管理，从而形成综合布线系统光缆传输系统通道。

1. 光纤连接器

光纤连接器是光纤通信中使用量最多的用来端接光纤的光无源器件。光纤连接器的首要功能是把两条光纤的芯子对齐，提供低损耗的连接。大多数光纤连接器由两个光纤接头和一个耦合器组成。耦合器是把两条光缆连接在一起的设备，使用时把两个连接器分别插到光纤耦合器的两端，能够保证两个连接器之间有一个低的连接损耗。光纤连接器使用卡口式、旋拧式、n 形弹簧夹和 MT-RJ 等方法连接到插座上。光纤连接器件之间的连接关系如图 5-22 所示。

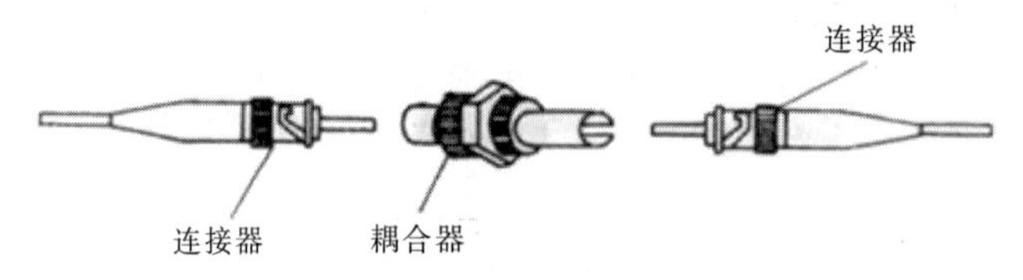

图 5-22　光纤连接器的组成

按照不同的分类方法，光纤连接器可以分为不同的种类。按传输媒介的不同可分为单模光纤连接器和多模光纤连接器；按结构的不同可分为 FC、SC、ST、D4、DIN、Biconic、MU、LC、MT 等各种形式；按连接器的插针端面可分为 FC、PC（UPC）和 APC；按光纤芯数还有单芯、多芯之分。

要传输数据，至少需要两根光纤，一根光纤用于发送，另一根用于接收。光纤连接器根据光纤连接的方式不同可分为单连接器和双连接器，单连接器在装配时只连接一根光纤，双连接器在装配时要连接两个光纤。在实际应用过程中，一般按照光纤连接器结构的不同来加以区分。

（1）ST 型光纤连接器

ST 型光纤连接器外壳呈圆形，是双锥型连接器（Biconic Connector），如图 5-23 所示。ST 光纤连接器采用卡口式锁定机构，使用一个坚固的金属卡销式耦合环和一个发散形状的凹弯使适配器的柱头可以方便地固定。在新的布线工程中不推荐使用 ST 光纤连接器。

（2）SC 型光纤连接器

SC 型光纤连接器外形呈矩形，紧固方式采用插拔销闩式，轻微的力量就可以插入或拔出，不需旋转。与耦合器连接时，通过压力固定，多用于连接 GBIC 模块或其他 SC 型接口，插针的断面多采用 PC 或 APC 型研磨方式。图 5-24 所示为 SC 型光纤连接器。

图 5-23　ST 型光纤连接器

图 5-24　SC 型光纤连接器

SC 光纤连接器既可以端接 50/125 μm 和 62.5/125 μm 的多模光缆，也可以端接单模光缆。工业布线标准推荐用棕色连接器端接多模光缆，用蓝色连接器端接单模光缆。

（3）FC 型光纤连接器

FC（Ferrule Connector）型光纤连接器外部采用金属套，紧固方式为螺丝扣。图 5-25 为 FC 型光纤连接器，此类连接器结构简单，操作方便，制作容易，多用于电信光纤网络。

（4）LC 型光纤连接器

LC 型光纤连接器如图 5-26 所示。LC 型光纤连接器采用操作方便的模块化插孔闩锁机理制成，其所采用的插针和套筒的尺寸是普通 SC、FC 等所用尺寸的一半，为 1.25 mm，这样可以提高光配线架中光纤连接器的密度，主要应用于 SFP（Small From Pluggable）模块连接。

图 5-25　FC 型光纤连接器

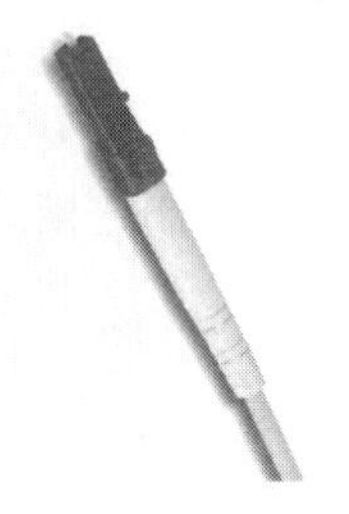

图 5-26　LC 型光纤连接器

（5）MT-RJ SFF 型光纤连接器

MT-RJ SFF 型光纤连接器是 Tyco Electronics 和 Siecor 联合开发的，如图 5-27 所示。MT-RJ 连接头为现场安装型，无须胶粘，无须打磨，是快速可靠的解决方案。MT-RJ SFF 光纤连接器采用机械接续装置把两根切割后的光纤固定在相应位置。

（6）MU 型连接器

MU（Miniature Unit Coupling）型光纤连接器是一种直插式连接方式的连接器，实际上是 SC 型光纤连接器的小型化，其体积约为 SC 型光纤连接器的 2/5，如图 5-28 所示。

图 5-27　MT-RJ 型光纤连接器

图 5-28　MU 型光纤连接器

（7）VF-45 型光纤连接器

在 VF-45 型光纤连接器中，光纤通过注塑成型的热塑 V 形槽来进行对准，并被悬挂在间隙为 4.5 mm 的缝隙中，双芯一体化，由连接器外壳进行保护。当插入插座时，光纤稍微弯曲以构成物理接触。VF-45 型光纤连接器如图 5-29 所示。

图 5-29　VF-45 型光纤连接器

2. 光纤跳线和光纤尾纤

（1）光纤跳线

光纤跳线由一段 1～10 m 的互连光缆与光纤连接器组成，用在配线架上交接各种链路。光纤跳线有单芯和双芯、单模和多模之分。由于光纤一般只是单向传输，需要进行全双工通信的设备需要连接两根光纤来完成收发工作，因此如果使用单芯跳线，就需要两根跳线。

根据光纤跳线两端的连接器的类型，光纤跳线有以下多种类型：

① ST-ST 跳线：两端均为 ST 连接器的光纤跳线。

② SC-SC 跳线：两端均为 SC 连接器的光纤跳线。

③ FC-FC 跳线：两端均为 FC 连接器的光纤跳线。

④ LC-LC 跳线：两端均为 LC 连接器的光纤跳线。

⑤ ST-SC 跳线：一端为 ST 连接器，另一端为 SC 连接器的光纤跳线。

⑥ ST-FC 跳线：一端为 ST 连接器，另一端为 FC 连接器的光纤跳线。

⑦ FC-SC 跳线：一端为 FC 连接器，另一端为 SC 连接器的光纤跳线。

（2）光纤尾纤

光纤尾纤只有一端有连接头，另一端是一根光缆纤芯的断头，通过熔接可与其他光缆纤芯相连。它常出现在光纤终端盒内，用于连接光缆与光纤收发器，同样有单芯和双芯、单模和多模之分。一条光纤跳线剪断后就形成两条光纤尾纤。

3. 光纤适配器

光纤适配器（Fiber Adapter）又称光纤耦合器，实际上就是光纤的插座，它的类型与光纤连接器的类型对应，有 ST、SC、FC、LC 等几种，如图 5-30 所示。光纤耦合器一般安装在光纤终端箱上，提供光纤连接器的连接固定。市场上有单售的光纤耦合器，供网络布线人员在现场将其安装到终端盒上，也有的厂家在光电转换器、光纤网卡上已经安装了光纤耦合器，用户只需要插入光纤连接器即可。

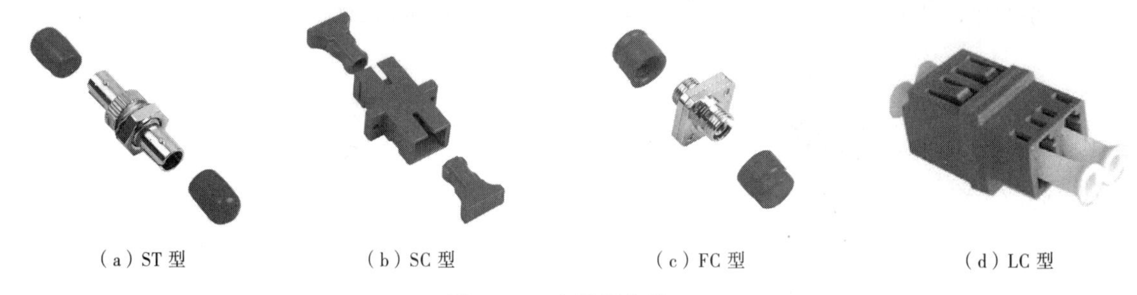

（a）ST 型　（b）SC 型　（c）FC 型　（d）LC 型

图 5-30　光纤耦合器

一根光纤安装光纤连接器后插入光纤耦合器的一端，另一根光纤安装光纤连接器后插入光纤耦合器的另一端（光纤连接器和光纤耦合器的类型对应），插接好后就完成了两根光纤的连接。

4. 光纤配线设备

在综合布线系统中，光纤配线设备一般安装在建筑群或建筑物的主设备间，用以连接公网系统的引入光缆、建筑群或建筑物干线光缆、应用设备光纤跳线等。光纤配线设备主要完成光纤的连接和终接后单芯光纤到各光通信设备中光路的连接与分配，以及光缆分纤配线。光纤配线设备应具有光缆固定和保护功能、光缆终接功能、调纤功能以及光缆纤芯和尾纤的保护功能。

光纤配线设备主要分为室内配线和室外配线设备两大类。其中，室内配线设备包括机架式（光纤配线架、混合配线架）、机柜式（光纤配线柜、混合配线柜）和壁挂式（光纤配线箱、光缆终端盒、综合配线箱），室外配线设备包括光缆交接箱、光纤配线箱、光缆接续盒。这些配线设备主要由配线单元、熔接单元、光缆固定开剥保护单元、存储单元及连接器件组成。

（1）机架式光纤配线架

光纤配线架是用于室内光缆与光设备的连接设备，具有光缆的固定、分支、接地保护，以及光纤的分配、组合、连接等功能。随着光纤配线架终端技术的改进，光纤配线架在配线中的应用越来越普遍，如图 5-31 所示。

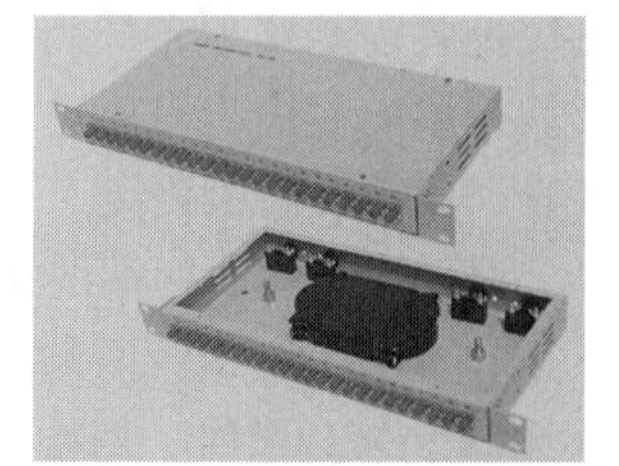

图 5-31　机架式光纤配线架

（2）光缆交接箱

光缆交接箱是一种为主干光缆、配线光缆提供光缆成端、跳接的交接设备。光缆引入光缆交接箱后，经固定、端接、配纤后，使用跳线将主干光缆和配线光缆连通，如图 5-32 所示。

光缆交接箱是安装在室外的连接设备，对它最根本的要求就是能够抵受剧变的气候和恶劣的工作环境。光缆交接箱的容量是指光缆交接箱最大能成端纤芯的数目。实际上，经常所说的交接箱的容量指的是它的配纤容量，即主干光缆配纤容量与分支光缆配纤容量之和。光缆交接箱的容量实际上应包括主干光缆直通容量、主干光缆配纤容量和分支光缆配纤容量三部分。

（3）光缆终端盒

光缆终端盒主要用于光缆终端的固定、光缆与尾纤的熔接及余纤的收容和保护，如图 5-33 所示。

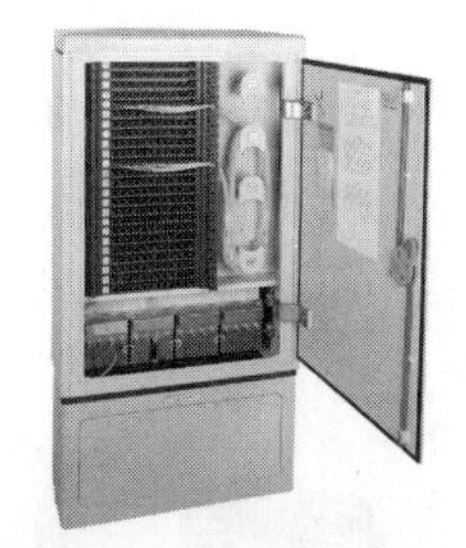

图 5-32　光缆交接箱

图 5-33　光缆终端盒

（4）光缆接续盒

光缆接续盒的功能就是将两段光缆连接起来，它具备光缆固定和熔接功能，内设光缆固定器、熔接盘和过线夹。光缆接续盒分为室内和室外两种类型，室外光缆接续盒可以防水，也可以用到室内，如图 5-34 所示。

（5）光纤配线箱

光纤配线箱适用于光缆与光通信设备的配线连接，通过配线箱内的适配器，用光跳线引出光信号，实现光配线功能，主要用于光缆和配线尾纤的保护性连接，也适用于光纤接入网中的光纤终端采用，如图 5-35 所示。

图 5-34　光缆接续盒

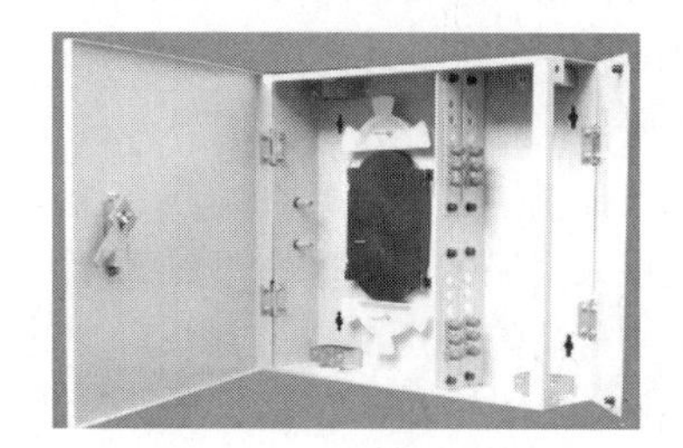

图 5-35　光缆配线箱

（6）光纤数字综合配线架

光纤数字综合配线架将数字配线架和光纤配线架融为一体，具有光纤配线和数字配线的综合功能。

5. 光纤信息插座

光纤到桌面时，需要在工作区安装光纤信息插座。光纤信息插座是光缆布线在工作区的信息出口，用于光纤到桌面的连接，如图 5-36 所示。实际上就是一个带光纤耦合器的光纤面板。光缆敷设到光纤信息插座的底盒后，光缆与一条光纤尾纤熔接，尾纤的连接器插入光纤面板上的光纤耦合器的一端，光纤耦合器的另一端用光纤跳线连接计算机。

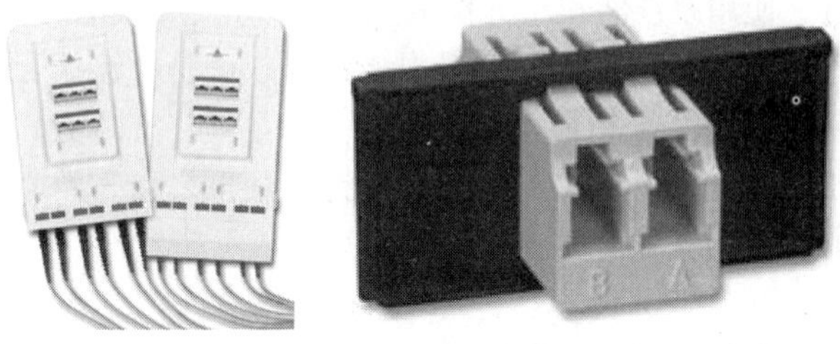

图 5-36　光纤信息插座

6. 光电转换器

光电转换器又称光纤收发器，俗称光猫，是一种将短距离的双绞线电信号和长距离的光信号进行互换的以太网传输媒体转换单元。当交换机没有光纤接口而传输线路又必须使用光缆时，必须通过光电转换器将光信号转换成电信号后再使用双绞线与交换机的端口连接。图 5-37 所示为光电转换器及其连接方式。

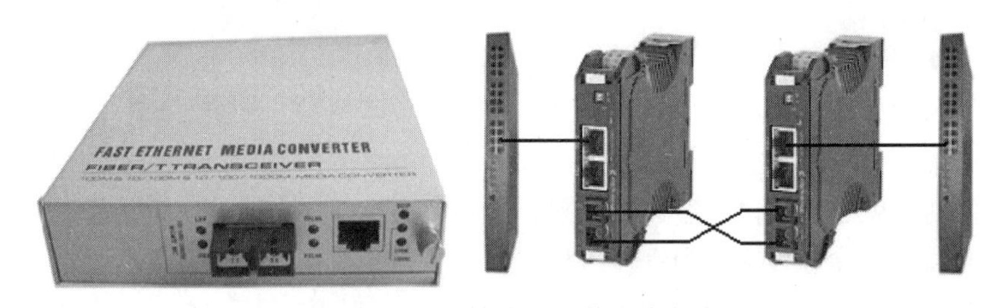

图 5-37　光电转换器及其连接方式

5.2.4　综合布线产品市场现状

近年来，大数据的快速发展推动了 6A 类、7 类、7A 类布线的应用，以满足万兆网络的传输需求。此外，OM3、OM4 多模光纤、单模光纤、光纤到桌面、光纤到用户、光纤到民用建筑用户单元的应用，光纤具有传输距离与信息安全方面的优势，在住宅小区，光纤与光纤接入系统配合，构成多业务平台，为宽带信息的接入提供了条件。光纤配线系统主要根据用户对业务的需求，对网络的需求，对图像的需求而发展。在将来大家的网络家庭中，大量用到光纤，它的安全性好、速度快、抗干扰能力强、传输速度快、传输质量高等优点都被得到认可，光纤的应用成为趋势。在多模光纤的应用和大数据行业发展的推动下，我国综合布线行业生产规模近年来以 5%左右的同比增长速度增加，2019 年综合布线行业产能为 58.4 亿元，2020 年达到 61.5 亿元。

近年来，国内综合布线市场呈现出百花齐放、百家争鸣的景象，综合布线市场正面临着前所未有的繁荣。据统计，目前活跃在中国市场上的综合布线厂商超过 50 家，其中有 30 余家为国外布线厂商，这些厂商主要是以生产和销售具有高性能、先进性的高端产品所著称，在行业内有着很高的品牌知名度和行业认知度。国产品牌从技术研发、产品设计、方案设计上都比以往加大投入，以至国内布线品牌近年来持续壮大生产规模与增强市场的销售能力，在产品和技术层面已逐步达到国际先进水平，缩

短了国内外品牌间的差距，使国产民族品牌拥有了更加宽广的上升空间。

根据综合布线整体市场调查统计估算，国内布线品牌总体上占到了市场份额的 35%左右，国外品牌占有率正在逐渐下降。其中，国内布线厂商知名度高，且产品应用较多的品牌主要有普天天纪、一舟线缆、天诚线缆、大唐电信、清华同方、日海通讯、腾达布线等。

中国市场 2020 年十大综合布线品牌是：美国康普公司、美国西蒙公司、TCL—罗格朗国际电工（惠州）有限公司、德特威勒（苏州）电缆系统有限公司、同方股份有限公司、南京普天楼宇智能有限公司、广东欢联电子科技有限公司、浙江一舟电子科技股份有限公司、广州宇洪科技股份有限公司。

除了以上厂家外，比较著名的公司还有美国泰克安普、美国泛达公司、美国普利驰国际网络。

5.2.5　综合布线系统工程中使用的布线器材

传输介质和连接器件组成了综合布线系统的主体——通信链路，但通信链路需要有管槽、桥架、机柜等来支撑和保护，另外像轧带、膨胀管和木螺钉等小部件在综合布线工程中也同样不可缺少，这些材料称为综合布线工程使用的布线器材。

1. 线管

综合布线工程中，配线子系统、干线子系统和建筑群子系统的施工材料除线缆以外，最重要的就是管槽和桥架。布线系统首先要在设计布线路由上安装好管槽系统，管槽系统中使用的材料主要包括线管材料、槽道（桥架）材料和防火材料。线管材料有钢管、塑料管和室外用的混凝土管及高密度乙烯材料（HDPE）制成的双壁波纹管。

（1）钢管

钢管按照制造方法不同可分为无缝钢管和焊接钢管两大类。无缝钢管只有在综合布线系统中的特殊场合（如管路引入屋内承受极大的压力时）才采用，使用较少。暗敷管路系统中常用的钢管为焊接钢管。目前，在综合布线工程中电磁干扰小的场合，钢管已经被塑料管所代替。

钢管的规格有多种，以外径（mm）为单位，综合布线工程施工中常用的钢管有 D16、D20、D25、D32、D40、D50、D63、D110 等规格。在金属管内穿线比线槽布线难度更大一些，在选择金属管时要注意管径选择大一点，一般管内填充物占 30%左右，以便于穿线。金属管还有一种是软管（俗称蛇皮管），供弯曲的地方使用。

（2）塑料管

塑料管是由树脂、稳定剂、润滑剂及填加剂配制挤塑成型的。目前，按塑料管使用的主要材料不同，塑料管可分为聚氯乙烯管（PVC-U 管）、高密聚乙烯管（HDPE 管）、双壁波纹管、子管、铝塑复合管、硅芯管等。综合布线系统中通常采用的是内、外壁光滑的软、硬聚氯乙烯实壁塑料管。室外的建筑群主干布线系统采用地下通信电缆管道时，其管材除使用水泥管以外，目前较多采用的是内外壁光滑的软、硬质聚氯乙烯实壁塑料管（PVC-U）和内壁光滑、外壁波纹的高密度聚乙烯管（HDPE）以及双壁波纹管，有时也采用高密度聚乙烯（HDPE）的硅芯管。由于软、硬质聚氯乙烯管具有阻燃性能，对综合布线系统防火极为有利。此外，在有些软聚氯乙烯实壁塑料管使用场合中，有时也采用低密度聚乙烯光壁（LDPE）子管。

2. PVC线槽

PVC 塑料线槽是综合布线工程明敷管槽时广泛使用的一种材料，它是一种带盖板封闭式的管槽，盖板和槽体通过卡槽合紧。

塑料线槽的品种规格很多，从型号上讲有 PVC-20、PVC-25、PVC-30、PVC-40、PVC-60 等系列；从规格上讲有 20 × 12、24 × 14、25 × 12.5、25 × 25、30 × 15、40 × 20 等。与 PVC 槽配套的连接件有阳角、阴角、直转角、平三通、左三通、右三通、连接头、终端头等。

3. 桥架

综合布线工程中，线缆桥架因其具有结构简洁、造价低、施工方便、配线灵活、安全可靠、安装标准等特点，而被广泛应用于建筑物主干线路和楼层水平主干线路的安装施工。

桥架按结构可分为槽式、托盘式和梯级式三种类型。

（1）槽式桥架

槽式桥架是全封闭电缆桥架，也就是通常所说的金属线槽，由槽底和槽盖组成，每根槽一般长度为 2 m，槽与槽连接时使用相应尺寸的铁板和螺钉固定。它适用于敷设计算机线缆、通信线缆、热电偶电缆及其他高灵敏系统的控制电缆等，它对电缆具有很好的屏蔽作用和抗腐蚀能力，适用于室外和需要屏蔽的场所。在综合布线系统中一般使用的金属槽的规格有 50 mm×100 mm、100 mm×100 mm、100 mm×200 mm、100 mm×300 mm、200 mm×400 mm 等多种。

（2）托盘式桥架

托盘式桥架具有重量轻、载荷大、造型美观、结构简单、安装方便、散热透气性好等优点，适用于地下层、吊顶内等场所。

（3）梯级式桥架

梯级式桥架具有重量轻、成本低、造型别致、通风散热好等特点。它一般适用于直径较大电缆的敷设，以及地下层、竖井、活动地板下和设备间的线缆敷设。

（4）支架

支架是支撑电缆桥架的主要部件，它由立柱、立柱底座、托臂等组成，可满足不同环境条件（工艺管道架、楼板下、墙壁上、电缆沟内）安装不同形式（悬吊式、直立式、单边、双边和多层等）的桥架，安装时还需连接螺栓和安装螺栓（膨胀螺栓）。

4. 机柜

机柜具有增强电磁屏蔽、削弱设备工作噪声、减少设备占地面积等优点，被广泛用于综合布线配线设备、网络设备、通信设备等安装工程中。

综合布线系统一般采用 19 英寸宽的机柜，称为标准机柜，用以安装各种配线模块和交换机等网络设备。尽管各厂家生产的配线产品的尺寸和结构有所不同，但对 19 英寸的标准安装尺寸是一样的，标准机柜结构简洁，主要包括基本框架、内部支撑系统、布线系统和散热通风系统。

5. 其他安装材料

（1）理线器

理线器也称线缆管理器，安装在机柜或机架上，为机柜中的电缆提供平行进入配线架 RJ-45 模块的通路，使电缆在压入模块之前不再多次直角转弯，减少了自身的信号辐射损耗以及对周围电缆的辐射干扰，并起到固定和整理线缆，使布线系统更加整洁、规范的作用。

（2）扎带

扎带的作用在于将成束的光缆和双绞线分类绑扎、固定，从而避免使布线系统陷于混乱，并便于日后的维护和管理。扎带分为两类，即夹贴式扎带和锁扣式扎带。

5.3　综合布线系统设计基础

5.3.1　综合布线系统的典型结构和组成

综合布线系统是一个开放式的结构，该结构下的每个分支子系统都是相对独立的单元，对每个分支单元系统的改动都不会影响其他子系统。只要改变结点连接即可在星状、总线、环状等各种类型网络拓扑间进行转换，能够适应当前普遍采用的各种局域网及计算机系统，同时支持电话、数据、图像、多媒体业务等信息的传递。

在《综合布线系统工程设计规范》（GB 50311—2016）中规定，综合布线系统应符合图 5-38 所示的基本组成结构。

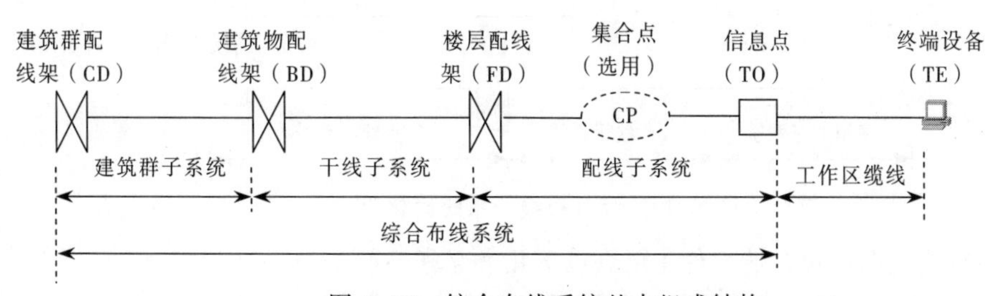

图 5-38　综合布线系统基本组成结构

由图 5-38 可以看出，从建筑群配线架到各建筑物配线架的布线属于建筑群子系统，从建筑物配线架到各楼层电信间配线架的布线属于干线子系统，从楼层配线架到各工作区信息点的布线属于配线子系统。

其中，建筑群子系统包括建筑群干线线缆（电缆或光缆）、建筑群配线架和建筑物配线架上的机械端接以及建筑群配线架上的接插线和跳线，干线子系统包括设备间至电信间的干线电缆和光缆、安装在设备间的建筑物配线设备（BD）及设备线缆和跳线，配线子系统包括工作区的信息插座模块、信息插座模块至电信间配线设备（FD）的配线电缆和光缆、电信间的配线设备及设备缆线和跳线。

建筑群和建筑物主干电缆、光缆中间不应有集合点或接头，而水平电缆、光缆中间在必要时允许有一个集合点（CP）。

在国家标准 GB 50311—2016 中规定，综合布线除了包括三个基本子系统以外，还包括工作区、设备间、进线间和管理等四部分。综合布线系统的入口设施及引入线缆构成如图 5-39 所示。其中，对设置了设备间的建筑物、设备间所在楼层的 FD 可以和设备间中的 BD/CD 及入口设施安装在同一场地。

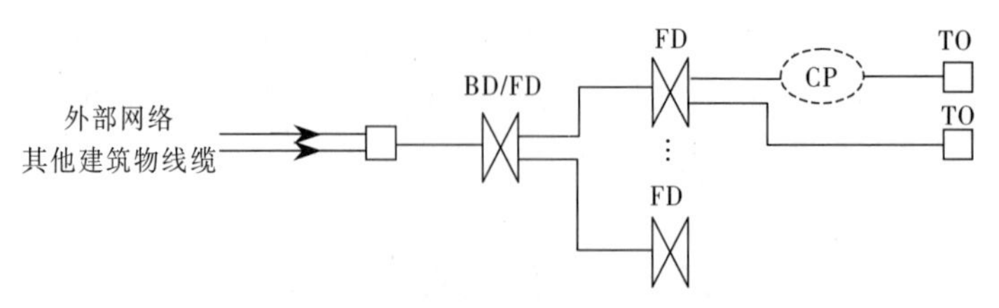

图 5-39　综合布线系统引入部分构成

在实际的综合布线系统中，各个组成部分有时会叠加在一起。例如，位于大楼一层的电信间也常常合并到大楼一层的网络设备间，进线间也经常设置在大楼一层的网络设备间。

同时，在信息点数量较少，传输距离小于 90 m 的情况下，水平电缆可以直接由信息点（TO）连接至 BD（光缆不受 90 m 长度限制），如图 5-40 所示。另外，楼层配线设备（FD）也可不经过建筑物配线设备（BD）而直接通过干线缆线连接至建筑群配线设备（CD）。这些都和工作区用户性质和网络构成有关。

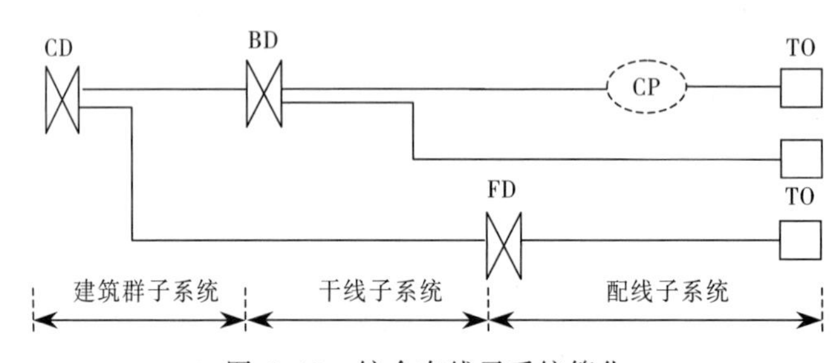

图 5-40　综合布线子系统简化

在综合布线系统构成图中包含的部件主要有以下几个部分：

① 建筑群子系统：由连接多个建筑物之间的干线电缆或光缆、建筑群配线设备（CD）、设备缆线和跳线组成。

② 建筑群主干缆线（Campus Backbone Cable）：可为建筑群主干电缆或主干光缆，用于建筑群配线架与建筑物配线架之间的连接。

③ 建筑群配线设备（Campus Distributor，CD）：终接建筑群主干缆线的配线设备。

④ 干线子系统：由设备间至电信间的干线电缆和光缆、安装在设备间的建筑物配线设备（BD）及设备缆线和跳线组成。

⑤ 建筑物主干缆线（Building Backbone Cable）：可为建筑物主干电缆或主干光缆，用于建筑物配线设备与楼层配线设备以及建筑物内楼层配线设备与二级交接间配线设备之间的连接。

⑥ 建筑物配线设备（Building Distributor，BD）：为建筑物主干缆线或建筑群主干缆线终接的配线设备。

⑦ 配线子系统：由工作区的信息插座模块、信息插座模块至电信间配线设备（FD）的配线电缆和光缆、电信间的配线设备及设备缆线和跳线等组成。

⑧ 水平线缆（Horizontal Cable）：楼层配线设备到信息点之间的连接缆线。

⑨ 楼层配线设备（Floor Distributor，FD）：终接水平电缆、水平光缆和其他布线子系统（干线子系统中的电缆或光缆）终接的配线设备。

⑩ 集合点（Consolidation Point，CP）：楼层配线设备与工作区信息点之间水平缆线路由中的连接点。

⑪ 信息点（Telecommunications Outlet，TO）：各类电缆或光缆终接的信息插座模块。

⑫ CP 链路：楼层配线设备与集合点之间，包括各端的连接器件在内的永久性的链路。

⑬ CP 缆线：连接集合点至工作区信息点的缆线。

⑭ 工作区线缆：也就是通常用的接插软线（Patch Calld），一端或两端带有连接器件的软电缆或软光缆。

⑮ 终端设备（Terminal Equipment，TE）：接入综合布线系统的终端设备。

⑯ 设备缆线（Equipment Cable）：包括设备电缆、设备光缆，通信设备连接到配线设备的电缆、光缆。

⑰ 跳线（Jumper）：不带连接器件或带连接器件的电缆线对与带连接器件的光纤，用于配线设备之间的连接。

5.3.2　综合布线系统网络拓扑结构

综合布线系统应采用开放式星状拓扑结构，以支持当前普遍采用的各种计算机网络系统，如以太网、快速以太网、千兆以太网、万兆以太网、光纤分布数据接口 FDDI、令牌环网（Token Ring）等。

在综合布线系统主干线路的星状网络拓扑结构中，要求整个布线系统的干线电缆或光缆的交接次数一般不应超过两次，即从楼层配线架到建筑群配线架之间，只允许经过一个配线架，成为 FD-BD-CD 的结构形式，适用于包含建筑群子系统的综合布线系统。如果没有建筑群子系统，且只有一次交接，则成为 FD-BD 的结构形式。

建筑物配线架至每个楼层配线架的建筑物干线子系统的干线电缆或光缆一般采取分别独立供线给各个楼层的方式，在各个楼层之间无连接关系。这样，当线路发生故障时，影响范围较小，容易判断和检修，有利于安装施工。但线路长度和条数增多，工程造价提高，安装敷设和维护的工作量增加。

1. 星状网络拓扑结构

这种结构是在大楼设备间放置 BD、楼层配线间放置 FD 的结构，每个楼层配线架 FD 连接若干个信息点 TO，也就是传统的两级星状拓扑结构，如图 5-41 所示，它是单幢智能建筑物综合布线系统的基本形式。

2. 树状网络拓扑结构

以建筑群 CD 为中心，若干建筑物配线架 BD 为中间层，相应的还有下一层的楼层配线架和配线子系统，构成树状网络拓扑结构，也就是常用的三级星状拓扑结构，如图 5-42 所示。这种形式在智能小区中经常使用，其综合布线系统的建设规模较大，网络结构也较复杂。

第一级由建筑群总配线设备（CD）通过建筑群主干缆线（电缆或光缆）连接至建筑物总配线设备（BD）；第二级由建筑物总配线设备（BD）通过建筑物主干缆线（电缆或光缆）连接至楼房配线设备（FD）；第三级由楼房配线设备（FD）通过水平缆线连接至工作区的信息插座（TO）。

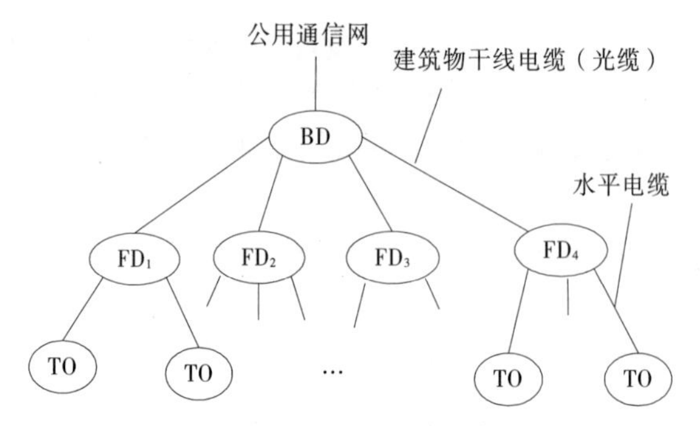

图 5-41　星状拓扑结构

有时为了使综合布线系统的网络结构具有更高的灵活性和可靠性，允许在同级的配线架（如 BD 或 FD）之间增加直通连接线缆，如图 5-42 中的虚线。同时，采用简化的综合布线系统结构时，可以将 CD 与 FD 或 BD 与 TO 直接相连，如图 5-42 所示。

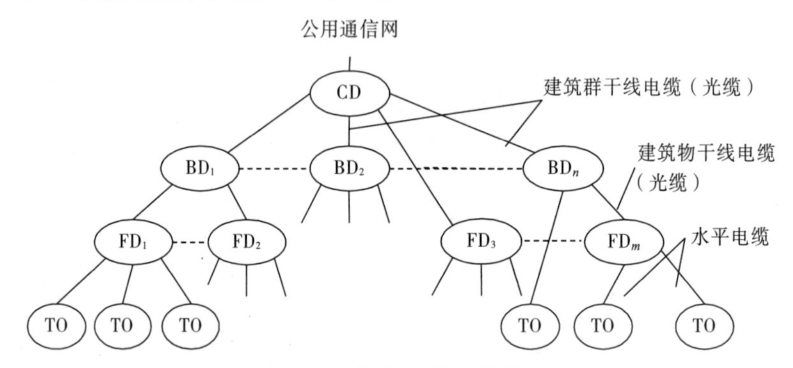

图 5-42　树状网络拓扑结构

5.3.3　综合布线系统的实际工程结构

标准规范的设备配置分为建筑物 FD-BD 一级干线布线系统结构和建筑群 FD-BD-CD 两级干线布线系统结构两种形式，但在实际工程中，往往会根据管理的要求、设备间和配线间的空间要求、信息点的分布等多种情况对综合布线系统进行灵活的设备配置。

1. 建筑物标准 FD-BD 结构

建筑物标准 FD-BD 结构是两次配线点设备配置方案，这种结构是在大楼设备间放置 BD、楼层配线间放置 FD 的结构，每个楼层配线架 FD 连接若干信息点 TO，也就是传统的两级星状拓扑结构，是国内普遍使用的典型结构，也可以说是综合布线系统基本的设备配置方案之一，如图 5-43 所示。

这种结构只有干线子系统和配线子系统，不会涉及建筑群子系统和建筑群配线架，主要适用于单幢的中、小型智能化建筑，其附近没有其他房屋建筑，不会发展成为智能化建筑群体。这种结构具有网络拓扑结构简单、维护管理方便、调度灵活等优点。

2. 建筑物 FD-BD 结构

建筑物 FD-BD 结构是一次配线点设备配置方案，这种结构没有楼层配线间，只配置建筑物配线架（BD），将干线子系统和配线子系统合二为一，缆线从 BD 直接连接到信息点（TO），如图 5-44 所示。

它主要适用于以下场合：

① 建设规模很小，楼层层数不多，且楼层平面面积不大的单幢智能化建筑。

② 用户的信息业务要求（数量和种类）均较少的住宅建筑。

③ 别墅式的低层住宅建筑。

④ TO 至 BD 之间电缆的最大长度不超过 90 m 的场合。

⑤ 当建筑物不大但信息点很多，且 TO 至 BD 之间电缆的最大长度不超过 90 m 时，为便于管理维护以及减少空间占用也可以采用这种结构。例如，高校旧学生宿舍楼的综合布线系统，每层楼信息点很多，而旧大楼大多在设计时没有考虑综合布线系统，如果占用房间作楼层配线间，势必占用宿舍资源。

这种结构具有网络拓扑结构简单，只有一级，设备配置数量最少，降低工程建设费用和维护开支，维护工作和人为故障机会均有所减少等优点。但灵活调度性差，使用有时不便。高层房屋建筑和楼层平面面积很大的建筑均不适用。

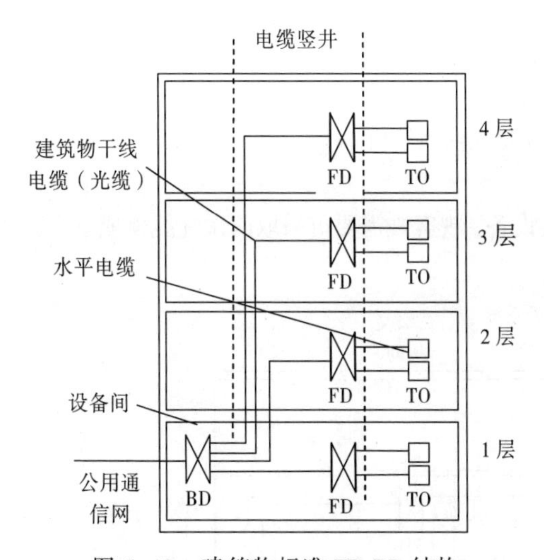

图 5-43 建筑物标准 FD-BD 结构

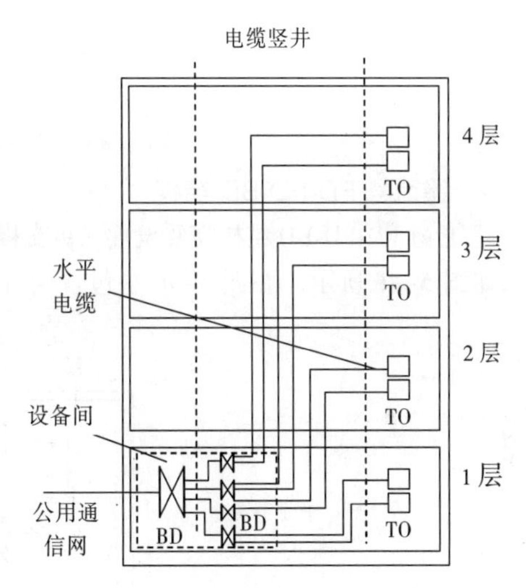

图 5-44 建筑物 FD-BD 结构

3. 建筑物 FD-BD 共用楼层配线间结构

建筑物 FD-BD 共用楼层配线间结构也是两次配线点设备配置方案（中间楼层供给相邻楼层），根据每个楼层需要配置信息点的数量，采取每 2～4 个楼层设置 FD，分别供线给相邻楼层的信息点 TO，要求所有最远的 TO 到 FD 之间的线缆的最大长度不应超过 90 m 的限制，如超过则不应采用此方案。建筑物 FD-BD 共用楼层配线间结构如图 5-45 所示。

这种方案主要适用于单幢的中型智能化建筑中，因其楼层面积不大，用户信息点数量不多或因各个楼层的用户信息点分布极不均匀，有些楼层用户信息点数量极少（如地下室），为了简化网络结构和减少接续设备，可以采取这种结构的设备配置方案。但在智能化建筑中用户信息点分布均匀且较密集的场合不应使用。

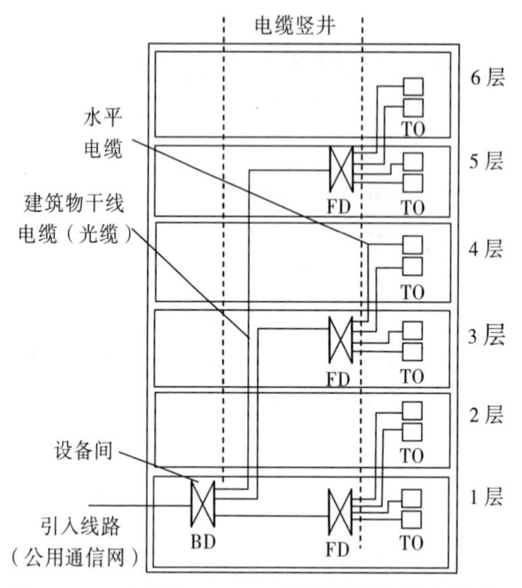

图 5-45　建筑物 FD-BD 共用楼层配线间结构

4. 建筑物 FD-FD-BD 结构

建筑物 FD-FD-BD 结构需要设置二级交接间和二级交接设备，视客观需要可采取两次配线点或三次配线点，如图 5-46 所示。在图 5-46 中包含两种方案：

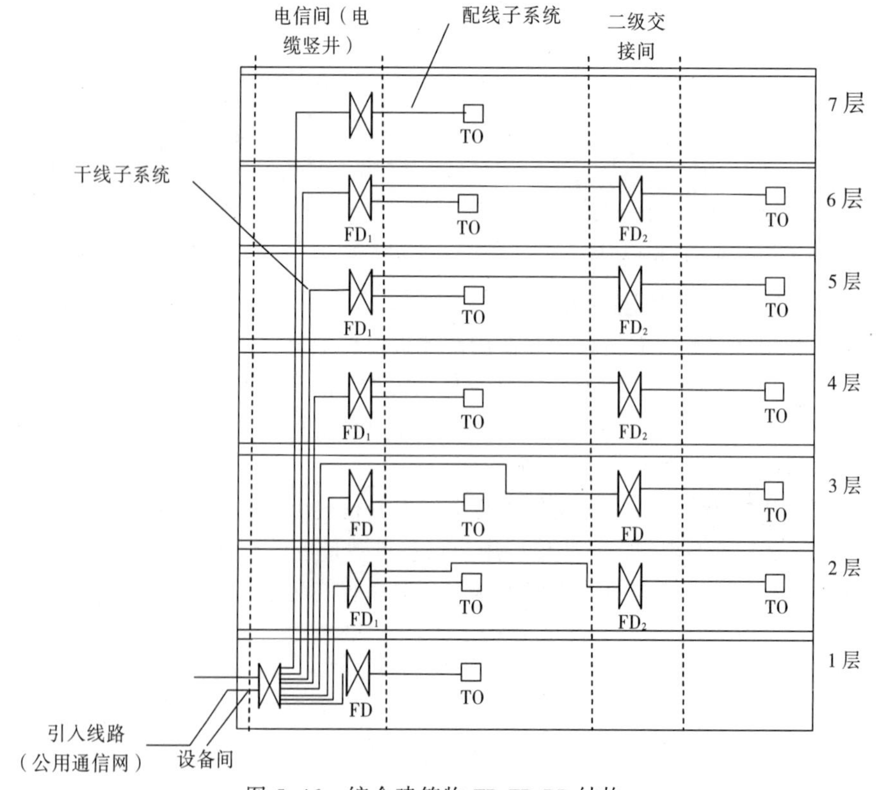

图 5-46　综合建筑物 FD-FD-BD 结构

① 第 3 层楼层为两次配线点，建筑物干线子系统的缆线直接连到二级交接间的 FD 上，不经过干线交接间的 FD，这种方案为两次配线点。

② 第 2、4、5、6 层楼层为三次配线点，建筑物干线子系统的缆线均连接到干线交接间的 FD_1，然后再连接到二级交接间的 FD_2，形成三次配线点的方案。

这种结构适用于单幢大、中型的智能化建筑，楼层面积较大（超过 1 000m^2）或用户信息点较多，因受干线交接间面积较小、无法装设容量大的配线设备等限制，为了分散安装缆线和配线设备，有利于配线和维修，且楼层中有设置二级交接间条件的场合。

5. 综合建筑物 FD-BD-CD 结构

综合建筑物 FD-BD-CD 结构是三次配线点设备配置方案，在建筑物的中心位置设置建筑群配线架（CD），各分座分区建筑物中设置建筑物配线设备（BD）。建筑群配线架（CD）可以与所在建筑中的建筑物配线架合二为一，各个分区均有建筑群子系统与建筑群配线架（CD）相连，各分区建筑物干线子系统、配线子系统及工作区布线自成体系。综合建筑物 FD-BD-CD 结构如图 5-47 所示。

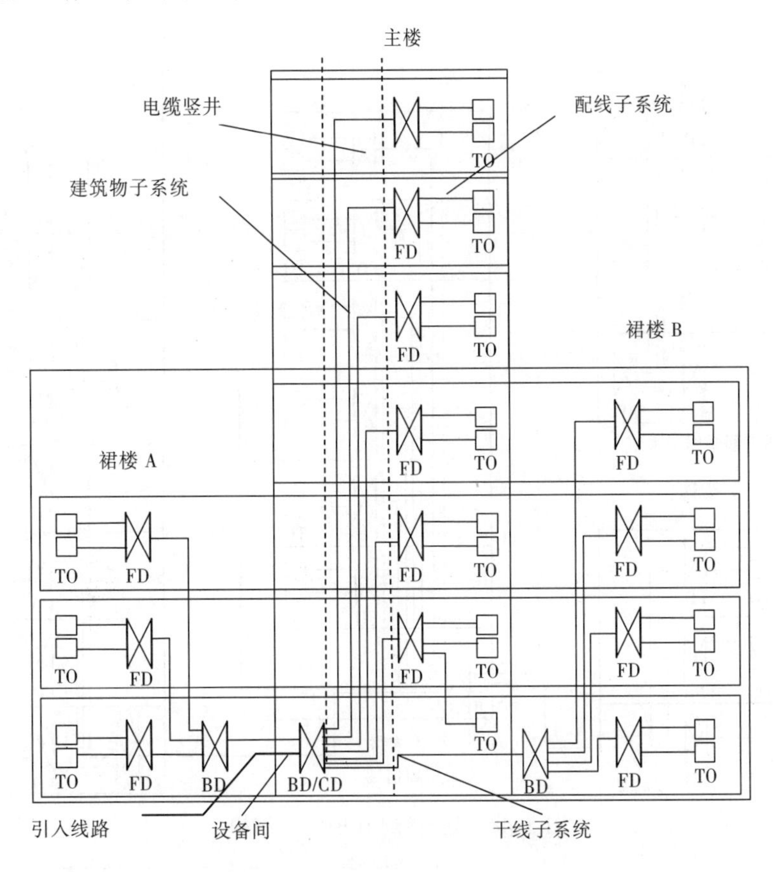

图 5-47　综合建筑物 FD-BD-CD 结构

这种结构适用于单幢大型或特大型的智能化建筑，即当建筑物是主楼带附楼结构，楼层面积较大，用户信息点数量较多时，可将整幢智能建筑进行分区，将各个分区视为多幢建筑物组成的建筑群。建筑物中的主楼、裙楼 A 和裙楼 B 被视作多幢建筑，在主楼设置建筑群配线架，在裙楼 A 和裙楼 B 的适当位置设置建筑物配线架（BD），主楼的建筑物配线架（BD）可与建筑群配线架（CD）合二为一，这时该建筑物包含有在同一建筑物内设置的建筑群子系统。

这种结构具有缆线和设备配置合理、既有密切配合又有分散管理、便于检修和判断故障、网络拓扑结构较为典型、可调度使用、灵活性较好等优点。

6. 建筑群 FD-BD-CD 结构

这种结构适用于建筑物数量不多、小区建设范围不大的场合。选择位于建筑群中心的建筑物作为各建筑物通信线路和对公用通信网络连接的汇接点，并在此安装建筑群配线架（CD），建筑群配线架（CD）可与该建筑物的建筑物配线架（BD）合设，达到既能减少配线接续设备和通信线路长度，又能降低工程建设费用的目的。各建筑物中装设建筑物配线架（BD）作为中间层，敷设建筑群子系统的主干线路并与建筑群配线架（CD）相连，相应的有再下一层的楼层配线架和配线子系统，构成树状网络拓扑结构，也就是常用的三级星状拓扑结构，如图 5-48 所示。

分散设置的建筑物内都需设置入口设施，其引入缆线的结构如图 5-48 所示。

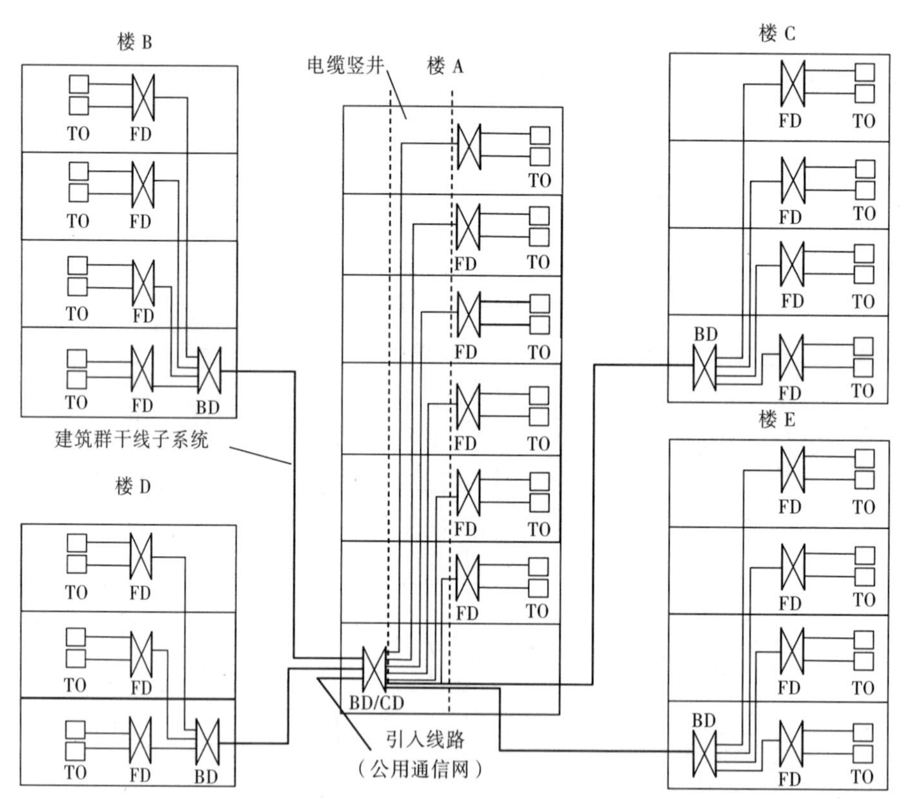

图 5-48　建筑群 FD-BD-CD 结构

5.3.4　综合布线系统的信道与链路

1. 信道的定义

信道是指从发送设备的输出端到接收设备（或用户终端设备）的输入端之间传送信息的通道。有

关信道有两种不同的定义：

（1）狭义信道

狭义信道是指传送信号的传输媒质，其范围仅指从发送设备到接收设备之间的传输媒质，不包括两端设备，传输媒质可以是电缆也可以是光缆。

（2）广义信道

广义信道除包括狭义信道中传送信号的传输媒质外，还包括各种信号的转换设备，以及两端的终端设备，例如发送设备、接收设备、调制解调器等。

根据国家标准 GB 50311—2016 的规定，综合布线系统中的信道通常指的是狭义信道，即连接两个应用设备的端到端的传输通道，包括设备电缆、设备光缆和工作区电缆、工作区光缆。

2. 链路的定义和范围

从通信线路传输功能分析，链路和信道的定义基本相同，都是通信（信息）信号的传输通道，只是链路的范围比信道范围要小。

国家标准 GB 50311—2016 中规定：链路是一个 CP 链路或一个永久链路。永久链路是指信息点到楼层配线设备之间的传输线路，它不包括工作区缆线和连接楼层配线设备的缆线或跳线，但可以包括一个 CP 链路。CP 链路是指楼层配线设备与集合点（CP）之间包括各端的连接器件在内的永久链路。

3. 铜缆系统信道

综合布线系统的缆线目前主要有铜心导线（体）的电缆系统和光纤光缆两大类型。因此，链路和信道也分为两种类型，即铜缆系统和光缆系统。

（1）铜缆系统信道的分级

ISO/IEC 11801 将综合布线系统铜缆系统分为 A、B、C、D、E、F 级，国家标准 GB 50311—2016 按照系统支持的带宽和使用的双绞线的类别不同，参照 ISO/IEC 11801 也将综合布线铜缆系统分为 A、B、C、D、E、F 等六个等级，铜缆等级表示由电缆和连接器件组成的链路和信道中的每一对双绞线所能支持的传输带宽，用频率（Hz）表示，如表 5-5 所示。实际工程中，可用等级也可用类别来表示综合布线系统，例如 E 级综合布线系统就是 6 类综合布线系统。

表 5-5　铜缆布线系统的分级与类别

系统分级	支持带宽（Hz）	支持应用器件	
		电　缆	连接硬件
A	100 k	—	—
B	1 M	—	—
C	16 M	3 类	3 类
D	100 M	5/5e 类	5/5e 类
E	250 M	6 类	6 类
F	600 M	7 类	7 类

注：3 类、5/5e 类（超 5 类）、6 类、7 类布线系统应能支持向下兼容的应用。

目前，在综合布线工程中，特性阻抗为 100 Ω的布线产品应用情况为：

① 3 类 100 Ω双绞线电缆及连接器件，传输性能支持 16 MHz 及以下传输带宽使用，主要用于支持

语音业务。通常采用大对数双绞线电缆。

② 5类100 Ω双绞线电缆及连接器件，传输性能支持100 MHz及以下传输带宽使用，主要用于高速宽带信息网络。5e类仍属5类布线范畴。

③ 6类100 Ω双绞线电缆及连接器件，传输性能支持250 MHz及以下传输带宽使用，主要用于高速宽带信息网络。

④ 6e类100 Ω双绞线电缆及连接器件，传输性能支持500 MHz及以下传输带宽使用，主要用于高速宽带信息网络。

⑤ 7类100 Ω双绞线电缆及连接器件，传输性能支持600 MHz及以下传输带宽使用，主要用于高速宽带信息网络。

在《商业建筑电信布线标准》TIA/EIA 568A标准中对于D级布线系统，支持应用的器件为5类，但在TIA/EIA 568 B.2-1中仅提出5e类（超5类）与6类的布线系统，并确定6类布线支持带宽为250 MHz。在TIA/EIA 568B.2-10标准中又规定了6A类（增强6类）布线系统支持的传输带宽为500 MHz。目前，3类与5类的布线系统只应用于语音主干布线的大对数电缆及相关配线设备。

（2）铜缆的综合布线系统构成

在国家标准GB 50311—2016中规定，综合布线系统由信道、永久链路、CP链路组成。信道通常由90 m长的水平缆线和10 m长的跳线和设备缆线及最多4个连接器件组成，永久链路则由90 m水平缆线及3个连接器件组成，如图5-49所示。

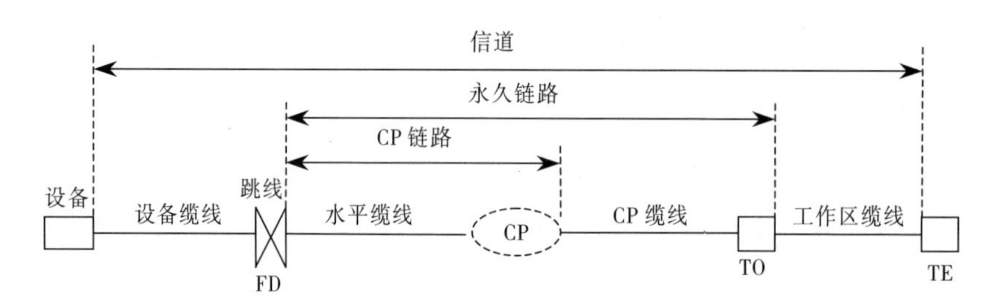

图5-49　综合布线系统信道、永久链路、CP链路构成

与3类和5类布线系统不相同的是，5e和6类布线系统中引出了CP链路和永久链路的内容。CP链路是随着CP集合点的存在而设置的，并属于永久链路的范围之内。永久链路则可看成是一个不会被更改的布线路由，可以包括CP集合点，信道则是由不同的缆线和连接器件组成的。

在7类布线中，为了保证传输特性，其永久链路仅应包括90 m水平缆线和两个连接器件（不包括CP的连接器件）。

4. 光缆系统信道

（1）光缆系统的光纤信道分级

光缆系统根据国家标准GB 50311—2016的规定，把光纤信道分为三个等级：

① OF-300：对应OF-300级的光纤信道支持的应用长度不应小于300 m。

② OF-500：对应OF-500级的光纤信道支持的应用长度不应小于500 m。

③ OF-2000：对应OF-2000级的光纤信道支持的应用长度不应小于2000 m。

（2）光纤信道的构成和连接方式

在实际工程中，综合布线系统采用光纤光缆传输系统时，其网络结构和设备配置可以简化。例如，

在建筑物内各个楼层的电信间可不设置传输或网络设备，甚至可以不设楼层配线接续设备。但是，全程采用的光纤光缆应选用相同类型和品种的产品，以求全程技术性能统一，以保证通信质量优良，不致产生不匹配或不能衔接的问题。当干线子系统和配线子系统均采用光纤光缆并混合组成光纤信道时，其连接方式应符合如下规定：

① 光纤信道构成（一）：光缆经电信间 FD 光纤跳线连接。

水平光缆和主干光缆都敷设到楼层电信间的光纤配线设备，通过光纤跳线连接构成光信道，并应符合图 5-50 所示的连接方式。

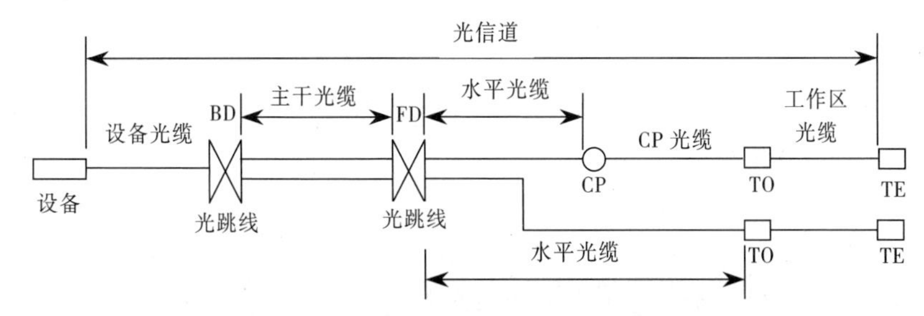

图 5-50　光缆经电信间 FD 光纤跳线连接

② 光纤信道构成（二）：水平光缆和主干光缆在楼层电信间经过端接。

水平光缆和主干光缆在楼层电信间经过端接（熔接或机械连接）构成，如图 5-51 所示。

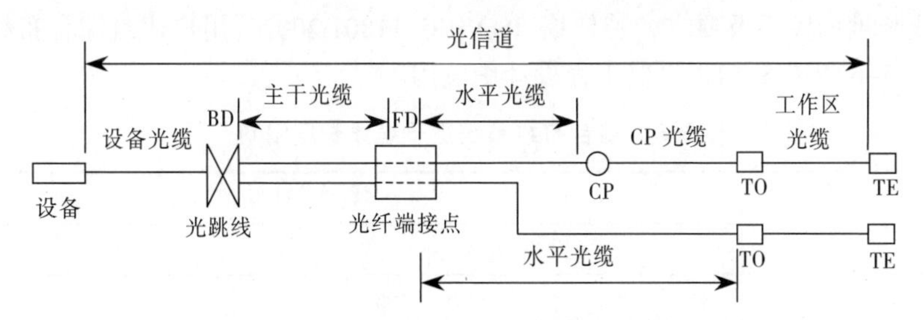

图 5-51　光缆在电信间 FD 做端接

其中，水平光缆和主干光缆在 FD 处作端接，光纤的连接可以采用光纤熔接或机械连接。水平光缆经主干光缆延伸，主干光缆光纤应包括网络设备主干端口和水平光缆所需的容量。

③ 光纤信道构成（三）：水平光缆经过电信间直接连至大楼设备间光配线设备。

水平光缆经过电信间直接连至大楼设备间光配线设备构成光纤信道，如图 5-52 所示。其中，水平光缆直接经过电信间连接至设备间总配线设备，中间不做任何处理。

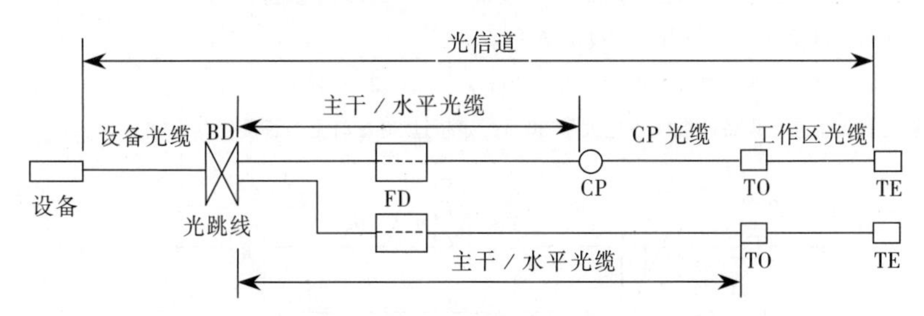

图 5-52　光缆经过电信间 FD 直接连接至设备间 BD

当有些用户需要其工作区的用户终端设备或某些工作区域的企业网络设备直接与公用数据网互相连接沟通时，为了简化网络拓扑结构，宜将光纤光缆直接从工作区敷设到智能化建筑内的入口设施处与光纤配线设备连接，以便与公用通信网引入的光纤光缆连接。此时，要求智能化建筑内所用的光纤光缆的类型与品种应与公用通信网的引入光纤光缆保持一致，通常宜采用单模光纤光缆，如图 5-53 所示。

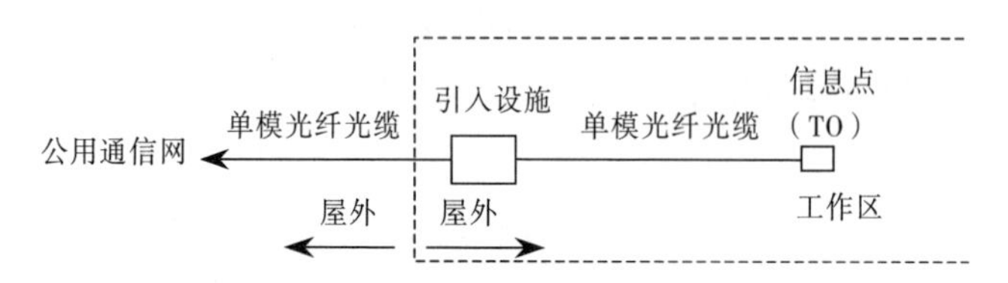

图 5-53　工作区光纤光缆直接公用通信网光缆相连接

5. 综合布线系统缆线长度划分

综合布线系统缆线长度包括信道的传输距离（长度）、综合布线系统的全程长度、水平布线长度和主干布线长度以及各级设备处的跳线、设备缆线、工作区缆线的长度等。

在国家标准 GB 50311—2016 中列出了以下长度要求：

① 综合布线系统水平缆线与建筑物主干缆线及建筑群主干缆线之和所构成信道的总长度不应大于 2 000 m。

ISO/IEC 11801:2002 版中对水平缆线与主干缆线之和的长度做出了规定。为了使工程设计者了解布线系统各部分缆线长度的关系及要求，特依据 ISO/IEC 11801:2002《用户建筑综合布线》与 TIA/EIA 568B.1 标准列出表 5-6 和图 5-54，以供工程设计中应用。

表 5-6　综合布线系统主干缆线长度限制

缆 线 类 型	各线段长度限值（m）		
	A	B	C
100 Ω对绞电缆	800	300	500
62.5 m 多模光缆	2 000	300	1 700
50 m 多模光缆	2 000	300	1 700
单模光缆	3 000	300	2 700

注：① 如 B 距离小于最大值时，C 的长度可相应增加，但 A 的总长度不能大于 800 m。

② 表中 100 Ω对绞电缆作为语音的传输介质。

③ 单模光纤的传输距离在主干链路时允许达 60 km（不在 GB 50311—2016 规定之内）。

④ 在总距离中可以包括人口设施至 CD 之间的缆线长度。

⑤ 建筑群与建筑物配线设备所设置的跳线长度不应大于 20 m，如超过 20 m 时主干长度应相应减少。

⑥ 建筑群与建筑物配线设备连至设备的缆线不应大于 30 m，如超过 30 m 时主干长度应相应减少。

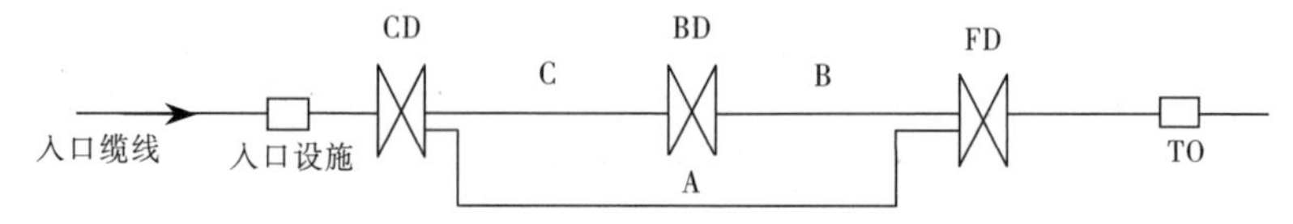

图 5-54　综合布线系统主干缆线组成

上面列出了综合布线系统主干缆线及水平缆线等的长度限值。但是，综合布线系统在网络的应用中，可选择不同类型的电缆和光缆，因此，在相应的网络中所能支持的传输距离是不相同的。在 IEEE 802.3 标准中，综合布线系统 6 类布线系统在 10 Gbit/s 以太网中所支持的长度应不大于 55 m，但 6A 类和 7 类布线系统支持长度仍可达到 100 m。表 5-7 和表 5-8 中分别列出了光纤在 100 Mbit/s、1 Gbit/s、10 Gbit/s 以太网中支持的传输距离（两个有源设备之间的最大距离），仅供设计者参考。

表 5-7　100 Mbit/s、1 Gbit/s 以太网中光纤的应用传输距离

光纤类型	应用网络	光纤直径（μm）	波长（nm）	带宽（MHz）	应用距离（m）
多模	100Base-FX	—	—	—	2 000
	1000Base-SX	62.5	850	160	220
	1000Base-LX			200	275
				500	550
多模	1000Base-SX	50	850	400	500
				500	550
	1000Base-LX		1300	400	550
				500	550
单模	1000Base-LX	<10	1 310	—	5 000
	1000Base-LH	<10	1 310	—	10 000
	1000Base-ZX	<10	1 550	—	70 000~100 000

表 5-8　10 Gbit/s 以太网中光纤的应用传输距离

光纤类型	应用网络	光纤直径（μm）	波长（nm）	模式带宽（MHz · km）	应用距离（m）
多模	10GBase-S	62.5	850	160/150	26
				200/500	33
				400/400	66
		50		500/500	82
				2 000	300
	10GBase-Lx4	62.5	1 300	500/500	300
		50		400/400	240
				500/500	300
单模	10GBase-L	<10	1 310	—	1 000
	10GBase-E		1 550	—	30 000～40 000
	10GBase-LX4		1 300	—	1 000

② 建筑物或建筑群配线设备之间（FD 与 BD、FD 与 CD、BD 与 BD、BD 与 CD 之间）组成的信道

出现 4 个连接器件时，主干缆线的长度不应小于 15 m。

③ 配线子系统各缆线长度应符合图 5-55 的划分及所规定的要求。

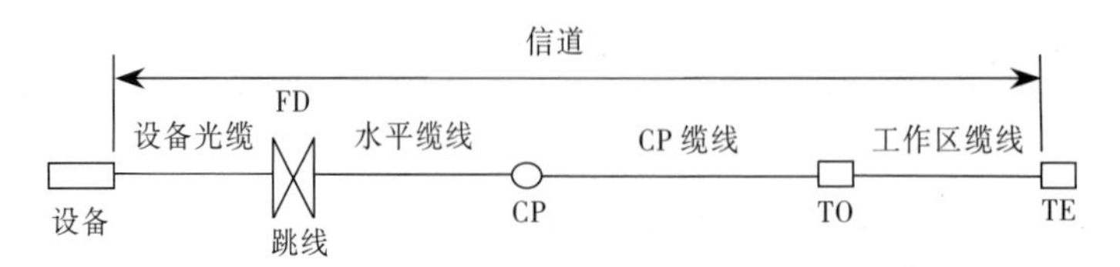

图 5-55 配线子系统各缆线长度划分与规定

- 配线子系统信道的最大长度不应大于 100 m。
- 工作区设备缆线、电信间配线设备的跳线和设备缆线之和不应大于 10 m，当大于 10 m 时，水平缆线长度（90 m）应适当减少。
- 楼层配线设备（FD）跳线、设备缆线及工作区设备缆线各自的长度不应大于 5 m。

5.3.5 综合布线系统选择

综合布线系统选择，包括屏蔽与非屏蔽双绞线的选择、不同级别双绞线的选择、电缆和光缆的选择。当建筑物在建或已建成但尚未投入使用时，为确定综合布线系统的选型，首先应做好需求分析，并测定建筑物周围环境的干扰强度，对系统与其他干扰源之间的距离是否符合规范要求进行摸底，根据取得的数据和资料，用规范中规定的各项指标要求进行衡量，选择合适的器件和采取相应的措施。

1. 屏蔽与非屏蔽选择

综合布线系统的产品有屏蔽和非屏蔽两种。这两种系统产品的优劣，以及综合布线系统中是否采用屏蔽结构的布线系统，一直有不同的意见。在欧洲，屏蔽系统是消费主流，而且已成为地区的法规，而以美国为代表的其他国家则更喜欢非屏蔽系统（UTP）。我国最早从美国引入综合布线系统，所以工程中使用最多的是非屏蔽系统（UTP）。

作为综合布线系统设计人员必须熟悉不同系统的电气特性，以便在实际综合布线工程中根据用户需求和现场环境等条件，选择合适的非屏蔽或屏蔽布线系统产品。

（1）选择非屏蔽系统

采用非屏蔽系统主要基于以下的考虑：

① UTP 线缆结构设计可很好地抗干扰。由于 UTP 双绞线对称电缆中的线对采取完全对称平衡传输技术，其结构本身安排科学合理，各线对双绞的结构使得电磁场耦合产生的互相干扰影响相等，从而彼此抵消和有效去除，可以将线对的干扰降低到最低限度，甚至可忽略不计。

② 电缆传输数据速率不高。在综合布线系统中，UTP 双绞线主要用于接入到桌面的配线子系统，网络接入层是 100 Mbit/s 快速以太网或 1 000 Mbit/s 以太网，使用 5e 或 6 类 UTP 电缆完全可以解决问题。

③ 管槽系统的屏蔽作用。在配线子系统中，UTP 电缆都是敷设在钢筋混凝土结构的房屋内，如果 UTP 电缆敷设在金属线槽、金属桥架或金属线管中，则形成多层屏蔽层。

④ 安装维护方便，整体造价低。由于非屏蔽系统具有重量轻、体积小、弹性好、种类多、价格便宜、技术比较成熟和安装施工简便等很多优点，所以，目前大部分综合布线系统都采用非屏蔽系统。

⑤ 屏蔽系统安装困难、技术要求和工程造价均较高。屏蔽布线系统整体造价比非屏蔽布线系统高，

在安装施工中，要求屏蔽系统的所有电缆和连接硬件的每一部分，都必须是完全屏蔽而无缺陷，并要求有正确的接地系统，才能取得理想的屏蔽效果。

（2）选择屏蔽系统

屏蔽系统的主要优点包括：屏蔽系统的传输性能比非屏蔽系统好；屏蔽系统的对外辐射、保密性比非屏蔽系统好；非屏蔽系统的电缆很容易被外界窃取信息，其安全性和保密性较差；屏蔽系统的技术性能比非屏蔽系统好。

当布线环境处在强电磁场附近需要对布线系统进行屏蔽时，可以根据环境电磁干扰的强弱，采取三个不同层次的屏蔽方法。

① 在一般电磁干扰的情况下，可采用金属槽管屏蔽的方法，即把全部电缆都封闭在预先铺设好的金属桥架和管道中，并使金属桥架和管道保持良好的接地。

② 在存在较强电磁场干扰源的情况下，可采用屏蔽双绞线和屏蔽连接件的屏蔽系统，再辅助以金属桥架和管道。

③ 在有极强电磁干扰的情况下，可以采用光缆布线。

（3）选择屏蔽系统或非屏蔽系统

在综合布线工程中应根据用户通信要求、现场环境条件等实际情况，确定选用屏蔽系统或非屏蔽系统。

在 GB 50311—2016 中规定，当遇到下列情况之一时可采用屏蔽布线系统：

① 综合布线区域内存在的电磁干扰场强高于 3 V/m 时，宜采用屏蔽布线系统进行防护。

② 用户对电磁兼容性有较高的要求（电磁干扰和防信息泄漏）时，或网络安全保密的需要，如在政府机关、金融机构和军事、公安等重要部门，宜采用屏蔽布线系统。

③ 采用非屏蔽布线系统无法满足安装现场条件对缆线的间距要求时，宜采用屏蔽布线系统。

总之，当采用屏蔽系统时应保证屏蔽布线系统采用的电缆、连接器件、跳线、设备电缆都应是屏蔽的，并应保持屏蔽层的连续性。当综合布线工程现场的电磁干扰场强低于防护标准的规定，或采用非屏蔽布线系统能满足安装现场条件对电缆的间距要求时，综合布线系统宜采用非屏蔽布线系统。

2. 超 5 类与 6 类布线系统选择

目前，超 5 类和 6 类非屏蔽双绞线在综合布线系统中被广泛应用于水平布线，在综合布线工程中常常存在是选择超 5 类还是选择 6 类布线系统的问题。综合布线系统是信息化平台的基础部分，系统的性能对整个信息化进程产生直接的影响，如何选择一套投资合理、满足需求、适当超前的布线系统是布线工程师在规划和设计阶段必须认真思考的问题。

（1）超 5 类和 6 类布线系统标准介绍

5 类布线标准主要是针对 100 Mbit/s 网络提出的，该标准成熟，2000 年以前是市场的主流。后来开发千兆以太网时，许多厂商根据 TIA/EIA-568B 标准，把可以运行千兆以太网的 5 类产品冠以“增强型”Enhanced Cat5（简称 5E）推向市场。5E 也被人们称为“超 5 类”或“5 类增强型”。

2002 年 6 月正式通过的 6 类布线标准成为 TIA/EIA-568B 标准的附录，它被正式命名为 TIA/EIA-568B.2-1。影响高速网络传输性能的近端串扰及综合近端串扰、等效远端串扰与综合等效远端串扰、回波损耗和衰减等指标，6 类布线系统都比超 5 类布线系统有了较大的改善，从而保证了千兆以太网乃至万兆以太网的使用。

（2）超 5 类布线系统的网络应用

超 5 类双绞线主要用于 100 Mbit/s 的网络，能支持到 1 000 Mbit/s，不支持万兆以太网技术。但超 5

类在应用于千兆以太网时，使用全部 4 对线，4 对线都在全双工的模式运行，每对线支持 250 Mbit/s 的数据传输率（每个方向）。

（3）6 类布线系统的网络应用

6 类双绞线支持 1000Base-T 技术和万兆以太网技术。在应用于千兆以太网时，也使用全部 4 对线，但是是两对线接收，两对线发送（类似于 100Base-TX）。

（4）6 类布线系统的选用

综合布线系统是否选用 6 类布线系统产品，必须紧密结合工程实际情况，同时要结合智能化建筑或智能小区的不同类型、主体工程性质、所处环境地位、技术功能要求和工程建设规模等具体特点。此外，还要考虑不同的综合布线系统的服务对象，因为其信息需求是有显著差别的，例如，国际商务中心和一般商业区大为不同，所以，在综合布线系统选用产品类型时应有区别，绝不能盲目攀比或超前追求高标准和新技术。

3. 双绞线与光纤的选择

光纤与双绞线相比具有更高的带宽，允许的距离更长，安全性更高，完全消除了 FRI 和 EMI，允许更靠近电力电缆，而且不会对人身健康产生辐射威胁。

（1）千兆以太网的光纤选择

千兆以太网包括 1000Base-SX、1000Base-LX、1000Base-LH 和 1000Base-ZX 等 4 个标准。其中，SX（short-wave）为短波，LX（longwave）为长波，LH（long-haul）和 ZX（extended range）为超长波，1000Base-SX 和 1000Base-LX 既可使用单模光纤，也可使用多模光纤；而 1000Base-LH 和 1000Base-ZX 则只能使用单模光纤。

千兆以太网在多模和单模上的规定距离如表 5-7 所示。可根据表中的数据，结合光纤布线距离选择合适的光纤型号。

（2）10 Gbit/s 以太网的光纤选择

10 Gbit/s 以太网中，光纤在不同应用网络类型下的有效网络传输距离如表 5-8 所示。

（3）光纤布线的使用

目前，在绝大多数的综合布线系统工程中，数据主干都采用光纤，主要有以下优点：

① 干线用缆量不大。

② 用光纤不必为升级疑虑。

③ 处于电磁干扰较严重的弱电井，光纤比较理想。

④ 光纤在弱电井布放，安装难度较小。

⑤ 对于光纤到桌面（FTTD）来说，光纤布线可以考虑省去 FD，直接从 BD 引至桌面。

⑥ 光纤布线长度可以比铜缆长，几层楼合用光纤交换机的范围大。

正是由于光纤具有以上的优势，加上小型化（SFF）光纤连接器、理想的 VCSEL（垂直腔表面发射激光）光源和光电介质转换器等的发展，极大地促进了光纤在综合布线系统的使用。

但是光纤布线还不能完全取代双绞线电缆，主要体现在以下几个方面：

① 价格高：使用光缆布线会大幅度增加成本，不但光纤布线系统（光缆、光纤配线架、耦合器、光纤跳线等）本身价位比铜缆高，而且使用光纤传输的网络连接设备，如带光纤端口的交换机、光纤网卡等价格也较高。

② 光纤安装施工技术要求高、安装难度大。

③ 从目前和今后几年的网络应用水平来看，并不是所有的桌面都需要 1 000 Mbit/s 的传输速率。

虽然光缆解决方案在综合布线系统中有着重要的地位，但在目前和今后一定时期，它还不可能完全取代双绞线电缆。光缆主要应用在建筑物间和建筑物内的主干线路，而双绞线电缆将会在距离近、分布广和要求低的到工作区的配线子系统中广泛应用，只是当水平布线距离较远，电缆无法到达，桌面应用有高带宽和高安全性等要求时，配线子系统中的水平布线才需要采用光纤布线系统。

光纤的应用和发展是一个循序渐进的过程，从光纤到路边、光纤到大楼、光纤到用户发展到光纤到桌面，实现全光网络，也许还需要时间。因此，光纤主干系统加双绞线配线子系统还是相当长一段时间内综合布线系统的首选方案。

5.4　工作区的设计

5.4.1　工作区的设计范围

工作区的设计就是要确定每个工作区的规模、信息点的数量、信息插座的类型与数量、适配器的类型与数量以及工作区电源的配置等。

5.4.2　工作区的设计要点

工作区是综合布线系统不可缺少的一部分，根据综合布线系统标准及规范要求，对工作区的设计要注意以下几点：

1. 工作区的面积

每个工作区的服务面积，应按不同的应用功能确定。目前建筑物的功能类型较多，大体上可以分为商业、文化、媒体、体育、医院、学校、交通、住宅、通用工业等类型，因此，对工作区面积的划分应根据应用的场合做具体的分析后确定，工作区面积需求可参照表 5-9 所示内容。

表 5-9　工作区面积划分表

建筑物类型及功能	工作区面积（m^2）
网管中心、呼叫中心、信息中心等终端设备较为密集的场地	3～5
办公区	5～10
会议、会展	10～60
商场、生产机房、娱乐场所	20～60
体育场馆、候机室、公共设施区	20～100
工业生产区	60～200

注：① 对于应用场合，如终端设备的安装位置和数量无法确定时，或针对为大客户租用并考虑自主设置计算机网络时，工作区面积可按区域（租用场地）面积确定。

② 对于 IDC 机房（数据通信托管业务机房或数据中心机房）可按生产机房每个配线架的设置区域考虑工作区面积。对于此类项目，涉及数据通信设备的安装工程，应单独考虑实施方案。

2. 工作区的规模

每一个工作区信息点数量的确定范围比较大，从现有的工程情况分析，设置 1～10 个信息点的现象都存在，并预留了电缆和光缆备份的信息插座模块。因为建筑物用户性质不一样，功能要求和实际需求不一样，信息点数量不能仅按办公楼的模式确定，尤其是对于专用建筑（如电信、金融、体育场馆、博物馆等建筑）及计算机网络存在内、外网等多个网络时，更应加强需求分析，做出合理的配置。

每个工作区信息点数量可按用户的性质、网络构成和需求来确定。表 5-10 给出了工作区信息点数量的参考配置。

表 5-10　信息点数量参考配置

建筑物功能区	信息点数量（每一工作区）			备　　注
	电话/个	数据/个	光纤（双工端口）/个	
办公区（一般）	1	1		
办公区（重要）	1	2	1	对数据信息有较大的需求
出租或大客户区域	≥2	≥2	≥1	指整个区域的配置量
办公区（政务工程）	2～5	2～5	≥1	涉及内、外网络时

注：大客户区域也可以为公共实施的场地，如商场、会议中心、会展中心等。

3. 工作区信息插座的类型

信息插座必须具有开放性，即能兼容多种系统的设备连接要求。一般来说，工作区应安装足够的信息插座，以满足计算机、电话机、电视机等终端设备的安装使用。例如，工作区配置 RJ-45 信息插座以满足计算机连接，配置 RJ-11 插座以满足电话机和传真机等电话话音设备的连接，配置有线电视 CATV 插座以满足电视机连接。

4. 工作区信息插座安装的位置

考虑到信息插座要与建筑物内装修相匹配，工作区的信息插座应安装在距离地面 30 cm 以上的位置，而且信息插座与计算机设备的距离应保持在 5 m 范围以内。有些建筑物装修或终端设备连接要求信息插座安装在地板上，这时应选择翻盖式或跳起式地面插座，以方便设备连接使用。

5.4.3　工作区的设计步骤

工作区的设计比较简单，主要是围绕插座的数量、定型及安装方式而进行的。一般来说，可分为 4 个步骤。

1. 确定信息点数量

工作区信息点数量主要应根据用户的具体需求来确定，对于用户不能明确信息点数量的情况，应根据表 5-10 来确定。

2. 确定信息插座数量

确定了工作区应安装的信息点数量后，信息插座的数量就容易确定了。如果工作区配置单孔信息插座，那么信息插座数量应与信息点的数量相当。如果工作区配置双孔信息插座，那么信息插座数量应为信息点数量的一半。

考虑系统应为以后扩充留有余量，富余量应不少于实际数量的 3%。

3. 确定相应设备数量

相应设备因布线系统不同而不同。就 AMP 布线系统来说，主要包括墙盒（或者地盒）、面板、（半）盖板。一般来说，由于每个进点都是单点结构（即一个信息插座），所以每个信息插座都需要配置一个墙盒或地盒，一个面板，一个半盖板。

4. 工作区电源设置

工作区电源插座的设置除应遵循国家有关的电气设计规范外，还可参照表 5-11 的要求进行设计，一般情况下，每组信息插座附近宜配备 220 V 电源三孔插座为设备供电，暗装信息插座与其旁边的电源插座应保持 200 mm 的距离，电源插座应选用带保护接地的单相电源插座，保护接地与中性线应严格分开。

表 5-11　工作区电源插座设计要求

设计等级	总容量	插 座 数 量	单个插座容量	插座类型	备　注
甲级	≥60 V·A/m^2	≥20 个/100 m^2	≥300 V·A	带有接地极扁圆孔多用插座	建筑内保护线（PE）与电源中线严格分开
乙级	≥45 V·A/m^2	≥15 个/100 m^2	≥300 V·A		
丙级	≥35 V·A/m^2	≥10 个/100 m^2	≥300 V·A		

5.5　配线子系统设计

5.5.1　配线子系统的设计范围

配线子系统的设计涉及配线子系统的网络拓扑结构、布线路由、管槽设计、线缆类型选择、线缆长度确定、线缆布放、设备配置等内容。配线子系统往往需要敷设大量的线缆，因此，如何配合建筑物装修进行水平布线，以及布线后如何更方便地进行线缆的维护工作，也是设计过程中应注意考虑的问题。

5.5.2　配线子系统的拓扑结构

布线标准要求配线子系统中的所有电缆必须安装成物理星状拓扑结构。它以楼层配线架（FD）为中心，各个信息点（TO）为从结点，楼层配线架和信息点之间采取独立的线路互相连接，形成以 FD 为中心向外辐射的星状网状态。配线子系统的线缆一端与工作区的信息点端接，另一端与楼层配线间的配线架相连接。

配线子系统的有源设备与配线架上的连接以及工作区终端设备与配线子系统信息点的连接关系如图 5-56 所示。

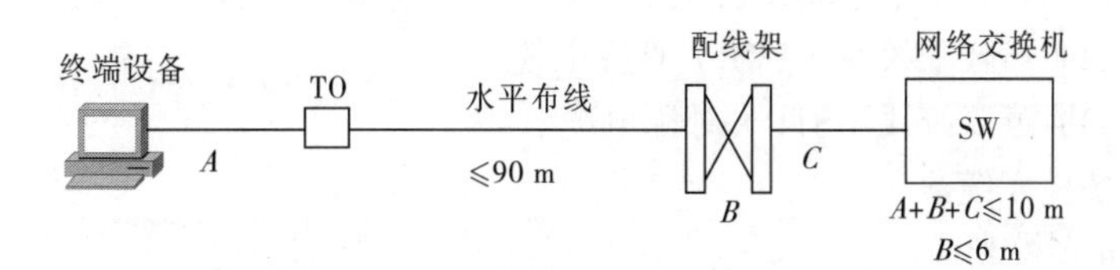

图 5-56　终端设备与配线子系统连接

配线子系统在工作区的终端和设备间或管理间的配线架之间可能有一个可选的转接点（TP）。如果工作区中使用的是扁平、地毯下的电缆，那么就必须使用 TP。在水平布线线路中，圆形、水平电缆通过 TP 转接到扁平、地毯下的电缆。另一种方法是在水平布线线路中使用合并点来代替 TP。这种合并点用在开放的办公布线环境中。

注意：在配线子系统中，只能支持一种 TP 或支持一种合并点。在同一水平布线线路中不能同时使用 TP 和合并点。

水平布线不能够有接续点，也不可以有分接点，每条布线线路都必须是一条连续的电缆。接续点和分接点会在电缆布线线路中增加损失，造成信号反射。在水平电缆中不允许同一电缆线对中有桥接的分连接器，否则会造成阻抗不匹配和信号反射。另外，不允许使用水平电缆中的线对来端接多个信息点，一条水平电缆只能对应安装一个信息点。

5.5.3 水平缆线的布线距离规定

按照国家标准 GB 50311—2016 的规定，水平缆线属于配线子系统，对于缆线的长度也作了统一规定，配线子系统各缆线长度应符合图 5-57 所示的划分并符合下列要求：

配线子系统信道的最大长度不应大于 100 m。其中水平缆线长度不大于 90 m，工作区设备缆线、电信间配线设备的跳线和设备缆线之和不应大于 10 m，当大于 10 m 时，水平缆线长度应适当减少。楼层配线设备（FD）跳线、设备缆线及工作区设备缆线各自的长度不应大于 5 m。

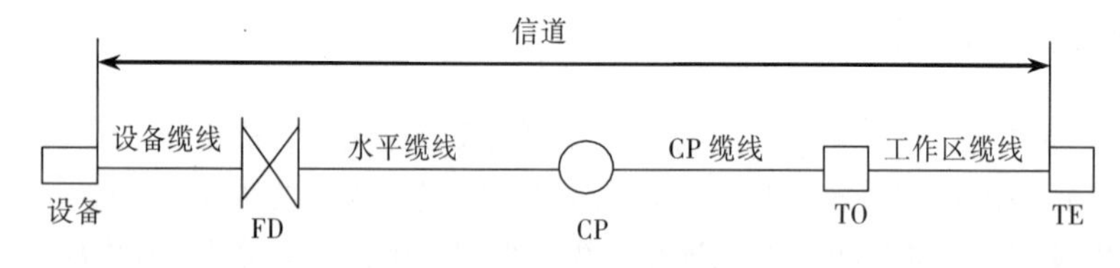

图 5-57　配线子系统缆线划分

5.5.4 配线子系统线缆选择

选择配线子系统的缆线，要根据建筑物信息的类型、容量、带宽和传输速率来确定。按照配线子系统对缆线及长度的要求，在配线子系统楼层配线间到工作区的信息点之间，对于计算机网络和电话语音系统，应优先选择 4 对非屏蔽双绞线电缆；对于屏蔽要求较高的场合，可选择 4 对屏蔽双绞线；对于有线电视系统，应选择 75 Ω的同轴电缆；对于要求传输速率高或保密性要求高的场合，可采用室内多模或单模光缆直接布设到桌面的方案。

根据 ANSI/TIA/EIA-568-B.1 标准，在配线子系统中推荐采用的线缆型号为：

① 4 线对 100 Ω非屏蔽双绞线（UTP）对称电缆。

② 4 线对 100 Ω屏蔽双绞线（STP）对称电缆。

③ 50/125 μm 多模光缆。

④ 62.5/125 μm 多模光缆。

5.5.5　配线子系统的布线方案设计

配线子系统是将水平缆线从楼层配线间（电信间）的配线架（FD）连接到工作区的信息点上。综合布线系统工程施工的对象有新建建筑、扩建（包括改建）建筑和已建成建筑等多种情况；有不同用途的办公楼、写字楼、教学楼、住宅楼、学生宿舍等；有钢筋混凝土结构、砖混结构等不同的建筑结构。因此，设计配线子系统的路由时，应根据建筑物的使用用途和结构特点，从布线规范与否、路由的距离、造价的高低、施工的难易度、结构上的美观与否、与其他管线的交叉和间距以及布线的规范化和扩充简便等各方面加以考虑。在具体的不同建筑物中，在设计综合布线时，往往会存在一些矛盾：考虑了布线规范却影响了建筑物的美观，考虑了路由长短却增加了施工难度。所以，设计配线子系统必须折中考虑，对于结构复杂的建筑物，一般都设计多套路由方案，通过对比分析，在综合考虑的基础上，折中选择出最切实际而又合理的布线方案。

1. 配线子系统暗敷设布线方法

在新建的建筑物中已将配线子系所需的暗敷管路或槽道等支撑结构建成，所以选择水平缆线的路由会受到已建管路等的限制。目前常用的水平缆线暗敷设方法主要有吊顶内敷设和地板下敷设两大类。

（1）地板下敷设线缆方式

目前，地板下的布线方式主要有暗埋管布线法、地面线槽布线法、预埋金属线槽与电缆沟槽结合布线法、地板下线槽布线法等。上述几种方法根据客观条件可以单独使用，也可以混合使用。

① 暗埋管布线法。暗埋管布线法是将金属管道或阻燃高强度 PVC 管直接埋入混凝土楼板或墙体中，并从配线间向各信息点敷设，如图 5-58 所示。暗埋管道要和新建建筑物同时设计施工。

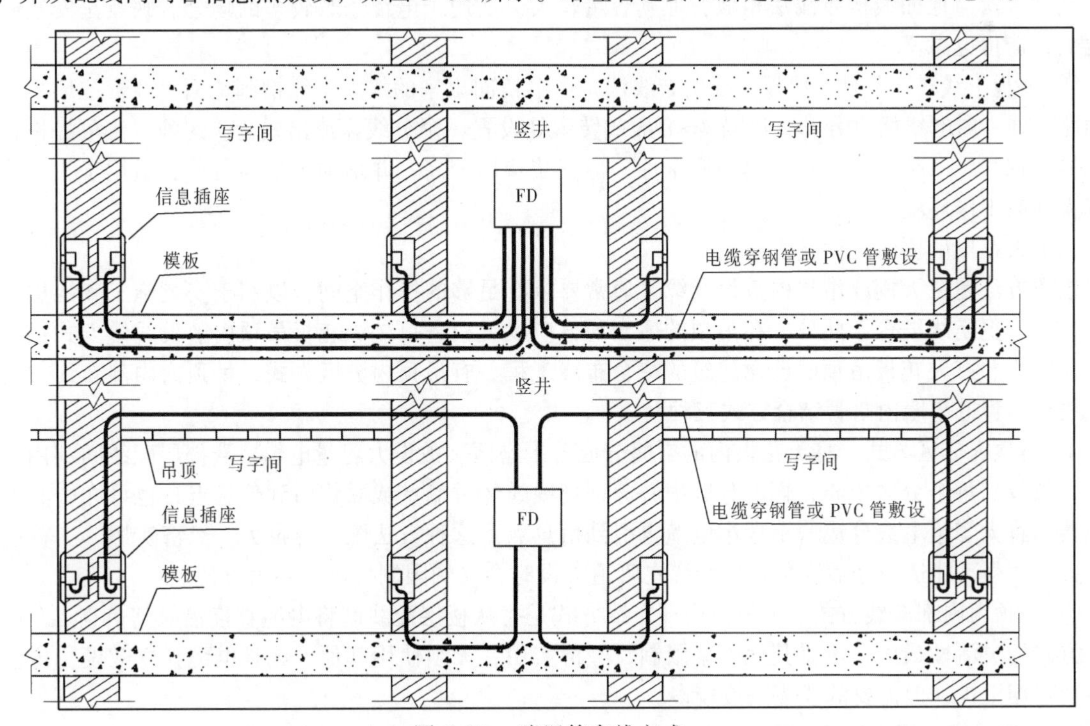

图 5-58　暗埋管布线方式

暗管的转弯角度应大于 90°，在路径上每根暗管的转弯角度不得多于两个，并不应有 S 弯出现。有弯头的管道长度超过 20 m 时，应设置管线过线盒装置；在有两个弯时，不超过 15 m 应设置过线盒。

设置在墙面的信息点布线路径宜使用暗埋钢管或 PVC 管，对于信息点较少的区域，管线可以直接铺设到楼层的设备间机柜内；对于信息点比较多的区域，可以先将每个信息点管线分别铺设到楼道或者吊顶上，然后集中引入到楼道或者吊顶上安装的线槽或者桥架中。

新建公共建筑物墙面暗埋管的路径一般有两种做法：一是从墙面插座向上垂直埋管到横梁，然后在横梁内埋管到楼道本层墙面出口；二是从墙面插座向下垂直埋管到横梁，然后在横梁内埋管到楼道下层墙面出口。

② 地面线槽布线法。地面线槽布线法就是由电线间出来的线缆走地面线槽到地面出线盒或由过线盒出来的支管到墙上的信息出口。由于地面出线盒和过线盒不依赖于墙或柱体直接走地面垫层，因此这种方式比较适用于大开间或需要打隔断的场合。

地面线槽方式要求将矩形的线槽打在地面垫层中（垫层厚度应≥6.5 cm），每隔 4～8 m 设置一个过线盒或出线盒（在支路上出线盒也起分线盒的作用），直到信息出口的接线盒。强、弱电可以走同路由相邻的线槽，而且可以接到同一出线盒的各自插座，金属线槽应接地屏蔽，这种方式要求楼板较厚，造价较高，多用于高档办公楼。

③ 预埋金属线槽与电缆沟槽结合布线法。预埋金属线槽与电缆沟槽结合的布线方法是地面线槽布线法的扩展，适合于大开间或需要隔断的场所。沟槽内电缆为主干布线路由，分束引入各预埋线槽，再在线槽上的出口处安装信息插座，不同种类的线缆应分槽或同槽分室（用金属板隔开）布放，线槽高度不宜超过 25 mm，电缆沟槽的宽度宜小于 600 mm。

这种方法与地面线槽布线法相似，但其容量较大，适用于电缆条数较多的场合。缺点是安装施工难度大，造价也高。

④ 地板下线槽布线法。地板下线槽布线法是由电信间出来的线缆走线槽到地面出线盒或墙上的信息插座。强、弱电线槽宜分开，每隔 4～8 m 或转弯处设置一个分线盒或出线盒。这种方法可提供良好的机械性保护、减少电气干扰、提高安全性，但安装费用较高，并增加了楼面负荷，适用于大型建筑物或大开间工作环境。

（2）天花板吊顶内敷设线缆方式

这类方法是在天棚或吊顶内敷设线缆，通常要求有足够的操作空间，以利于安装施工和维护、检修和扩建、更换线缆等。此外，在吊顶的适当地方应设置检查口。天花板吊顶内敷设线缆方式适合于新建建筑物和有天花板吊顶的已建建筑的综合布线工程。有吊顶内分区方式，吊顶内内部布线方式，吊顶线槽、管道与墙内暗管结合方式三种。

① 吊顶内分区方式。将天花板内的空间分成若干小区，敷设大容量电缆。从楼层配线间利用管道或直接敷设到每个分区中心，再由分区中心分别把线缆经过墙壁或立柱引到信息点，也可在中心设置适配器，将大容量电缆分成若干根小电缆再引到信息点。这种方法配线容量大，经济实用，工程造价低，灵活性强，能适应今后变化，但线缆在管道敷设时会受到限制，施工不太方便。

② 吊顶内内部布线方式。吊顶内内部布线方式是指从楼层配线间将电缆直接辐射到信息点。内部布线方式的灵活性最大，不受其他因素限制，经济实用，无须使用其他设施且电缆独立敷设，传输信号不会互相干扰，但需要的线缆条数较多。

③ 吊顶线槽、管道与墙内暗管结合方式。适用于大型建筑物或布线系统较复杂、需要有额外支撑物

的场合。线槽通常安装在吊顶内或悬挂在天花板上，由配线间出来的线缆先走吊顶内的线槽，到各房间后，经分支线槽从横梁式电缆管道分叉后将电缆穿过一段支管引向墙柱或墙壁，沿墙而下直到信息出口；或沿墙而上，在上一层楼板钻一个孔，将电缆引到上一层的信息出口，最后端接在用户的信息点上。

在弱电线槽中，能走综合布线系统、公用天线系统、闭路电视系统及楼宇自控系统信号线等弱电线缆。但上述缆线合用线槽布放时，各系统电缆束间应采用金属板隔开，也称“同槽分隔”。总体而言，工程造价较低。同时由于支管经房间内吊顶沿墙而下至信息出口，在吊顶与别的系统管线交叉施工时，减少了工程协调量。

（3）墙体暗管方式

建筑物土建设计时，已考虑综合布线管线设计，水平布线路由由配线间经吊顶或地板下进入各房间后，采用墙体内预埋暗管的方式，将线缆布放到信息点。

2. 配线子系统明敷设布线方法

明敷设布线方式主要用于既没有天花板吊顶又没有预埋管槽的建筑物的综合布线系统，适用于已建的建筑物。在现有建筑物中选用和设计新的缆线敷设方法时，必须注意不应损害原有建筑物的结构强度和影响建筑物内部布局风格。

通常采用走廊槽式桥架和墙面线槽相结合的方式设计布线路由，水平布线路由从楼层配线间的 FD 开始，经走廊槽式桥架，用支管到各房间，再经墙面线槽将线缆布放至信息插座（一般为明装）。当布放的线缆较少时，从配线间到工作区信息插座布线时也可全部采用墙面线槽方式。

（1）走廊槽式桥架方式

走廊槽式桥架是指将桥架用吊杆或拖臂架设在走廊的上方。线槽一般采用镀锌或镀彩两种金属线槽，镀锌线槽相对较便宜，镀彩线槽抗氧化性能好，当线缆较少时也可采用高强度 PVC 线槽。

槽式桥架方式设计施工方便，最大的缺陷是线槽明敷，影响建筑物的美观。目前，在各高校校园网建设和企事业单位内部局域网建设中，老式学生宿舍或办公楼既没有预埋管道又没有天花板时，通常采用这种方式。

（2）墙面线槽方式

墙面线槽方式适用于既没有天花板吊顶又没有预埋槽管的已建建筑物的水平布线。墙面线槽的规格有 20 mm×10 mm、40 mm×20 mm、60 mm×30 mm、100 mm×30 mm 等型号，根据线缆的多少选择合适的线槽，主要用在房间内布线，当楼层信息点较少时也用于走廊布线。和走廊槽式桥架方式一样，墙面线槽设计施工方便，但线槽明敷，影响建筑物的美观。

（3）护壁板管道布线法

护壁板管道是一个沿建筑物墙壁护壁板或踢脚板以及木墙裙内敷设的金属或塑料管道。这种布线结构便于直接布放电缆，通常用在墙壁上装有较多信息插座的楼层区域。电缆管道的前面盖板是可活动的，插座可装在沿管道附近位置上。当选用金属管道时，电力电缆和通信电缆由连接接地的金属隔板隔离开来，用于防止电磁干扰。

（4）地板导管布线法

采用这种布线方式时，地板上的胶皮或金属导管可用来保护沿地板表面敷设的裸露电缆。在这种方式中，导管固定在地板上，电缆穿放在这些导管内，而盖板紧固在导管基座上。一般不要在过道上或主楼层区使用这种布线方式。

（5）模压电缆管道布线法

模压管道是一种金属模压件，固定在接近顶棚（或天花板）与墙壁结合处的过道和房间的墙上，管道可以把模压件连接到配线间。在模压件后面，用小套管穿过墙壁，以便使电缆经套管穿放到房间；在房间内，另外的模压件将连接到插座的电缆隐蔽起来。虽然这一方法一般说来已经过时，但在旧建筑物中仍可采用，这种方法的灵活性一般较差。

3. 开放型办公室布线方法

所谓开放型办公室，是指由办公用具或可移动的隔断代替建筑墙面构成的分隔式办公环境，一般指办公楼、综合楼等商用建筑物或公共区域大开间的场地。开放型办公室布线系统设计方案有两种：多用户信息插座设计方案和集合点布线设计方案。

（1）多用户信息插座设计

多用户信息插座（Multi-User Telecommunications Outlet，MUTO）是指将多个多种信息模块组合在一起的信息插座，处于配线子系统水平电缆的终端点，它相当于将多个工作区的信息插座集中设置于一个汇聚的箱体内，然后再通过工作区的设备缆线延伸至终端设备。按照从配线间到 MUTO，再从 MUTO 到工作区设备的链路连接方式进行连接，每个 MUTO 最多可管理 12 个工作区（24～36 个信息点），如图 5-59 所示。通常，多用户信息插座安装在吊顶内，然后用接插软线沿隔断、墙壁或墙柱而下，或安装在墙面或柱子等固定结构上，然后接到终端设备上。

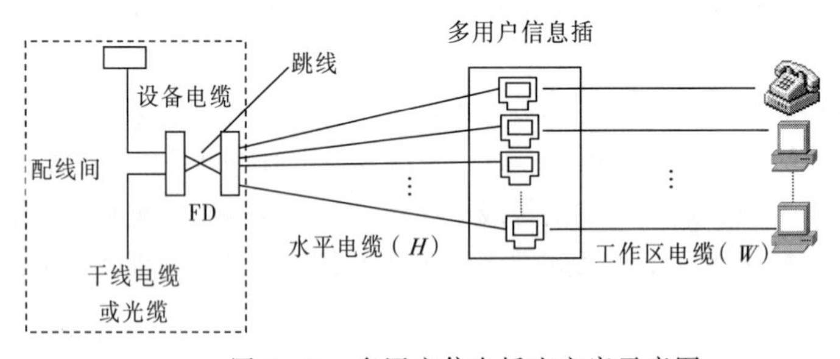

图 5-59　多用户信息插座方案示意图

采用多用户信息插座时，每一个多用户插座包括适当的备用量在内，且能支持 12 个工作区所需的 8 位模块通用插座。

（2）集合点布线设计

集合点（CP）与多用户信息插座布线设计的不同点主要是设置位置不一样，集合点设置于水平电缆的路由位置。它相当于将水平电缆一截为二，并为此引出了 CP 链路（CP 至 FD）和 CP 缆线（CP 至 TO）的内容，而且，CP 点对于电缆/光缆链路都是适用的。在工程实施中，实际上将水平缆线分成两个阶段完成，CP 链路在前期土建施工阶段布放，CP 缆线在房屋装修时安装。集合点方案示意图如图 5-60 所示。

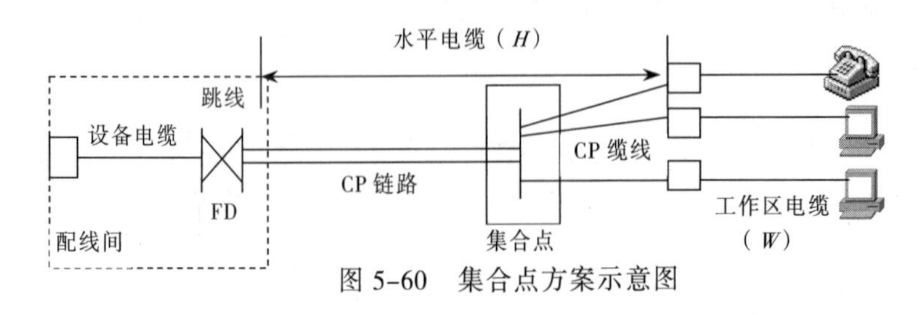

图 5-60　集合点方案示意图

设置集合点的目的是针对那些偶尔进行重组的场合，不像多用户信息插座所针对的是重组非常频繁的办公区，集合点应该容纳尽量多的工作区。

5.6 干线子系统设计

5.6.1 干线子系统的设计范围

干线子系统是综合布线系统中非常关键的组成部分，干线子系统的设计包括干线子系统线缆类型的选择、干线子系统线缆的接合方式设计以及干线子系统的布线路由设计等内容。

5.6.2 干线子系统线缆类型的选择

通常情况下应根据建筑物的结构特点以及应用系统的类型，决定所选用的干线线缆类型。在干线子系统设计时通常使用以下线缆：

① 62.5/125 μm 多模光纤。

② 50/125 μm 多模光纤。

③ 8.3/125 μm 单模光纤。

④ 100 Ω 双绞线电缆，包括 4 对和大对数（25 对、50 对、100 对等）。

无论是电缆还是光缆，干线子系统都受到最大布线距离的限制。通常将设备间的主配线架放在建筑物的中部附近，使线缆的距离最短。当超过最大布线距离限制时，可以分为几个区域布线，使每个区域满足规定的距离要求。配线子系统和干线子系统的距离与信息传输速率、信息编码技术和选用的线缆及相关连接件有关。根据选用线缆和传输速率要求，布线距离还有变化。

5.6.3 干线子系统的接合方式

通常，干线子系统线缆的接合方式有三种：点对点端接、分支递减终接、电缆直接端接。设计师要根据建筑物结构和用户要求，确定采用哪种结合方法。

1. 点对点端接法

点对点端接是最简单、最直接的接合方法，如图 5-61 所示。首先要选择一根双绞线电缆或光缆，其容量（电缆对数或光缆芯数）可以支持一个楼层的全部信息插座需要，而且，这个楼层只设一个配线间。然后从设备间引出这根电缆，经过干线通道，端接于该楼层的一个指定配线间的连接件上。这根电缆到此为止，不再往别处延伸。这根电缆的长度取决于它要连往哪个楼层以及端接的配线间与干线通道之间的距离。

选用点对点端接方法，可能引起干线中的各根电缆长度各不相同（每根电缆的长度要足以延伸到指定楼层的配线架，并留有端接的余地），而且粗细也可能不同。在设计阶段，电缆的材料清单应反映出这一情况，另外，在施工图上还应该详细说明哪根电缆接到哪一楼层和哪个配线间。

点对点端接方法可以避免使用特大对数电缆（一定程度上起到化整为零的作用）。在系统不是特别大的情况下，应首选这种端接方法。另外，这种端接方式不必使用昂贵的绞接盒。缺点是穿过干线通道的电缆数目较多。

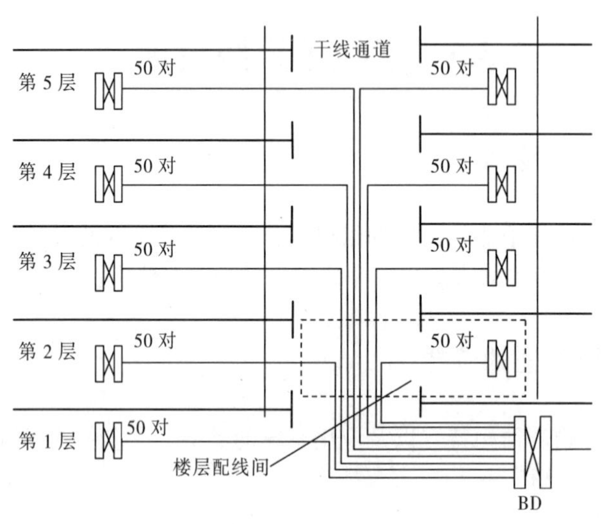

图 5-61　点对点端接方法

2. 分支递减终接

分支递减终接是用一根大对数干线电缆来支持若干电信间的通信容量，经过电缆接头保护箱分出若干根小电缆，它们分别延伸到相应的电信间，并终接于目的地的配线设备。分支递减终接方法如图 5-62 所示。

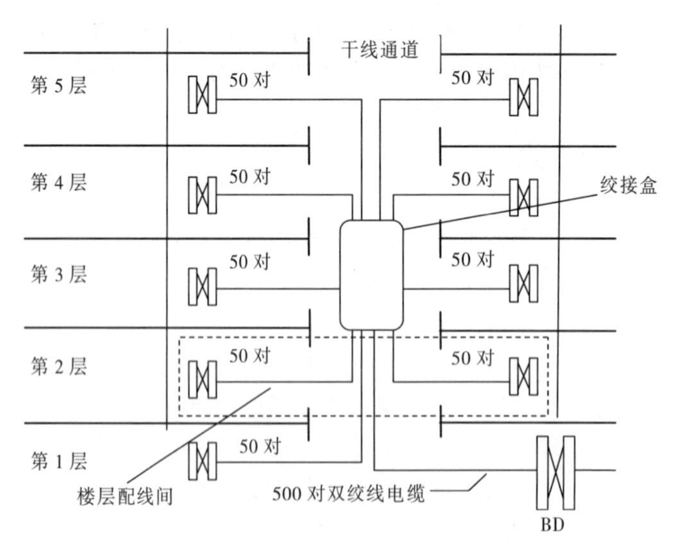

图 5-62　分支递减终接方法

当各配线间只用作通往二级交接间的电缆的过往点时，采用单楼层接合方法是比较合适的。也就是说，在这些配线间，没有提供端接 I/O 用的连接硬件。一根电缆通过干线通道到达某个指定楼层，其容量足以支持该楼层所有配线间的所有连接信息插座需要。安装人员接着用一个适当大小的绞接盒把

这根主电缆与粗细合适的若干根小的电缆连接起来，后者分别连往各个二级交接间。而多楼层接合方法通常用于支持五个楼层的信息需要（每 5 层为一组）。一根主电缆向上延伸到中间（第三层）。安装人员在楼层的配线间里装上一个绞接盒，然后用它把主电缆与粗细合适的各根小电缆连接在一起，后者分别连往上下各两层楼。

分支递减端接方法的优点是干线中的主馈电缆总数较少，可以节省一些空间。但它需要绞接盒。尽管如此，在某些场合下，分支递减接合方法的成本还有可能低于点对点端接方法。

3. 电缆直接端接

当设备间与计算机主机房处于不同的楼层配线间，而且需要把语音电缆连接到设备间，把数据电缆连接到计算机机房时，可以采用电缆直接端接方法。即在设计中选取不同的干线电缆或干线电缆的不同部分，采取各自的路由来分别满足话音和数据的需要。即语音线缆和数据线缆分开处理。

可以在设备间和计算机主机房各设置一个大楼配线架 BD。从设备间到主干通道与从计算机主机房到主干通道的横向通道是不一样的，但两者的垂直主干通道是一样的。此时，需要首先将各个楼层配线间的干线线缆或线缆组引入干线通道，然后，通过干线通道下降或上升到相应的目的楼层并分别引入设备间和计算机主机房。在必要时可把目的楼层的干线分出一些电缆，把它们横向敷设到各个房间，并按系统的要求对电缆进行端接。如果建筑物只有一层，没有垂直的干线通道，则可以把设备间内的端点用作计算距离的起点，然后，再估计出电缆到达二级交接间必须走过的距离。

典型的电缆直接端接方法如图 5-63 所示。

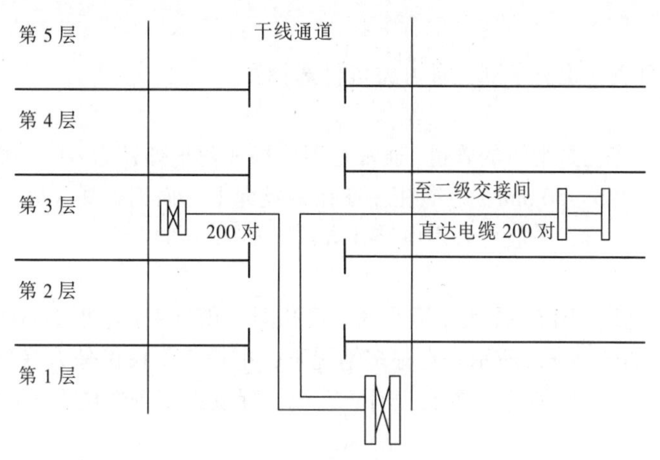

图 5-63　电缆直接端接方法

为了便于综合布线的路由管理，干线电缆、干线光缆布线的交接不应多于两次，即从楼层配线架到建筑群配线架之间只应通过一个配线架，即建筑物配线架（在设备间内）。

5.6.4　干线子系统的布线路由设计

干线线缆的布线路由应选择较短的安全路由。干线子系统的布线大多是垂直的，也有水平的。路由的选择要根据建筑物的结构以及建筑物内预留的管道等决定。目前，垂直型的干线布线路由主要采用开放型通道和弱电间两种方法，对于单层平面建筑物水平型的干线布线路由，主要用金属管道和电缆托架两种方法。

1. 电缆通道类型

干线子系统是建筑物内的主馈线缆，在大型建筑物内，都有开放型通道和弱电间。开放型通道通常是从建筑物的最低层到楼顶的一个开放空间，中间没有隔断，如通风道或电梯通道。弱电间是一连串上下对齐的小房间，每层楼都有一间。在这些房间的地板上，预留圆孔或方孔，并将它们从地板上向上延伸，形成25 mm的护栏。在综合布线中，将方孔称为电缆井，圆孔称为电缆孔。

开放型通道的楼层配线间一般设置在通道附近，而弱电间即可作为楼层配线间使用。

2. 确定通道规模

确定干线子系统的通道规模主要就是确定干线通道和配线间的数目。确定的依据是布线系统所要服务的可用楼层面积。如果所有给定楼层的所有信息插座都在配线间的75 m范围之内，则可以采用单干线接线系统。也就是说，采用一条垂直干线通道，且每个楼层只设一个配线间。如果有部分信息插座超出配线间75 m范围之外，就要采用双通道干线子系统，或者采用经分支电缆与设备间相连的二级交接间。

一般来说，同一幢大楼的配线间都是上下对齐的，如果未对齐，可采用大小合适的电缆管道系统将其连通。

在楼层配线间里，要将电缆井或电缆孔设置在靠近支持电缆的墙壁附近，但电缆井或电缆孔不应妨碍端接空间。

3. 垂直通道布线

目前，干线子系统垂直通道有下列三种方式可供选择：

（1）电缆孔方法

干线通道中所用的电缆孔是很短的管道，通常是用一根或数根外径为63～102 mm的金属管预埋在楼板内，金属管高出地面 25～50 mm。电缆往往捆在钢丝绳上，而钢丝绳又固定到墙上已铆好的金属条上。当配线间上下都对齐时，一般可采用电缆孔方法，如图5-64所示。

（2）电缆井方法

电缆井是指直接在地板上预留一个大小适当的矩形孔洞，孔洞一般不小于600 mm×400 mm（也可根据工程实际情况确定），如图 5-65 所示。在很多情况下，电缆井不仅仅是为综合布线系统的电缆而开设的，换句话说，其他许多系统如监控系统、消防系统、保安系统等弱电系统所用的电缆也都与之共用同一个电缆井。

在电缆井中安装电缆与电缆孔差不多，也是把电缆捆在或箍在支撑用的钢绳上，钢绳靠墙上金属条或地板三脚架固定。电缆井的选择非常灵活，可以让粗细不同的各种电缆以任何组合方式通过。对于新建建筑物，首先应考虑采用电缆井方式。

在多层楼房中，经常需要用到横向通道，干线电缆才能从设备间连接到干线通道或从楼层配线间连接到二级交接间。横向通道需要寻找一条易于安装的方便通路。

（3）开放型通道方法

开放型通道又称电缆竖井，电缆竖井布线一般适用于多层和高层建筑内强电及弱电垂直干线的敷设，可采用金属管、金属线槽、电缆桥架及封闭式母线等布线方式。电缆竖井布线具有敷设、检修方便的优点。为了保证安全，竖井内应明设一接地母线，分别与预埋金属铁件、支架、管路和电缆金属

外皮等良好接地。同时，在布线完成后，应在各个楼层分隔处用防火材料进行封堵，以免发生火灾时产生蔓延。

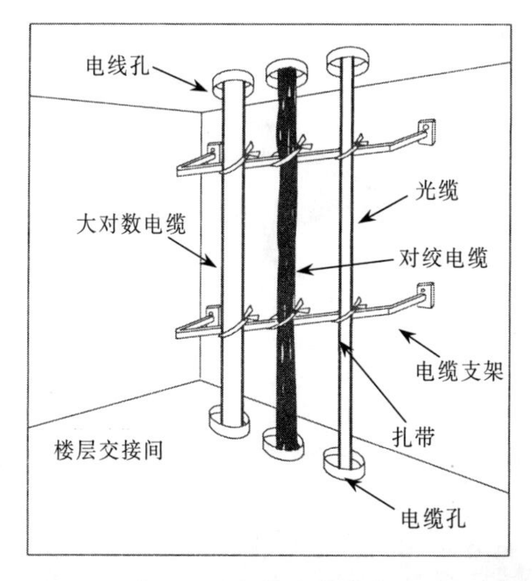

图 5-64　电缆孔布线方法

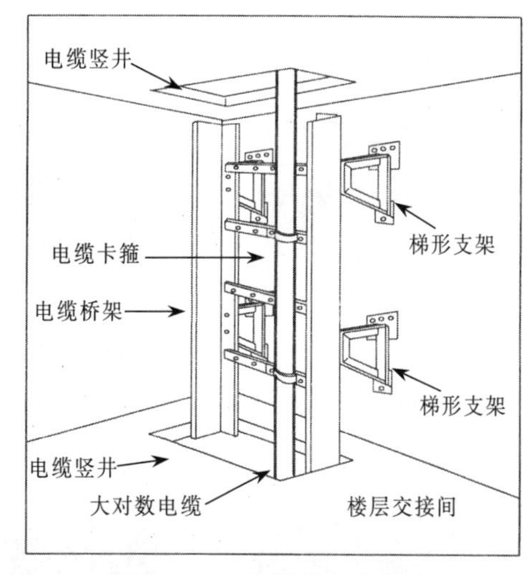

图 5-65　电缆井布线方法

4. 横向通道布线

对于单层平面建筑物横向通道的干线布线，主要采用金属管道和电缆桥架两种方法。

（1）金属管道方法

金属管道方法是指在水平方向架设金属管道，金属管道对干线电缆起到支撑和保护的作用。线缆穿放在管道等保护体内，管子可沿墙壁、顶棚明敷，也可暗敷于墙壁、楼板及地板等内部，图 5-66 所示为穿越墙壁的金属管道。由于相邻楼层上的干线接线间存在水平方向的偏距，因而出现了垂直的偏距通道，利用金属管道可以把电缆拉入这些垂直的偏距通道。

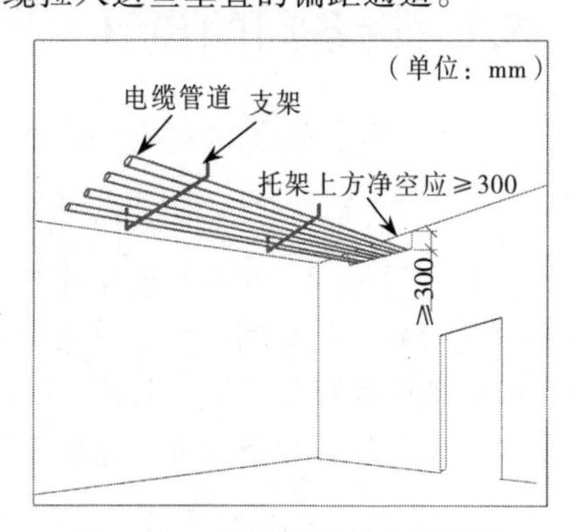

图 5-66　穿越墙壁的金属管道

金属管道不仅可以防火，而且它所提供的密封和坚固的空间可以使电缆安全地延伸到目的地。但是，管道很难重新布置，因而不太灵活，同时造价也高，在建筑设计阶段，必须周密考虑。土建施工阶段，要将选定的管道预埋在墙壁、地板或楼板中，并延伸到正确的交接点。

干线电缆穿入管道（金属管或硬质塑料管）的填充率（管径利用率），直线管路一般为 50%～60%，有弯曲的管路填充率不宜超过 50%。

（2）电缆桥架方法

电缆桥架包括槽式桥架、托盘式桥架、梯级式桥架三种形式，如图 5-67 所示。

（a）槽式桥架　　（b）托盘式桥架　　（c）梯级式桥架

图 5-67　电缆桥架

电缆桥架既可用于配线子系统的水平布线，又可用于干线子系统的垂直布线，用于横向通道的水平布线时，需要使用托架或吊杆等支撑件进行固定。在综合布线中，一般推荐使用封闭式的槽式桥架，如图 5-68 所示。

图 5-68　走廊电缆槽式桥架

5.7　设备间的设计

5.7.1　设备间的设计范围

设备间是安装各种通信或信息设备的专用房间，它是智能化建筑设计的重要组成部分。设备间的设计主要是确定设备间的数量、设备间的位置、设备间的大小以及设备间的环境设计、设备间的安全设计等。其中，大部分内容属于通信和信息设备安装工程、土建工程，而不属于综合布线系统工程。

设备间除一般意义上的建筑物设备间和建筑群设备间外，还包括楼层电信间（又称楼层配线间、楼层设备间、弱电间）。

5.7.2　设备间的设计要点

综合布线系统设备间设计主要是与土建设计配合协调，由综合布线系统工程提出对设备间的位置、面积、内部装修等统一要求，与土建设计单位协商确定，具体实施均属土建设计和施工的范围，工程界面和建设投资的划分也是按上述原则分别划定的。综合布线系统设备间设计主要是在设备间内安装

通信或信息设备的工程设计和施工，主要是与土建设计及通信网络系统设计和综合布线系统有关的部分。具体内容主要包括以下几点：

1. 设备间的设置方案

设备间的位置及大小应根据设备的数量、规模、最佳网络中心、网络构成等因素综合考虑确定。通常有以下几种因素会使设备间的设置方案有所不同：

① 主体工程的建设规模和工程范围的大小。例如，智能化建筑或智能化小区的工程建设规模和管辖范围的差异极大，设备间的设置方案是不同的。

② 设备间内安装的设备种类和数量多少。在设备间内只有综合布线系统设备还是与其他设备合用。例如，用户电话交换机和计算机主机及配套设备，这就有专用机房或合用机房之别。另外，设备数量的多少和布置方式的不同也会影响房间面积的大小和设备布置。

③ 设备间有无常驻的维护管理人员，是专职人员用房还是合用共管，这些都会影响到设备间的位置和房间面积的大小等。

每幢建筑物内应至少设置一个设备间，如果用户电话交换机与计算机网络设备分别安装在不同的场地或根据安全需要，也可设置两个或两个以上的设备间，以满足不同业务的设备安装需要。

2. 综合布线系统与外部网络的连接

综合布线系统与外部通信网连接时，应遵循相应的接口标准要求，同时预留安装相应接入设备的位置。这在考虑设备间的面积大小时应考虑在内。

此外，建筑群干线电缆、光缆、公用网的光缆、电缆（包括无线网络天线馈线）进入建筑物时，都应设置引入设备，并在适当位置终端转换成室内电缆、光缆。引入设备还包括必要的保护装置。引入设备宜单独设置房间，如条件合适也可与 BD 或 CD 合设。引入设备的安装应符合相关规范的规定。外部业务引入点到建筑群配线架的距离可能会影响综合布线系统的运行，在应用系统设计时，宜将这段电缆、光缆的特性考虑在内。如果公用网的接口没有直接连接到综合布线系统的接口时，应仔细考虑这段中继线的性能。

3. 设备间的位置

设备间的位置及大小应根据建筑物的结构、综合布线系统规模、管理方式以及应用系统设备的数量等方面进行综合考虑，择优选取。一般而言，设备间应尽量建在建筑平面及综合布线干线综合体的中间位置。在高层建筑中，设备间也可以设置在 1、2 层。确定设备间位置可以参考以下设计方案：

① 设备间的位置应尽量建在建筑物平面及其干线子系统的中间位置，并考虑主干缆线的传输距离和数量，也就是应布置在综合布线系统对外或内部连接各种通信设备或信息缆线的汇合集中处。

② 设备间位置应尽量靠近引入通信管道和电缆竖井（或上升房或上升管槽）处，这样有利于网络系统互相连接，且距离较近。要求网络接口设备与引入通信管道处的间距不宜超过 15 m。

③ 设备间的位置应便于接地装置的安装。尽量减少总接地线的长度，有利于降低接地电阻值。

④ 设备间应尽量远离高低压变配电、电机、X 射线、无线电发射等有干扰源存在的场地，也应尽量远离强振源（水泵房）、强噪声源、易燃（厨房）、易爆（油库）和高温（锅炉房）等场所。在设备间的上面或靠近处，不应有卫生间、浴池、水箱等设施或房间，以确保通信安全可靠。

⑤ 设备间的位置应选择在内外环境安全、客观条件较好（如干燥、通风、清静和光线明亮等）和便于维护管理（如为了有利搬运设备，宜邻近电梯间，并要注意电梯间的大小和其载重限制等细节）的地方。

4. 设备间的面积

设备间的使用面积不仅要考虑所有设备的安装面积，还要考虑预留工作人员管理操作的地方。设备间内应有足够的设备安装空间，其使用面积不应小于 10 m²，该面积不包括程控用户交换机、计算机网络设备等设施所需的面积在内。

一般情况下，综合布线系统的配线设备和计算机网络设备采用 19 英寸标准机柜安装。机柜尺寸通常为 600 mm（宽）×900 mm（深）×2 000 mm（高）或 600 mm（宽）×600 mm（深）×2 000 mm（高），共有 42 μ（1 μ = 44.45 mm）的安装空间。机柜内可以安装光纤配线架、RJ-45 配线架、交换机、路由器等。如果一个设备间以 10 m²计，大约能安装五个 19 英寸的机柜。在机柜中可安装电话大对数电缆多对卡接式模块、数据主干缆线配线设备模块，大约能支持总量为 6 000～8 000 个信息点所需（其中电话和数据信息点各占 50%）的建筑物配线设备安装空间。

5. 设备间的工艺要求

设备间的工艺要求较多，主要有以下几点：

设备间梁下净高不应小于 2.5 m，采用外开双扇门，门宽不应小于 1.5 m。

综合布线系统有关设备对温度、湿度的要求可分为 A、B、C 共三级，设备间的温度、湿度也可参照这三个级别进行设计。三个级别具体要求如表 5-12 所示。

表 5-12　设备间温度、湿度级别

项　　目	A 级	B 级	C 级
温度（℃）	夏　季：22 ± 4 冬　季：18 ± 4	12～30	8～35
相对湿度（%）	40%～65%	35%～70%	20%～80%

常用的微电子设备能连续进行工作的正常范围：温度 10～30 ℃，湿度 20%～80%。超出这个范围，将使设备性能下降，寿命缩短。

设备间内应保持空气清洁，应防止有害气体（如氯、碳水化合物、硫化氢、氮氧化物、二氧化碳等）侵入，并应有良好的防尘措施，尘埃含量限值宜符合表 5-13 的规定。

表 5-13　尘埃含量限值

尘埃颗粒的最大直径（μm）	灰尘颗粒的最大浓度（粒子数/m³）
0.5	1.4×10^7
1	7×10^5
3	2.4×10^5
5	1.3×10^5

要降低设备间的尘埃度，需要定期清扫灰尘，工作人员进入设备间应更换干净的鞋具。

为了方便工作人员在设备间内操作设备和维护相关的综合布线器件，设备间内必须安装足够光照度的照明系统，并配置应急照明系统。设备间内距离地面 0.8 m 处，光照度不应低于 200 lx。照明分路控制要灵活，操作要方便。设备间应设置事故照明，在距地面 0.8 m 处，照度不应低于 5 lx。

电磁场干扰。根据综合布线系统的要求，设备间无线电干扰的频率应在 0.15～1 000 MHz 范围内，噪声不大于 120 dB，磁场干扰场强不大于 800 A/m。

供电系统。设备间供电电源应满足的要求：

① 频率：50 Hz。

② 电压：380 V/220 V。

③ 相数：三相五线制或三相四线制/单相三线制。

5.7.3　设备间线缆敷设

设备间内的线缆敷设方式应根据房间内设备布置和线缆经过段落的具体情况，分别选用在活动地板下敷设、地板或墙壁沟槽内敷设、穿放在预埋的管路中或在机架上敷设等几种方式。

采用机架上铺设具有不受建筑的设计和施工限制，可以在建成后安装，便于施工和维护，也有利于扩建，能适应今后变动的需要等优点。但线缆敷设不隐蔽、不美观（除暗敷外），在设备（机架）上或沿墙安装走线架（或槽道）较复杂，增加施工操作程序，机架上安装走线架或槽道在层高较低的建筑中不宜使用。

5.7.4　电信间设计要求

电信间又称楼层配线间、楼层交接间，主要是楼层配线设备（如机柜、机架、机箱等）和楼层计算机网络设备（交换机等）的安装场地，并可考虑在该场地设置线缆垂井、等电位接地体、电源插座、UPS 配电箱等设施。

在场地面积满足的情况下，也可设置如安防、消防、建筑设备监控系统、无线信号覆盖系统等。如果综合布线系统与弱电系统设备合设于同一场地或房间，这就是通常所说的弱电间（包括电信间）。

1．电信间的位置和数量

楼层配线间的主要功能是供水平布线和主干布线在其间互相连接。为了以最小的空间覆盖最大的面积，安排电信间位置时，设计人员应慎重考虑。电信间最理想的位置是位于楼层平面的中心，每个电信间的管理区域面积一般不超过 1 000 m^2。

电信间应与强电间分开设置，以保证通信安全。在电信间内或其紧邻处应设置相应的干线通道（或电缆竖井），各个电信间之间利用电缆竖井或管槽系统使它们互相之间的路由沟通，以达到网络灵活、安全畅通的目的。

电信间的数量应按所服务的楼层范围及工作区面积来确定。如果该层信息点数量不大于 400 个，水平线缆长度在 90 m 范围以内，宜设置一个电信间；当超过这一范围或工作区的信息点数量大于 400 个时，宜设两个或多个电信间，以求减少水平电缆的长度，缩小管辖和服务范围，保证通信传输质量。当每个楼层的信息点数量较少，且水平线缆长度不大于 90 m 时，可以几个楼层合设一个电信间。

2．电信间的面积和布局

电信间的使用面积不应小于 5 m^2，也可根据工程中配线设备和网络设备的容量进行调整。一般情况下，综合布线系统的配线设备和计算机网络设备采用 19 英寸标准机柜安装。如果按建筑物每个楼层 1 000 m^2 面积，电话和数据信息点各为 200 个考虑配置，大约需要有两个 19 英寸（42 U）的机柜空间，以此测算电信间面积至少应为 5 m^2（2.5 m×2.0 m）。但如果是国家政府、部委等部门的办公楼，且综合布线系统须分别设置内、外网或专用网时，应分别设置电信间，并要求它们之间有一定的间距，分别估算电信间的面积。对于专用安全网也可单独设置电信间，不与其他布线系统合用房间。

3. 电信间的设备配置和配线架端子数的计算

电信间机柜内可安装光纤连接盘、RJ-45配线架、多线对卡接模块（100对）、理线架、Hub/SW设备等。在电信间内安装机柜，正面应有不小于800 mm的净空，背面应有不小于600 mm的净空。对于墙面安装（或壁挂式）的设备，其底部离地面高度应不小于300 mm。一般来说，垂直干线电缆或光缆的容量小，适合布置在机柜顶部；配线子系统电缆容量大，而且跳接次数相对较多，适合布置在机柜中部，便于操作；网络设备为有源设备，最好布置在机柜下部。

4. 电信间的供电

电信间的有源网络设备应由设备间或机房的不间断电源（UPS）供电，并为了便于管理，可采用集中供电方式。同时应设置至少两个220 V、10 A带保护接地的单相电源插座，但不作为设备供电电源。

5. 电信间的环境

电信间应采用外开丙级防火门，门宽大于 0.7 m。电信间内温度应为 10～35 ℃，相对湿度宜为20%～80%。如果安装信息网络设备时，应符合相应的设计要求。

电信间温、湿度按配线设备要求提出，如在机柜中安装计算机网络设备（Hub/SW）时的环境应满足设备提出的要求，温、湿度的保证措施由专业空调负责解决。

电信间内以总配线设备所需的环境要求为主，适当考虑安装少量计算机网络等设备的规定，如果与程控电话交换机、计算机网络等主机和配套设备合装在一起，则安装工艺要求应执行相关规范的规定。

5.8 进线间设计

进线间就是通常所称的进线室，是建筑物外部通信和信息管线的入口部位，并可作为入口设施和建筑群配线设备的安装场地。在智能化建筑中通常利用地下室部分。

5.8.1 进线间的位置

一般一个建筑物宜设置一个进线间，主要用来提供给多家电信运营商和业务提供商使用，通常位于地下一层。外部管线宜从两个不同的路由引入进线间，这样可保证通信网络系统安全可靠，也方便与外部地下通信管道沟通成网。进线间与建筑物红外线范围内的人孔或手孔采用管或通道的方式互连。

由于许多商用建筑物地下一层的环境条件已大大改善，可以安装电、光的配线架设备及通信设施。在不具备设置单独进线间或入楼电、光缆数量及入口设施较少的建筑物，也可以在入口处采用挖地沟或使用较小的空间完成缆线的成端与盘长，入口设施则可安装在设备间，最好是单独设置场地，以便功能区分。

5.8.2 进线间面积的确定

进线间因涉及因素较多，难以统一提出具体所需面积，可根据建筑物实际情况，并参照通信行业和国家的现行标准要求进行设计。

进线间应满足缆线的敷设路由、成端位置及数量、光缆的盘长空间和缆线的弯曲半径以及各种设备（如充气维护设备、引入防护设备和配线接续设备）等安装所需要的空间和场地面积。

进线间的大小应按进线间的进局管道最终容量及入口设施的最终容量设计，同时应考虑满足多家电信业务经营者安装入口设施等设备的面积。

5.8.3　入口管孔数量

进线间应设置管道入口。并且，在进线间缆线入口处的管孔数量应留有充分的余量，以满足建筑物之间、建筑物弱电系统、外部接入业务及多家电信业务经营者和其他业务服务商缆线接入的需求，建议留有 2～4 孔的余量。

5.8.4　进线间的设计

进线间宜尽量靠近建筑物的外墙，且在地下室设置，以便于地下缆线引入。进线间设计应符合下列规定：

① 进线间应采取切实有效地防止渗水的措施，并设有抽排水装置。

② 进线间应与综合布线系统的垂直布置（或水平布置）的主干缆线竖井沟通，连成整体。

③ 进线间应按相应的防火等级配置防火设施。例如，门向外开的防火门，宽度不小于 1 000 mm。

④ 进线间应设防有害气体措施和通风装置，排风量按每小时不小于 5 次容积计算。

⑤ 进线间内不允许与其无关的管线穿越或通过。

⑥ 引入进线间的所有管道的管孔（包括现已敷设缆线或空闲的管孔）均应采用防火和防渗材料进行封堵，切实做好防水防渗处理，保证进线间干燥不湿。

⑦ 进线间内如安装通信配线设备和信息网络设施，应符合相关规范和设备安装设计的要求。

5.9　管理区的设计

随着智能化建筑和智能化小区的发展以及布线覆盖范围的不断扩大，用户对信息网络系统的安全可靠性要求也必然增加，综合布线系统的管理日益重要。据统计，在以往信息网络系统的故障中，约有 70%的故障是出现在综合布线系统的，其故障的主要根源是频繁地移动、增加、改动或更换布线部件或进行检修排除故障，使网络系统产生不稳定的因素。因此，对综合布线系统实行严格有序的管理，以达到安全高效。

5.9.1　管理区的设计要求

管理是对工作区、电信间、设备间、进线间的配线设备、缆线、信息插座模块等设施按一定的模式所进行标识和记录，内容包括管理方式、标识、色标、连接等。这些内容的实施，将给今后维护和管理带来很大的方便，有利于提高管理水平和工作效率。特别是较为复杂的综合布线系统，如采用计算机进行管理，其效果将十分明显。

① 对设备间、电信间、进线间和工作区的配线设备、缆线、信息点等设施应按一定的模式进行标识和记录，并宜符合下列规定：

- 综合布线系统工程宜采用计算机进行文档记录与保存，简单且规模较小的综合布线系统工程可按图纸资料等纸质文档进行管理，并做到记录准确、及时更新、便于查阅；文档资料应实现汉化。
- 综合布线的每一电缆、光缆、配线设备、端接点、接地装置、敷设的管道等组成部分均应给定唯一的标识符，并设置标签。标识符可由数字、英文字母、汉语拼音或其他字符组成，布线系统内各同类型的器件与缆线的标识符应具有同样特征（相同数量的字母和数字等）。
- 电缆和光缆的两端均应标明相同的标识符。
- 设备间、电信间、进线间的配线设备宜采用统一的色标区别各类业务与用途的配线区。应用色标区分干线电缆、配线电缆或设备端点，同时，还应采用标签表明端接区域、物理位置、编号、容量、规格等，以便维护人员在现场一目了然地加以识别。

② 所有标签应保持清晰、完整，并满足使用环境要求。

综合布线系统使用的标签可采用粘贴型和插入型。选用粘贴型标签时，缆线应采用环套型标签，标签在缆线上至少应缠绕一圈或一圈半。配线设备和其他设施应采用扁平型标签，标签衬底应耐用，可适应各种恶劣环境。不可将民用标签应用于综合布线工程，插入型标签应设置在明显位置、固定牢固。电缆和光缆的两端应采用不易脱落和磨损的不干胶条标明相同的编号。目前，市场上已有配套的打印机和标签纸供应。

③ 在每个配线区实现线路管理的方式是在各色标区域之间按应用的要求，采用跳线进行连接。色标用来区分配线设备的性质，分别由按性质划分的配线模块组成，且按垂直或水平结构进行排列。色标的规定及应用场合宜符合下列要求，如图 5-69 所示。

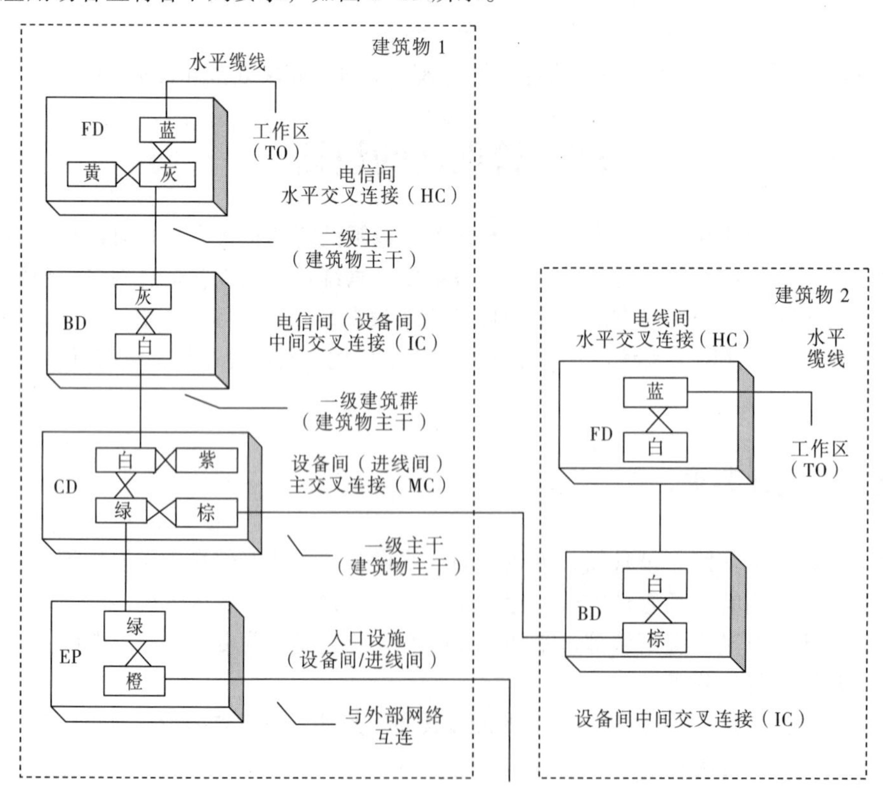

图 5-69　色标应用位置示意

- 橙色：用于分界点，连接入口设施与外部网络的配线设备。
- 绿色：用于建筑物分界点，连接入口设施与建筑群的配线设备。
- 紫色：用于与信息通信设施（PBX、计算机网络、传输等设备）连接的配线设备。
- 白色：用于连接建筑物内主干缆线的配线设备（一级主干）。
- 灰色：用于连接建筑物内主干缆线的配线设备（二级主干）。
- 棕色：用于连接建筑群主干缆线的配线设备。
- 蓝色：用于连接水平缆线的配线设备。
- 黄色：用于报警、安全等其他线路。
- 红色：预留备用。

④ 对于规模较大的综合布线系统工程，为提高布线工程维护水平与网络安全，宜采用电子配线设备对信息点或配线设备进行管理，以显示与记录配线设备的连接、使用及变更状况。

电子配线设备目前应用的技术有多种，在工程设计中应考虑到电子配线设备的功能，依据管理范围、组网方式、管理软件、工程投资等合理地加以选用。

⑤ 综合布线系统相关器件设施的工作状态信息应包括：设备和缆线的用途、使用部门、组成局域网的拓扑结构、传输信息速率、终端设备配置状况、占用器件编号、色标、链路与信道的功能和各项主要指标参数及完好状况、故障记录等，还应包括设备位置和缆线走向等内容。

5.9.2　综合布线系统管理的级别及选择

综合布线系统工程的技术管理涉及综合布线系统的工作区、电信间、设备间、进线间、入口设施、缆线管道与传输介质、配线连接器件及接地等各方面，根据布线系统的复杂程度和主体工程建设规模大小，同时考虑今后使用功能的变更或系统规模的扩充升级等因素，分为以下 4 级。选用管理级别时，应力求合理，今后变动最少，能适应变化和便于升级换代。

（1）一级管理系统

针对单一电信间或设备间的系统。一级管理不需要标识符来区别其他电信间，而且将不会有主干布线和户外布线系统需要管理，简单的电缆路径通常较直观而且不需要管理。如果业主希望管理电缆路径或者防火装置，宜使用二级管理，一级通常使用纸版文件系统或通用电子表格软件。

（2）二级管理系统

针对同一建筑物内多个电信间或设备间的系统。二级管理包括主干布线、多点接地和连接系统、防火的管理。二级通常使用纸版文件系统、通用电子表格软件或特殊电缆管理软件。

（3）三级管理系统

针对同一建筑群内多栋建筑物的系统，包括建筑物内部及外部系统。三级管理包括二级管理的所有元素，加上建筑物和建筑物布线的标识符，建议包括路径和空间以及户外部分的管理。三级可使用通用电子表格软件或特殊电缆管理软件。

（4）四级管理系统

针对多个建筑群的系统。四级管理包括三级管理的所有元素，加上每个场所的标识符，广域网连接的标识符为可选项，建议包括路径和空间以及户外部分的管理。四级可使用通用电子表格软件或特殊电缆管理软件。

管理系统的设计应使系统可在无须改变已有标识符和标签的情况下便于升级和扩充。也就是说，管理系统应设计合理，应变能力强，这样今后只需少量改动甚至不需改变现有的管理方式和内容（包括现有标识和相关信息），即可顺利升级换代。一级系统多服务于单一电信间装置，通常为不超过 100 个用户（极少超过 100）服务，如果一个系统使用者最初计划一个单一电信间系统，但是预期将扩充为多电信间，则开始二级管理。二、三、四级被设计为可升级且允许扩充，无须改变现有标识符或标签。

5.9.3 标识管理

标识管理是综合布线系统的一个重要组成部分。在综合布线中，应用系统的变化会导致连接点经常移动或增加，没有标识或使用不恰当的标识，都会给用户管理带来不便。

1. 标识种类

综合布线系统使用了三种标识：电缆标识、场标识和插入标识。其中插入标识最常用，量大面广。

（1）电缆标识

主要用于交接硬件安装之前辨别电缆的始端和终端。电缆标识由背面为不干胶的白色材料制成，可以直接贴到各种电缆表面上，其规格尺寸和形状根据需要而定。

（2）场标识

又称区域标识，一般用于设备间、配线间、二级交接间的配线接续设备，以区别接续设备连接电缆的区域范围。它也是由背面为不干胶的材料制成，可贴在设备醒目的平整表面上。

（3）插入标识

插入标识一般用硬纸片制成，主要用于设备间和二级交接间的管理场，它是用颜色来标记端接电缆的起始点的。对于 110 配线架，可以插入 110 型接线块之间的两个水平齿条之间透明塑料夹里；对于数据配线架，可插入插孔面板下部的插槽内。

2. 标签的类型

综合布线系统通常使用标签来进行管理。标签的类型分为三种：

① 粘贴型：背面为不干胶的标签纸，可以直接贴到各种设备的表面。

② 插入型：通常是硬纸片，由安装人员在需要时取下来使用。

③ 特殊型：用于特殊场合的标签，如条码、标签牌等。

5.9.4 连接管理结构

综合布线系统的连接管理主要是在电信间和设备间进行的，其主要的连接结构包括互相连接结构和交叉连接结构两种形式。

1. 互相连接结构

互相连接结构简称互连结构，是一种结构简单的连接方式。这种连接方式不使用接插电缆或跳线，而是直接把一根电缆或光缆连到另一根电缆或光缆及设备上，如图 5-70 所示。这种结构主要应用于计算机通信的综合布线系统，它的连接安装主要有信息模块、RJ-45 连接器以及 RJ-45 插口的配线架。对于互连结构，信息点的线缆通过数据配线架的面板进行管理。互相连接方式在配线间的标准机柜内放

置配线架和应用系统设备，工作区放置终端设备。应用系统设备用两端带有连接器的接插软线，一端连接到配线子系统的信息插座上，另一端连接到应用系统终端设备上，配线子系统缆线一端连接到工作区的信息插座上，另一端连接到楼层配线间配线架上，干线缆线的两端分别连接在不同的配线架上。

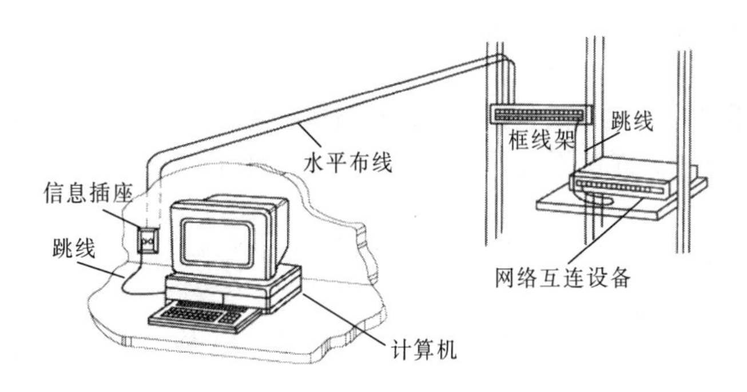

图 5-70　互相连接结构

2. 交叉连接结构

交叉连接结构简称交连结构，交叉连接结构与互相连接结构的区别在于配线架上的连接方式不同，水平电缆和干线电缆连接在 110 配线架的不同区域，它们之间通过跳线（3 类）或接插线（5 类及以上）有选择地连接在一起，如图 5-71 所示。

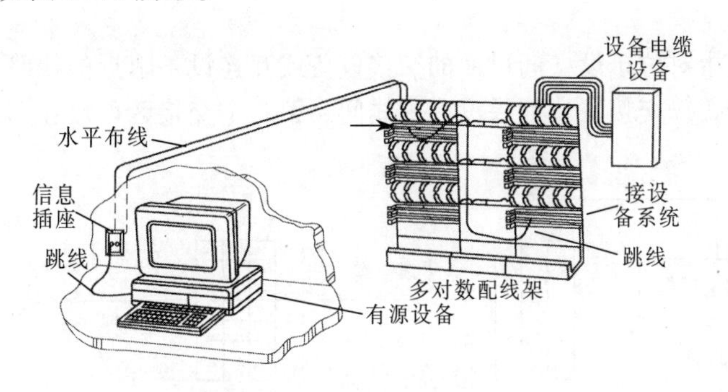

图 5-71　交叉连接结构

这种结构主要应用于语音通信的综合布线系统。和互连结构相比，它的连接安装采用 110 配线架，其类型有 3 类（110A 型夹接式）、5 类、超 5 类（110P 接插式）。其中，110A 型适用于用户不经常对楼层的线路进行修改、移动或重组的场合，110P 型适用于用户经常对楼层的线路进行修改、移动或重组的场合。

5.9.5　交连管理形式

交连管理是通过使用接插电缆或跳线连接光缆、电缆或设备的一种非永久性连接方式，通过跳线连接可安排或重新安排线路路由，管理整个用户终端，从而实现综合布线系统的灵活性。交连管理有单点管理和双点管理两种类型。

用于构造交连场的硬件所处的地点、结构和类型决定综合布线系统的管理方式，而交连场的结构取决于综合布线系统规模和选用的硬件。

1. 单点管理

单点管理属于集中性管理，即在网络系统中只有一“点”（设备间）可以进行线路跳线连接，其他连接点采用直接连接。例如，建筑物配线架 BD 利用跳线连接，而楼层配线架 FD 使用直接连接。单点管理还可分为单点管理单交连和单点管理双交连两种方式。

（1）单点管理单交连

单点管理单交连是指对位于设备间里面的交连设备或互连设备附近的线路不进行跳线管理，而是直接连接至用户工作区。这种方式使用的场合较少，其结构如图 5–72 所示。

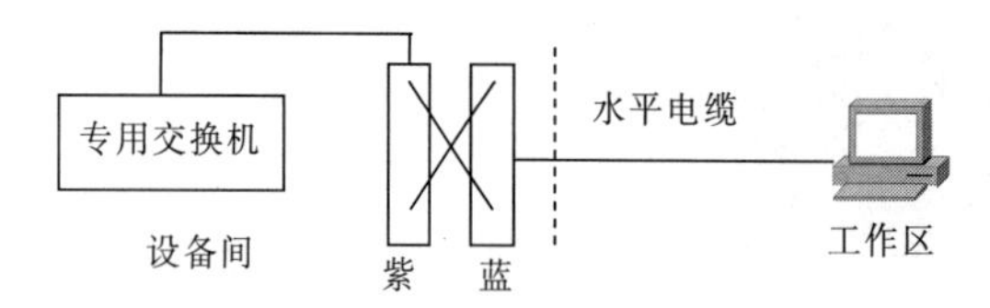

图 5–72　单点管理单交连

综合布线系统的工程规模较小，网络结构简单，用户信息点数量不多，且较分散，密度不均匀，一般只有少量主干线路，甚至不设主干布线子系统和楼层配线间，而直接采用水平布线子系统，这种通信网络结构宜采用单点管理单交连。这种网络维护管理方式集中，技术要求不高，所需维护管理人员较少，适用于小型或低层的智能建筑。

（2）单点管理双交连

单点管理双交连是指对位于设备间里面的交接设备或互连设备附近的线路不进行跳线管理，直接连接至配线间的第二个接线交接区。如果没有配线间，第二个交接区可放在用户房间的墙壁上，其结构如图 5–73 所示。

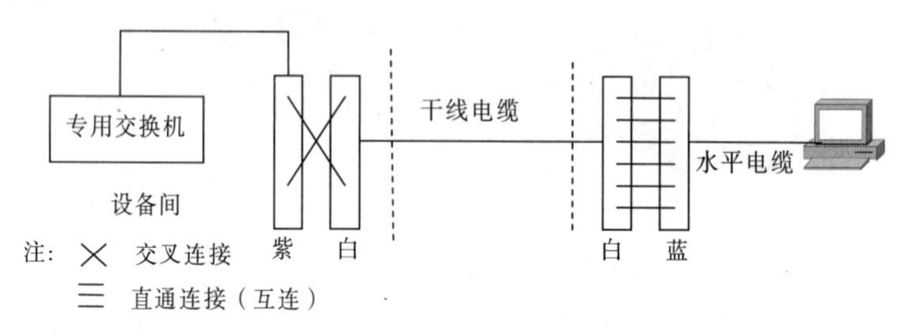

图 5–73　单点管理双交连

综合布线系统规模较大，智能建筑为大、中型单幢高层建筑且楼层面积较大，通信网络结构较复杂，通信业务种类和用户信息点数量较多，分布密度较集中和固定时，一般均有主干布线子系统。这种通信网络拓扑结构宜采用单点管理双交连方式。

2. 双点管理

综合布线系统规模极大，通信网络拓扑结构复杂（如特大型或重要的智能建筑或由多栋建筑组成群体的校园式小区，有建筑群子系统），通信业务种类和用户信息点较多，且有二级交接间。为了适应网络结构和客观需要，可采用双点管理双交连或双点管理三交连的方式。这种网络维护管理方式分散，技术要求很高，必须加强科学管理制度，以适应通信网络结构复杂和用户信息需求多变的需要，增加通信网络的应变能力。综合布线系统中使用的电缆，一般不能超过四次连接。

（1）双点管理双交连

对于低矮而又宽阔的建筑物（如机场、大型商场），其管理规模较大，管理结构复杂，这时多采用二级交接间，设置双点管理双交连。双点管理是指在设备间和配线间（电信间）同时对线路进行连接管理。

双交连要经过二级交连设备，也就是在二级交接间或用户墙壁上还有第二个可管理的交连，其连接结构如图 5-74 所示。

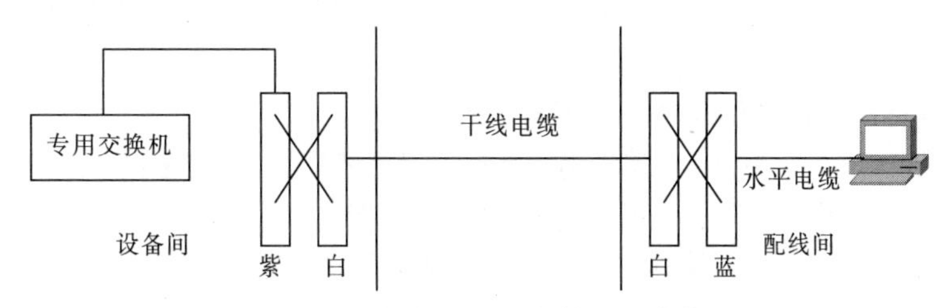

图 5-74　双点管理双交连

（2）双点管理三交连和双点管理四交连

若建筑物的规模比较大，而且结构复杂，可以采用双点管理三交连（见图 5-75）甚至双点管理四交连（见图 5-76）。

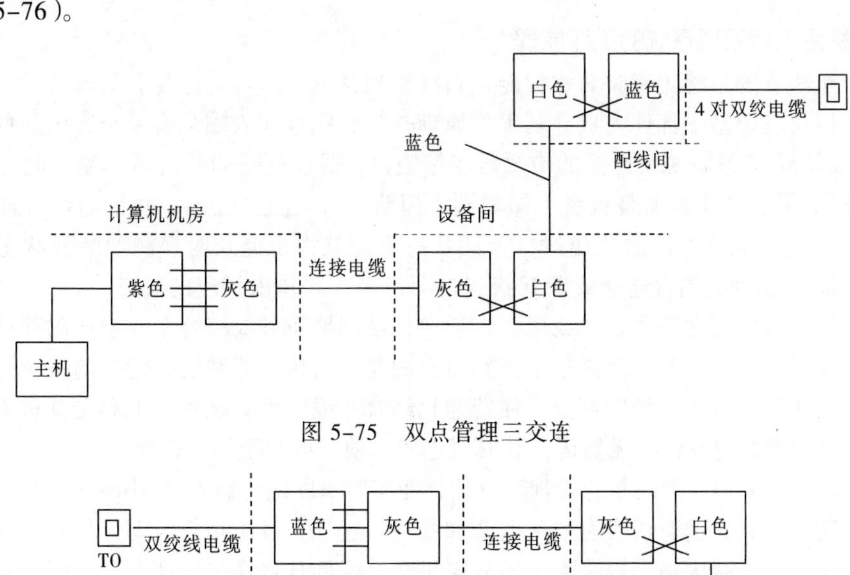

图 5-75　双点管理三交连

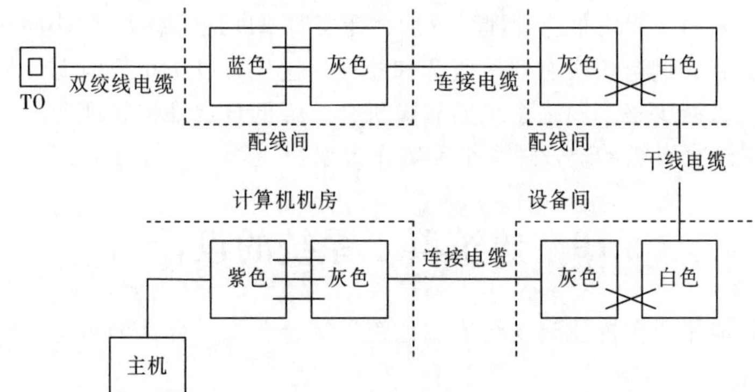

图 5-76　双点管理四交连

5.9.6 新产品和管理技术的发展

国内外综合布线系统产品的生产厂商纷纷推出综合布线系统智能化管理方面的产品，多数厂商将此项产品定名为智能化综合布线管理系统，从而能够达到有序管理、安全高效的目的。

1. 智能化综合布线管理系统的基本结构

虽然各厂商所推出的综合布线系统的产品不完全一样，但其智能化综合布线管理系统的基本结构却基本相同，大致可分为两个部分。

（1）电子配线架（含有设备扫描仪和内置传感器）等硬件

电子配线架支持铜缆（Cat 5e、6、6A）和光缆等传输介质，有端口检测技术和链路检测技术两种。其中端口检测技术是在端口内置了微开关，通过标准跳线接入端口时产生的感应信号进行检测；链路检测技术依靠跳线中附加的导体，通过跳线中的附加导体接触形成回路进行检测。这两种技术的共同点是管理信息与物理层的通信无关，智能布线系统的运行不影响铜缆或光缆的物理层通信。通常管理信号通过独立的总线系统和相关信号接收或采集设备完成管理工作。美国康普系统是端口技术的代表。

（2）管理软件（实时监督及管理用的部件）

（略）

2. 智能化综合布线管理系统的工作原理

智能化综合布线管理系统（有时简称智能化布线管理系统）的实时监督和管理的功能主要依靠传感器、跳线和分析仪三个基本部件完成。其工作原理是：在跳线插入端装有一个带金属的探测器（也称探针），与配线架/有源设备端口外部的传感器相接触，当跳线的一端插入另一端口时，两个传感器形成一个“短路”，分析仪（或监督设备）探测到“短路”（即连通状态），并将端口信息通过 TCP/IP 网络传送到管理软件。同样在跳线拔出时，上述状态管理软件也能及时探测到断开状态。管理软件可设有报警和日志，对每次端口连通或断开状态自动记录，并作出相应的反应。

上述传感器可以根据探测需要新建或增添在任何标准网络设备或综合布线系统的部件上，如配线架、路由器、交换机和集线器等。但是这里特别指出的是，由传感器和跳线建立的一个外部的感应电路，它是独立存在于网络系统以外的部分，使智能化综合布线管理系统本身不会受其影响，对综合布线系统的传输功能和系统完整性都无妨碍，其安装也较方便，有利于调整扩建。

在综合布线系统中采用智能化布线管理系统后，能实时不断地（每天 24 小时）监视布线系统的连接状态和设置的物理位置，进行切实有效地监督和管理。这样可以防止任何无计划和未经授权的变更拆移等行为的发生，大大减少整个网络系统的故障机会，降低日常维护管理费用，能有效地监督和管理整个网络资源，提供综合布线系统管理水平和工作效率。

5.10 建筑群子系统的设计

建筑群子系统主要应用于多栋建筑物组成的建筑群综合布线场合，单幢建筑物的综合布线系统可以不考虑建筑群子系统。

5.10.1　建筑群子系统的设计范围

建筑群子系统也称楼宇管理子系统。建筑群子系统的主要作用是连接不同楼宇之间的设备间，实现大范围建筑物之间的通信连接，并对电信公用网形成唯一的出、入端口。建筑群子系统的设计主要包括建筑群子系统主干线缆的选择、建筑群子系统主干线缆数量的确定、建筑群子系统布线路由和布线方法的设计等内容。

5.10.2　建筑群子系统的设计要求

建筑群子系统的设计主要考虑布线路由选择、线缆选择、线缆布线方式选择等内容。应按以下要求进行设计：

1. 考虑环境美化要求

建筑群子系统设计应充分考虑建筑群覆盖区域的整体环境美化要求，建筑群干线电缆、光缆应尽量采用地下管道或电缆沟敷设方式。

2. 考虑建筑群未来发展需要

在线缆布线设计时，要充分考虑各建筑需要安装的信息点种类、信息点数量，选择相对应的干线电缆类型以及电缆敷设方式，使综合布线系统建成后，保持相对稳定，能满足今后一定时期内各种新的信息业务发展需要。

3. 线缆路由的选择

考虑到节省投资，线缆路由应尽量选择距离短、线路平直的路由。但具体的路由还要根据建筑物之间的地形或敷设条件而定。在选择路由时，应考虑原有已铺设的地下各种管道，线缆在管道内应与电力线缆分开敷设，并保持一定距离。

4. 电缆引入要求

建筑群干线电缆和光缆、公用网和专用网电缆、光缆及天线馈线等室外线进入建筑物时，都应在进线间转换为室内电缆、光缆，在室外线缆的终端处需设置入口设施，入口设施中的配线设备应按引入的电缆和光缆的容量配置。引入设备应安装必要的保护装置以达到防雷击和接地的要求。干线电缆引入建筑物时，应以地下引入为主，如果采用架空方式，应尽量采用隐蔽方式引入。

5. 干线电缆、光缆交接要求

建筑群干线电缆、光缆布线的交接不应多于两次，从每栋建筑物的楼层配线架到建筑群设备间的配线架之间只应通过一个建筑物配线架。

6. 线缆的选择

建筑群子系统敷设的线缆类型及数量由综合布线连接应用系统的种类及规模来决定。

5.10.3　建筑群子系统布线方法

建筑群子系统传输线路的敷设方式有架空和地下两类。架空布线方式又分为架空杆路和墙壁挂放两种；根据电缆与吊线固定方式还可分为自承式和非自承式两种。地下敷设方式分为直埋、管道、电缆通道（包括渠道）几种。

1. 架空杆路布线法

架空杆路布线法是用电杆将线缆在建筑物之间悬空架设。对于自承式电缆或光缆，可直接架设在电杆之间或电杆与建筑物之间；对于非自承式电缆或光缆，则首先需架设钢索（钢丝绳），然后在钢索上挂放电缆或光缆。

架空杆路布线方法通常只用于有现成电线杆，而且电缆的走线方式无特殊要求的场合。如果原先就有电线杆，这种方法的成本较低。但是，这种布线方式不仅影响美观，而且保密性、安全性和灵活性较差，所以一般很少采用。架空杆路布线法如图 5-77 所示。

如果架空线的净空有问题，可以使用天线杆型的入口。这个天线杆的支架一般不应高于屋顶 1.2 m。这个高度正好使人可摸到电缆，便于操作。如果再高，就应使用拉绳固定。

2. 墙壁挂放布线法

在墙壁上挂放线缆与架空杆路相似，一般采用电缆卡钩沿墙壁表面直接敷设或先架设钢索后用卡钩挂放。通常情况下，架空布线总是将线杆架设和墙壁挂放这两种方法混合使用。

3. 直埋布线法

电缆或光缆直埋敷设是沿已选定的路线挖沟，然后把线缆埋在里面。一般在线缆根数较少而敷设距离较长时采用此法。电缆沟的宽度应视埋设线缆的根数决定。直埋电缆通常应埋在距地面 0.7 m 以下的地方（或者应按照当地城管等部门的有关法规去做），遇到障碍物或冻土层较深的地方，则应适当加深，使线缆埋于冻土层以下。当无法埋深时，应采取措施，防止线缆受到损伤。在线缆引入建筑物、与地下建筑物交叉及绕过地下建筑物处，则可浅埋，但应采取保护措施。直埋线缆的上下部位应铺以不小于 100 mm 厚的软土或细沙层，并盖以混凝土保护板，其覆盖宽度应超过线缆两侧各 50 mm，也可用砖块代替混凝土盖板。直理布线法如图 5-78 所示。

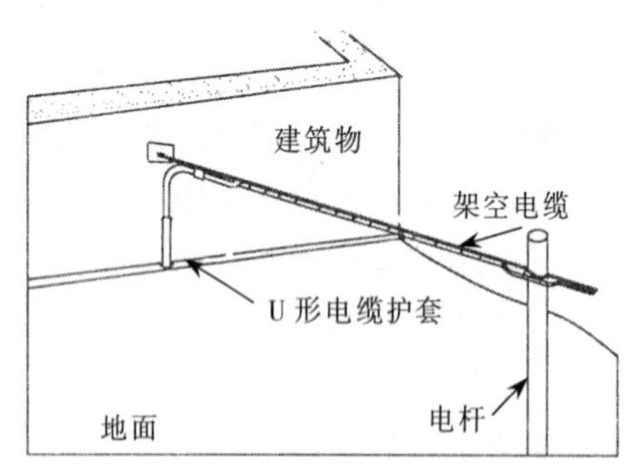

图 5-77　架空杆路布线法

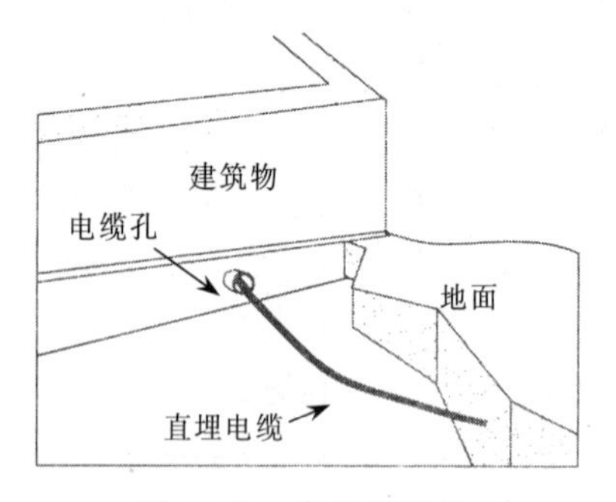

图 5-78　直埋布线法

当线缆与街道、园区道路交叉时，应穿保护管（如钢管），线缆保护管顶面距路面不小于 1 m，管的两端应伸出道路路面。线缆引出和引入建筑物基础、楼板和过墙时均应穿钢管保护。穿越建筑物基础墙的线缆保护管应往外尽量延伸，达到不动土的地方，以免以后有人在墙边挖土时损坏电缆。如果在同一电缆沟里埋入了通信电缆和电力电缆，应设立明显的共用标志。

4. 管道布线法

管道布线是一种由管道和人（手）孔组成的地下系统，它把建筑群的各个建筑物进行互连。管道

布线方法为电缆提供了最好的机械保护，使电缆免受损坏，而且不会影响建筑物的原貌及其周围环境。

电缆管道宜采用混凝土排管、塑料管、钢管和石棉水泥管。混凝土管的管孔内径一般为 70 mm 或 90 mm，塑料管、钢管和石棉水泥管等用作主干管道时可用内径大于 75 mm 的管子。上述管材的管道可组成矩形或正方形并直接埋地敷设，埋设深度一般为 0.8～1.2 m。电缆管道应一次留足必要的备用孔数，当无法预计发展情况时，可留 10%的备用孔，但不少于 1～2 孔。管道布线法如图 5-79 所示。

电缆管道的基础一般为混凝土，如果土质不好、地下水位较高、冻土线较深或要求抗震设计的地区，宜采用钢筋混凝土基础和钢筋混凝土人孔。在线路转角、分支处应设人孔井，在直线段上，为便于拉引线缆也应设置一定数量的人孔井，每段管道的长度一般不大于 120 m，最长不超过 150 m，并应有大于或等于 2.5%的坡度。

在电源人孔和通信人孔合用的情况下（人孔里有电力电缆），通信电缆不能在人孔里进行端接。通信管道与电力管道必须至少用 80 mm 的混凝土或 300 mm 的压实土层隔开。

5. 电缆通道布线法

电缆通道布线法（包括渠道和隧道）是在砌筑的电缆通道内，先安装金属支架，通信线缆则布放在金属支架上。这种布线方法维护、更换、扩充线路非常方便，如果与其他弱电系统合用将是一种不错的选择。在满足净距要求的条件下，通信电缆也可以与 1 kV 以下的电力电缆共同敷设。电缆通道布线法如图 5-80 所示。

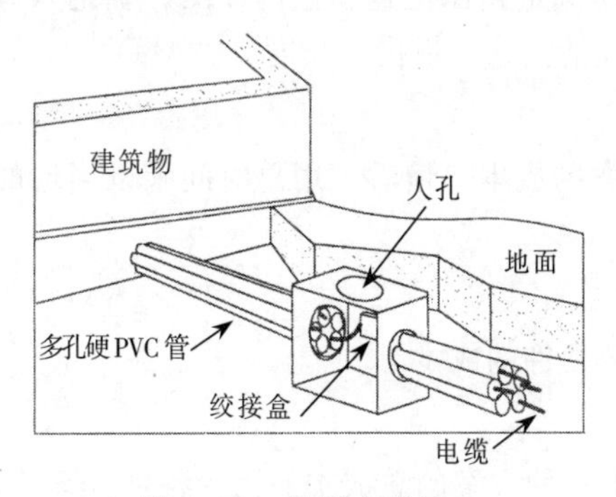

图 5-79　管道布线法

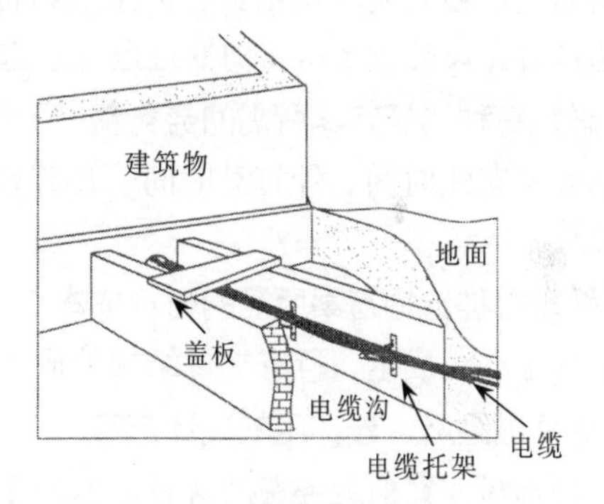

图 5-80　电缆通道布线法

5.10.4　建筑群子系统设计步骤

1. 了解敷设现场

包括确定整个建筑群的大小、建筑地界、建筑物的数量等。

2. 确定电缆系统的一般参数

包括确定起点位置、端接点位置、涉及的建筑物和每幢建筑物的层数、每个端接点所需的双绞线对数、有多少个端接点及每幢建筑物所需要的双绞线总对数等。

3. 确定建筑物的电缆入口

① 对于现有建筑物，要确定各个入口管道的位置、每幢建筑物有多少入口管道可供使用、入口管道数目是否符合系统的需要等。

② 如果入口管道不够用，则要确定在移走或重新布置某些电缆时能否腾出一定的入口管道，在实

在不够用的情况下应另装多少入口管道等。

③ 如果建筑物尚未建成，则要根据选定的电缆路由去完成电缆系统设计，并标出入口管道的位置，选定入口管道的规格、长度和材料。

④ 建筑物电缆入口管道的位置应便于连接公用设备，根据需要可在墙上穿过一根或多根管道。

⑤ 所有易燃如聚丙烯管道、聚乙烯管道衬套等应端接在建筑物的外面。外线电缆的聚丙烯护皮可以例外，只要它在建筑物内部的长度（包括多余电缆的卷曲部分）不超过 15 m 即可。反之，如外线电缆延伸到建筑物内部长度超过 15 m，就应使用合适的电缆入口器材，在入口管道中填入防水和气密性很好的密封胶。

4. 确定明显障碍物的位置

包括确定土壤类型（沙质土、黏土、砾土等）；电缆的布线方法；地下公用设施的位置；查清在拟定电缆路由沿线上的各个障碍位置（铺路区、桥梁、铁路、树林、池塘、河流、山丘、砾石土、截留井、人孔等）；查清在拟定电缆路由沿线的地理条件、对管道的要求等。

5. 确定主电缆路由和备用电缆路由

包括确定可能的电缆结构、所有建筑物是否共用一根电缆，查清在电缆路由中哪些地方需要获准后才能通过、选定最佳路由方案等。

6. 选择所需电缆类型

包括确定电缆长度；画出最终的系统结构图；画出所选定路由位置和挖沟详图；确定入口管道的规格；选择每种设计方案所需的专用电缆；选择管道（包括钢管）规格、长度、类型等。

7. 确定每种选择方案所需的劳务费

包括确定布线时间、计算总时间、计算每种设计方案的成本，最后，用总时间乘以当地的工时费以确定总成本。

8. 确定每种选择方案所需的材料成本

包括确定电缆成本、所有支持结构的成本、所有支撑硬件的成本等。

9. 选择最经济、最实用的设计方案

把每种选择方案的劳务费和材料成本加在一起，得出每种方案的总成本。比较各种方案的总成本，选择成本较低者；确定该比较经济的方案是否有重大缺点，是否抵消了经济上的优点，如果发生这种情况，应取消此方案，再考虑经济性较好的设计方案。

5.11 综合布线系统的其他设计

5.11.1 电气防护系统设计

随着各种类型的电子信息系统在建筑物内的大量设置，各种干扰源将会影响到综合布线电缆的传输质量与安全，因此，在综合布线系统设计时必须进行电气防护方面的设计。

1. 系统间距

综合布线电缆与附近可能产生高电平电磁干扰的电动机、电力变压器、射频应用设备等电器设备之间应保持必要的间距，以提高布线电缆传输信号的质量。

（1）综合布线电缆与电力电缆的间距

综合布线电缆与电力电缆的间距应符合表 5-14 的规定。

表 5-14　综合布线电缆与电力电缆的间距

类　　别	与综合布线接近状况	最小间距（mm）
380 V 电力电缆<2 kV·A	与缆线平行敷设	130
	有一方在接地的金属线槽或钢管中	70
	双方都在接地的金属线槽或钢管中[①]	10[①]
380 V 电力电缆 2～5 kV·A	与缆线平行敷设	300
	有一方在接地的金属线槽或钢管中	150
	双方都在接地的金属线槽或钢管中[②]	80
380 V 电力电缆>5 kV·A	与缆线平行敷设	600
	有一方在接地的金属线槽或钢管中	300
	双方都在接地的金属线槽或钢管中[②]	150

注：① 当 380 V 电力电缆<2 kV·A，双方都在接地的线槽中，且平行长度≤10 m 时，最小间距可为 10 mm。

② 双方都在接地的线槽中，系指两个不同的线槽，也可在同一线槽中用金属板隔开。

（2）综合布线系统缆线与配电箱、变电室、电梯机房、空调机房之间的最小净距

综合布线系统缆线与配电箱、变电室、电梯机房、空调机房之间的最小净距宜符合表 5-15 的规定。

表 5-15　综合布线缆线与电气设备的最小净距

名　　称	最小净距（m）	名　　称	最小净距（m）
配电箱	1	电梯机房	2
变电室	2	空调机房	2

（3）墙上敷设的综合布线缆线及管线与其他管线的间距

墙上敷设的综合布线缆线及管线与其他管线的间距应符合表 5-16 的规定。当墙壁电缆敷设高度超过 6 000 mm 时，与避雷引下线的交叉间距应按下式计算：

$$S \geqslant 0.05L$$

式中，S 表示交叉间距（mm）；L 表示交叉处避雷引下线距地面的高度（mm）。

表 5-16　综合布线缆线及管线与其他管线的间距

其 他 管 线	平 行 净 距（mm）	垂直交叉净距（mm）
避雷引下线	1000	300
保护地线	50	20
给水管	150	20
压缩空气管	150	20
热力管（不包封）	500	500
热力管（包封）	300	300
煤气管	300	20

2. 线缆和配线设备的选择

综合布线系统选择缆线和配线设备时，应根据用户要求，并结合建筑物的环境状况进行考虑。主要是确定选择屏蔽布线系统、非屏蔽布线系统还是光纤布线系统。

3. 过压和过流保护

在建筑群子系统设计中，经常有干线线缆从室外引入建筑物的情况，此时如果不采取必要的保护措施，干线线缆就有可能受到雷击、电源接地、感应电势等外界因素的损害，严重时还会损坏与线缆相连接的设备。

（1）过压保护

综合布线系统中的过压保护一般通过在电路中并联气体放电管保护器来实现。

（2）过流保护

综合布线系统中的过流保护一般通过在电路中串联过流保护器来实现。当线路出现过流时，过流保护器会自动切断电路，保护与之相连的设备。综合布线系统过流保护器应选用能够自恢复的保护器，即过流断开后能自动接通。

5.11.2 接地系统设计

综合布线接地系统包括埋设在地下的接地体、设备间（或进线间）的主接地母线、交接间的接地母线、竖井内接地干线和相互连接的接地导线。

综合布线系统接地的好坏直接影响到综合布线系统的运行质量，接地设计要求如下：

① 在电信间、设备间及进线间应设置楼层或局部等电位接地端子板。

② 综合布线系统应采用共用接地（包括交、直流工作接地，安全保护地和防雷接地）的接地系统，接地电阻值≤1 Ω；如单独设置接地体时，接地电阻≤4 Ω。如布线系统的接地系统中存在两个不同的接地体时，其接地电位差不应大于1 V。

③ 楼层安装的各个配线柜（架、箱）应采用适当截面的绝缘铜导线单独布线至就近的等电位接地装置，也可采用竖井内等电位接地铜排引到建筑物共用接地装置，铜导线的截面应符合设计要求。

综合布线系统接地导线截面积可参考表5-17确定。

表5-17 接地导线选择表

名称	楼层配线设备至大楼总接地体的距离	
	30 m	100 m
信息点的数量（个）	75	>75 450
选用绝缘铜导线的截面（mm^2）	6～16	16～50

④ 缆线在雷电防护区交界处，屏蔽电缆屏蔽层的两端应做等电位连接并接地。

⑤ 综合布线的电缆采用金属线槽或钢管敷设时，线槽或钢管应保持连续的电气连接，并应有不少于两点的良好接地。

⑥ 当缆线从建筑物外面进入建筑物时，电缆和光缆的金属护套或金属件应在入口处就近与等电位接地端子板连接。

⑦ 当电缆从建筑物外面进入建筑物时，应选用适配的信号线路浪涌保护器，信号线路浪涌保护器应符合设计要求。这一条是《综合布线系统工程设计规范》（GB 50311—2016）中的强制性条文，必须严格执行。

⑧ 对于屏蔽布线系统的接地做法，一般在配线设备（FD、BD、CD）的安装机柜（机架）内设有接地端子，接地端子与屏蔽模块的屏蔽罩相连通，机柜（机架）接地端子则经过接地导体连至大楼等电位接地体。

习　　题

一、选择题

1. 布线系统的工作区，如果使用4对非屏蔽双绞线作为传输介质，则信息插座与计算机终端设备的距离保持在（　　）以内。

A. 2 m　　B. 90 m　　C. 5 m　　D. 100 m

2. 经济型综合布线系统是一种经济有效的布线方案，适用于综合布线系统中配置较低的场合，主要以（　　）作为传输介质。

A. 同轴电缆　　B. 铜质双绞线　　C. 大对数电缆　　D. 光缆

3. 综合布线系统采用4对非屏蔽双绞线作为水平干线，若大楼内共有100个信息点，则建设该系统需要（　　）个RJ-45水晶头。

A. 200　　B. 400　　C. 230　　D. 460

4. 现今的综合布线一般采用的是（　　）。

A. 总线扑结构　　B. 环状拓扑结构

C. 星状拓扑结构　　D. 网状拓扑结构

5. 同轴电缆可分为两种基本类型，基带同轴电缆和宽带同轴电缆（　　），用于数字传输；（　　）用于模拟传输。

A. 50Ω宽带同轴电缆、75Ω基带同轴电缆

B. 75Ω宽带同轴电缆、50Ω基带同轴电缆

C. 75Q基带同轴电缆、50Ω宽带同轴电缆

D. 50Ω基带同轴电缆、75Ω宽带同轴电缆

6. 1000Base-LX表示（　　）。

A. 1 000兆多模光纤　　B. 1 000兆单模长波光纤

C. 1 000兆单模短波光纤　　D. 1 000兆铜线

7. 以下关于综合布线及综合布线系统的叙述中，（　　）是不正确的。

A. 综合布线领域被广泛遵循的标准是EIA/TIA 568A

B. 综合布线系统的范围包括单幢建筑和建筑群体两种

C. 单幢建筑的综合布线系统工程范围一般指建筑内部敷设的通信线路，不包括引出建筑物的通信线路

D. 综合布线系统的工程设计和安装施工应分步实施

8. 水平干线布线系统涉及水平跳线架、水平线缆、转换点、（　　）等。

A. 线缆出入口/连接器　　B. 主跳线架

C. 建筑内主干线缆　　D. 建筑外主干线缆

9. 综合布线的标准中，属于中国的标准是（　　）。

A. TIA/EIA 568　　B. GB/T 50311—2016

C. EN 50173　　D. ISO/IEC 11801

10. 4对双绞线中第1对的色标是（　　）。

A. 白—蓝/蓝　　B. 白—橙/橙　　C. 白—棕/棕　　D. 白—绿/绿

二、填空题

1. 综合布线系统（GCS）应同时能支持________、________、________、________等信息的传递。

2. 干线子系统垂直通道有电缆孔、________、电缆竖井三种方式可供选择，垂直通道采用________方式。水平通道可选择预埋暗管或________方式。

3. 综合布线系统网络拓扑结构包括________、________。

4. 对于终接在连接件上的线对应尽量保持扭绞状态，非扭绞长度，5类线必须小于________ mm。

5. 双绞线大致可分为________、________两大类。

6. 常见的光纤接头类型可分为________、________、________、________、________、________。

7. 桥架按结构可分为________、________、________ 三种类型。

8. 100Base-TX的大致意思是________。

9. 综合布线系统使用三种标记：________标记，区域标记和接插件标记。其中接插件标记最常用，可分为________标识或________标识两种，供选择使用。

三、思考题

（1）综合布线系统和传统布线系统比较，其主要特点是什么？

（2）建筑物内通常包括哪些弱电系统？

（3）列出5种有代表性的常用国外综合布线系统标准。

（4）国内综合布线系统标准有哪些？

（5）综合布线系统主要由哪几部分组成？各部分包括哪些范围？

（6）综合布线系统包括哪些布线部件？

（7）在综合布线系统中，常见的传输介质有哪些？各有什么特点？各自适合应用在什么环境？

（8）屏蔽双绞线和非屏蔽双绞线在性能和应用上有什么差别？

（9）UTP电缆如何划分？分别适用于什么样的频率？

（10）屏蔽双绞线电缆有哪几种？

（11）双绞线电缆连接器有哪些？

（12）简述光纤光缆的结构。

（13）常用的光纤连接器有哪几类？这些连接器如何与光缆连接，从而构成一条完整的通信链路？

（14）光纤跳线和尾纤有什么区别？

（15）什么是工作区？如何确定工作区信息点数量？

（16）工作区设计应包括哪些要点？

（17）配线子系统设计范围包括哪些？

（18）配线子系统缆线规定为多长？线缆能否超过这一规定，为什么？

（19）配线子系统线缆通常采用哪些线缆？

（20）对于新建的建筑物，配线子系统的布线方式有哪几种？

（21）对于旧建筑物的信息化改造，配线子系统有哪些布线方法？如何选用？

（22）在开放型办公区域采用何种布线方法？

（23）干线子系统设计范围包括哪些？

（24）干线子系统的线缆有哪几类？

（25）干线子系统的结合方式有几种？

（26）干线子系统的布线方式有哪些？如何选用？

（27）电信间和设备间的概念是什么？它们有什么区别和联系？对环境有哪些要求？

（28）在建筑物中应如何确定设备间的位置？

（29）在建筑物中应如何确定电信间的位置？

（30）综合布线系统管理分几个级别？

（31）什么是交连管理？它有几种管理方式？

（32）建筑群子系统的设计范围包括哪些？

（33）建筑群子系统布线有几种方法？试比较它们的优缺点。

四、实训题

（1）到校园、企业单位调查采用综合布线系统的网络的实际工程结构，画出相应的综合布线系统构成图。

（2）到市场上调查目前常用的五个品牌的 4 对 5e 类和 6 类非屏蔽双绞线电缆，观察双绞线的结构和标记，对比两种双绞线电缆的价格和性能指标。

（3）到市场上或网络上调查目前常用的五个品牌的综合布线系统产品，并列出其生产的电缆产品系列。

（4）通过网络了解目前中国市场常用的综合布线系统产品的厂家都有哪些。

（5）走访你所在的学院或所能够接触到的其他采用综合布线系统的网络，了解该综合布线系统所采用的传输介质、连接器件和布线器件，分析各种产品在综合布线系统中的作用。

第 6 章 综合布线系统工程施工

综合布线系统完成设计阶段工作后，就进入安装施工阶段，施工质量的好坏将直接影响整个网络的性能，必须按设计方案和国家标准 GB 50311—2016 组织施工，施工质量必须符合国家标准 GB/T 50312—2016 的要求。

学习目标

- 了解综合布线系统工程安全施工相关知识。
- 了解综合布线系统工程施工阶段的划分方法。
- 了解综合布线系统工程施工的依据和基本要求。
- 了解综合布线系统施工的准备工作应包含的内容。
- 掌握管路与槽道的安装与施工方法。
- 掌握铜缆布线施工方法。
- 掌握光缆布线施工方法。

6.1 综合布线系统工程施工概述

综合布线系统工程施工是按照工程设计、施工合同、施工规范和技术规程等的规定，通过生产诸要素的优化配置和动态管理，组织综合布线系统工程建设实施的一系列生产活动。综合布线系统工程的施工可以分为管槽安装施工、线缆敷设施工、设备安装和调试等内容。

6.1.1 综合布线系统工程施工的基本要求

视频

综合布线系统工程施工

综合布线系统工程施工中的主要依据和指导性文件较多，主要依据是国内外有关综合布线系统施工的标准和规范，指导性文件包括工程设计文件、施工图纸、承包施工合同和施工操作规程等。

根据综合布线系统与建筑物主体的关系，综合布线系统工程可有下列三种类型：

① 与新建建筑物同步安装的综合布线系统。

② 建筑物已预留了设备间、配线间和管槽系统，需要布线的综合布线系统。

③ 对没有考虑智能化系统的旧建筑物实施综合布线系统工程。

第一种类型的综合布线系统的工程量只需考虑线缆系统及设备的安装与测试验收；第二种类型的综合布线系统的工程量除包含第一种类型的工程量外，还需安装管槽系统和信息插座；第三种类型的综合布线系统工程量，除包含第二种类型的工程量外，还需定位安装设备间、配线间，打通管槽系统

的路由。

在进行综合布线系统工程施工之前，必须了解安装施工所应遵循的标准和要求。工程安装施工的基本要求有以下几点：

① 在新建或扩建的智能建筑或智能化小区中，如采用综合布线系统时，必须按照国家标准《综合布线系统工程验收规范》（GB/T 50312—2016）中的有关规定进行安装施工。

② 在综合布线系统工程安装施工中，如遇上述规范中没有包括的内容时，可按照国家标准《综合布线系统工程设计规范》（GB 50311—2016）中的规定要求执行，也可以根据工程设计要求办理。

③ 综合布线系统工程中，其建筑群子系统部分的施工与本地电话网路有关，因此安装施工的基本要求应遵循我国通信行业标准《本地通信线路工程设计规范》（YD/T 5137—2005）、《通信管道工程施工及验收技术规范》、《市内通信全塑电缆线路工程施工及验收技术规范》等的规定。

④ 综合布线系统工程中所用的缆线类型及性能指标、布线部件的规格与质量等均应符合我国通信行业标准《大楼通信综合布线系统》（YD/T 926—2009）等规范或设计文件的规定，工程施工中，不得使用未经检定合格的器材和设备。

综合布线系统是一项系统工程，必须针对工程特点，建立规范的组织机构，保障施工顺利进行。

必须加强施工工程管理。施工单位必须按照国家标准 GB/T 50312—2016 进行工程的自检、互检和随工检查。建设方和工程监理单位必须按照上述规范要求，在整个安装施工过程中进行工地技术监督及工程质量检查工作。

施工过程要按照统一的管理标识对线缆、配线架和信息插座等进行标记，标记一定要清晰、有序。清晰、有序的标记会给下一步设备的安装、调试工作带来便利，以确保后续工作的正常进行。

对于已敷设完毕的线路，必须进行测试检查。线路的畅通、无误是综合布线系统正常可靠运行的基础和保证，测试检查是线路敷设工作中不可缺少的一项工作。要检查线路的标记是否准确无误，检查线路的敷设是否与图纸一致等。

必须敷设一些备用线。备用线的作用在于它可及时、有效地代替出问题的线路。

高低压线须分开敷设。为保证信号、图像的正常传输和设备的安全，要完全避免电涌干扰，要做到高低压线路分管敷设，高压线需使用铁管；高低压线应避免平行走向，如果由于现场条件只能平行时，其间隔应保证按规范的相关规定执行。

6.1.2　综合布线系统工程施工阶段的划分

综合布线系统工程施工阶段可以细分为施工准备、安装施工、分段测试、系统测试、竣工验收和保修五个时间段。

1. 施工准备

施工企业与发包的建设单位（业主）签订承包施工合同后，即进入施工准备阶段。主要包括以下内容。

① 熟悉和了解工程设计和施工图纸。

② 编制施工进度计划、施工组织设计以及具体施工方案设计等。

③ 对设备、器材、仪表和工具等进行核对、清点、检查和测试。

④ 对施工现场环境条件进行检查。

2. 安装施工阶段

安装施工阶段的工作内容极为繁重和复杂，主要包括以下几部分：

① 设备器材的运送、保管。

② 管槽安装施工。根据设计方案和工程实际情况，由综合布线系统工程承包商与建筑物土建承包商、装潢承包商等相互协调，完成地板内或吊顶上线槽和线管的安装与调整，以及弱电间（电信间）中垂直线槽的安装等。

③ 干线线缆的布放。施工管理人员首先按照设计的要求并依照系统规划图对设备间的定位、线缆的路由进行分析，对施工人员进行施工前的技术交底。对于光缆或电缆干线部分的敷设，从各个楼层配线间的分配线架开始，顺本层水平线槽、竖井线槽到主配线间（设备间）。

④ 线缆的端接。按照布线设计要求和施工规范及工艺要求进行线缆管理和端接线缆，主要包括配线架在机柜的安装及线缆的端接、管理，信息模块的端接、安装，跳线的制作等。

3. 分段测试阶段

分段测试又称阶段测试，是指在干线子系统、配线子系统、建筑群子系统及地下管线等施工过程中，为了及早发现工程质量问题及时修复而进行的分段检查测试。

4. 系统测试阶段

系统测试又称全程测试，是指综合布线系统的全程测试（包含各个布线子系统各自范围内的全段测试）。

5. 竣工验收和保修阶段

竣工验收和保修阶段简称竣工保修阶段，包括竣工验收准备工作阶段。

6.1.3 综合布线系统工程施工前的准备工作

施工准备工作是保证综合布线系统工程顺利施工，全面完成各项技术指标的重要前提，是一项有计划、有步骤、有阶段性的工作。准备工作不仅在施工前，而且贯穿于施工的全过程。

1. 工程施工技术准备

（1）熟悉工程设计和施工图纸

综合布线系统工程施工图中要清楚地绘制出有关线槽、桥架的规格尺寸、安装工艺要求、设备的平面布置，并应标出有关尺寸、设备、管线编号、型号规格、说明安装方式等。施工平面图上还应标明预留管线、孔洞的平面布置，开口尺寸以及标高等。

（2）熟悉和工程有关的其他技术资料

如施工及验收规范、技术规程、质量检验评定标准以及制造厂提供的资料，即安装使用说明书、产品合格证、试验记录数据等。

（3）技术交底

技术交底工作主要是由设计单位的设计人员和工程安装承包单位的项目技术负责人一起完成。

（4）编制施工方案

施工方案的主要内容包括确定工程施工的起点和流向，确定施工程序，确定施工顺序，确定施工

方法，确定安全施工的措施、施工计划。

（5）编制工程预算

工程预算包括工程材料清单和施工预算。

2. 施工场地的准备

为了加强管理，要在施工现场布置一些临时场地和设施，主要有管槽加工制作场、仓库、现场办公室、现场供电供水。

3. 施工工具准备

根据综合布线系统工程施工范围和施工环境的不同，要准备不同类型和品种的施工工具，并对工具的完好性作必要的检查。

4. 施工前的环境检查

在对综合布线系统的缆线、工作区的信息插座、配线架及所有连接器件安装施工之前，首先要对土建工程，即建筑物的安装现场条件进行检查，在符合国标 GB/T 50312—2016 和设计文件的相应要求后，方可进行安装。

在国标 GB/T 50312—2016 中只对综合布线系统的安装环境检查进行了规定。如果电信间内安装有有源设备（集线器、局域网交换机等），设备间安装有计算机主机、用户电话交换机、传输设备时，建筑物内的环境条件应按上述系统设备的安装工艺设计要求进行检查。

5. 施工前的器材及测试仪表工具检查

在综合布线系统工程安装施工前，必须针对器材、部件、仪表和工具的特点，认真检验、测试和核查。有关器材、测试仪表和工具的具体检查校验内容和要求可参见国标 GB/T 50312—2016 中的相关内容。

6.2　综合布线管路和槽道的安装施工

6.2.1　管路和槽道的安装方式

在智能化建筑中，综合布线系统的缆线遍布到建筑物内的各处，通常利用暗敷或明敷管路或槽道（桥架、PVC 线槽或走线架等）的方式进行敷设，管路和槽道起到支撑和保护缆线的作用，是综合布线系统工程中极为重要的组成部分。

由于主干路由的线缆较多，一般使用大口径的金属线槽或桥架，线缆进入各房间时，线缆较少，则采用暗埋的管路或明敷的槽道。明敷设时，先用线管引入房间，再用 PVC 线槽明敷设至信息插座。

管路通常以暗敷为主，具有较强的灵活性和适应性。在综合布线系统工程中，管路既可以是沿主干路由（如电缆竖井内）垂直铺设的上升管路，也可以是沿分支路由（如天花板中）水平铺设的水平管路。

槽道多为明敷方式，包括金属桥架和 PVC 槽道，一般用于通信线路的主干路由或重要场合，尤其是缆线路由集中，且条数较多的场合或段落，如在智能建筑中的电缆竖井、电信间和设备间内以及重要的干线路由上。

6.2.2 管路和槽道安装的基本要求

在综合布线系统的管路、桥架或槽道的安装施工中应注意以下要求和规定：

① 综合布线系统的线缆和所需的管槽系统必须与公用通信网络的管线连接。

② 建筑物内的暗敷管路在墙壁内敷设时，应采取水平或垂直方向敷设，不得任意斜穿，以免影响其他管线施工。

③ 建筑物干线子系统如采用上升管路，且利用电缆竖井敷设时，在电缆竖井的墙壁上应预埋安装上升管路的铁件，其间距应符合设计要求。严禁与燃气、电力、供水和热水管线合用电缆竖井，并做好防火隔离。

④ 管槽的敷设应走距离最短的路由，这样不仅节省成本，更重要的是缩短了链路长度，有利于减少信号的衰减。

⑤ 在综合布线系统中如果无法使用直线管路，走线方式应与建筑物的基线保持一致，以保持建筑物的整体美观。

⑥ 根据施工图确定的安装位置，从始端到终端找好水平或垂直线（先垂直干线定位再水平干线定位）。

6.2.3 建筑物内主干布线的管槽安装施工

综合布线系统上升部分有上升管路、电缆竖井和上升房三种类型。

1. 上升管路设计安装

上升管路通常适用于中、小型智能化建筑，尤其是楼层面积不大、楼层层数较多的塔楼，或各种功能组合成的分区式建筑群体。装设位置一般选择在综合布线系统线缆较集中的地方，宜安装在较隐蔽角落的公用部位（如走廊、楼梯间或电梯厅等附近），并在各个楼层的同一地点设置，不得在办公室或客房等房间内设置，更不宜过于邻近垃圾道、燃气管、热力管和排水管以及易爆、易燃的场所，以免造成危害和干扰等后患。

上升管路是综合布线系统的建筑物垂直干线子系统线缆的专用设施，既要与各个楼层的楼层配线架（或楼层配线接续设备）互相配合连接，又要与各楼层管理相互衔接。上升管路可用钢管或硬聚氯乙烯塑料管，在屋内的保护高度不应小于 2 m，用钢管卡子等固定，其间距为 1 m。

2. 电缆竖井设计安装

在特大型或重要的高层智能建筑中，一般均设有开放型电缆通道，它们是从地下底层到建筑物顶部楼层的一个自上而下的深井（电缆竖井）。

综合布线系统的主干线路在竖井中一般有以下几种安装方式：

① 将主干电缆或光缆直接固定在竖井的墙上，适用于电缆或光缆条数很少的综合布线系统。

② 在竖井墙上装设走线架，主干电缆或光缆在走线架上绑扎固定，适用于较大型的综合布线系统。在有些要求较高的智能化建筑的竖井中，需安装特制的封闭式槽道，以保证线缆安全。

③ 在竖井墙壁上设置上升管路，适用于中型的综合布线系统。

3. 上升房设计安装

在大、中型高层建筑中，可以利用公用部分的空余地方，划出只有几平方米的小房间作为上升房（也称弱电间），在上升房的一侧墙壁和地板处预留槽洞，作为上升主干缆线的通道，专供综合布线系统的垂直干线子系统的线缆安装使用。在上升房内布置综合布线系统的主干线缆和配线接续设备需要注意以下几点：

① 上升房的布置应根据房间面积大小、安装电缆或光缆的条数、配线接续设备的装设位置、楼层管路的连接方式、电缆走线架或槽道的安装位置等合理设置。

② 上升房为综合布线系统的专用房间，不允许无关的管线和设备在房内安装，避免对通信线缆造成危害和干扰，保证线缆和设备的安全运行。上升房内应设有 220 V 交流电源，其照度应不低于 20 lx。为了便于维护、检修，可以利用电源插座采取局部照明，以提高照度。

③ 在上升房中，为了防止发生火灾时沿通信线缆延燃，应按国家防火标准的要求，采取切实有效的防火隔离措施。

6.2.4　建筑物内水平布线的管槽安装施工

在配线子系统中，线缆的支撑保护方式较多，在安装、敷设线缆时，必须根据施工现场的实际条件和采用的支撑保护方式等综合考虑。

1. 预埋暗敷管路

预埋暗敷管路属于隐蔽工程，一般与建筑物同时施工建成，是配线子系统中广泛采用的支撑保护方式之一。在安装施工暗敷管路时，必须符合以下要求：

① 预埋暗敷管路宜采用无缝钢管或具有阻燃性能的聚氯乙烯（PVC）管。在墙内预埋管路的管径不宜过大。根据我国建筑结构的情况，一般要求预埋在墙体中间暗管的最大外径不宜超过 50 mm，楼板中暗管的最大外径不宜超过 25 mm，室外管道进入建筑物的最大外径不宜超过 100 mm。暗敷于干燥场所（含混凝土或水泥砂浆层内）的钢管，可采用壁厚为 1.6～2.5 mm 的薄壁钢管。

② 预埋暗敷管路应尽量采用直线管道，直线管道超过 30 m 时，应设置过线盒装置，以利于牵引敷设线缆。如必须采用弯曲管道，要求每隔 15 m 设置过线盒装置。

③ 暗敷管路如必须转弯，其转弯角度应大于 90°，在路径上每根暗管的转弯角不得多于两个，并不应有 S 弯出现，有转弯的管段长度超过 20 m 时，应设置管线过线盒装置；有两个弯时，不超过 15 m 应设置过线盒。

④ 暗敷管路的内部不应有铁屑等异物，以防止堵塞。要求管口应光滑无毛刺，并加有护口（户口圈或绝缘套管）保护，管口伸出部位宜为 25～50 mm。

⑤ 暗敷管路转弯的曲率半径不应小于所穿入缆线的最小允许弯曲半径，并且不应小于该管外径的 6 倍，如暗管外径大于 50 mm 时，不应小于 10 倍。

⑥ 至楼层电信间暗敷管路的管口应排列有序，在两端应设有标志，其内容有序号、长度等，便于识别与布放缆线。

⑦ 暗敷管路内应安置牵引线或拉线。

⑧ 暗敷管路如采用钢管，其管材连接（可采用丝扣连接或套管焊接）时，管孔应对准，接缝应严

密，不得有水和泥浆渗入。如采用硬质塑料管，应使用接头套管并采用承插法连接。为了保证接续的牢固、坚实、密封、可靠，接头套管内应涂抹胶合剂黏接。

⑨ 暗敷管路在与信息插座、过线盒等设备连接时，可以采用不同的安装方法。

⑩ 暗敷管路进入信息插座、过线盒等接续设备时，如采用钢管，可采用焊接固定，管口露出盒内部分应小于 5 mm；如采用硬质塑料管，应采用入盒接头紧固。

2. 明敷配线管路

明敷配线管路在智能建筑中应尽量不用或少用，但在有些场合或短距离的线路使用较多。在安装明敷配线管路时，应注意以下几点：

① 明敷配线管路应根据敷设场合的环境条件选用不同材质和规格的管材。如在潮湿场所或埋设于建筑物底层地面内的线路可采用管壁厚度大于 2.5 mm 的钢管或镀锌钢管，在干燥场所（含在混凝土或水泥砂浆内）可采用管壁厚度为 1.6～2.5 mm 的薄壁钢管。

② 明敷配线管路应排列整齐、布置合理、横平竖直，且要求固定点或支撑点的间距均匀。金属管明敷时，在距接线盒 300 mm 处、弯头处的两端以及每隔 3 m 处应采用管卡固定。

3. 预埋金属槽道（线槽）

建筑物内综合布线系统有时采用预埋金属槽道（线槽）支撑保护方式，适用于大空间且间隔变化多的场所，一般预埋于混凝土地板中或活动楼板的垫层内。通常，金属线槽可以预先定制，根据客观环境条件可有不同的规格尺寸。预埋金属槽道的具体要求有以下几点：

① 在建筑物中预埋线槽，宜按单层设置，每一路由进出同一过路盒的预埋线槽均不应超过三根，线槽截面高度不宜超过 25 mm，总宽度不宜超过 300 mm。线槽路由中若包括过线盒或出线盒，截面高度宜在 70～100 mm 范围内。

② 线槽直埋长度超过 30 m 或在线槽路由交叉、转弯处宜设置过线盒，以便于布放缆线和维修。

③ 过线盒盖应能开启，并与地面齐平，盒盖处应具有防灰与防水功能。

④ 过线盒和接线盒盒盖应能抗压。

⑤ 金属线槽与信息插座接线盒之间或金属线槽与金属钢管之间连接的缆线宜采用金属软管敷设。

4. 明敷线缆槽道或桥架的安装

明敷线缆槽道或桥架适用于正常环境的室内场所，有严重腐蚀的场所不宜使用。在敷设时必须注意以下要求：

① 缆线桥架底部应高于地面 2.2 m 及以上，顶部距建筑物楼板不宜小于 300 mm，与梁及其他障碍物交叉处间的距离不宜小于 50 mm。

② 缆线桥架水平敷设时，支撑间距宜为 1.5～3 m。垂直敷设时固定在建筑物结构体上的间距宜小于 2 m，距地 1.8 m 以下部分应加金属盖板保护，或采用金属走线柜包封。

③ 直线段缆线桥架每超过 15～30 m 或跨越建筑物变形缝时，应设置伸缩补偿装置。

④ 金属线槽敷设时，在线槽接头处、每间距 3 m 处、距离线槽两端出口 0.5 m 处以及转弯处应设置支架或吊架。

⑤ 塑料线槽槽底固定点间距宜为 1 m。

⑥ 缆线桥架和缆线线槽转弯半径不应小于槽内线缆的最小允许弯曲半径，线槽直角弯处最小弯曲半径不应小于槽内最粗缆线外径的 10 倍。

⑦ 桥架和线槽穿过防火墙体或楼板时，缆线布放完成后应采取防火封堵措施。

⑧ 缆线桥架和缆线线槽在水平敷设时，应整齐、平直；沿墙垂直明敷时，应排列整齐、横平竖直、紧贴墙体。

⑨ 金属槽道应有良好的接地系统，并应符合设计要求。槽道间应采用螺栓固定连接，并应在槽道的连接处焊接跨接线。

⑩ 当综合布线缆线与大楼弱电系统缆线采用同一线槽或桥架敷设时，子系统之间应采用金属板隔开，间距应符合设计要求。

5. 网络地板缆线敷设

网络地板缆线敷设时应注意以下要求：

① 线槽之间应沟通。

② 线槽盖板应可开启。

③ 主线槽的宽度宜在 200～400 mm，支线槽宽度不宜小于 70 mm。

④ 可开启的线槽盖板与明装插座底盒间应采用金属软管连接。

⑤ 地板块与线槽盖板应抗压、抗冲击和阻燃。

⑥ 当网络地板具有防静电功能时，地板整体应接地。

⑦ 地板块间的金属线槽段与段之间应保持良好导通并接地。

⑧ 在架空活动地板下敷设缆线时，地板内净空应为 150～300 mm。若空调采用下送风方式则地板内净高应为 300～500 mm。

吊顶支撑柱中电力线和综合布线缆线合并布放时，中间应用金属板隔开，间距应符合设计要求。

6.3　综合布线系统工程电缆布线施工

在综合布线系统工程中，当管槽系统安装完成后，接下来就要进行线缆布线施工了。综合布线系统的配线子系统一般采用双绞线电缆，干线子系统、建筑群子系统则会根据传输距离和用户需求选用双绞线电缆或者光缆作为传输介质。由于双绞线和光缆的结构不同，所以在布线施工中所采用的技术也不相同。

6.3.1　缆线敷设施工的一般要求

在国标 GB/T 50312—2016 中，缆线敷设要求的内容是以屋内敷设缆线为主，屋外敷设缆线适当顾及，内容较为简略，且不具体。

综合布线系统在智能化建筑内缆线的敷设应满足下列要求：

① 缆线的形式、规格应与设计规定相符。

② 缆线在各种环境中的敷设方式、布放间距均应符合设计要求。

③ 缆线的布放应自然平直，不得产生扭绞、打圈、接头等现象，不应受外力的挤压而损伤。

④ 缆线两端应贴有统一正规标签，并标明缆线编号和用途，标签上的文字符号书写应清晰、字体端正、内容正确，标签应选用不易损坏的材料制成。

⑤ 缆线应适当留有余量，以适应终端连接、检查测试和变更（如拆除移动）的需要。缆线预留的长度应按照电信间或设备间内设备布置、安装的机架数量以及在同一机架内或不同机架间进行终端连接、检查测试和变更需要的长度进行计算。在一般情况下，工作区的双绞电缆预留长度宜为0.1～0.3 m，电信间宜为0.5～2 m，设备间宜为3～5 m；光缆布放路由宜盘留，预留长度宜为3～5 m，有特殊要求的应按设计要求预留长度。

⑥ 缆线的弯曲半径应符合下列规定：

- 非屏蔽4对双绞电缆的弯曲半径应至少为电缆外径的4倍。
- 屏蔽4对双绞电缆的弯曲半径应至少为电缆外径的8倍。
- 主干双绞电缆的弯曲半径应至少为电缆外径的10倍。
- 2芯或4芯水平光缆的弯曲半径应大于25 mm，其他芯数的水平光缆、主干光缆和室外光缆的弯曲半径应至少为光缆外径的10倍。

⑦ 缆线间的最小净距应符合设计要求。对于建筑物中缆线通道内较为拥挤的部位，综合布线系统应单独敷设。但与智能化建筑内弱电系统各个子系统合用一个金属槽道布放缆线时，各个子系统的缆线线束间应用金属板隔开。在一般情况下，各个子系统的缆线应布放在各自的金属线槽中，金属线槽应就近接地，与各系统缆线间距应符合设计要求。

电力电缆与综合布线系统缆线应分隔布放，并应符合表6-1的规定。

表6-1 双绞电缆与电力电缆最小净距

条件	最小净距（mm）		
	380 V <2 kV·A	380 V 2～5 kV·A	380 V >5 kV·A
双绞电缆与电力电缆平行敷设	130	300	600
有一方在接地的金属槽道或钢管中	70	150	300
双方均在接地的金属槽道或钢管中	10	80	150

注：当380 V电力电缆<2 kV·A，双方都在接地的线槽中，且平行长度≤10 m时，最小间距可为10 mm。

双方都在接地的线槽中，是指两个不同的线槽，也可在同一线槽中用金属板隔开。

综合布线与配电箱、变电室、电梯机房、空调机房之间最小净距应符合表6-2的规定。

表6-2 综合布线电缆与其他机房最小净距

名称	最小净距（m）	名称	最小净距（m）
配电箱	1	电梯机房	2
变电室	2	空调机房	2

建筑物内电、光缆暗管敷设与其他管线最小净距应符合表6-3的规定。

表6-3 综合布线缆线及管线与其他管线的间距

管线种类	平行净距（mm）	垂直交叉净距（mm）
避雷引下线	1 000	300
保护地线	50	20

续表

管 线 种 类	平 行 净 距（mm）	垂直交叉净距（mm）
热力管（不包封）	500	500
热力管（包封）	300	300
给水管	150	20
煤气管	300	20
压缩空气管	150	20

综合布线缆线宜单独敷设，与其他弱电系统各子系统缆线间距应符合设计要求。

对于有安全保密要求的工程，综合布线系统缆线与信号线、电力线、接地线的间距应符合相应的保密规定。对于具有安全保密要求的缆线应采取独立的金属管或金属线槽敷设。

⑧ 具有屏蔽结构的电缆，其屏蔽层端到端应保持完整良好的导通性，屏蔽层的全程不得有中断的现象。

6.3.2　配线子系统水平电缆布线施工

1. 配线子系统水平电缆施工的基本要求

建筑物内水平布线可选用天花板、暗道、墙壁线槽等形式。配线子系统的线缆虽然是综合布线系统中的分支部分，但它具有面最广、量最大、具体情况多而复杂等特点，涉及的施工范围几乎遍布建筑中的所有角落。因此在水平电缆布线施工过程中，除了遵守 6.3.1 小节所述缆线铺设施工的一般要求外，还要注意以下几点：

① 电缆总是应该与墙平行铺设。

② 电缆不能斜穿天花板。

③ 在选择布线路由时，应尽量选择施工难度最小并且最直和拐弯最小的路径。

④ 不允许将电缆直接铺设在天花板的隔板上。

2. 线缆放线

根据不同的布线作业需要和条件，可采用不同的放线方法，通常有以下两种方法：

（1）从纸板箱中拉线

普通的 4 对双绞线线缆出厂时都包装在纸箱中，对于常规类型的纸板箱，采用如下操作步骤可以有效避免缆线的缠绕：

① 撤去有穿孔的撞击块。

② 将电缆线拉出 1 m 长，让塑料插入物固定在应有的位置上。

③ 将纸板箱放在地板上，并根据需要放送电缆线。

④ 按所要求的长度将电缆线割断，需留有余量供端接、扎捆及日后维护使用。

⑤ 将电缆线滑回到槽中，留数厘米在外，并在末端系一个环，以使末端不滑回槽中去。

如果纸板箱的侧面有一个塑料塞，则应采用下述操作步骤：

① 除去塑料塞。

② 通过穿孔拉出数米的线缆。

③ 将纸板箱放在地板上，拉出所要求长度的线缆并剪断，将电缆线滑回到槽中，留数厘米伸在外面。

④ 重新插上塞子以固定线缆。

（2）从卷轴或轮上放线

较重的缆线必须绕在轮轴上，不能放在纸箱中。例如，大对数缆线，可先将缆线安装在轮轴上，然后从轮轴上将它们拉出，缆线轴要安装在放线支架上，以便使它能转动并将缆线从轴顶部拉出。施工人员要保持平滑和均匀地放线。

3. 线缆牵引技术

线缆敷设之前，建筑物内的各种暗敷管路和槽道已安装完毕，因此，线缆要敷设在管路或槽道内，就必须使用线缆牵引技术。为了方便线缆牵引，在安装各种管路或槽道时已内置了拉绳（一般为钢丝）。缆线牵引就是指用一条拉绳将线缆从墙壁管路、地板管路、槽道或桥架的一端牵引到另一端。

线缆牵引所用的方法取决于要完成作业的类型、线缆的质量、布线路由的难度、管道中要穿过的线缆的数目以及管道中是否已敷设线缆等。不管在哪种场合，都必须尽量使拉绳与线缆的连接点平滑，所以要采用电工胶布紧紧地缠绕在连接点外面，以保证平滑和牢固。

（1）牵引 4 对双绞线电缆

一条 4 对双绞线电缆很轻，通常不要求做更多的准备，只需用电工胶带与拉绳捆扎后按要求布放即可。

（2）牵引多条线缆穿过同一路由

如果牵引多条 4 对双绞线电缆穿过同一条路由，必须首先使用电工胶布将多根双绞线电缆与拉绳绑紧，然后再使用拉绳均匀用力，缓慢牵引电缆。牵引端的做法通常有以下两种：

① 将多条线聚集成一束，并使它们的末端对齐，然后用电工胶带紧绕在缆线束外面，缠绕长度为 5～8 cm。最后，将拉绳穿过电工胶带缠绕好的电缆，并打好结，如图 6-1 所示。

② 为使拉绳与电缆组连接更牢固，可采用如下方法：将电缆除去一些绝缘层以暴露出 5 cm 的铜质裸线，将裸线分为两束，将两束导线互相缠绕成一个环，如图 6-2 所示。用拉绳穿过此环，打好结，然后将电工胶带缠绕到连接点周围，并要注意缠得尽可能结实和平滑。

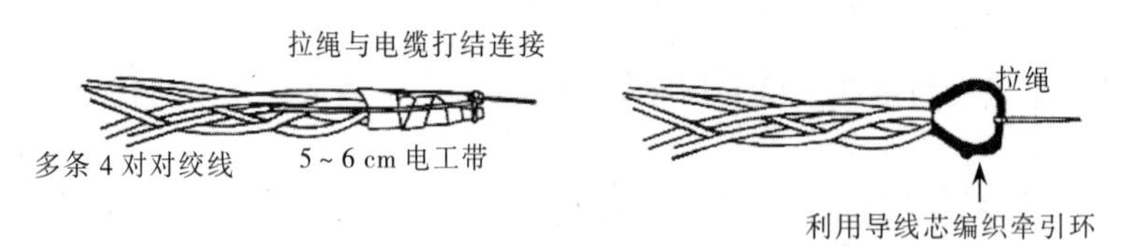

图 6-1　牵引端做法（一）　　图 6-2　牵引端做法（二）

（3）牵引单根大对数双绞线对称电缆

这种方法适用于 70 对以下单条大对数（如 25 对、50 对等）主干双绞线电缆。其牵引端做法如下：将电缆向后弯曲以便建立一个环，直径约为 15～30 cm，并使缆线末端与缆线本身绞紧，再用电工带紧紧地缠绕在绞好的缆线上，以加固此环。然后用拉绳连接到缆环上，再用电工带紧紧地将连接点包扎起来，已做好的单条大对数双绞线对称电缆牵引端如图 6-3 所示。

（4）牵引多根 25 对双绞线电缆或更多线对电缆

对于 70 对以上，特别是上百对的主干电缆或多根 25 对线缆，可采用一种称为芯套/钩的连接，这

种连接是非常牢固的，它能用于几百对电缆的牵引。其牵引端做法如下：剥除约 30 cm 的电缆护套，包括导线上的绝缘层，使用斜口钳将部分导线切去，留下一部分（如约 12 根）作绞合用；将导线分成两个绞线组，并将两组绞线交叉的穿过拉绳的环，在缆线的一边建立一个闭环，如图 6-4 所示。将弯回的两组绞线缠绕在原来的两组绞线上，形成一个关闭的缆环，再用电工带紧紧缠绕在线缆周围，覆盖长度约 6 cm，然后继续再绕上一段，如图 6-5 所示为制作好的电缆牵引芯套/钩。

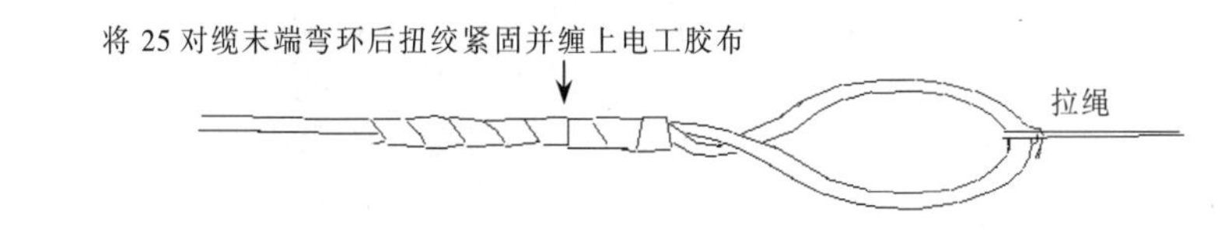

图 6-3　单条大对数电缆的牵引端

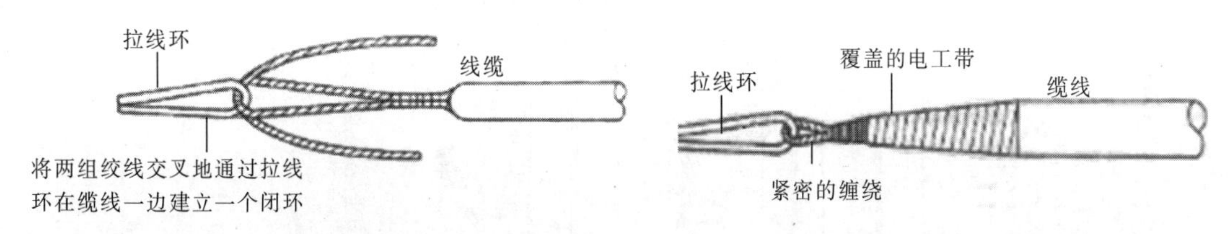

图 6-4　两组缆线交叉地穿过拉线环　　图 6-5　制作好的电缆牵引芯套/钩

4. 水平电缆布线的敷设方法

配线子系统的缆线敷设方式有预埋、明敷管路或槽道等几种，这些装置又有在顶棚（或吊顶内）、地板下和墙壁中以及它们的混合等形式。

（1）吊顶内线缆的敷设方法

吊顶内的布线施工面广、量大、情况复杂、涉及范围几乎遍布智能化建筑，在整个施工过程中，必须按照以下施工程序和操作方法及具体要求进行操作：

① 施工准备工作应全面落实和具体安排。主要是检查验证工程现场有没有影响施工顺利进行的因素；敷设的缆线是否已全部到齐，质量能否确保可用；负责敷设施工缆线的技术力量是否具备；安装施工过程中必须的设备、工具等是否齐全、完备和切实可用。

② 缆线敷设的准备应细致检查和详尽布置。在缆线施工现场应注意安全，在工作区域采取安全防护措施，设置施工标记牌或示警塑料彩带等，以便提醒过往行人了解现场正在施工，存在安全因素，限制非缆线施工人员和未经允许的个人进入施工现场等。

③ 详细核查缆线的准确长度。对需敷设缆线的段落进行详细核查，注意缆线的路由、走向、位置、拐弯处和设备安装点等。确保每根缆线长度准确（包括预留缆线的长度），敷设的缆线有足够的长度（包括今后终端连接、测试等消耗长度），根据已到的缆线进行合理分配使用。对符合长度要求的缆线的两端做好标记，以便对号入座的选用，不致发生错误，以免影响施工质量和进度。

在核查缆线的路由时，要注意选择最短的直线路由有时不一定是最好的方案，因为还有其他因素要考虑。例如，路由的空间是否宽敞、有无障碍物会影响施工等问题，应考虑便于安装施工和维护检测等客观条件，以利于施工操作。

④ 检查吊顶内是否符合施工要求。根据施工图纸要求，结合现场实际条件，确定在吊顶内缆线的具体路由位置和安装方式。为此，应在施工现场将拟敷设缆线路由的吊顶活动面板（包括检查口）移

开，详细检查吊顶距楼板底边的净空间距是否符合标准，有无影响缆线敷设的障碍。如有槽道或桥架装置及支撑物（包括悬吊件），安装是否牢固可靠，尤其是上人的吊顶，有无摇晃不稳定、牢固程度不够的隐患等。检查后确未发现问题才能敷设缆线。

⑤ 采用相应而适宜的牵引敷设方式。因配线子系统的缆线长度较短（最长为 100 m）。且吊顶内的空间一般都较为宽敞，因此，无论在吊顶内是否装设槽道或桥架，缆线的敷设方式最好采用人工牵引。通常在吊顶内采用分区布线法，对于单根大对数的电缆可以直接牵引敷设，不需牵引绳索；如果是多根小对数的缆线（如 4 对双绞线对称电缆），可组成缆束作为牵引单位，用拉绳在吊顶内牵引敷设。如缆束长度较长、缆线根数较多、重量也较大，在缆线路由中间设置专人负责照料或帮助牵引，以减少牵引人力和防止电缆在牵引中受到磨损。具体的人工牵引方法如图 6-6 所示。

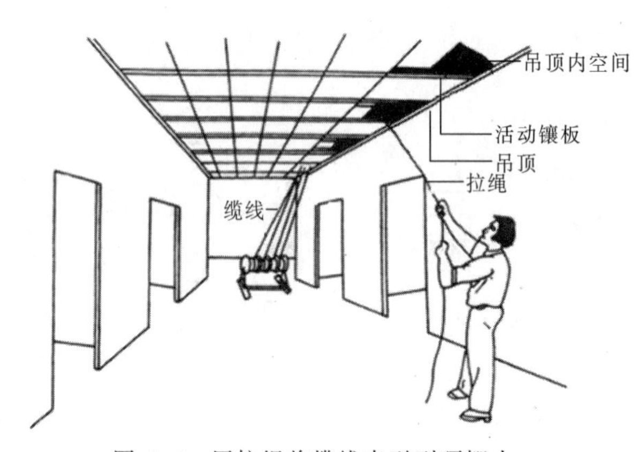

图 6-6　用拉绳将缆线牵引到顶棚内

为了防止距离较长的电缆在牵引过程中发生被磨、刮、蹭、拖等损伤，可在缆线进顶棚的入口处和出口处以及中间增设保护措施和支撑设置。

在牵引缆线时，牵引速度宜慢速，不宜猛拉紧拽，如发生缆线被障碍物绊住，应查明原因，排除故障后再继续牵引，必要时，可将缆线拉回重新牵引。

配线子系统的缆线分布较分散，且线对数不多，更有利于利用吊顶内支撑柱或悬吊件等附挂缆线的方式。

⑥ 向下穿过管路。配线子系统的缆线在吊顶内敷设后，需要将缆线穿放在预埋墙壁或柱子中的暗敷管路，向下牵引至安装的信息点（通信引出端）处。缆线根数较少，且线对数不多的情况可直接穿放。如果缆线根数较多，宜采用牵引绳拉到安装信息插座处。缆线在工作区处应适当预留长度，一般为 0.1～0.3 m，以便连接。

⑦ 整理施工现场，保持工地清洁。整理施工现场使工地清洁是安装施工人员职业道德的要求和必备的基本素质。具体工作主要包括整理牵引绳索和工具，处理施工中废弃的缆线线头和废料；所有工具、设备进行检验和收藏妥当；清扫施工现场和整理有关设施（如临时电气线路）等。尤其是施工的剩余缆线和布线部件必须进行清点检查，分类妥善保管。

（2）地板下的布线

目前，在综合布线系统中采用地板下的水平布线方法较多，这些方法比较隐蔽美观，安全方便。新建建筑物地板下布线主要有地板下预埋管路布线法、蜂窝状地板布线法、地面线槽布线法（线槽埋放在垫层中）、地板下管道布线法和高架地板布线法。

地板下布线方法与吊顶内布线方法相似，其施工顺序也基本相同。

（3）墙壁中的布线方式

墙壁中的布线方法就是利用管路穿放缆线。施工的一般步骤如下：

① 检查管路中有无牵引线，如已有牵引线时，应首先对管路试通并清刷管路内壁（利用牵引绳将小刷或碎布来回拉两次，把管孔清刷干净），确保畅通无阻。如果没有牵引线，则可以首先使用穿管器将牵引线（钢丝或铁线）带入，而后再用牵引线牵引电缆入管。

电缆穿管器通常有不锈钢穿管器和玻璃钢穿管器，不锈钢穿管器由钢丝带和钢丝带卷绕器组成，钢丝带的一端固定在钢丝带卷绕器上，另一端为引导头，如图 6-7 所示。引导头可以连接清理工具（用于清理管道）、连接金属丝（用于布放牵引线），也可以直接连接电缆（用于直接布放电缆）。

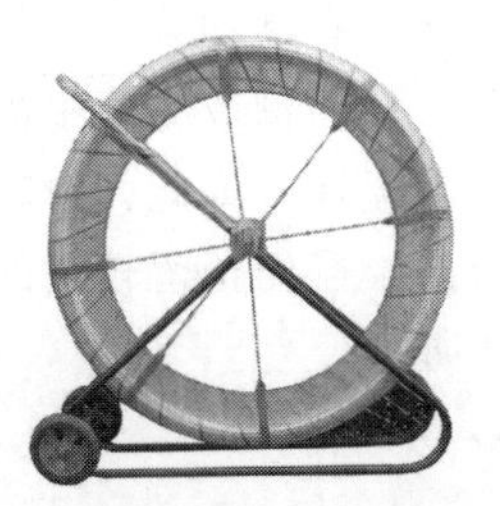

图 6-7　电缆穿管器

② 牵引缆线前应事先核查拟布缆线的管路，配好相应长度的缆线（包括预留长度），不应过短或过长，同时要注意牵引施工完毕后，两端的缆线长度必须确保无误，足够施工和检修所用。

③ 牵引缆线应根据所牵根数选择相应的牵引方法，如为多根缆线时，要同时牵引。牵引绳和缆线的连接处要按规定装设转环等装置，以防止缆线发生扭转或损坏。采用人工牵引方法时，注意用力、速度等。牵引完毕后要仔细检查缆线两端有无损伤，或有无可疑之处，必要时，应立即进行缆线测试，检查有无后患。

④ 如缆线不立即进行测试检查和终端连接时，应将缆线两端密封包扎妥当，固定牢靠，外面宜采用相应的保护措施，以防外界人为损坏，力求缆线安全，满足日后使用要求。如是雨季施工，还应注意缆线的防水和防潮等问题。

⑤ 在管路端部和缆线周围的空隙，宜采用塑料粘带等封堵严密，这样既能保护缆线不受管口磨损，又能防止污物、灰尘或水分等进入管内对缆线产生不良的影响。

6.3.3　建筑物主干缆线施工

主干缆线是智能建筑综合布线系统的主干线路，其施工敷设是极为重要的内容。干线子系统的施工全部在室内，在建筑物中已有电缆竖井或弱电间，现场施工环境条件较好。干线子系统与建筑物本身和其他管线系统关系密切，因此，在安装施工中必须加强与有关单位协作配合，互相协调。

1. 建筑物主干缆线的敷设方法

（1）牵引敷设方法的类型

在现代化智能建筑中，干线子系统通常都是设在电缆竖井或弱电间的电缆井和电缆孔中，其牵引缆线敷设方式主要有向下垂放和向上牵引两种类型。但在特高层（如几十层的高层）建筑中也可以采用分段牵引的方式，如 50 层的高层建筑分成 2 段，可以分别在 50 层、25 层向下垂放。

（2）向下垂放的敷设方式

向下垂放电缆就是由建筑物的最高层向最低层牵引敷设，可以利用缆线本身自重的有利条件向下垂放，向下垂放电缆应按照以下步骤进行并注意施工方法：

① 核实缆线的长度重量。在布放缆线前，必须检查缆线两端，核实外护套上的总尺码标记，并计算外护套的实际长度，力求精确核实，以免敷设后发生较大误差。

确定运到的缆线的尺寸和净重，以便考虑有无足够体积和负载能力的电梯将缆线盘运到顶层或相应楼层，以便决定分别向上或向下牵引缆线施工。

② 缆线盘定位和安装滑轮。缆线盘必须放置在合适的位置，使顶层有足够的操作空间，缆线盘应用千斤顶架空使之能够自由转动，并设有制动装置，用作帮助控制缆线的下垂速度或停止与启动。为了使缆线能正确竖直地下垂到洞孔，在沟槽或立管中需用滑轮来控制缆线的方向，确保缆线垂直进入上述支撑保护措施，且其外护套不受损坏。为此，滑轮必须固定在牢固的建筑物上，防止因摆动偏离垂直的方向而损坏缆线外护套，为此，需要预留较大的洞孔或安装截面较大的槽道。利用滑车轮向下垂放通过大的洞孔或槽口如图 6-8 所示。

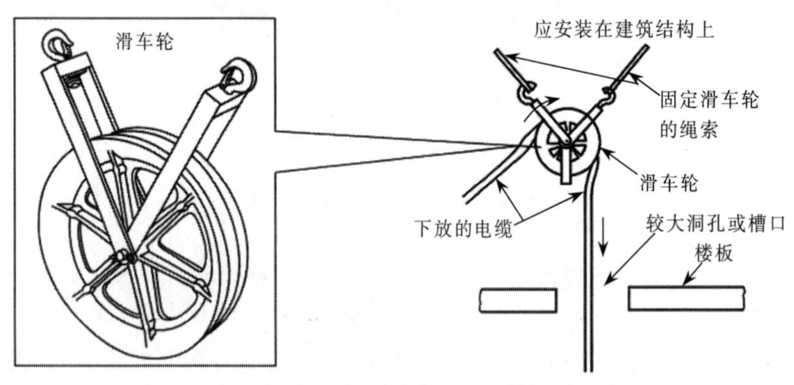

图 6-8　利用滑车轮向下垂放通过大的洞孔或槽口

③ 缆线牵引。向下垂放敷设要求每层都应有人驻守，引导缆线下垂和观察敷设过程中的情况，这些施工人员需要带有安全手套、无线电话等设备，以便及时发现和处理问题。

在缆线向下垂放敷设的过程中，要求速度适中均匀，不宜过快，使缆线从盘中慢慢放出徐徐下垂进入洞孔。各个楼层的施工人员应将经过本楼层的缆线正确引导到下一楼层的洞孔，直到缆线顺利到达底层，要求每个楼层留出缆线所需的冗余长度，并对这段缆线予以保护，各个楼层的施工人员应在统一指挥下将缆线进行绑扎固定。

④ 缆线牵引敷设和保护。在特高的智能化建筑中敷设缆线时，不宜完全采用向下垂放敷设，尚需牵引以提高工效。采用牵引施工方法时，必须注意以下几点：

- 为了保证缆线本身不受损伤，在布放缆线过程中，其牵引力不宜过大，应小于缆线允许张力的 80%。
- 为了防止预留的电缆洞孔或管路线槽的边缘不光滑，磨破电缆外护套，应在洞孔中放置塑料保护装置，以便保护，如图 6-9 所示。

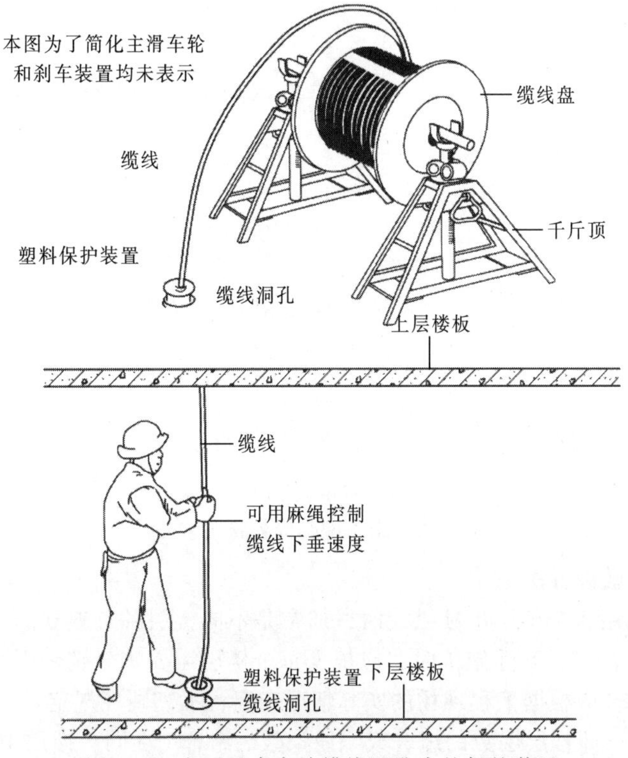

图 6-9　向下垂直布放缆线洞孔中的保护装置

- 在牵引缆线过程中，为防止缆线被拖、蹭、刮、磨等损伤，应均匀设置吊挂或支承缆线的支点，或采取其他保护措施（如增加引导牵引缆线的引导绳），吊挂或支承的间距不应大于 1.5 m，或根据实际情况来定。
- 在牵引缆线过程中，为减少缆线承受的拉力或避免在牵引中产生扭绞或打圈等有可能影响缆线本身质量的现象，在牵引缆线的端头处应装置操作方便、结构简单的牵引网套（夹）、旋转接头（旋转环）等连接装置，如图 6-10 所示。缆线布放后，应平直处于安全稳定的状态，不应受到外力的挤压或遭受损伤而产生故障隐患。

（3）向上牵引的敷设方式

当缆线盘因各种因素不能搬到顶层时，也可采用向上牵引缆线的敷设方法。该方法是利用人工或机械牵引的方式将缆线由建筑物的最低层向上牵引到最高层的施工方式。

当建筑物本身楼层数量较少或建筑物主干布线的长度不长时，应以人工牵引方法为主。如为特高层建筑，其楼层数量较多，且缆线对数较大，宜采用机械牵引方式。

机械牵引一般采用电动牵引绞车进行牵引，电动牵引绞车的型号、性能和牵引能力应根据所牵引电缆的重量和要求以及缆线达到的高度来选择。其施工顺序和具体要求与向下垂放基本相同。所不同的是需要先从房屋建筑的顶层向下垂放一条牵引缆线的拉绳，拉绳的长度应比房屋顶层到最底层略长，拉绳的强度应足以牵引缆线等的所有重量。在底层将缆线端部与拉绳连接牢固，并检查无误后，启动绞车，应匀速将缆线逐层向上牵引。同样，在每个楼层应由专人照料，使缆线在洞孔中间徐徐上升，不得产生缆线在洞孔边缘磨、蹭、刮、拖等现象，直到将缆线引导到顶层。要求从上到下在各个楼层缆线均有适当的预留长度，以便连接到设备。

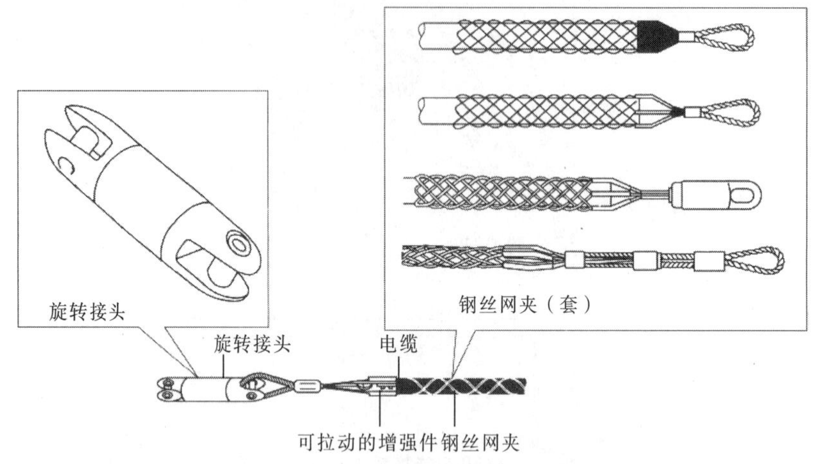

图 6-10　牵引网套等连接装置

（4）不同楼层的缆线敷设方法

在智能化建筑中如采用各个楼层单独供线时，通常是不同楼层各自独立的（或称单独的）缆线，且容量和长度不一。因此在工程实际施工时，应根据每个楼层需要，分别牵引敷设，有时可以分成若干个缆线组合，但这种组合应根据工程现场的实际情况来定，不宜硬性规定。

这种敷设方式较自由，即楼层层数的组合或缆线条数的组合（在同一楼层中有可能不是一根缆线）可根据缆线容量多少、缆线直径的粗细、客观敷设的条件及牵引拉绳的承载能力等来考虑。

2. 缆线在槽道或桥架内的布置和固定

综合布线系统的建筑物干线缆主要是在封闭式或敞开式的槽道（桥架）内敷设，尤其是在缆线条数多而集中的设备间或电信间内敷设。为了便于维护和检修，缆线在槽道或桥架中敷设时，应按以下要求施工：

① 缆线在桥架或敞开式槽道内敷设时，为了使缆线布置整齐有序、固定美观，应采取稳妥牢靠的固定绑扎措施。通常在水平装设的槽道或桥架中的缆线应在缆线的首端、尾端、转弯处及每间隔 3～5 m 处进行固定绑扎；而缆线在垂直装设的敞开式槽道或桥架内敷设时，应在缆线的上端和每隔 1.5 m 处进行固定绑扎。具体的绑扎方式是用电缆或光缆专用的塑料轧带将缆线绑扎在桥架或敞开式槽道内的支架上。

② 缆线在封闭式（有较严密的槽道盖板）的槽道内敷设时，要求缆线在槽道内平齐顺直、排列有序，尽量不交叉或不重叠，缆线不得溢出槽道，以免影响槽道盖板盖合，使水分或灰尘进入槽道。缆线在封闭式槽道虽然可不绑扎，但在缆线进出槽道的部位或转弯处应绑扎固定，尤其是槽道在垂直安装时，槽道内的缆线应每隔 1.5 m 固定绑扎在槽道内的支架上，以保证缆线布置整齐美观。

③ 为了有利于检修障碍和维护管理，在桥架或槽道内的缆线固定绑扎时，通常要根据缆线的类型、用途、缆径、线对数量进行分类布置和分束固定，并加以标记，如图 6-11 所示。

如 4 对双绞线电缆以 24 根为一束，25 对或 25 对以上的主干双绞线电缆或光缆及信号电缆可以分束捆扎。绑扎间距应均匀一致，标志面向外显示。绑扎不宜过紧，以免因缆线结构变形而影响传输性能。

④ 有些吊顶内因缆线条数较少或因其他原因不需设置专用槽道时，可以利用吊顶内的支撑柱附挂缆线的安装方式。这时承载的缆线不能太多，缆线悬空吊挂，容易混乱，必须采取分束绑扎，以便管

理和检修。

⑤ 在设备间或电缆竖井中铺设的缆线，都要求其缆线的外护套材料具有阻燃性能。

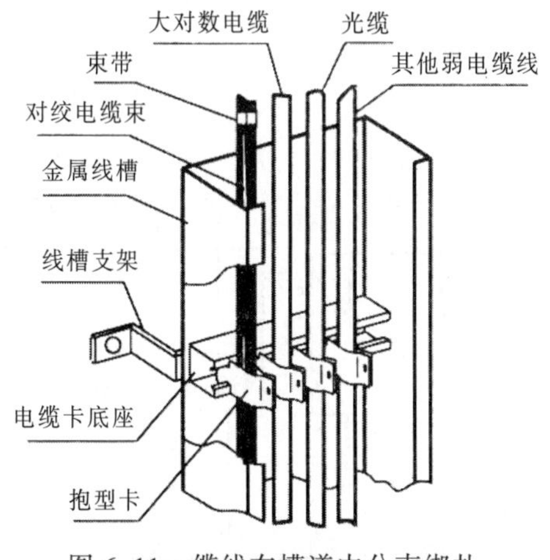

图 6-11 缆线在槽道中分束绑扎

6.3.4 双绞线电缆终接

视频

双绞线电缆终接

1. 双绞线电缆终接的基本要求

双绞线电缆终接是综合布线系统工程中最为关键的步骤，主要包括配线接续设备（设备间、电信间）和信息点（工作区）的安装施工以及 RJ-45 水晶头的端接。综合布线系统的故障绝大部分出现在链路的连接之处，故障会导致线路不通或衰减、串扰、回波损耗等电气指标下降，故障不仅可能出现在某个终接处，也可能是因为终接安装时不规范作业（如弯曲半径过小、开绞距离过长）等引起的故障。所以，对安装和维护综合布线的技术人员，必须先进行严格培训，掌握安装技能。

双绞线电缆终接应符合下列要求：

① 终接时，每对双绞线应保持扭绞状态，电缆剥除外护套长度够端接即可，最大暴露双绞线长度为 40～50 mm，扭绞松开长度对于 3 类电缆不应大于 75 mm，对于 5 类电缆不应大于 13 mm，对于 6 类电缆应尽量保持扭绞状态，减小扭绞松开长度。

② 双绞线与 8 位模块式通用插座相连时，必须按色标和线对顺序进行卡接。插座类型、色标和编号应符合图 6-12 的规定。两种连接方式均可采用，但在同一布线工程中两种连接方式不应混合使用。

③ 7 类布线系统采用非 RJ-45 方式终接时，连接图应符合相关标准规定。

屏蔽双绞线电缆的屏蔽层与连接器件终接处屏蔽罩应通过紧固器件可靠接触，接触长度不宜小于 10 mm。屏蔽层不应用于受力的场合。

对不同的屏蔽双绞线或屏蔽电缆，屏蔽层应采用不同的端接方法。应对编织层或金属箔与汇流导线进行有效的端接。

虽然电缆路由中允许转弯，但端接安装中要尽量避免不必要的转弯，绝大多数的安装要求少于三个 90°转弯，在一个信息插座盒内允许有少数电缆的转弯及短（30 cm）的盘圈。安装时避免下列情况：

① 避免弯曲超过 90°。

② 避免过紧地缠绕电缆。

③ 避免损伤电缆的外皮。

④ 剥除外护套时避免伤及双绞线绝缘层。

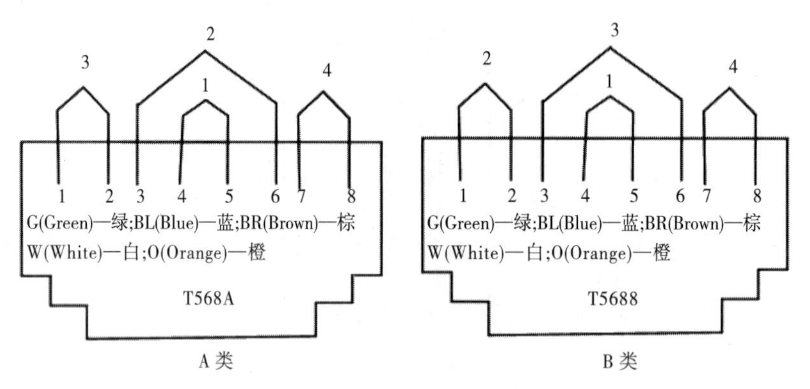

图 6-12　8 位模块式通用插座连接

电缆剥除外护套后，双绞线在端接时应注意：

① 避免线对发散。

② 避免线对叠合紧密缠绕。

③ 避免长度不同。

在综合布线施工中，双绞线与 RJ-45 连接器终接可以制作双绞线跳线，双绞线跳线就是两端终接有 RJ-45 水晶头的一段双绞线电缆。双绞线跳线用在设备间、电信间的配线架的跳接，或在工作区将用户终端连接到信息点上。

目前综合布线系统中选用的双绞线电缆绝大多数为 5e 类和 6 类双绞线，相应地 RJ-45 水晶头也分 5e 类和 6 类。6 类线缆的外径要比一般的 5e 类线粗，在施工安装方面，6 类比 5e 类难度也要大很多。

在前面已经介绍过，根据双绞线两端采用的标准不同，双绞线跳线有直通线和交叉线两种，它们采用的标准不一样，但制作过程和要求是一样的。

2. 6 类双绞线跳线现场制作

6 类水晶头与 5e、5 类水晶头外观基本相同，总体符合 RJ-45 标准，与 RJ-45 插座兼容，外壳材质为聚碳酸脂（Polycarbonate），极片为表面镀金的铜镍合金。直接观察触点可发现：6 类 RJ-45 插头的触点极片经抛光处理，能使之与插座中簧片的导通性提高 3 dB；线芯的压接点考虑了与 6 类双绞线线径（6 类线为减小衰减，芯线线号多为 # 23 AWG，5e 类及以下线缆多为 # 24 AWG）的匹配。

6 类水晶头的内部结构较 5 类水晶头有所改进，采用线芯双层排列方式，如图 6-13 所示，目的是尽可能减少线对开绞长度，从而降低串扰影响。

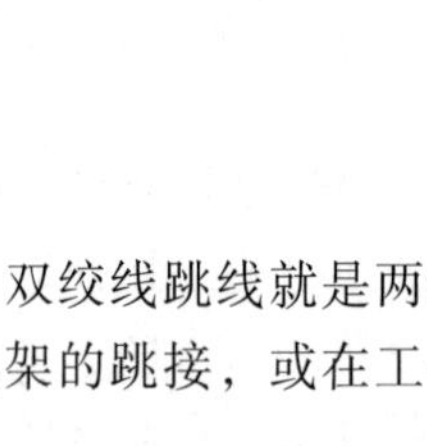

图 6-13　6 类 RJ-45 插头（双排）

为了将 8 根线快速、准确地插接到位，出现了图 6-14 所示的分体式插头。这种插头多了一个插件，用户可将各线对按接线图要求先穿入插件，然后再将插件整体放入 RJ-45 连接器内，进行压接，如图 6-15 显示了线对的安装状态。

图 6-14　分体式 6 类水晶头

图 6-15　线对安装

插件的形式因厂商不同也有所不同，插头本身也有屏蔽和非屏蔽、有无尾护套之分。6 类双绞线的现场制作步骤如下：

① 剥除电缆外护套。

② 去掉中间的十字骨架，不要把芯直接剪到根部，这样可以使卡槽更容易插到水晶头的根部，如图 6-16 所示。

③ 将分线器（Sled）套入线对，使 4 个线对各就各位、互不缠绕，并可以有效控制剥线长度，如图 6-17 所示。

④ 按照标准排列线对，并将每根线轻轻捋直，如图 6-18 所示。

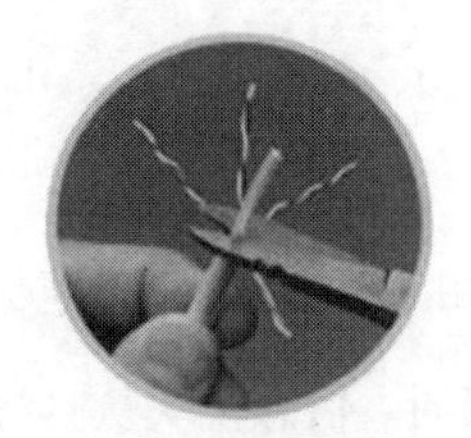
图 6-16　剪掉十字骨架

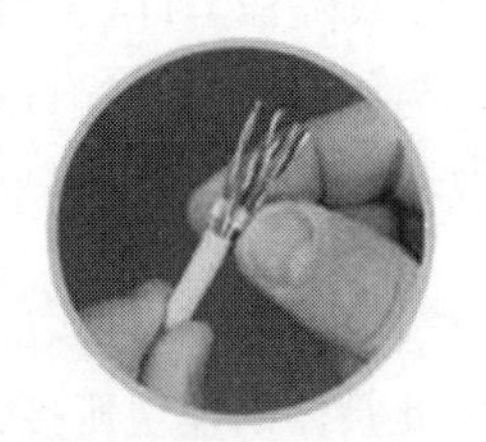
图 6-17　将分线器套入线对

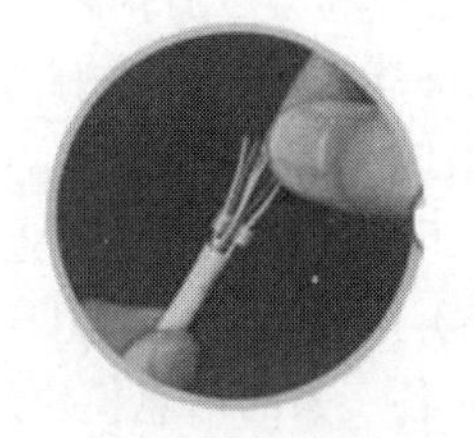
图 6-18　将每根线轻轻捋直

⑤ 将插件（Liner）套入各线对，如图 6-19 所示。

⑥ 将裸露出的双绞线用剪刀剪下只剩约 14 mm 的长度，如图 6-20 所示。

⑦ 插入 RJ-45 水晶头，注意一定要插到底，如图 6-21 所示。正确的压接位置如图 6-22 所示。

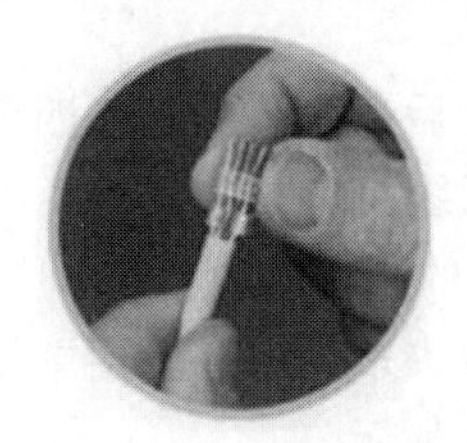
图 6-19　将插件套入各线对

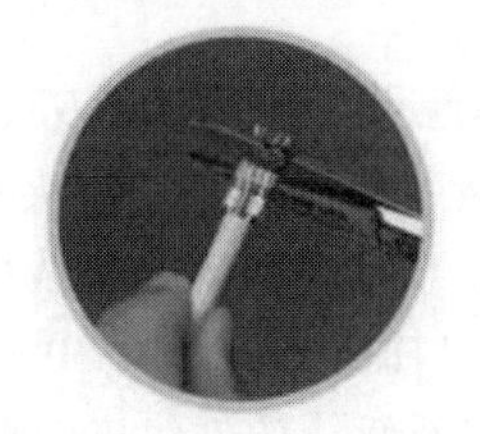
图 6-20　剪掉多余的双绞线

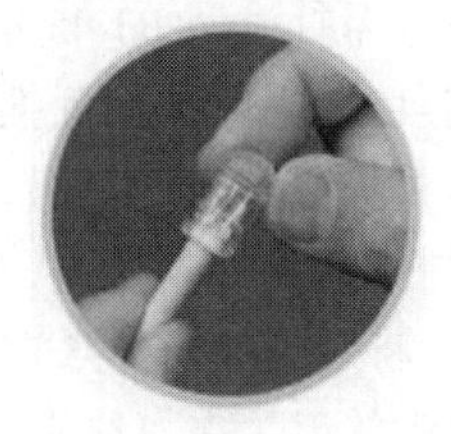
图 6-21　插入 RJ-45 水晶头

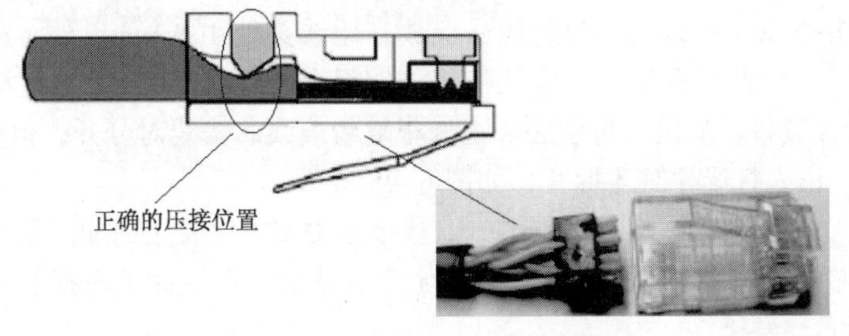

图 6-22　双绞线正确的压接位置

⑧ 用 RJ-45 压线钳进行压接，完成 RJ-45 水晶头的制作。

3. 信息模块的端接

信息插座的核心是信息模块，双绞线在与信息模块连接时，必须按色标和线对顺序进行卡接。信息插座与插头的 8 根针状金属片具有弹性连接，且有锁定装置，一旦插入连接，必须解锁后才能顺利拔出。

（1）信息模块的端接要求

双绞线电缆与信息模块端接的施工操作方法应符合以下基本要求：

① 双绞线与信息模块端接采用卡接方式，施工中不宜用力过猛，以免造成模块受损。连接顺序应按线缆的同一色标排列，连接后的多余线头必须清除干净，以免留有后患。

② 线缆端接后，应进行全面测试，以保证综合布线系统正常运行。

③ 各种线缆（包括跳线）和接插件间必须接触良好、连接正确、标志清楚。

④ 双绞线与信息模块端接时，必须按色标和线对顺序进行卡接。并尽量保持线对的对绞状态。通常，线对非扭绞状态应不大于 13 mm。插座类型、色标和编号有两种标准，即 EIA/TIA 568A 和 EIA/TIA 568B。两类标准规定的线序压接顺序有所不同，通常在信息模块的侧面会有两种标准的色标标注，如图 6-23 所示。可以按照所选择的标准进行接线，但要注意，在同一工程中只能有一种连接方式。

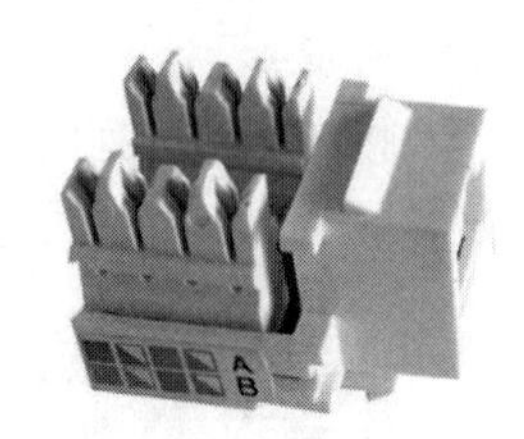

图 6-23　信息模块色标标注

（2）信息模块的类型

① 各厂家的信息模块结构有所差异，因此具体的模块压接方法也各不相同。信息模块从打线方式上划分有两种：一种是传统的需要手工打线的，打线时需要专门的打线工具，制作起来比较麻烦；另一种是新型的，无须手工打线，只需把相应双绞线卡入相应位置，然后用手轻轻一压即可，使用起来非常方便、快捷。

② 从电气性能上看，信息模块有 5 类、5e 类、6 类、6A 类、7 类等。

（3）需打线型 RJ-45 信息模块安装

RJ-45 信息模块前面插孔内有 8 芯线针触点分别对应着双绞线的八根线，后部两边分列各四个打线柱，外壳为聚碳酸酯材料，打线柱内嵌有连接各线针的金属夹子，并有通用线序色标分两排清晰注于模块两侧面上。A 排表示 T586A 线序模式，B 排表示 T586B 线序模式。具体的制作步骤如下：

① 将双绞线（6 类）从信息插座底盒里抽出来，预留 30 cm 的余量，剪去多余的线。用剥线工具或压线钳的刀具在离线头 4～5 cm 长左右将双绞线的外包皮剥去，如图 6-24 所示。

② 重新制作线缆编号，双绞线在剪短时，往往将线头附近的线号一起剪去，为此需重新制作线号。由于端接在距线头处 50 mm 以内，因此线号应放在距线头处 100 mm 以外，通常应保留两处。由于这是正式保留的线号，因此根据标准，应该使用能够保存 10 年以上的标签材料制作。

③ 剪去护套内的撕裂带，如没有可省去。把 8 根双绞线线芯按线对分开，但先不要拆开各线对，只有在将相应线对预先压入打线柱时才拆开，如图 6-25 所示。

④ 剪去十字骨架（6 类非屏蔽双绞线使用）。端接 6 类带十字骨架的非屏蔽双绞线之前，应贴着护套剪去四对双绞线芯线中间的十字骨架。在剪去十字骨架时，应注意不得损伤芯线（包括铜芯和绝缘层），如图 6-26 所示。

图 6-24　剥除线缆外护套

图 6-25　剪去撕裂带

⑤ 确定双绞线的芯线位置。将双绞线平放在模块中间的走线槽上方（注意：是平行于走线槽，不是垂直于走线槽），旋转双绞线，使靠近模块走线槽底的两对芯线的颜色与模块上最靠近护套的两对 IDC 色标一致（不可交叉）。如果无法做到一致，可将模块调转 180°后再试，如图 6-27 所示。

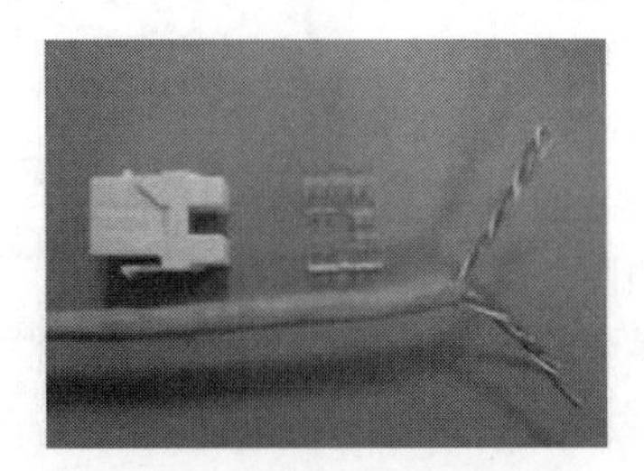

图 6-26　剪去十字骨架

图 6-27　确定双绞线的芯线位置

⑥ 将靠近护套边沿的两对线卡入打线槽内。由于靠近护套的两对打线槽与双绞线底部的两对线平行，因此可以将这两对线自然向外分，然后根据色谱用手压入打线槽内。注意：尽量不改变芯线原有的绞距，如图 6-28 所示。

⑦ 将远离护套边沿的两对线卡入打线槽内。前两对线刚好在护套边，因此基本上不需要考虑绞距。这两对线将远离护套，因此需将它自然地理直后，放到对应的打线槽旁（保持离开护套后的绞距不改变），然后根据色谱用手压入打线槽内。注意：如果为了保证色谱而被迫改变绞距时，应将芯线多绞一下，而不是让它散开，如图 6-29 所示。

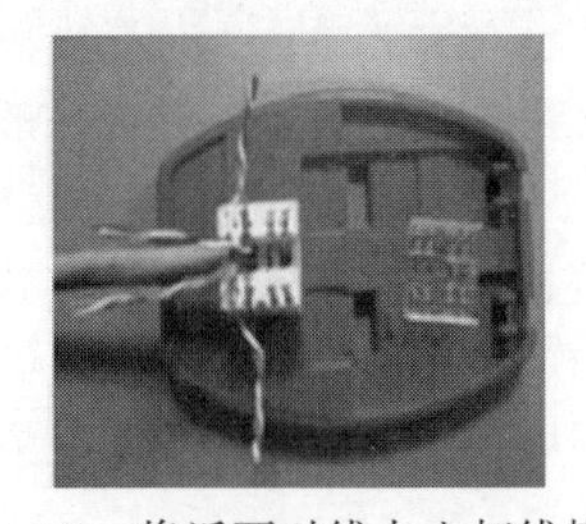

图 6-28　将近两对线卡入打线槽内

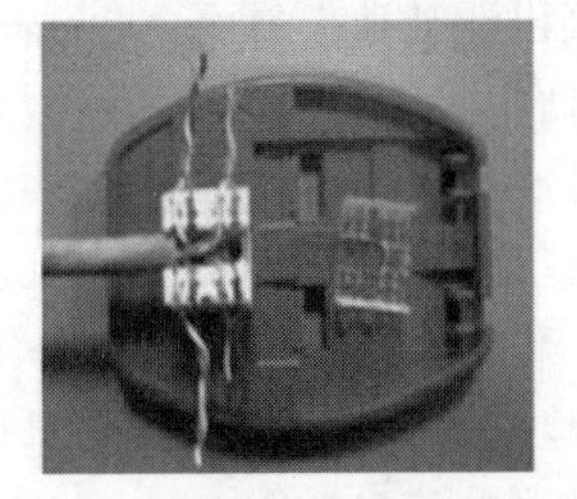

图 6-29　将远两对线卡入打线槽内

⑧ 将八个芯线全部打入打线槽内。在芯线全部用手压入对应的打线槽后，使用一对打线工具（将附带的剪刀启用）将每根芯线打入模块的打线槽内，在听到“喀哒”声后可以认为芯线已经打到位。此时，附带的剪刀将芯线的外侧多余部分自动切除，如图 6-30 所示。

⑨ 盖上模块盖。在全部端接结束前，将模块的上盖中的线槽缺口对准双绞线的护套边沿，用手指压入模块。此时，双绞线与模块中的走线槽方向平行，如果要将双绞线与模块中的走线槽方向垂直，则可以将双绞线弯曲 90°后从上盖中间的线槽中出线，如图 6-31 所示。

图 6-30　将 4 对线打入打线槽内

图 6-31　盖上模块盖

4. 免打线型 RJ-45 信息模块安装

免打线型 RJ-45 信息模块的设计便于无须打线工具而准确快速地完成端接，没有打线柱，而是在模块的里面有两排各四个金属夹子，锁扣机构集成在扣锁帽里，色标也标注在扣锁帽后端，端接时，用剪刀裁出约 4 cm 的线，按色标将线芯放进相应的槽位并扣上扣锁帽，再用钳子压一下扣锁帽即可（有些可以用手压下，并锁定）。扣锁帽确保铜线全部端接并防止滑动，扣锁帽多为透明，以方便观察线与金属夹子的咬合情况，如图 6-32 所示。

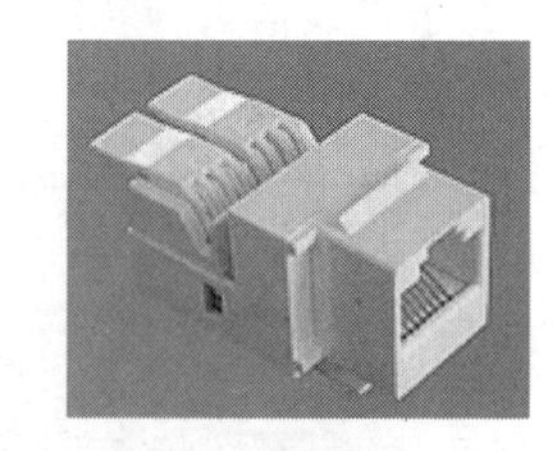

图 6-32　免打线型信息模块

5. 信息插座的安装

（1）信息插座底盒的安装

信息插座分为暗装式和表面安装式两种，用户可根据实际需要选用不同的安装方式以满足不同的需要。

① 安装在地面上或活动地板上的地面信息插座是由接线盒体和插座面板两部分组成的。插座面板有直立式（面板与地面成 45°，可以倒下成平面）和水平式等几种。缆线连接固定在接线盒体内的装置上，接线盒体均埋在地面下，其盒盖面与地面平齐，可以开启，要求必须有严密的防水、防尘和抗压功能。在不使用时，插座面板与地面齐平，不得影响人们日常行动。

② 安装在墙上的信息插座，其位置宜高出地面 300 mm 左右。如房间地面采用活动地板时，信息插座应至少高出活动地板地面 300 mm。

③ 信息插座底座的固定方法应以现场施工的具体条件而定，可用扩张螺钉、射钉或一般螺钉等方法安装，安装必须牢固可靠，不应有松动现象。

④ 在新建的智能建筑中，信息插座宜与暗敷管路系统配合，信息插座盒体采用暗装方式，在墙壁上预留洞孔，将盒体埋设在墙内，综合布线施工时，只需加装信息模块和插座面板。

⑤ 在已建成的智能建筑中，信息插座的安装方式可根据具体环境条件采取明装或暗装方式，大多采用表面安装式的信息插座。

（2）信息模块的安装

信息模块端接后，接下来就要安装到信息插座内，以便工作区终端设备使用。各厂家信息模块的安装方法相似，具体可以参考厂家说明资料。

下面以 SHIP（一舟）信息插座安装为例，介绍信息模块的安装步骤。

① 将已端接好的信息模块卡接在插座面板槽位内，如图 6-33 所示。

② 将已卡接模块的面板与暗埋在墙内的底盒接合在一起，如图 6-34 所示。

③ 用螺钉将插座面板固定在底盒上。

④ 在插座面板上安装标签条。

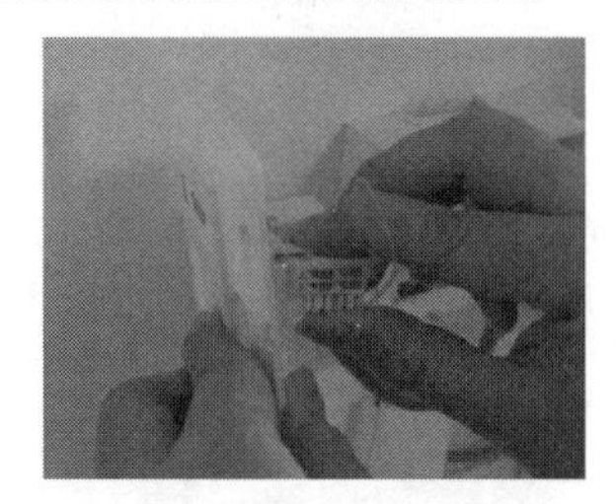

图 6-33　RJ-45 模块卡到面板插槽内

图 6-34　面板与底盒接合在一起

6.3.5　机柜与配线设备的安装

1. 机柜安装的基本要求

目前，国内外综合布线系统所使用的配线设备的外形尺寸基本相同，都采用通用的 19 英寸标准机柜，实现设备的统一布置和安装施工。

机柜安装的基本要求如下：

① 机柜（架）排列位置、安装位置和设备面向都应按设计要求，并符合实际测定后的机房平面布置图中的需要。

② 机柜（架）安装完工后，机柜（架）安装的位置应符合设计要求，其水平度和垂直度都必须符合生产厂家的规定，若厂家无规定，要求机柜（架）、设备与地面垂直，其前后左右的垂直偏差度不应大于 3 mm。

③ 机柜及其内部设备上的各种零件不应脱落或碰坏，表面漆面不应有脱落及划痕，如果进行补漆，其颜色应与原来漆色协调一致。各种标志应统一、完整、清晰、醒目。

④ 机柜（架）、配线设备箱体、电缆桥架及线槽等设备的安装应牢固可靠。如有抗震要求，应按抗震设计进行加固。各种螺钉必须拧紧，无松动、缺少、损坏或锈蚀等缺陷，机架更不应有摇动现象。

⑤ 为便于施工和维护人员操作，机柜（架）前至少应留有 800 mm 的空间，机柜（架）背面距离墙面应大于 600 mm，以便人员施工、维护和通行。相邻机架设备应靠近，同列机架和设备的机面应排列平齐。

⑥ 机柜的接地装置应符合相关规定的要求，并保持良好的电气连接。

⑦ 如采用墙上型机柜，要求墙壁必须牢固可靠，能承受机柜重量，机柜距地面宜为 300～800 mm，或视具体情况而定。

⑧ 在新建建筑物中，布线系统应采用暗线敷设方式，所使用的配线设备也可采取暗敷方式，暗装在墙体内。在建筑施工时，应根据综合布线系统要求，在规定位置处预留墙洞，并先将设备箱体埋在墙内，布线系统工程施工时再安装内部连接硬件和面板。

2. 配线架在机柜中的安装要求

在电信间（楼层配线间）和设备间内，模块式快速配线架和网络交换机一般安装在 19 英寸的标准机柜内。为了使安装在机柜内的模块式快速配线架和网络交换机美观大方且方便管理，必须对机柜内设备的安装进行规划，具体遵循以下原则：

① 在机柜内部安装配线架前，首先要进行设备位置规划或按照图纸规定确定位置。

② 缆线采用地面出线方式时，一般缆线从机柜底部穿入机柜内部，配线架宜安装在机柜下部。采取桥架出线方式时，一般缆线从机柜顶部穿入机柜内部，配线架宜安装在机柜上部。缆线采取从机柜侧面穿入机柜内部时，配线架宜安装在机柜中部。

③ 每个模块式快速配线架之间安装有一个理线架，每个交换机之间也要安装理线架。

④ 正面的跳线从配线架中出来后全部要放入理线架，然后从机柜侧面绕到上部的交换机间的理线器中，再接插进入交换机端口。

⑤ 配线架与交换机的布置通常采用两种形式：一种是将配线架与交换机置于同一机柜中，彼此间隔摆放，如图 6-35 所示；另一种是将配线架和交换机分别置于不同的机柜中，机柜间隔摆放。

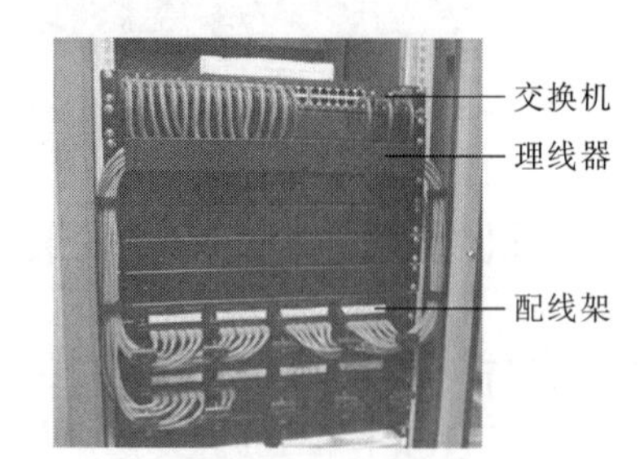

图 6-35 配线架与交换机置于同一机柜中

将配线架和交换机置于同一机柜主要有以下优势：

① 跳线长度明显减少。由于交换机与配线架紧挨在一起，因此在通常情况下，跳线的长度只需 0.5 m 左右即可，从而大幅减少对双绞线数量的需求。

② 便于维护和管理。在对网络链路进行管理和维护时，可以非常直观地将配线架的某个端口连接至交换机，或者将某个配线架端口与交换机断开。

③ 便于跳线的整理。由于跳线的长度较短，因此只需使用水平理线器即可实现跳线的整理与管理，无须使用垂直理线器、扎带等辅助材料。

3. 模块式快速配线架的安装与端接

目前，常见的双绞线配线架有 110 型配线架和模块式快速配线架。其中，模块式快速配线架主要应用于楼层管理间和设备间内的计算机网络电缆的管理。各厂家模块式快速配线架的结构和安装方法基本相同。下面以标准 24 口模块式配线架为例，介绍模块式快速配线架的安装步骤。

① 使用螺钉将配线架固定在机架上，如图 6-36 所示。

② 在端接线对之前，要整理缆线。将缆线松松地用带子缠绕在配线板的导入边缘上，最好将缆线用带子缠绕固定在垂直通道的挂架上，以避免缆线移动期间的线对变形。在配线架背面安装理线环，将电缆整理好后固定在理线环中并使用扎带固定。一般情况下，每六根电缆作为一组进行绑扎，如图 6-37 所示。

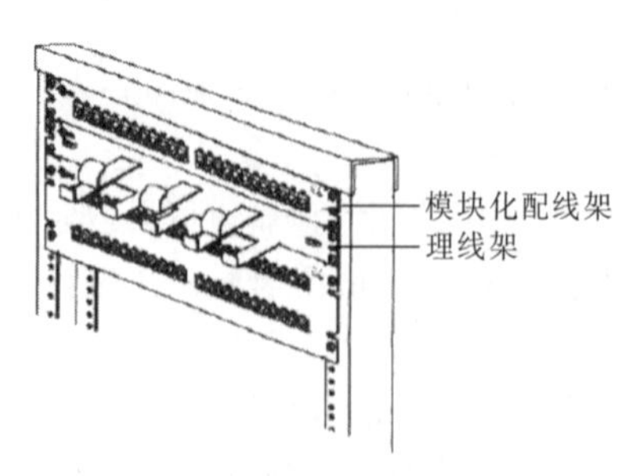

图 6-36 在机架上安装配线架

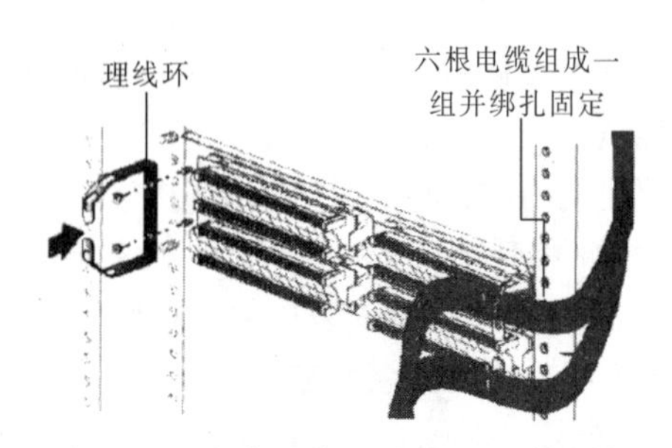

图 6-37 安装理线环并整理固定线缆

③ 根据每根电缆连接接口的位置，测量端接电缆应预留的长度，然后截断电缆，如图 6-38 所示。

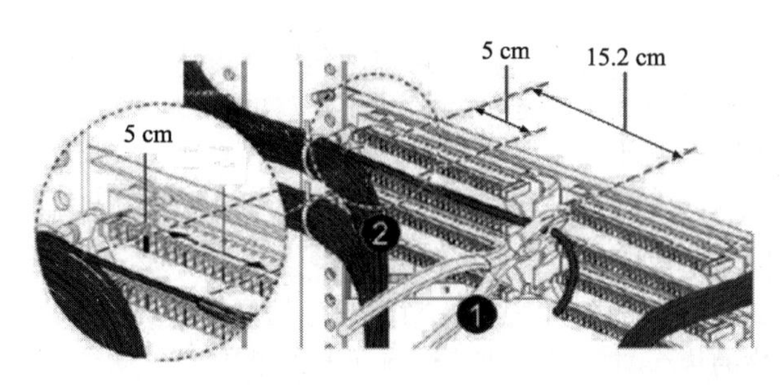

图 6-38　测量预留电缆长度并截断电缆

④ 根据系统安装标准选定 EIA/TIA 568A 或 EIA/TIA 568B 标签，然后将标签插入模块组插槽，如图 6-39 所示。

⑤ 根据标签色标排列顺序，将对应颜色的线对逐一压入槽内，然后使用打线工具固定线对连接，同时将伸出槽位外多余的导线剪断，如图 6-40 所示。

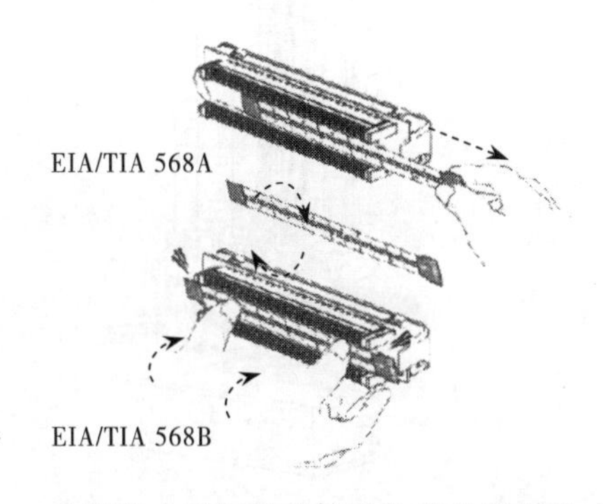

图 6-39　调整合适标签并安装在模块组槽位内

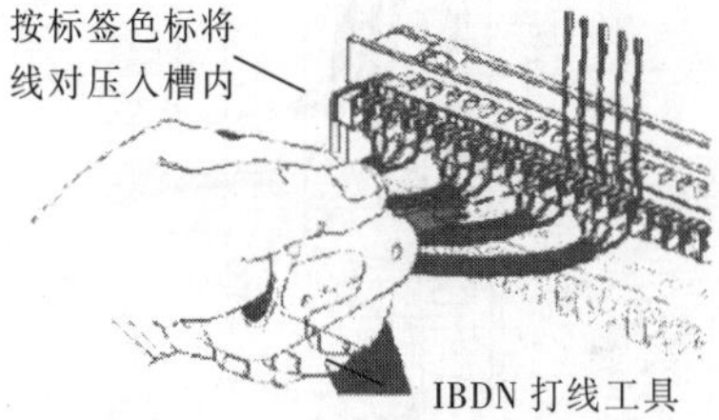

图 6-40　将线对逐次压入槽位并打压固定

⑥ 将每组线缆压入槽位，然后整理并绑扎固定线缆，如图 6-41 所示。

⑦ 将跳线通过配线架下方的理线架整理固定后，逐一接插到配线架前面板的 RJ-45 接口，最好编好标签并贴在配线架前面板，如图 6-42 所示。

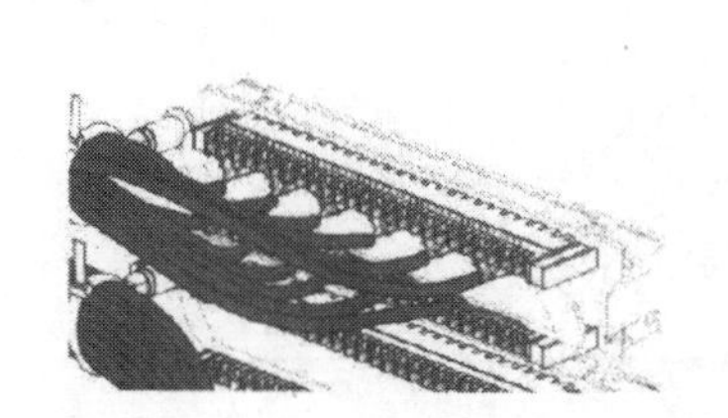

图 6-41　整理并绑扎固定线缆

图 6-42　将跳线接插到各接口并贴好标签

4. 通信配线架的安装与端接

通信配线架主要用于语音配线系统，一般采用 110 P 配线架，主要是上级程控交换机过来的接线与到桌面终端的语音信息点连接线之间的连接和跳线部分，以便于管理、维护、测试。

在墙上或托架上安装好 110P 配线板后，线缆端接的步骤如下：

① 先把底部 110P 配线模块上要端接的 24 条 4 对双绞线电缆牵引到位。每个配线槽中放 6 条。左

边的线缆端接在配线模块的左半部分，右边的线缆端接在配线模块的右半部分。在配线板的内边缘处松弛的将缆线捆起来，并在每条缆线上标记出剥除线缆外皮的位置，然后揭开捆扎，在标记处刻痕，刻好痕后再放回原处，暂不要剥去外皮，如图 6-43 所示。

② 当所有四个缆束都刻好痕并放回原处后，安装 110P 配线模块（用铆钉），并开始进行端接。端接时从第一条缆线开始，按下列步骤进行：

a. 在每条刻痕点之外最少 15 cm 处将缆线切割，并将刻痕的外皮去掉。

b. 沿着 110P 配线模块的边缘将 4 对导线拉进前面的线槽中。

c. 用索引条上的高齿将一对导线分开，在转弯处拉紧，使双绞线解开部分最少，并在线对末端对捻，如图 6-44 所示。

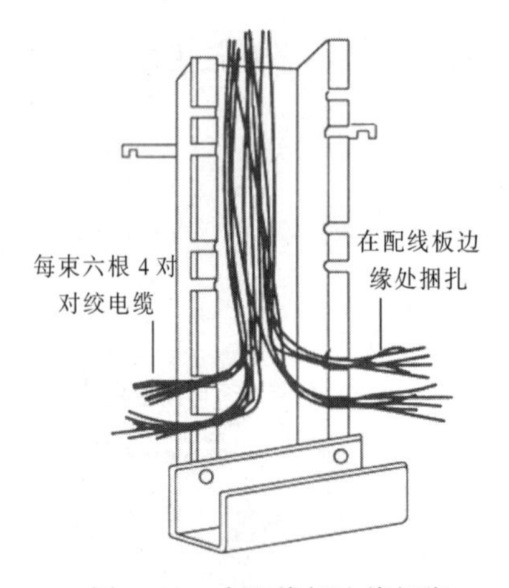

图 6-43　在配线板边缘捆绑

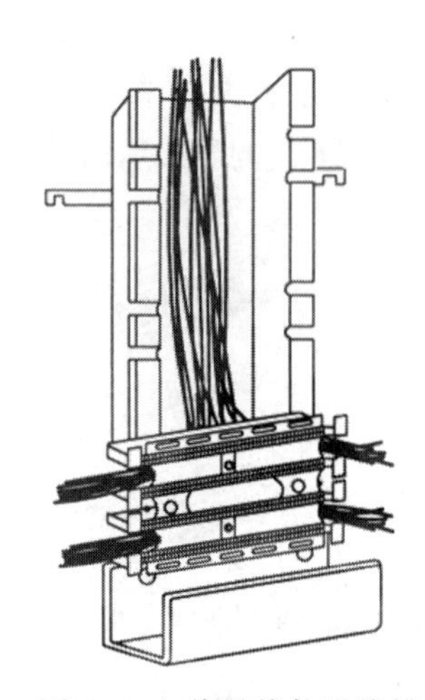

图 6-44　将导线拉进线槽

③ 在将线对安放到索引条中之后，按颜色编码检查线对是否安放正确，以及是否变形。无误后，再用工具把每个线对压下并切除线头。当所有四个索引条上的线对都安装就位后，即可安装 4 对线的 110 连接块，如图 6-45 所示。

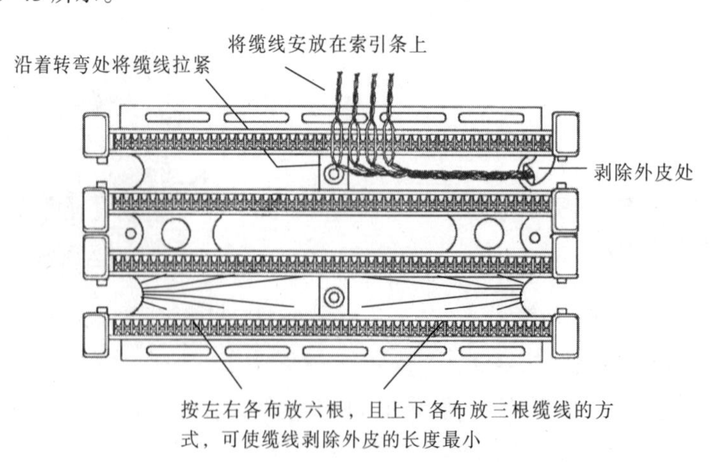

图 6-45　在配线模板上布放线对

④ 110P 交叉连接使用快接式接插软线，预先装好连接器，只要把插头夹到所需位置，就可完成交叉连接。

⑤ 为了保证在 110P 配线模块上获得端接的高质量，要做到如下几点：

- 为了避免缆线线对分开，转弯处必须拉紧。
- 线对必须对着块中的线槽压下，而不能对着任一个牵引条，在安装连接块时，应避免损坏缆线。
- 线对基本上要放在线槽的中心，向下贴紧配线模块，以避免连续的端接在线槽中堆积起来造成线对的变形。
- 必须保持“对接”的正确性，直到在牵引条上的分开点为止，这点对于保证缆线传输性能是至关重要的。
- 为了使没有外皮线对的长度变得更小，要指定端接的位置。
- 最左边的 6 条缆线端接在左边的上两条和下两条牵引条的位置上。
- 最右边的 6 条缆线端接在右边的上两条和下两条牵引条的位置上。
- 线缆端接完成后，必须返回去仔细检查前面第一步中完成的工作，看看缆线分组是否正确，是否形成可接收的标注顺序。

6.3.6　双绞线链路的连接和整理

双绞线链路是综合布线系统中使用数量最多的链路。同时，双绞线链路也是故障发生率最高的链路，在每个链路中至少存在两个接插件、四个插头。因此，对双绞线链路必须进行管理，并且随着用户的位置发生改变而进行调整。

综合布线系统完成之后，需要借助双绞线跳线将每段链路完整地连接在一起，才能实现与计算机之间的通信。

1. 双绞线链路的连接方式

简单来讲双绞线链路的连接方式有以下两种：

（1）在电信间安装有计算机网络设备

在电信间安装有计算机网络设备通常又分为两种方式进行互通。

① 交叉连接方式，如图 6-46 所示。

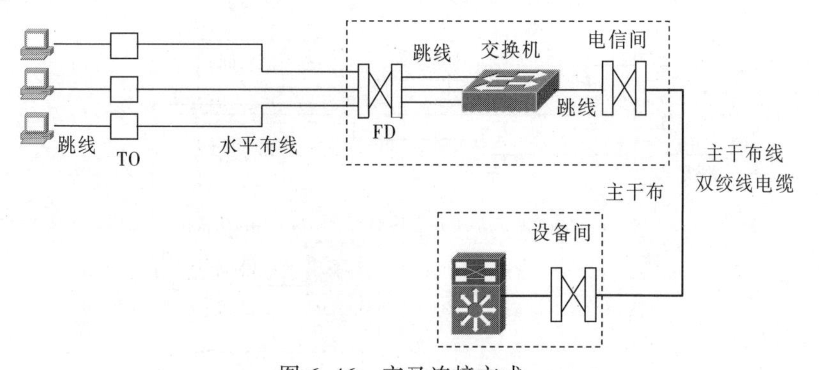

图 6-46　交叉连接方式

② 互连连接方式，如图 6–47 所示。

在此种连接方式中，利用网络设备端口连接模块（电或光）取代设备侧的配线模块。这时，相当于网络设备的端口直接通过跳线连接至模块，既减少了线段和模块以降低工程造价，又提高了通路的整体传输性能。因此，可以认为是一种优化的连接方式。

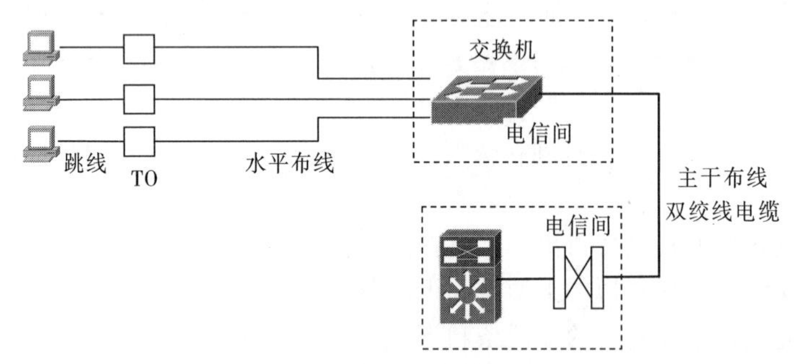

图 6–47　互连连接方式

（2）在电信间没有计算机网络设备

在电信间没有安装计算机网络设备，通常也分为两种方式进行互通。

① 电信间设楼层配线架方式，如图 6–48 所示。

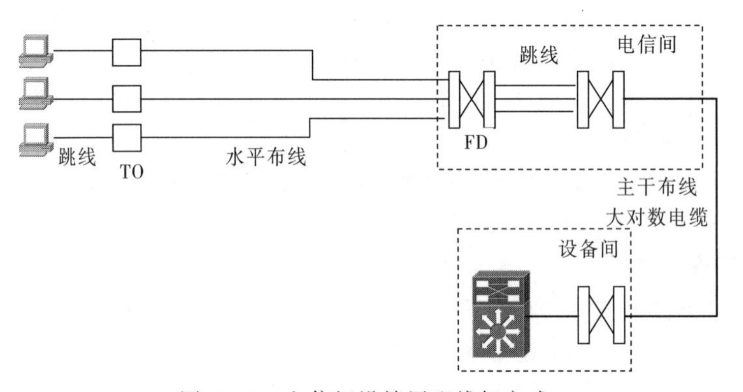

图 6–48　电信间设楼层配线架方式

② 电信间不设楼层配线架方式，如图 6–49 所示。

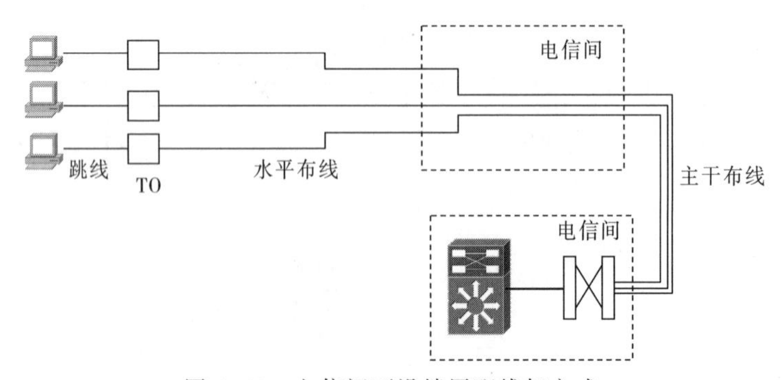

图 6–49　电信间不设楼层配线架方式

2. 跳线的连接

在工作区，跳线的一端连接到计算机网卡，另一端连接到信息插座，从而将计算机连接到局域网络。而在电信间（楼层配线间）或设备间，要用跳线将配线架端口和交换机端口连接起来。

无论是连接信息插座与计算机的跳线，还是连接配线架与交换机的跳线，都应当采用直通线。同时，配线架和信息插座的端接以及双绞线的跳线制作都应当采用同一标准，或者全部为 T568A，或者全部为 T568B，从而保证整条双绞线链路中所有线对的统一。

6.4 综合布线系统工程光缆施工

在综合布线系统工程中，光缆施工与电缆施工的方法基本相似，但由于光纤本身结构的特性，光信号必须密封在由光纤包层所限制的光波导管里传输，所以，光缆施工的难度要比电缆施工难度大，主要表现在光缆的敷设难度和光纤的连接难度大。

6.4.1 光缆施工的基本要求

光缆和电缆相比，主要有以下特点，在布线施工时必须注意。

① 光缆的最小曲率半径。由于光纤的纤芯是石英玻璃，因此光缆比双绞线有更高的弯曲半径要求，在安装敷设完工后，光缆允许的最小曲率半径应不小于光缆外径的 15 倍；在施工过程中，光缆允许的最小曲率半径不应小于光缆外径的 20 倍。

② 光缆的张力。光纤的抗拉强度比电缆小，因此在操作光缆时，不允许超过各种类型光缆的抗拉强度。敷设光缆的牵引力不能超过光缆允许张力的 80%，瞬时最大牵引力不得大于光缆允许张力。主要牵引力应加在光缆的加强构件上，光纤不应直接承受拉力。为了满足对弯曲半径和抗拉强度的要求，在施工中应将光缆置于卷轴上，以方便拉出光缆。同时应从卷轴的顶部去牵引光缆，而且是缓慢而平稳地牵引，而不是急促地抽拉光缆。

③ 光缆的侧压力。涂有塑料涂覆层的光纤细如毛发，而且光纤表面的微小伤痕都将使耐张力显著地恶化。另外，当光纤受到不均匀侧面压力时，光纤损耗将明显增大，因此，敷设时应控制光缆的敷设张力，避免使光纤受到过度的外力（弯曲、侧压、牵拉、冲击等）。在光缆敷设过程中，严禁光缆打小圈及弯曲、扭曲，有效地防止打背扣的发生。

④ 光缆布放应有冗余。光缆布放路由宜盘留（过线井处），预留长度宜为 3～5 m；在设备间和电信间，多余光缆盘成圆来存放，光缆盘的弯曲半径也应至少为光缆外径的 10 倍，预留长度宜为 3～5 m，有特殊要求的应按设计要求预留长度。

⑤ 敷设光缆的两端应贴上标签，以表明起始位置和终端位置。

⑥ 光缆与建筑物内其他管线应保持一定间距，最小净距应符合国标的规定。

⑦ 必须在施工前对光缆的端别进行判别，并确定 A、B 端，A 端应是网络枢纽一侧，B 端是用户一侧，敷设光缆的端别应方向一致，不得使端别排列混乱。

光缆无论在建筑物内还是建筑物间敷设，应单独占用管孔。如利用原有管道和铜芯电缆共管时，应在管孔中穿放塑料子管，塑料子管的内径应为光缆外径的 1.5 倍以上。在建筑物内光缆与其他弱电系统的缆线平行敷设时，应有一定间距分开敷设，并固定绑扎妥当。当小芯数光缆在建筑物内采用暗管敷设时，管道的截面利用率应为25%～30%。

6.4.2 建筑物内光缆的敷设施工

在综合布线系统中，光缆主要应用于配线子系统、干线子系统和建筑群子系统等场合。建筑物内光缆布线技术在某些方面与电缆的布线技术类似，但有其独特且灵活的布线方式。

1. 建筑物配线子系统光缆敷设

建筑物配线子系统的光缆一般用于弱电井到配线间的连接，一般采用走吊顶（电缆桥架）或线槽（地板下）的敷设方式。建筑物配线子系统光缆的敷设与双绞线电缆类似，只是光缆的抗拉性能更差，因此在牵引时应当更为小心，曲率半径也要更大。

建筑物配线子系统光缆敷设步骤如下：

① 沿着光纤敷设路径打开吊顶或地板。

② 利用工具由光缆一端开始的0.3 m处环切光缆的外护套，并除去外护套。

③ 将光纤及加固芯切去并掩没在外护套中，只留下纱线。对需敷设的每条光缆重复此过程。

④ 将纱线与带子扭绞在一起。

⑤ 用胶布紧紧地将长20 cm范围的光缆护套缠住。

⑥ 将纱线馈送到合适的夹子中去，直到被带子缠绕的护套全塞入夹子中为止。

⑦ 将带子绕在夹子和光缆上，将光缆牵引到所需的地方，并留下足够长的光缆供后续处理用。

2. 建筑物干线子系统光缆敷设

建筑物垂直干线子系统光缆用于设备间到各个楼层配线间的连接，在高耸的塔型楼的主干布线子系统都设在电信间（电缆竖井或上升房），其干线光缆的敷设方式有向下垂放和向上牵引两种类型。

（1）通过各层的槽孔垂直敷设光缆

在新建的建筑物里面，每一层同一位置都有一个封闭的电信间，在每个电信间的楼板上通常留有大小合适、上下对齐的槽或孔，形成一个专用的通道。这些孔和槽从顶到地下室的每一层都有，称为电缆井或电缆孔，这样就解决了垂直方向通过各楼层敷设光缆的问题，但要提供防火措施。

在楼内垂直方向，光缆宜采用电缆竖井内电缆桥架或电缆走线槽方式敷设，电缆桥架或电缆走线槽宜采用金属材质制作。在没有竖井的建筑物内可采用预埋暗管方式敷设，暗管宜采用钢管或阻燃硬质PVC管，管径不宜小于50 mm。

在电信间中敷设光缆主要有向下垂放和向上牵引两种方式，通常向下垂放比向上牵引容易些，具体敷设方法和敷设电缆相似。但如果将光缆卷轴机搬到高层上去很困难，则只能采用向上牵引方式。

① 向下垂放敷设光缆。向下垂放敷设光缆的步骤如下：

a. 在离建筑顶层设备间的槽孔1～1.5 m处安放光缆卷筒，使卷筒在转动时能控制光缆。将光缆卷筒安置于平台上，以便保持在所有时间内光缆与卷筒轴心都是垂直的，放置卷筒时要使光缆的末端在其顶部，然后从卷筒顶部牵引光缆。

b. 转动光缆卷筒，并将光缆从其顶部牵出。牵引光缆时，要保持不超过最小弯曲半径和最大张力的规定。

c. 引导光缆进入敷设好的电缆桥架中。

d. 慢慢地从光缆卷筒上牵引光缆，直到施工人员将光缆牵引到底层并达到所需长度。

② 固定光缆。用向下垂放敷设光缆方法，光缆不需要中间支持，捆扎光缆要小心，避免力量太大损伤光纤或产生附加的传输损耗。固定光缆的步骤如下：

a. 使用塑料扎带，由光缆的顶部开始，将干线光缆扣牢在电缆桥架上。

b. 由上往下，每隔 5.5 m 安装扎带，直到干线光缆被牢固地扣好。

c. 检查光缆外套有无破损，盖上桥架的外盖。

（2）通过吊顶（天花板）来敷设光缆

在某些建筑物中，如低矮而又宽阔的单层建筑物中，可以在吊顶内水平地敷设干线光缆。由于吊顶的类型不同（悬挂式的和塞缝片的）、光缆的类型不同（有填充物的和无填充物的），故敷设光缆的方法也不同。因此，首先要查看并确定吊顶和光缆的类型。

通常，当设备间和配线间同在一个大的单层建筑物中时，可以在悬挂式的吊顶内敷设光缆。如果敷设的是有填充物的光缆，且不需牵引过管道，具有良好的可见的宽敞的工作空间，则光缆的敷设任务就比较容易。如果要在一个管道中敷设无填充物的光缆，就比较困难，其难度还与敷设的光缆数及管道的弯曲度有关。

6.4.3　建筑群干线光缆的敷设施工

视频

建筑群干线光缆敷设施工

建筑物之间的干线光缆有管道敷设、直埋敷设、架空敷设和墙壁敷设四种敷设方法。其中在地下管道中敷设光缆是其中最好的一种。因为管道可以保护光缆，防止潮湿、野兽及其他故障源对光缆造成损坏。

1. 管道光缆的敷设

管道光缆敷设方式就是在管道中敷设光缆，即在建筑物之间预先敷设一定数量的管道，如塑料管道，然后再用牵引法布放光缆。

（1）机械牵引敷设

① 集中牵引法：集中牵引即端头牵引，牵引绳通过牵引端头与光缆端头连接，用终端牵引机按设计张力将整条光缆牵引至预定敷设地点。

② 分散牵引法：不用终端牵引机而是用 2～3 部辅助牵引机完成光缆敷设。这种方法主要是由光缆外护套承受牵引力，故应在光缆允许承受的侧压力下施加牵引力，因此需使用多台辅助牵引机使牵引力分散并协同完成。

③ 中间辅助牵引法：除使用终端牵引机外，同时使用辅助牵引机。一般以终端牵引机通过光缆牵引头牵引光缆，辅助牵引机在中间给予辅助牵引，使一次牵引长度得到增加。

（2）人工牵引敷设

人工牵引需有良好的指挥人员，使前端集中牵引的人与每个人孔中辅助牵引的人尽量同步牵引。

在地下管道中敷设缆线，一般有三种情况：小孔至小孔敷设、在人孔间直接敷设、沿着拐弯处敷设。

根据管道中是否有其他缆线、管道中有多少拐弯以及缆线的重量和粗细来决定采用人工或机器来敷设电缆。一般先考虑用人力牵引，对于人力牵引不动的则用机器牵引。

2. 架空光缆的敷设

目前，国内外架空光缆的施工方法较多，从大的分类有全机械化施工和人力牵引施工两种，国内采用传统的人力牵引施工方法。按照光缆本身有无支承结构来分，有自承式光缆和非自承式光缆两种。

国内非自承式光缆采用光缆挂钩将光缆拖挂在光缆吊线上，即拖挂式施工方法。国内通信工程界将拖挂式施工方法又细分为汽车牵引人力辅助的动滑轮拖挂法（简称汽车牵引动滑轮拖挂法）、动滑轮边放边挂法、定滑轮拖挂法和预挂挂钩拖挂法等几种，应视工程环境和施工范围及客观条件等来选定哪种施工方法。

（1）汽车牵引动滑轮拖挂法

这种方法适合于施工范围较大、敷设距离较长、光缆重量较重，且在架空杆路下面或附近无障碍物及车辆和行人较少，可以行驶汽车的场合。受到客观条件限制较多，在智能化小区采用较少。汽车牵引动滑轮拖挂法如图 6-50 所示。

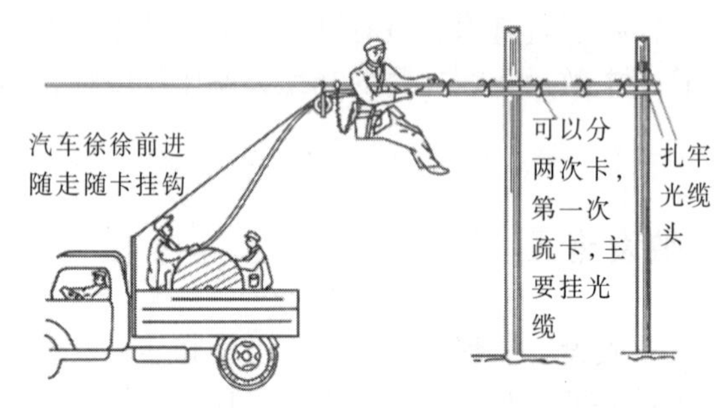

图 6-50　汽车牵引动滑轮拖挂法

（2）动滑轮边放边挂法

这种方法适合于施工范围较小、敷设距离较短、架空杆路下面或附近无障碍物，但不能通行车辆的场合，是智能化小区较为常用的一种敷设缆线方法，如图 6-51 所示。

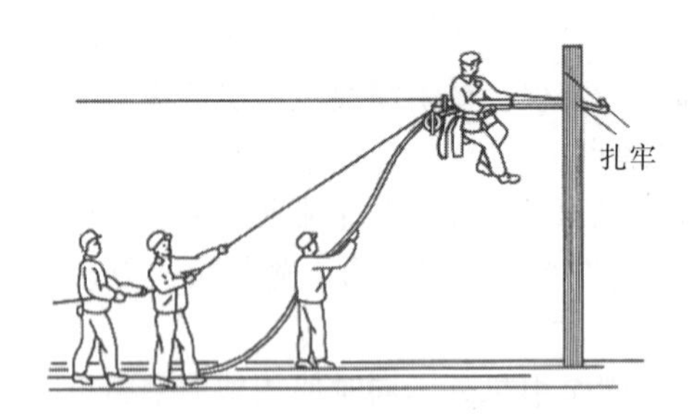

图 6-51　动滑轮边放边挂法

（3）定滑轮拖挂法

这种方法适用于敷设距离较短、缆线本身重量不大，但在架空杆路下面有障碍物，施工人员和车辆都不能通行的场合，如图 6-52 所示。

（4）预挂挂钩拖挂法

这种方法适用于敷设距离较短，一般不超过 200～300 m，因架空杆路的下面有障碍物，施工人员无法通行，吊挂光缆前，应先在吊线上按规定间距预挂光缆挂钩，但需注意挂钩的死钩应逆向牵引，

防止在预挂的光缆挂钩中牵引光缆时，拉跑光缆挂钩或被牵引缆线撞掉，必要时，应调整光缆挂钩的间距。预挂光缆挂钩法如图 6-53 所示。这种方法在智能化小区内较为常用。

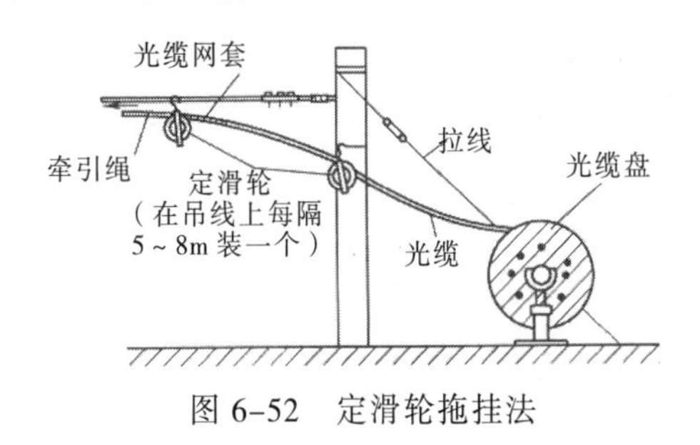

图 6-52　定滑轮拖挂法

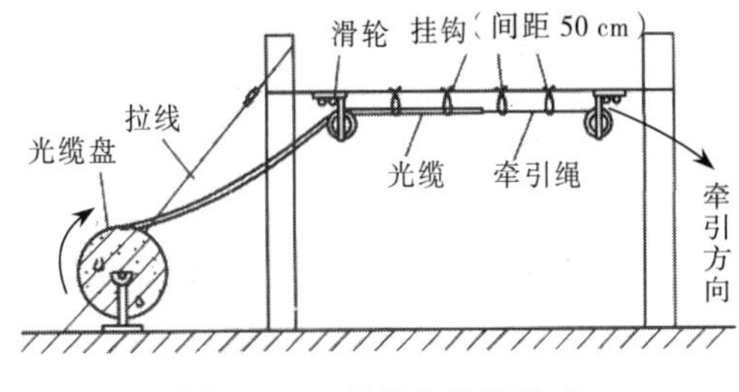

图 6-53　预挂光缆挂钩法

6.4.4　光缆的接续和终端

1. 光缆连接的类型和施工内容

光缆连接是综合布线系统工程中极为重要的施工项目，按其连接类型可分为光缆接续和光缆终端两类。

光缆接续是光缆直接连接，中间没有任何设备，它是固定接续；光缆终端是中间安装设备，例如光缆接续箱（LIU，又称光缆互连装置）和光缆配线架（LGX，又称光纤接线架）。

光缆连接的施工内容应包括光纤接续，铜导线、金属护层和加强芯的连接，接头损耗测量，接头套管（盒）的封合安装以及光缆接头的保护措施的安装等。

光缆终端的施工内容一般不包括光缆终端设备的安装。主要是光缆本身终端部分，通常包括光缆布置（包括光缆终端的位置），光纤整理和连接器的制作及插接，铜导线、金属护层以及加强芯的终端和接地等施工内容。

2. 光缆连接施工的一般要求

在光缆接续和终端施工前，应注意以下基本要求：

① 在光缆连接施工前，应该对光缆的型号和规格及程式等进行检验，看是否与设计要求相符，如有疑问，必须查询清楚，确认正确无误才能施工。

② 对光缆的端别必须开头检验识别，要求必须符合规定。

③ 要求对光缆的预留长度进行核实，根据光缆接续和终端位置，在光缆接续的两端和光缆终端设备的两侧，光缆长度必须留足，以利于光缆接续和光缆终端。

④ 在光缆接续或终端前，应检查光缆（在光缆接续时应检查光缆的两端）的光纤和铜导线（如为光纤和铜导线组合光缆时）的质量，在确认合格后方可进行接续或终端。光纤质量主要是光纤衰减常数、光纤长度等；铜导线质量主要是电气特性方面的指标。

⑤ 光缆连接对环境要求极高。在屋内应在干燥无尘、温度适宜、清洁干净的机房中；在屋外应在专用光缆接续作业车或工程车内，或在临时搭建的帐篷内。在光缆接续或终端过程中应特别注意防尘、防潮和防震。

⑥ 在光缆连接施工的全过程中，都必须严格执行操作规程中规定的工艺要求。例如，在切断光缆时，必须使用光缆切断器切断，严禁使用钢锯；严禁用刀片去除光纤的一次涂层等。

⑦ 光纤接续的平均损耗、光缆接头套管（盒）的封合安装以及防护措施等都应符合设计文件的要求或有关标准的规定。

3. 光缆的接续

光缆的接续包括光纤接续，铜导线（如为光纤和铜导线组合光缆时）、金属护层和加强芯的连接，接头套管（盒）的封合安装等。

（1）光纤接续的类型

目前，光纤接续按照是否采用电源或热源分类，可分为热接法和冷接法，其中热接法采用电源或热源，通常为熔接法；冷接法不采用电源或热源，通常有粘接法、机械法和压接法。目前一般采用熔接法。

光纤接续按照连接方式是否活动，可分为固定连接方式和活动连接方式，其中熔接法和粘接法为固定连接方式，采用光纤连接器实现光纤连接是活动连接方式。

光纤接续以光纤芯数多少分类，可分为单芯光纤熔接法和多芯光纤熔接法。

（2）光纤熔接法

光纤熔接法是光纤连接中使用最为广泛的一种方法，又称电弧焊接法。其工作原理是利用电弧放电产生高温，使被连接的光纤熔化而焊接成为一体。在熔接前，必须将经过预先加工处理的接续光纤的端面对准并相互紧贴，通过预熔将光纤端面的毛刺、残留物清除掉，使光纤端面清洁、平整，从而提高熔接质量。

光纤熔接法所用的空气预放电熔接装置称为光纤熔接机，按照一次熔接的光纤数量可分为单芯熔接机和多芯熔接机。

下面以单心熔接机为例来介绍光纤熔接的过程。

① 准备好相应工具和材料。在光纤熔接过程中不仅需要光纤熔接机，还需要一些其他工具和材料，如光纤切割工具、光纤剥离钳、热缩管、酒精等。

② 安装工作。将户外接来的用黑色保护外皮包裹的光缆从光缆接续盒、光纤配线架、光缆配线箱等的后方接口放入光纤收容箱中，如图 6-54 所示。

③ 去皮工作。

a. 使用光缆专用开剥工具（偏口钳或钢丝钳）剥开光缆两侧的加固钢丝。

b. 将两侧的加固钢丝剪掉，只保留 10 cm 左右，如图 6-55 所示。

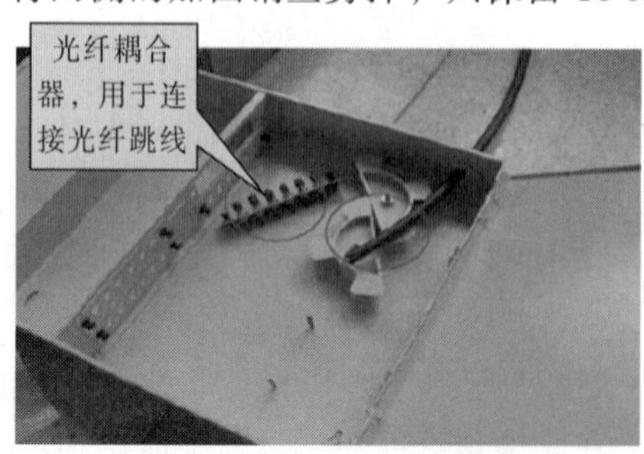

图 6-54 光缆穿入交接盒

图 6-55 剥开另一侧的光缆加固钢丝

c. 剥除光纤外皮 1 m 左右，即剥至剥开的加固钢丝附近。

d. 用美工刀在光纤金属保护层上轻轻刻痕，如图 6-56 所示。折弯光纤金属保护层并使其断裂，

折弯角度不能大于45°，以避免损伤其中的光纤。

e. 用美工刀在塑料保护管四周轻轻刻痕，如图6–57所示。轻轻用力，以免损伤光纤，也可使用光纤剥线钳完成该操作。轻轻折弯塑料保护管并使其断裂，如图6–58所示。同样折弯角度不能大于45°，以避免损伤其中的光纤。

f. 将塑料管轻轻抽出，漏出其中的光纤，如图6–59所示。

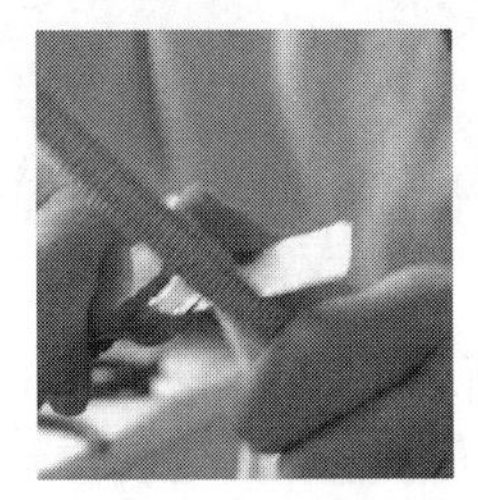

图6–56　在金属保护层上刻痕

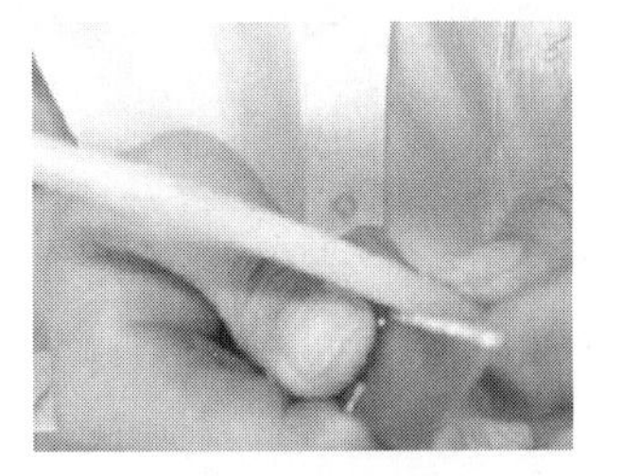

图6–57　在塑料保护管上刻痕

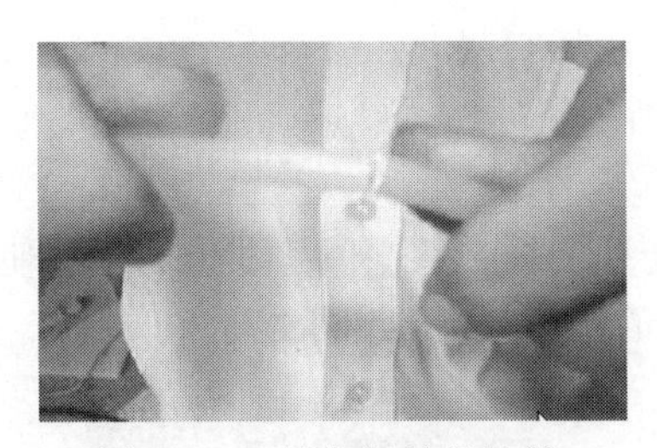

图6–58　折弯塑料保护管

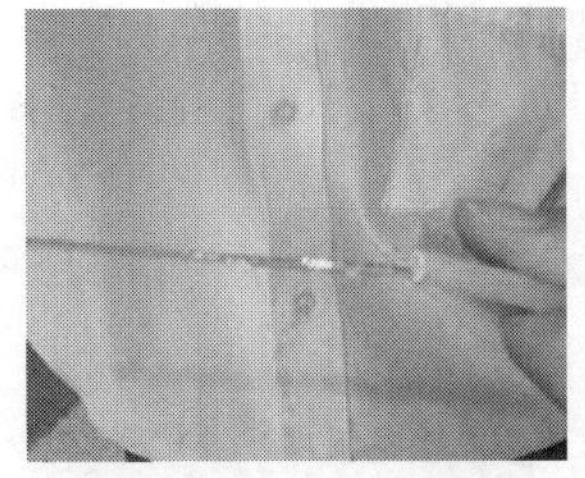

图6–59　抽出塑料保护管

④ 清洁工作。用纸巾蘸上高纯度酒精，使其充分浸湿。轻轻擦拭和清洁光缆中的每一根光纤，去除所有附着于光纤上的油脂，如图6–60所示。

⑤ 套接工作。为欲熔接的光纤套上光纤热缩套管，如图6–61所示。热缩套管（管内有一根不锈钢棒）主要用于在光纤对接好后套在连接处，经过加热形成新的保护层。

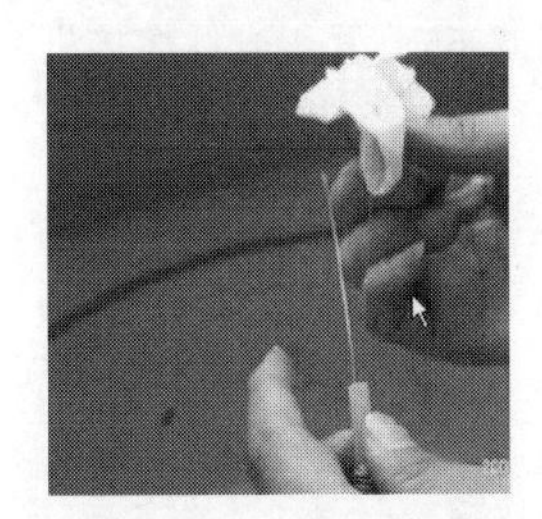

图6–60　清洁光纤

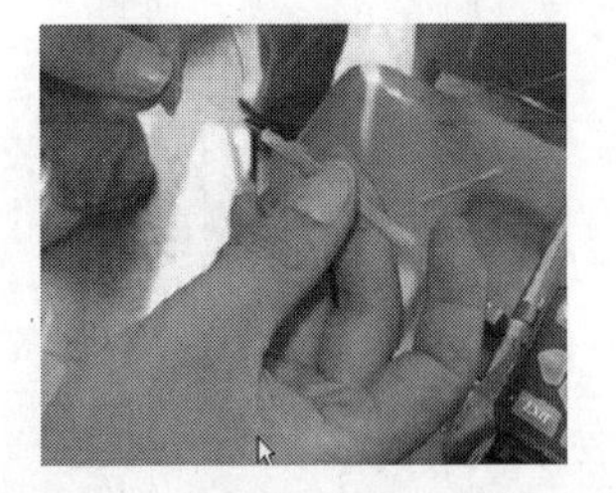

图6–61　为光纤套上光纤热缩管

⑥ 熔接工作。

a. 使用光纤剥线钳剥除光纤涂覆层，如图6–62所示。剥除光纤涂覆层时，要掌握平、稳、快三字剥纤法。“平”即持纤要平，左手拇指和食指捏紧光纤，使之成水平状，所露长度以5 cm为准，余纤在无名指、小拇指之间自然打弯，以增加力度，防止打滑。“稳”即剥纤钳要握得稳。“快”即剥纤要快。剥线钳应与光纤垂直，向上方内倾斜一定角度，然后用钳口轻轻卡住光纤，右手随之用力，顺光纤轴向平推出去，整个过程要自然流畅，一气呵成。

b. 用蘸有酒精的纸巾将光纤外表面擦拭干净，如图 6-63 所示。注意观察光纤剥除部分的涂覆层是否全部去除，若有残余则必须去掉。

图 6-62　剥除光纤涂覆层

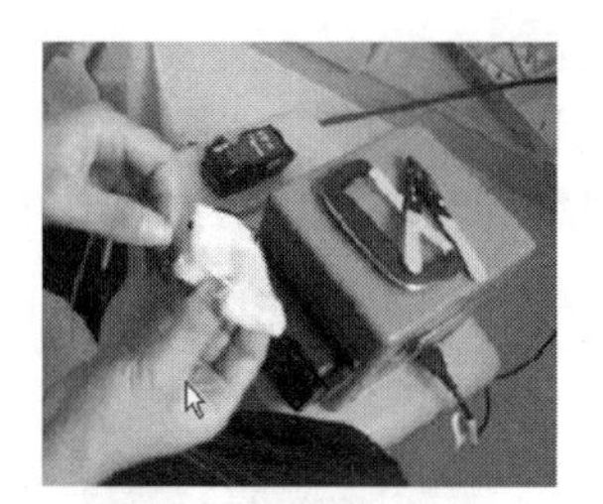

图 6-63　擦拭光纤

c. 用光纤切割器切割光纤，使其拥有平整的断面，如图 6-64 所示。切割的长度要适中，保留 2～3 cm。光纤端面切割是光纤接续中的关键工序，它要求处理后的端面平整、无毛刺、无缺损，且与轴线垂直，呈现一个光滑平整的镜面区，并保持清洁，避免灰尘污染。

光纤端面切割有三种方法：刻痕法、切割钳法和超声波电动切割法。

d. 将切割好的光纤置于光纤熔接机的一侧，如图 6-65 所示。并在光纤熔接机上固定好该光纤，如图 6-66 所示。

e. 如果没有成品尾纤，可以取一根与光缆同种型号的光纤跳线，从中间剪断作为尾纤使用，如图 6-67 所示。注意，光纤连接器的类型一定要与光纤终端盒的光纤适配器相匹配。

图 6-64　光纤切割

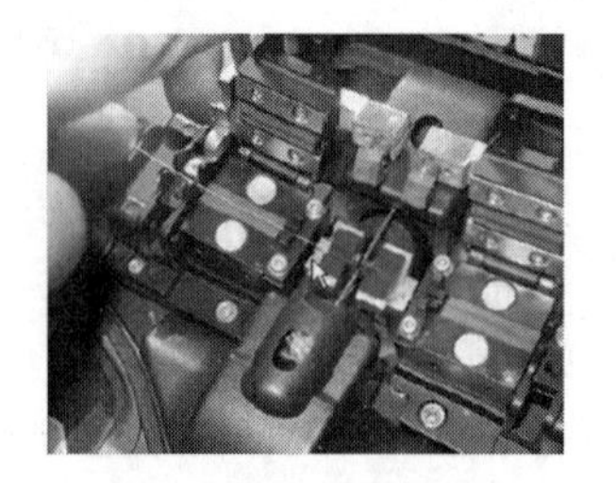

图 6-65　置于光纤熔接机一侧

图 6-66　固定好光纤

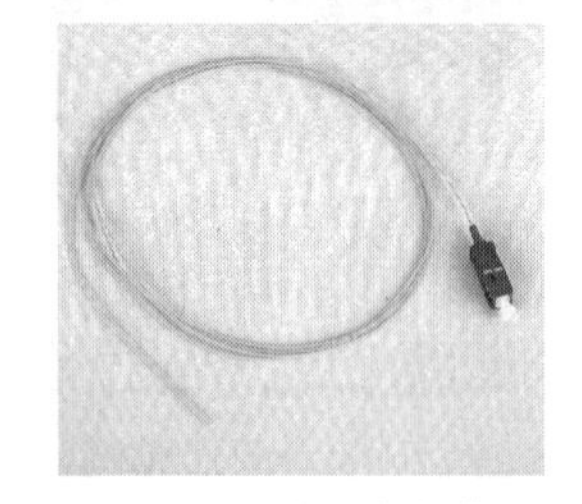

图 6-67　用光纤跳线制作的尾纤

f. 使用石英剪刀剪除光纤跳线的石棉保护层，如图 6-68 所示，剥除的外保护层长度至少为 20 cm。

g. 用同样的方法对光纤尾纤进行处理。

h. 将切割好的尾纤置于光纤熔接机的另一侧，并使两条光纤尽量对齐，如图 6-69 所示。

i. 在光纤熔接机上固定好尾纤，如图 6-70 所示。

j. 按【Set】键开始光纤熔接，两条光纤的 x、y 轴将自动调节，并显示在屏幕上。熔接结束后，观察损耗值。若熔接不成功，光纤熔接机会显示具体原因。熔接好的接续点损耗一般低于 0.05 dB 方可

认为合格。若高于 0.05 dB，可用手动熔接按钮再熔接一次。一般熔接次数 1～2 次为最佳，若超过三次，熔接损耗反而会增加。如果熔接失败，可重新剥除两侧光纤的绝缘包层并切割，然后重新熔接操作。

⑦ 包装工作。

a. 熔接测试通过后，用光纤热缩管完全套住剥掉涂覆层的部分，如图 6-71 所示。

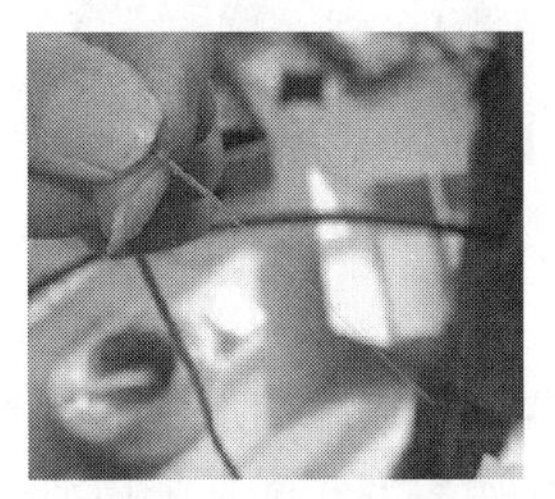

图 6-68　剥好的尾纤

图 6-69　放置尾纤

图 6-70　固定好尾纤

图 6-71　套热缩管

b. 将套好热缩套管的光纤放到加热器中，如图 6-72 所示。由于光纤在连接时去掉了接续部位的涂覆层，使其机械强度降低，一般要用热缩套管对接续部位进行加强保护。将预先穿置光纤某一端的热缩套管移至光纤连接处，使熔接点位于热缩管中间，轻轻拉直光纤接头，放入光纤熔接机的加热器内加热。

c. 按【HEAT】键开始对热缩管进行加热。稍等片刻，取出已加热好的光纤，如图 6-73 所示。

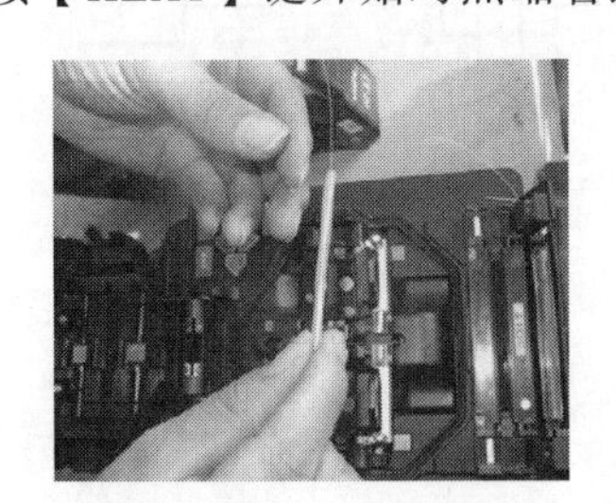

图 6-72　放到加热器中

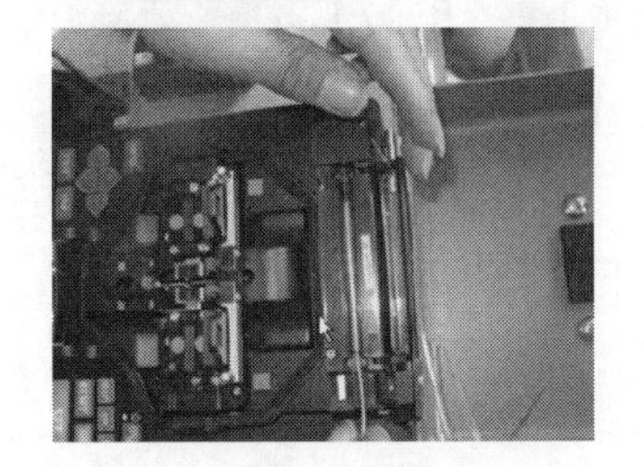

图 6-73　取出已加热好的光纤

上述过程是熔接一芯光纤的过程。重复上述操作过程，直至该光缆中所有光纤全部熔接完成。

d. 将已熔接好的热缩管置于光缆终端盒的固定槽中，如图 6-74 所示。

e. 将光缆终端盒中的光纤盘好，并用胶带纸进行固定，如图 6-75 所示。同时将加固钢丝折弯且与光缆终端盒固定，并使用尼龙轧带进一步加固。

f. 将光纤连接器一一置入光纤终端盒的适配器中并固定，如图 6-76 所示。

g. 将光缆终端盒用螺钉封好，并固定于机柜中。

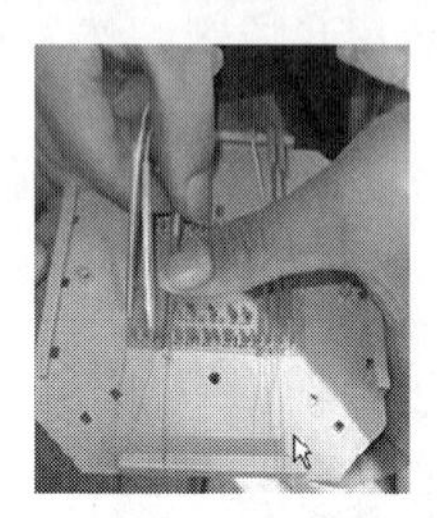

图 6-74　热缩管置于固定槽

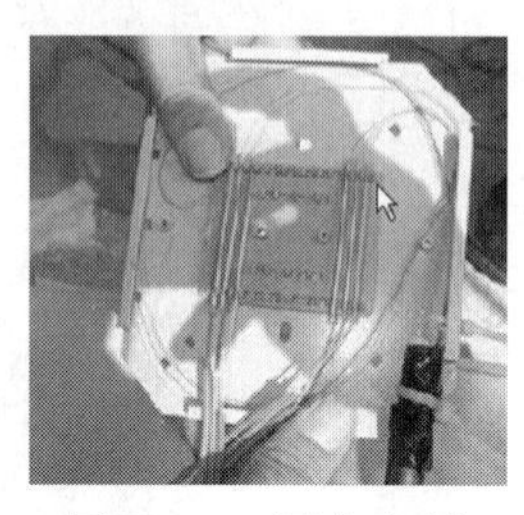

图 6-75　固定光纤

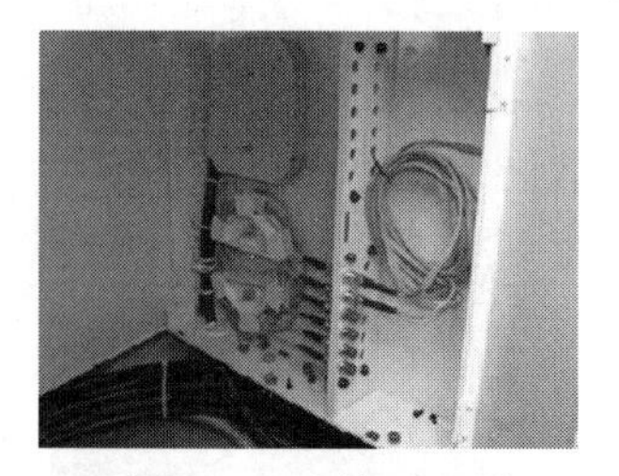

图 6-76　连接适配器

4. 光缆的终端

综合布线系统的光缆终端一般都是在终端设备上或专用的终端盒中。在终端设备上是利用其装设的连接硬件，如耦合器、适配器等器件，使光纤互相连接。这些光纤连接方式都是采用活动接续，分为光纤交叉连接（又称光纤跳接）和光纤互相连接（简称光纤互连，又称光纤对接）两种。

（1）光纤交叉连接

光纤交叉连接与双绞线电缆在建筑物配线架或交接箱上进行跳线连接是基本相似的，它是一种以光缆终端设备为中心，对线路进行集中和管理的设施。目的是便于线路的维护管理，既可简化光纤连接，又便于重新配置、新增或拆除线路等调整工作。在需要调整时，一般采用两端均装有连接器的光纤跳线或光纤跨接线来实现。按标准规定，它们的长度都不超过 10 m。在终端设备上安装耦合器、适配器或连接器面板进行插接，使终端在设备上的输入和输出光缆互相连接，形成完整的光通路。

这些光缆终端设备主要有光缆配线架、光缆接线箱和光缆终端盒等，光纤交叉连接如图 6-77 所示。

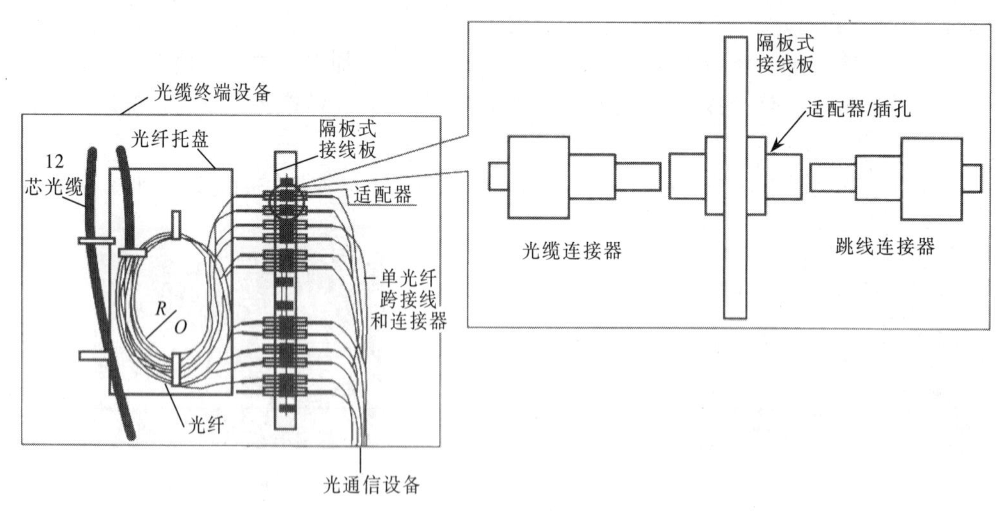

图 6-77　光纤交叉连接示意

（2）光纤互相连接

光纤互相连接是综合布线系统中较常用的光纤连接方法，有时也可作为线路管理使用。它的主要特点是将来自不同光缆的光纤，例如分别是输入端和输出端的光纤，通过连接套箍互相连接，在中间不必通过光纤跳线或光纤跨接线连接，如图 6-78 所示。因此，在综合布线系统中如不考虑对线路进行经常性的调整工作，要求降低光能量的损耗时，常常使用光纤互连模块，因为光纤互相连接的光能量

损耗远比光纤交叉连接要小。

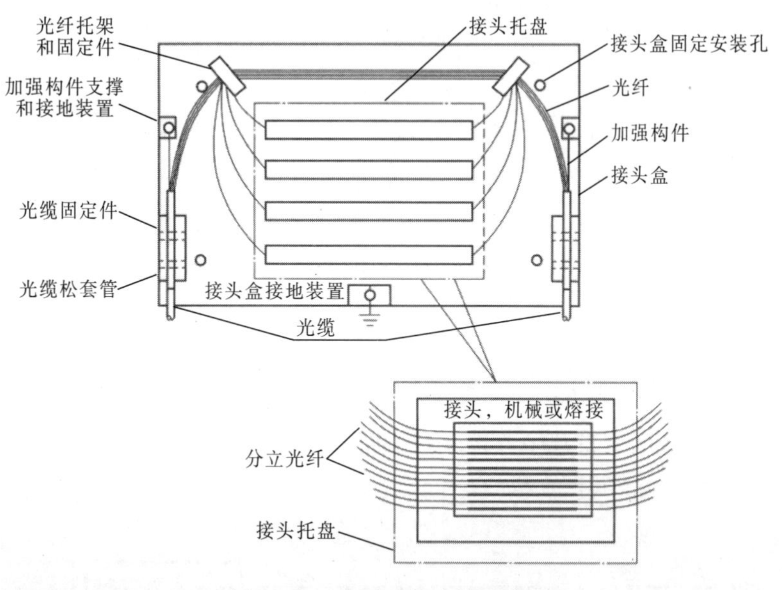

图 6-78　光纤互相连接示意图

光纤连接器的端接是将两条半固定的光纤通过其上的连接器与此模块嵌板上的耦合器互连起来。做法是将两条半固定光纤上的连接器从嵌板的两边插入其耦合器中。

对于交叉连接模块来说，光纤连接器的端接是将一条半固定光纤上的连接器插入嵌板上耦合器的一端中，此耦合器的另一端插入光纤跳线的连接器；然后将光纤跳线另一端的连接器插入要交叉连接的耦合器的一端，该耦合器的另一端插入要交叉连接的另一条固定光纤的连接器。

交叉连接就是在两条半固定的光纤之间使用跳线作为中间链路，使管理员易于管理或维护线路。

6.4.5　光缆的连接与管理

随着用户和应用对网络传输速率要求的不断提高，光缆在综合布线系统中所占据的地位也越来越重要。建筑群布线已经全面采用了至少 8～12 芯的单模光纤或多模光纤，设备间到楼层电信间的垂直主干布线也普遍采用了 8～12 芯的 50/125 μm 的多模光纤。10 Gbit/s 网络进一步推动了综合布线系统向光纤特别是单模光纤的迁移。

1. 综合布线系统中的光纤连接

在综合布线系统中，光缆主要被应用于垂直主干布线和建筑群主干布线，只有少量被应用于对安全性、传输距离和传输速率要求较高的水平布线。当水平布线采用双绞线而主干布线采用光缆时，通常应当采用带有光纤接口（或光纤插槽）和电口（即双绞线端口）的有源设备（即交换机），实现光纤链路与双绞线链路的融合与通信。图 6-79 所示为光纤链路与双绞线链路连接的典型方式。光缆与双绞线的连接借助同时拥有光纤端口和双绞线端口的交换机实现。光纤跳线一端连接至光缆配线架，另一端连接至交换机的光纤端口。

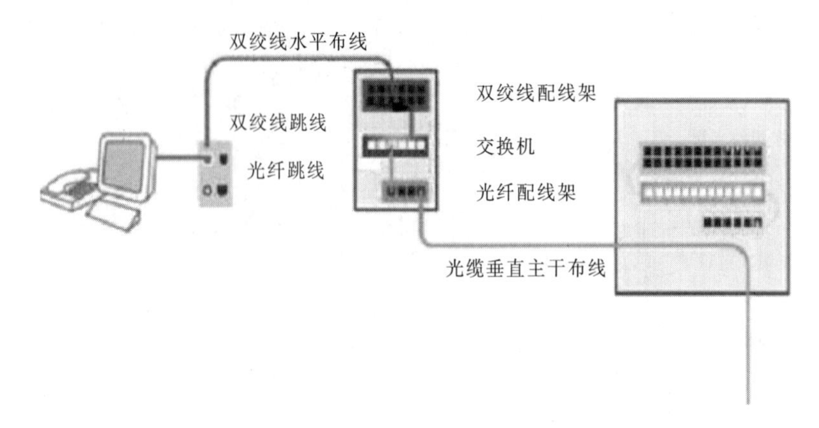

图 6-79　光缆与双绞线连接的典型方式

图 6-80 所示为光纤链路连接的典型方式。所有电信间的光缆最终全部汇接到设备间，并借助建筑群间的主干光缆实现与其他建筑物的连接。

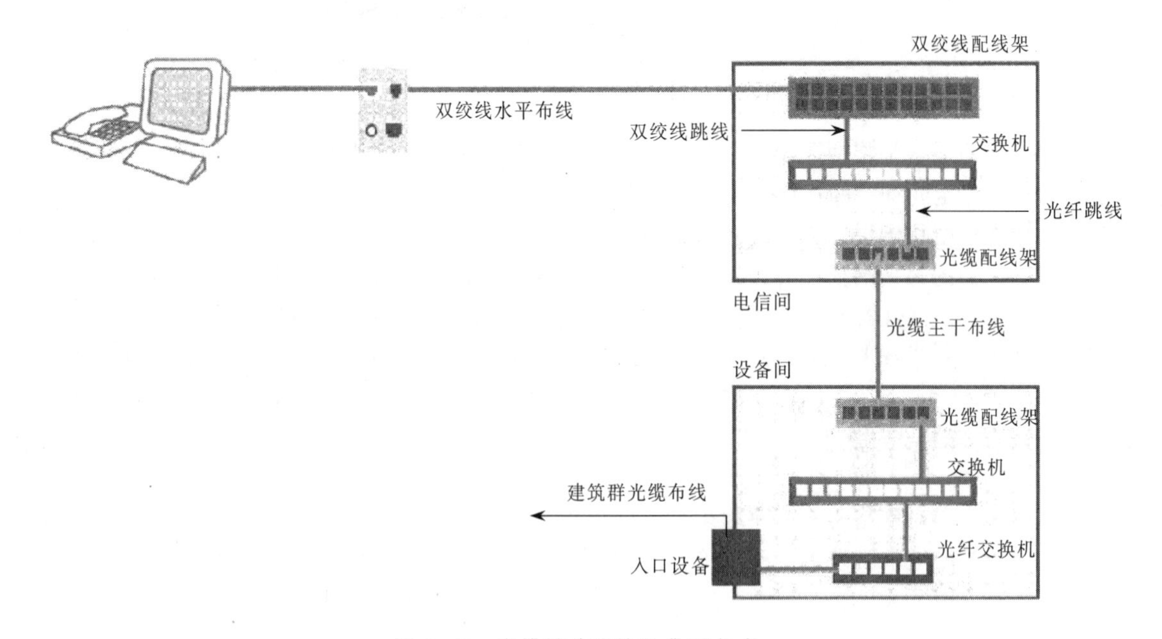

图 6-80　光缆链路连接的典型方式

2. 光缆的极性管理

光纤在接续和连接时，需要注意光纤的极性。在标准中，通常用 A 和 B 来表示光纤的极性。在光纤链路施工过程中，需要对光纤链路的极性做出标识。这样，将缩短光纤连接和线路查找的时间。

大多数光纤系统都是采用一对光纤来进行传输的，一根用于正向的信号传输，而另一根则用于反向的传输。在安装和维护这类系统时，需要特别注意信号是否在相应的光纤上传输，确保始终保持正确的传送接收极性。LAN 电子设备中使用的光电收发器具有双工光纤端口，一个用于传送，一个用于接收。

同一应用系统（如以太网）中的所有双工光电收发器的传送和接收端口位置都是相同的。从收发器插座的键槽（用于帮助确定方向的槽缝）朝上的位置看收发器端口，发送端一般在左侧，接收端在右侧。

将收发器相互连接时，信号必须是交叉传递的。交叉连接是将一个设备的发送端连接到另一个设备的接收端。信道中的各个元件都应提供交叉连接，信道元件包括配线架间的各个跳线、适配器（耦合）以及缆线段。无论信道是由一条跳线组成的，还是由多条缆线和跳线串联而成的，信道中的元件数始终是奇数。

奇数的交叉连接实际上等于一条交叉连接，按这样的程序无论何时发送端都会连接到接收端，而接收端亦总是连接到发送端。

图 6-81 所示为使用对称定位方法形成的端到端连接，起点是主要的交叉连接，经过了中间的交叉连接或者水平连接，最后到达通信信息口。对于图中的每一缆线节段和每一跳线，一端将插入适配器 A 位置，另一端将插入 B 位置。

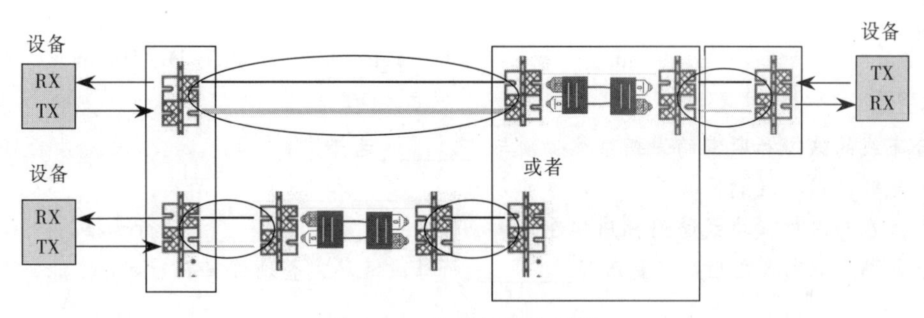

图 6-81　端到端极性管理

习　　题

一、选择题

1. 综合布线系统中直接与用户终端设备相连的子系统是（　　）。

A. 工作区子系统　　B. 水平子系统

C. 干线子系统　　D. 管理子系统

2. 信息插座在综合布线系统中主要用于连接（　　）。

A. 工作区与水平子系统　　B. 水平子系统与管理子系统

C. 工作区与管理子系统　　D. 管理子系统与垂直子系统

3. 双绞线对由两条具有绝缘保护层的铜芯线按一定密度互相缠绕在一起组成，缠绕的目的是（　　）。

A. 提高传输速度　　B. 降低成本

C. 降低信号干扰的程度　　D. 提高电缆的物理强度

4. 长途直埋光缆正确的施工顺序应为（　　）。

A. 回填→挖沟→布放光缆　　B. 回填→布放光缆→挖沟

C. 布放光缆→挖沟→回填　　D. 挖沟→布放光缆→回填

5. 下列不属于综合布线的特点的是（　　）。

A. 实用性　　B. 兼容性　　C. 可靠性　　D. 先进性

6. 布线器材与布线工具中，穿线器属于（　　）。

A. 布线器材　　B. 管槽安装工具

C. 线缆安装工具　　D. 测试工具

7. 工程项目的设计概、预算是（　　）的统称。

A. 初步设计预算和施工图设计概算　　B. 初步设计概算和施工图设计预算

C. 初步设计概算和方案设计预算　　D. 初步设计预算和方案设计概算

8. HDTDR 技术主要针对（　　）故障进行精确定位。

A. 各种导致串音的　　B. 有衰减变化的

C. 回波损耗　　D. 有阻抗变化的

9. 布线系统的工作区，如果使用 4 对非屏蔽对绞电缆作为传输介质，则信息插座与计算机终端设备的距离一般应保持在（　　）以内。

A. 2 m　　B. 90 m　　C. 5 m　　D. 100 m

二、填空题

1. 综合布线的线缆和所需的管槽系统必须与________连接。

2. 影响光纤熔接损耗的因素较多，大体可分为________和________两类。

3. 对绞线在与 8 位模块式通用插座相连时，应按________和________进行卡接。

4. 综合布线系统完成之后，需要借助________将每段链路完整地连接在一起，才能实现与计算机之间的通信。

5. 电信间安装有计算机网络设备通常分为________和________两种方式进行互通。

6. 光纤交叉连接光纤交叉连接是一种以________为中心，对线路进行集中和管理的设施。

7. 布放光缆时，直埋光缆的盘留安装长度在光缆自然弯曲增加的长度为________，其他与管道光缆相同。

8. 光缆与双绞线的连接借助同时拥有________和________实现。

三、思考题

（1）电缆敷设工程的范围包括哪些？

（2）简述综合布线系统施工过程中线缆布放的一般要求有哪些。

（3）双绞线电缆布线在转弯时对弯曲半径有哪些要求？

（4）简述综合布线系统工程中预埋线槽和暗敷管路敷设线缆有哪些规定。

（5）简述综合布线系统工程中设置缆线桥架和线槽敷设线缆有哪些规定。

（6）在综合布线系统工程中，如何一起牵引五条 4 对双绞线电缆？

（7）在吊顶内一般应如何敷设双绞线电缆？

（8）在竖井中垂直电缆敷设的两种方式应该如何实现？

（9）线缆在槽道或桥架内如何布置和固定？

（10）简述双绞线电缆终接的基本要求。

（11）简述信息模块的端接要求。

（12）简述光缆施工的基本要求。

（13）简述配线子系统光缆敷设的步骤。

（14）简述在弱电竖井敷设光缆的基本方法和步骤。

（15）架空光缆敷设有哪些要求和哪几种方法？

（16）什么是光纤接续？其施工内容有哪些？

（17）光缆终端有几种方式？有何区别？

四、实训题

（1）制作 5e 类双绞线直通线跳线、交叉线各一条。

（2）制作 6 类双绞线直通线跳线、交叉线各一条。

（3）将 5e 类双绞线端接在 5e 类信息模块上并安装到信息面板。

（4）将 6 类双绞线端接在 6 类信息模块上并安装到信息面板。

（5）在 110P 配线架上端接 4 对双绞线电缆。

（6）在机柜中安装 5e 类模块化快速配线架并端接 5e 类双绞线。

（7）在机柜中安装 6 类模块化快速配线架并端接 6 类双绞线。

（8）制作一个牵引 10 条 4 对 5e 类双绞线电缆的牵引端。

（9）制作一个牵引 1 条 25 对双绞线电缆的牵引端。

（10）制作一个牵引 3 条 25 对双绞线电缆的牵引端。

（11）在机柜中安装配线架、交换机，并使用跳线通过理线架将交换机端口和配线架的端口连接起来。

（12）到学校办公楼、机关办公大楼观察电缆竖井内干线缆线的布放。

（13）到校园、企事业单位等网络中心，观察网络中心机房双绞线电缆配线架的端接和线缆的整理。

（14）在机柜上安装光纤配线架并整理光纤跳线。

（15）到学校办公楼、机关办公大楼观察电缆竖井内干线光缆的布放。

（16）到校园、企事业单位等网络中心，观察网络中心机房光纤配线架的整理。

第 7 章 网络工程组织与施工

网络工程建设是一项综合性和专业性均较强的系统工程，涵盖了计算机技术、网络通信技术、建筑工程技术和项目管理技术等多领域知识。因此，在进行网络工程建设过程中，必须严格按照完整的工程项目建设过程进行科学的组织和管理。

学习目标

- 了解项目管理的概念和意义。
- 了解网络工程项目的组织方式与组织机构。
- 掌握网络工程施工进度的控制方法。
- 掌握网络设备的安装与调试方法。
- 了解网络服务系统和网络应用系统的安装与配置内容。
- 掌握网络工程监理的实施步骤。
- 了解网络工程监理的依据和组织结构。

7.1 网络工程项目管理

7.1.1 项目管理的概念

视频

网络工程项目管理

项目管理是一种科学的管理方式。在领导方式上，它强调个人的责任，实行项目经理负责制；在管理机构上，它采用临时性动态组织形式——项目小组方式；在管理目标上，它坚持以效益最优原则指导下的目标管理；在管理手段上，它有比较完整的技术方法。

对企业来说，项目管理思想可以指导其大部分生产经营活动。例如，市场调查与研究、市场策划与推广、新技术引进和评价、人力资源培训、新产品开发、劳资关系改善、设备或技术改造、融资或投资以及网络信息系统建设等，都可以被看成是一个具体的项目，可以采用项目小组的方式来完成。

7.1.2 项目管理的意义

所谓项目，就是在一定的进度和成本约束下，为实现既定的目标并达到一定的质量所进行的一次性工作任务。

一般来讲，目标、成本、进度三者是互相制约的，其中的目标可以分为任务范围和质量两个方面。项目管理的目的就是谋求（任务）多、（进度）快、（质量）好、（成本）省的有机统一。通常，对于一

个确定的合同项目，其任务的范围是确定的，此时项目管理就演变为在一定的任务范围下如何处理好质量、进度、成本三者之间的关系。

对于网络系统建设这一具体的工作任务来说，必须采用项目管理的思想和方法进行组织和实施。网络工程项目建设的成功与否往往最终会表现为费用是否超支和工程是否按期完成，采用项目管理的方法进行网络工程系统建设可以很好地控制网络工程建设质量、工程建设费用支出和工程建设进度，是网络系统建设成功的必要条件。

7.1.3　网络工程项目的组织方式与组织机构

1. 网络工程项目的组织方式

网络工程项目的组织方式大体上有用户单位统一组织的网络工程和网络集成商承建的具体工程两种。

（1）用户单位统一组织的网络工程

对于用户单位统一组织的网络工程，通常要成立以指定主管领导为组长的领导小组，下设以指定负责人为主任的项目实施办公室，并由办公室主任具体负责网络工程项目的自上而下的开展与实施。

（2）网络集成商承建的具体工程

网络集成商承建的具体工程，一般采用项目经理制，由项目经理招聘人员，制订方案，从头至尾负责工程的组织与实施。

2. 网络工程项目的组织机构

（1）用户单位统一组织的网络工程

用户单位统一组织的网络工程强调甲方的管理权力，其组织机构一般包括领导小组（下设项目实施办公室）、总体组和技术开发组。

领导小组指导所有工作，审批各类报告，协调各部门的工作，确认用户需求，组织验收和鉴定。

总体组负责制定系统需求分析、项目总体方案、系统工程实施方案，负责对项目的实施进行管理和控制，并有较严格的质量管理。

技术开发组负责系统开发与建设工作，撰写制定各种工程规范，撰写各类文档。

（2）网络集成商承建的具体工程

网络集成商承建的具体工程，由承包方负责组织实施。具体来说，首先要在充分明确工程目标的基础上，深入、细致、全面地调查与工程相关的所有工程人员的实际情况、与施工有关的一切现场条件以及施工材料设备的采购供应情况，组成以顺利完成工程目标为目的、以项目经理为首的网络工程项目实施机构。项目实施机构的组成如下：

① 项目经理：项目经理由公司具体工作负责人或公司高层领导委任，全面负责项目实施阶段的组织协调管理工作，包括制订工程总体实施计划、各分项工程的实施规划；负责工程中各小组工作任务和人员的分配；负责工程实施进度的控制检查工作；负责配合项目技术负责人控制工程实施质量；负责该项目中各工程小组之间工作的协调联系；负责对用户培训计划的制订；负责与用户的各种协调、交流活动；负责组织安排阶段验收和总体项目的验收等工作。

② 项目技术负责人：由项目经理委任，主要负责工程总体技术实施方案的制订；技术维护手册、

验收方案、培训手册的制订；解决工程实施中的技术和设备问题；保障并控制工程实施中的质量和进度；对各种工程文档内容及质量负责；根据需要还可能负责整体方案的技术论证和测试。

③ 项目协调小组：在项目实施过程中，协助项目经理负责与用户和分包商之间的沟通和协调工作。

④ 工程实施小组：在项目经理和项目技术负责人的领导下，负责工程的具体实施工作，主要包括设备到货后的开箱验收；工程中的分项目实施方案的编写；在实施方案的指导下进行网络系统的安装调试和配置；提交工程实施进度报告；对用户进行技术培训；项目验收的实施检验工作；收集反馈用户意见。

⑤ 质量监控小组：对项目实施过程中的质量管理进行监控，对发现的质量隐患进行监督纠正，定期向项目经理作出工作监控报告，指出存在的问题并提出解决方案。

⑥ 设备材料小组：负责网络设备和材料的定购、运输、保管；配合设备的到货验收工作；负责故障设备的更换；负责工程辅助材料的购买。

⑦ 文档管理小组：负责整理工程的各种文档；收集各实施小组的项目报告；分发实施过程中的各种通知、文档；负责工程文档的备份和安全管理；对工程文档质量负责。

7.1.4 网络工程施工项目进度控制

1. 施工项目进度控制的概念

施工项目进度控制与投资控制和质量控制一样，是项目施工中的重点控制之一。它是保证施工项目按期完成，合理安排资源供应、节约工程成本的重要措施。

施工项目进度控制是指在既定的工期内，编制出最优的施工进度计划，在执行该计划的施工中，经常检查施工实际进度情况，并将其与计划进度相比较，若出现偏差，便分析产生的原因和对工期的影响程度，找出必要的调整措施，修改原计划，不断循环，直至工程竣工验收。施工项目进度控制的总目标是确保施工项目的既定目标在计划工期内顺利实现，或者在保证施工质量和不因此而增加施工实际成本的条件下，适当缩短施工工期。为了对施工进度进行控制和协调，可用甘特图（Gantt）或网络图画出施工进度表。

2. 甘特图

甘特图也称横道图，是在 1917 年由亨利·甘特开发的，其内在思想简单，基本上是一条线条图，横轴表示时间，纵轴表示活动（项目），线条表示在整个施工周期内计划和实际的活动完成情况。它直观地表明任务计划在什么时候进行，以及实际进展与计划要求的对比。它是以图示的方式通过活动列表和时间刻度形象地表示出任何特定项目的活动顺序与持续时间。

多年来，由于甘特图的编制比较简单，使用直观，已经成为显示进度的通用方法之一，因此，我国施工单位大多习惯于用甘特图表示施工进度计划，用它来控制进度，作为组织施工的依据之一。图 7-1 所示为某网络工程的初步施工进度计划。

3. 网络图

（1）网络计划技术的产生

网络计划技术指的是通过网络形式表达某个项目计划中各项具体活动的逻辑关系。网络计划方法起源于美国，是项目计划管理的重要方法。目前，网络计划方法在我国各类大型工程项目的管理中已经得到普遍应用。

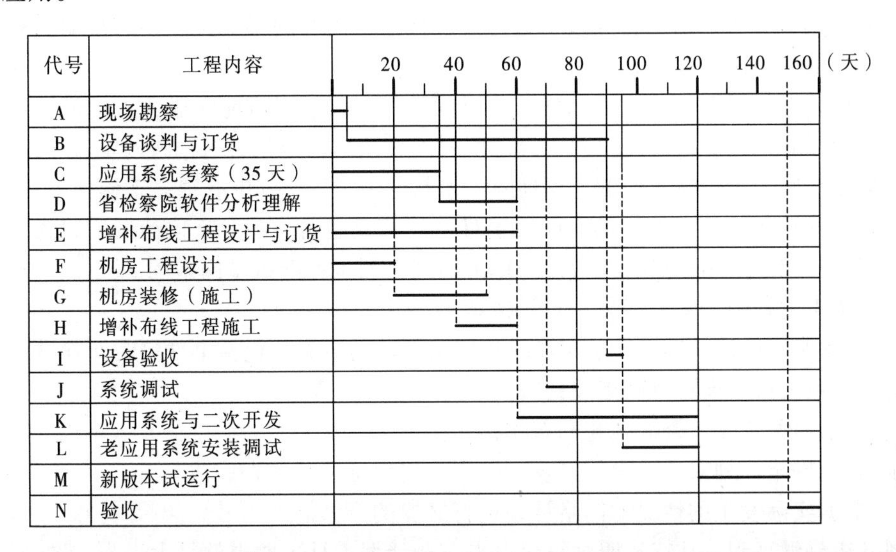

图7-1　某网络工程的初步施工进度计划

网络图是由若干个圆圈和箭线组成的网状图，它能表示一项工程或一项生产任务中各个工作环节或各道工序的先后关系和所需时间。网络图有两种形式：一种是以箭线表示活动（或称作业、任务、工序），称为箭线型网络图；另一种是以圆圈表示活动，称为结点型网络图。

箭线型网络图不仅需要一种代号在箭线上表示活动，而且需要一种代号在圆圈上表示事件。每一条箭线的箭头和箭尾各有一圆圈，分别代表箭头事件和箭尾事件。圆圈上有编号，可以用一条箭线的箭头事件和箭尾事件的两个号码表示这项活动，如图7-2所示。

结点型网络图用圆圈表示活动，用箭线表示活动之间的关系，如图7-3所示。

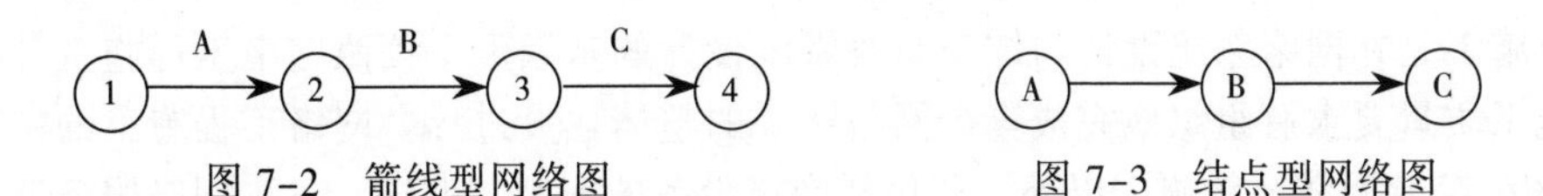

图7-2　箭线型网络图　　　　图7-3　结点型网络图

箭线型网络图可以用箭线的长度形象地表示活动所持续的时间，因而在网络工程施工进度安排时深受管理人员和技术人员的欢迎。

（2）网络计划方法的应用

① 项目分解。项目分解就是将一个工程项目分解成各种活动。在进行项目分解时，可采用“任务分解结构”，也就是将整个项目分解成若干任务包，再将任务包分解成主要成分，最后再分解成具体活动。

② 确定各种活动之间的先后关系。项目分解成活动之后，要确定各种活动之间的先后次序，即一项活动的进行是否取决于其他活动的完成，它的前驱活动或后继活动是什么。

③ 估计活动所需的时间。活动所需的时间是指在一定的技术组织条件下，为完成一项任务或一道工序所需要的时间，是一项活动的延续时间，其时间单位可以是小时、日、周、月等，可按具体工作性质及项目的复杂程度以及网络图使用对象而定。根据活动性质的不同，活动时间有两种估计方法。

- 单一时间估计法。是指对各种活动的时间，仅确定一个时间值。这种方法适用于有同类活动或类似活动时间作参考的情况，如过去进行过且偶然性因素的影响又较小的活动。采用单一时间估计法作出的网络图也称确定型网络图。
- 三点时间估计法。是对活动时间预估三个时间值，然后求出可能完成的平均值。这三个时间值分别是：最乐观时间、最可能时间、最悲观时间，然后对这三种时间进行加权平均。

三点时间估计法常用于带探索性的工程项目。如原子弹工程，其中有很多工作任务是从未做过的，需要研究、试验，这些工作任务所需的时间也很难估计，只能由一些专家估计最乐观的时间、最悲观的时间和最可能的时间。采用三点时间估计法作出的网络图也称随机型网络图。

在网络工程施工过程中，常采用单一时间估计法。

④ 计算网络参数，确定关键路线。对箭线型网络图，网络参数包括事件的时间参数和活动的时间参数。求出时间参数之后，就可以确定关键路线。

⑤ 优化。包括时间优化、资源优化和费用优化。

⑥ 监控。利用网络计划对项目进行监视和控制，以保证项目按期完成。

⑦ 调整。根据实际发生的情况对网络计划进行必要的调整。

网络计划方法是继亨利·甘特发明甘特图以来，在计划工具上取得的最大进步。图 7-4 所示是用网络图表示的施工进度安排。

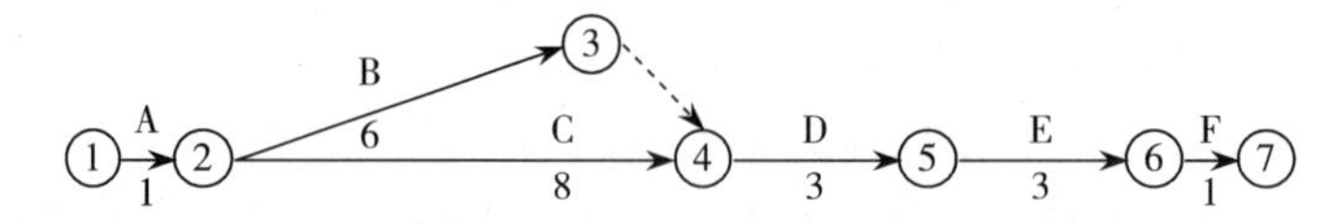

图 7-4 用网络图表示的施工进度安排

7.2 网络工程施工

网络工程施工是在网络系统设计与综合布线系统设计的基础上，按照网络工程施工计划的施工进度要求以及施工质量要求有组织地完成整个网络系统的整体建设过程。网络工程施工的主要工作除了第 6 章所介绍的综合布线系统施工以外，还包括网络设备的安装与调试、各种网络服务器的安装与配置，以及网络应用系统的安装与调试等内容。

7.2.1 网络设备的安装与调试

1. 网络设备安装与调试的主要内容

网络设备的安装与调试主要包括网络设备的到货验收、网络设备安装及网络设备的调试等三项内容。

（1）网络设备的到货验收

网络设备到货后，在正式交付用户方之前，应由用户方的监理公司与网络集成公司代表共同对设备进行验收，如果通过验收，则可以进行设备的安装。原则上，设备到货验收的地点为合同中用户方明确指定的地点。

验收内容包括：外包装、加电查看系统配置与合同是否相符，外包装验收要填写外观验收清单。经监理公司验收确认并出具证明后，才能进行网络设备的正式安装。

（2）网络设备的安装

网络设备的安装包括网络设备的机柜安装、网络设备组件的安装及网络设备的连接等几个步骤。

① 网络设备的机柜安装。使用安装附件中的螺钉将网络设备的两个支架安装到网络设备上（如交换机），在安装时注意支架的正确方向，否则网络设备将无法安装到标准机柜中。

将安装完支架的网络设备平稳地放到19英寸标准机柜中，在安装体积和重量比较大的网络设备时，必须由多个人配合完成。

② 网络设备组件的安装。网络设备组件的安装需要在切断网络设备电源的情况下进行，同时要保证网络设备的良好接地。另外，工作人员在接触网络设备电路板之前要带上防静电手镯，并确认防静电手镯与机箱前面板的 ESD 接线柱连接良好，以防人体静电损坏网络设备组件。再有，在带电安装带有光口的模块时，不要直视 GBIC 端口和光纤线缆末端，以免伤害眼睛。

③ 网络设备的连接。在进行网络设备连接时，需要注意的是百兆电口收发各使用电缆中的一对双绞线，而千兆电口工作于千兆模式时是收发同时使用电缆中的四对双绞线，当使用光缆进行远距离 LAN 连接时要注意光缆的规格必须与交换机的光接口特性相符并分清收发极性。

（3）网络设备的调试

在网络设备安装连接完成以后，进入通电调试阶段。网络设备平台调试的内容主要是按照合同所附的技术要求进行，通过设备调试，测试交付用户方的平台系统是否满足这些指标。同时依据在试运行期间的运行日志，评判系统的稳定性、可靠性以及容错能力等。

2. 交换机的安装与调试

目前，虽然生产交换机的厂商较多，品牌也多种多样，但是不同品牌交换机的安装方法却是基本相同的。

（1）交换机的外观检查

交换机外观检查的基本步骤如下：

① 检查交换机的外表有无明显裂痕和碰撞痕迹，开箱单中列出的每个部件是否齐全，交换机的尺寸是否标准。

② 检查交换机的端口配置是否与合同相符，有无用于交换机配置的 Console 口。

③ 检查交换机后面板是否正常，交换机的后面板通常包括一个电源输入接口和一个接地柱。

④ 检查交换机侧面上的散热通风孔是否被堵塞。

（2）交换机的安装

在进行交换机安装之前，首先要将相应的安装部件整理齐备，其中包括交换机机身，一套机架安装配件（两个支架、四个橡皮脚垫和四个螺钉），一根电源线，一个 Console 管理电缆。

① 将交换机放置到桌面。可能有些公司没有专门的机柜存放交换机，此时可以将交换机放到一个平稳的桌面上。其安装步骤如下：

a. 将交换机从包装箱中取出，并放置在水平桌面上。

b. 揭去脚垫上的衬片，并将四个脚垫有黏度的一面贴到交换机底面四个角相应的位置上。

c. 将交换机的正面朝上、底面朝下安放于平稳的桌面上。

② 将交换机放置到机柜。最好将交换机安装在机柜中，这样可以更好地保证交换机的安全性和稳定性。其安装步骤如下：

a. 将交换机从包装箱中取出。

b. 使用安装附件中的螺钉先将支架安装到设备的两侧，安装时要注意支架的正确方向。

c. 将交换机放到机柜中，确保交换机四周有足够的空间用于空气流通。

d. 用螺钉将支架的另一面固定到机柜上，要确保设备安装稳固，并与底面保持水平。拧取这些螺钉的时候不要拧得过紧，否则会让交换机倾斜；也不能过于松垮，这样交换机在运行时将不会稳定，工作状态下设备会抖动。

③ 安装模块和接口卡。大部分交换机都支持模块的扩展，扩展模块和接口卡的安装步骤如下：

a. 反复阅读模块化设备的说明书并咨询相关厂商的技术人员，确定该设备可以添加用户所购买的模块或接口卡。

b. 查看设备后端的面板，区分哪个区域是网络模块插槽，哪个区域是接口卡插槽。一般情况下，接口卡插槽更靠近 Console 口和电源接口。

c. 关闭设备电源，并将设备接地，防止静电。拔下设备接口上的所有网络电缆。

d. 用螺丝刀卸下用于安装模块插槽的挡口铁片，并要妥善保管。

e. 进行接口卡或模块的安装，安装时应手持模块的边缘，不要用手接触模块上的元器件或电路板，以免因人体静电导致元器件损坏。

f. 交换机插槽的两边有滑轨，将拇指放在接口模块的螺钉下方，对准滑轨的位置，将接口模块沿滑轨插入插槽直至接触到交换机内的连接插座，然后稍稍用力将接口模块按下，使模块的连接器与交换机的连接插座连接牢固。

g. 拧紧接口模块拉手条上的螺钉，使模块固定于交换机上。

h. 重新打开设备电源，查看接口卡或模块的指示灯是否正常，如果正常就可以进行网络线缆的连接了。

④ 连接电源与接地。将电源线插在交换机后面的电源接口，找一个接地线绑在交换机后面的接地口上，保证交换机正常接地。

交换机安装完成以后，还必须对整个安装情况进行检查后才可以打开交换机电源，并在开启状态下查看交换机是否出现抖动现象，如果出现则需要检查脚垫高低或机柜上的固定螺丝松紧情况。

（3）交换机的连接

当单一交换机所能提供的端口数量不足以满足网络计算机的需求时，必须要有两个以上的交换机提供相应数量的端口，这也就要涉及交换机之间的连接问题。从根本上来讲，交换机之间的连接不外乎两种方式：一是级联，二是堆叠。

① 交换机双绞线端口的级联。交换机的级联是最常用的一种多台交换机连接方式。需要注意的是交换机不能无限制地级联，超过一定数量的交换机进行级联，最终会引起广播风暴，导致网络性能严重下降。

交换机双绞线端口的级联既可使用普通端口（MDI-X），也可使用级联端口（MDI-II、Uplink）。当相互级联的交换机的两个端口分别为普通端口和级联端口时，应当使用直通线；当相互级联的交换机的两个端口均为普通端口时，则应当使用交叉线。

方式 1：使用普通端口级联。如果交换机没有提供专门的级联端口，那么，将只能使用交叉跳线，

将两台交换机的普通端口连接在一起，以扩展网络端口的数量，其连接示意如图 7-5 所示。

图 7-5　使用普通端口级联

方式 2：使用 Uplink 端口级联。现在，越来越多的交换机（个别交换机除外）均提供 Uplink 端口，如图 7-6 所示，使得交换机之间的连接变得更加简单。Uplink 端口是专门用于与其他交换机连接的端口，可利用直通跳线将该端口连接至其他交换机的除 Uplink 端口外的任意端口，其连接示意如图 7-7 所示。这种连接方式跟计算机与交换机之间的连接完全相同，需要注意的是，有些品牌的交换机（如 3Com）使用一个普通端口兼作 Uplink 端口，并利用一个开关（MDI/MDI-X 转换开关）在两种类型间进行切换。

图 7-6　交换机 Uplink 端口

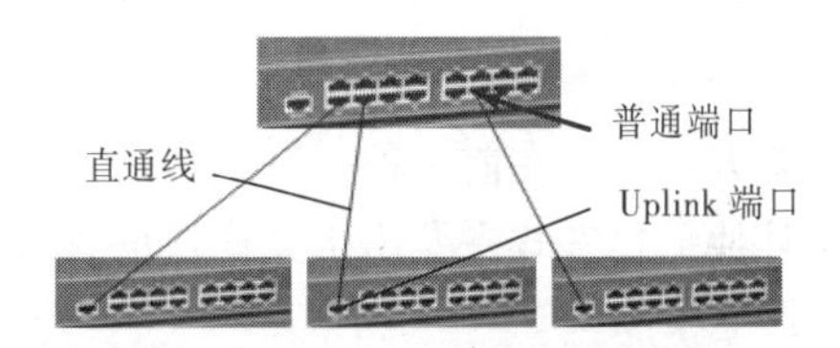

图 7-7　使用 Uplink 端口级联

② 交换机光纤端口的级联。光纤主要被用于核心交换机和主干交换机之间的连接，但光纤端口是没有堆叠能力的，只能被用于级联。当交换机通过光纤端口级联时，必须将光纤跳线两端的收发对调，当一端接“收”时，另一端则接“发”，如图 7-8 所示。

为了避免接错交换机之间的光纤跳线，Cisco 的 GBIC 光纤模块都标记有收发标志，左侧向内的箭头表示“收”，右侧向外的箭头表示“发”。如果光纤跳线的两端均连接“收”或“发”，则该端口的 LED 指示灯不亮，表示该连接为失败，只有当光纤端口连接成功后，LED 指示灯才转为绿色。

③ 交换机的堆叠。交换机的堆叠主要是在对端口需求比较大的大型网络中应用。交换机的堆叠是扩展端口最快捷、最便利的方式，同时堆叠后的带宽是单一交换机端口速率的几十倍。但是，并不是所有的交换机都支持堆叠，这要取决于交换机的品牌和型号，并且还需要使用专门的堆叠电缆和堆叠模块。最后还要注意同一堆叠中的交换机必须是同一品牌和同一型号。

交换机的堆叠主要是通过厂家提供的一条专用连接电缆，从一台交换机的 UP 堆叠端口直接连接到另一台交换机的 DOWN 堆叠端口。堆叠中的所有交换机可视为一个整体的交换机来进行管理，其连接示意如图 7-9 所示。

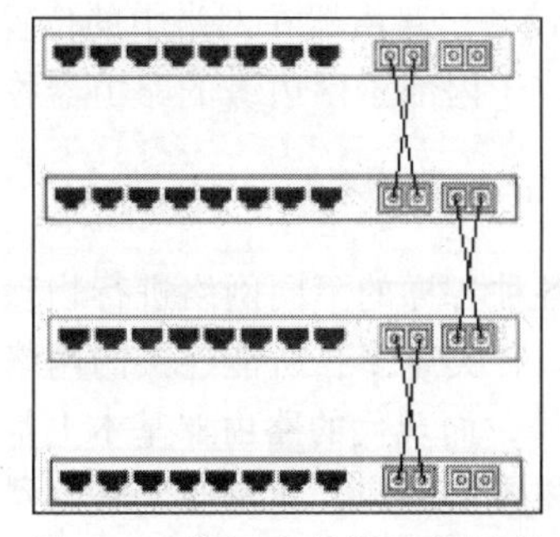

图 7-8　使用光纤端口的级联

图 7-9　交换机的堆叠

采用堆叠方式的交换机要受到种类和相互间距离的限制。首先，实现堆叠的交换机必须是支持堆叠的；另外，由于厂家提供的堆叠连接电缆一般都在 1 m 左右，故只能在较近的距离内使用堆叠功能。

④ 交换机之间的两种连接方式比较。交换机的级联方式实现简单，只需一根普通的双绞线即可，节约成本而且基本不受距离的限制；而堆叠方式投资相对较大，且只能在很短的距离内连接，实现起来比较困难。

堆叠方式比级联方式具有更好的性能，信号不易衰减，且通过堆叠方式，可以集中管理多台交换机，大大减化了管理工作量；如果实在需要采用级联，也最好选用 Uplink 端口的级联方式，这是因为采用 Uplink 端口的级联可以在最大程度上保证信号强度，如果是普通端口之间的连接，必定会使网络信号严重受损。

（4）交换机的配置

交换机的配置方式有多种，主要有本地 Console 口配置、Telnet 远程登录配置、FTP 配置，但是后面几种配置方式只有在前一种配置成功后才可进行。其中，本地 Console 口配置主要用于交换机的初始配置，而其他配置方式主要用于交换机的管理配置。

（5）注意事项

要想保证交换机稳定可靠地工作，需要特别注意以下几点：

① 交换机的电源。交换机的电源必须可靠接地，防止烧坏交换机设备。在拆装和移动交换机之前必须先断开电源线，以防止移动过程造成内部部件的损坏，在放置交换机时电源插座尽量不要离交换机过远，否则当出现问题时切断交换机电源会非常不方便。

② 交换机的防静电。超过一定容限的静电会对电路乃至整机产生严重的破坏作用。因此，应确保设备良好的接地以防止静电的破坏。人体的静电也会导致设备内部元器件和印制电路损坏，所以当拿电路板或扩展模块时，应拿电路板或扩展模块的边缘，不要用手直接接触元器件和印制电路，以防因人体的静电而导致元器件和印制电路的损坏。如果有条件最好能够佩戴防静电手镯。

③ 交换机的运行环境。交换机放置的地方应该保持一定的温度与湿度，并且应该通风良好，良好的环境可以让交换机寿命更长，性能更稳定。因此，在交换机的两侧和后面至少保留 100 mm 的空间，不要让空气的入口和出口被阻塞，并且不要将重物放置在交换机上。

④ 交换机的接地系统。因为设备的组件都是接到设备的结构上，设备安装和工作时必须使用一条低阻抗的接地导线通过设备接地柱将设备的外壳接地，以保证设备的安全。

3. 路由器的安装与调试

路由器是工作在 IP 协议网络层实现子网之间转发数据的设备，路由器在网络中的位置比较复杂，既可位于内部子网边缘，也可位于内、外部网络的连接处。位于内部子网边缘的路由器称为内部路由器，位于内、外部网络连接处的路由器称为边缘路由器。

（1）路由器接口

路由器具有非常强大的网络连接和路由功能，它可以与各种各样的不同网络进行物理连接，这就决定了路由器的接口技术非常复杂，越是高档的路由器其接口种类越多，所能连接的网络类型也就越多。早期路由器（如 Cisco 2500 系列）的接口都是固定化设计，而现代的路由器基本上都采用模块化设计，部分接口（接口卡和网络模块）将由客户根据自己的需要来选购，非常便于路由器的升级和扩展。图 7-10 所示为 Cisco 2611XM 路由器的端口类型与分布情况。

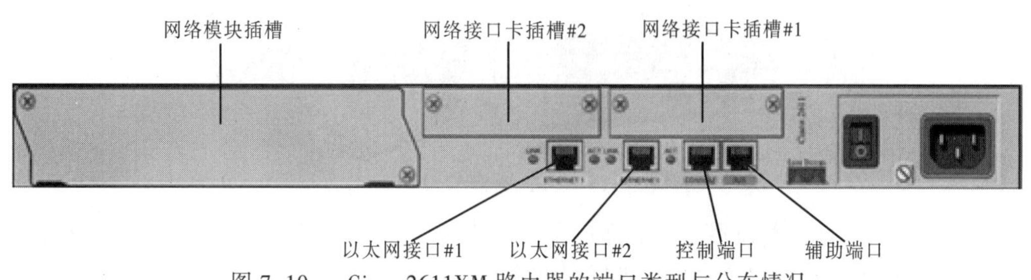

图 7-10　Cisco 2611XM 路由器的端口类型与分布情况

路由器的端口主要包括局域网端口、广域网端口和配置端口三类。

① 局域网接口。常见的局域网接口主要有 RJ-45、光纤接口以及 GBIC/SFP 插槽等。

a. RJ-45 端口。RJ-45 端口是最常见的双绞线以太网端口，根据端口的通信速率不同 RJ-45 端口又可分为 10Base-T 端口、100Base-TX 端口和 1000Base-T 端口。其中，10Base-T 网的 RJ-45 端口在路由器中通常是标识为 ETH，100Base-TX 网的 RJ-45 端口通常标识为 10/100bTX，而 1000Base-T 网的 RJ-45 端口则通常标识为 10/100/1000Base-T，如图 7-11 所示。

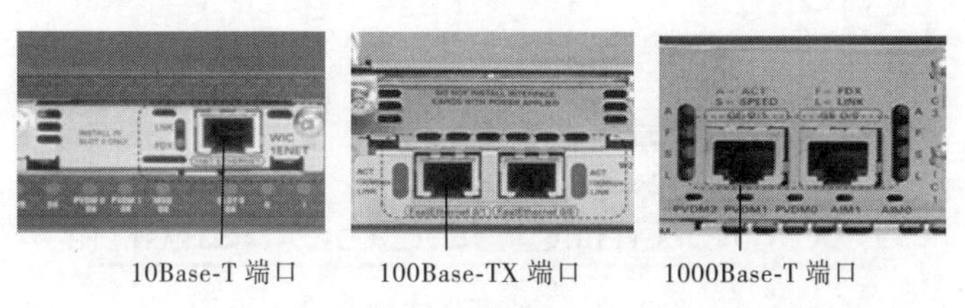

图 7-11　RJ-45 端口

b. SC/LC 端口。SC/LC 端口也就是常说的光纤端口，用于与光纤的连接。光纤端口通常是不直接用光纤连接至工作站，而是通过光纤连接到快速以太网或千兆以太网等具有光纤端口的交换机，如图 7-12 和图 7-13 所示。

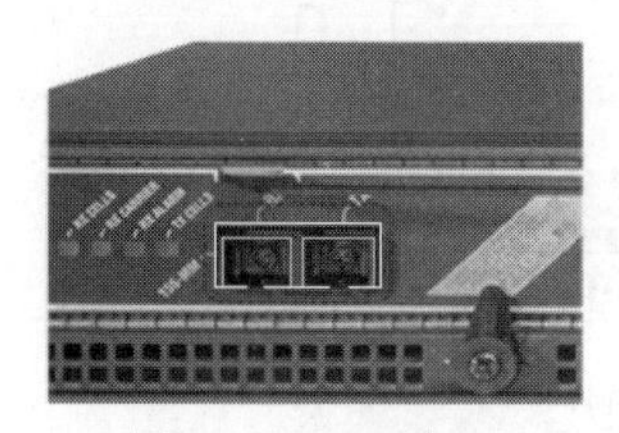

图 7-12　SC 端口

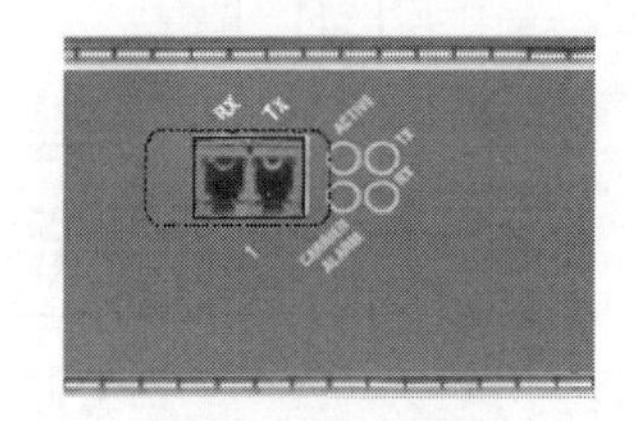

图 7-13　LC 端口

c. GBIC/SFP 插槽。GBIC/SFP 插槽用来插接 GBIC 模块和 SFP 模块，GBIC 模块和 SFP 模块的主要作用是通过光电/电光转换实现与光纤的连接，如图 7-14 和图 7-15 所示。

图 7-14　GBIC 插槽与模块

图 7-15　SFP 插槽与模块

② 广域网接口。现在的路由器基本上都是模块化结构，在提供一定种类的固定端口的同时，还提供各种不同类型的广域网接口模块，用户可以根据连接 Internet 的具体情况灵活选择相应的接口模块，实现与广域网的连接。路由器常用的广域网接口和接口模块主要包括如下几种：

a. RJ-45 端口。利用 RJ-45 端口也可以建立广域网与局域网 VLAN（虚拟局域网）之间，以及与远程网络或 Internet 的连接。如果使用路由器为不同的 VLAN 提供路由时，可以直接利用双绞线连接至不同的 VLAN 端口。如果必须通过光纤连接至远程网络，或连接的是其他类型的端口，则需要借助于收发转发器才能实现彼此之间的连接。图 7-16 所示为快速以太网端口。

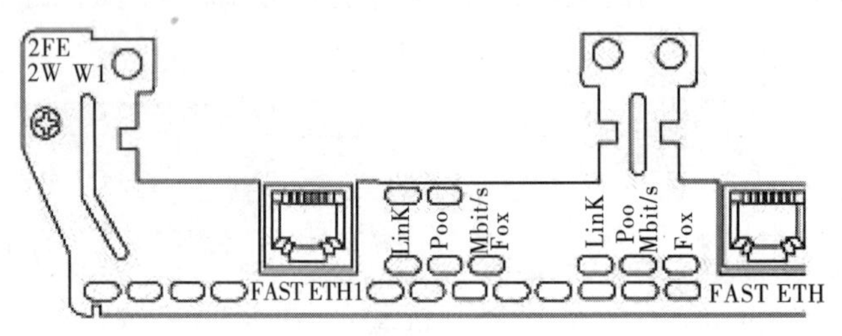

图 7-16　快速以太网端口

b. AUI 端口。AUI 端口也常被用于与广域网的连接，在 Cisco 2600 系列路由器上，提供了 AUI 与 RJ-45 两个广域网连接端口，如图 7-17 所示。用户可以根据自己的需要选择适当的类型。

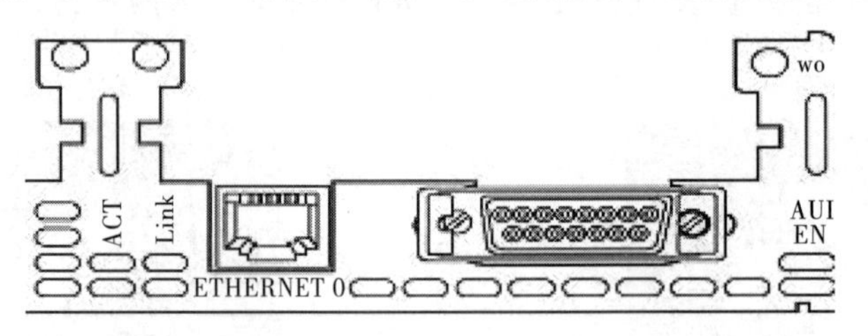

图 7-17　AUI 广域网连接端口

c. 广域网接口模块。模块化路由器除了提供一些必要的固定接口以外，其他的接口都是接口卡、模块以及模块与接口的组合，Cisco 路由器中常用的广域网接口模块主要包括 CSU/DSU 广域网接口卡、高速串行广域网接口卡、异步/同步串行广域网接口卡、ISDN BRI 广域网接口卡、模拟 Modem 广域网接口卡、ADSL 广域网接口卡等，分别用于不同的广域网接入环境。

③ 路由器配置接口。路由器的配置端口有两个，分别是 Console 和 AUX。Console 通常用于路由器的基本配置，而 AUX 用于路由器的远程管理配置。

a. Console 端口。Console 端口使用配置专用连线直接连接至计算机的串口，利用终端仿真程序（如 Windows 下的“超级终端”）进行路由器本地配置。路由器的 Console 端口多为 RJ-45 端口，如图 7-18 所示。

图 7-18　路由器配置接口

b. AUX 端口。AUX 端口为异步端口，主要用于远程配置，也可用于拨号连接，还可通过收发器与 Modem 进行连接。AUX 端口与 Console 端口通常同时提供，因为它们各自的用途不一样，如图 7-18 所示。

（2）路由器的硬件连接

路由器的接口类型非常多，不同的端口用于不同的网络连接，路由器的硬件连接按端口类型不同，主要分为与局域网设备之间的连接、与广域网设备之间的连接以及与配置设备之间的连接三类。

① 路由器与局域网设备之间的连接。目前，主要的局域网设备就是交换机，且交换机通常使用的是 RJ-45 端口或光纤端口。

方式 1：RJ-45-to-RJ-45。如果路由器和交换机均提供 RJ-45 端口，那么，可以使用双绞线将交换机和路由器的两个端口连接在一起。需要注意的是，与交换机之间的连接不同，路由器和交换机之间的连接不使用交叉线，而是使用直通线，路由器与交换机之间的互连是通过普通端口进行的。

方式 2：SC-to-RJ-45。如果交换机提供的是 SC 光纤端口，而路由设备仅提供了 RJ-45 端口，此时它们之间的连接必须借助于光电转换器才可实现。光电转换器与交换机设备之间的双绞线跳线同样必须使用直通线。

② 路由器与 Internet 接入设备的连接。路由器的主要应用是与互联网的连接，路由器与互联网接入设备的连接与网络系统所选择的网络接入方式有关，不同的接入方式应该使用不同的路由器接口与 Internet 接入设备相连接。图 7-19 所示为某大学校园网拓扑结构的广域网连接部分。

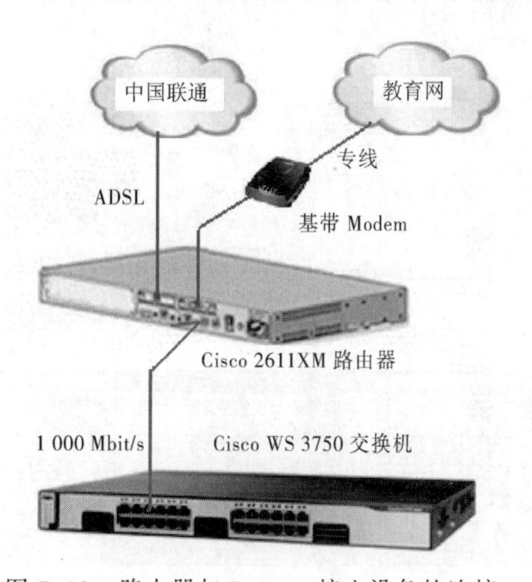

图 7-19　路由器与 Internet 接入设备的连接

其中，与教育网的接入方式为DDN专线接入，将1端口高速串行广域网接口卡WIC-1T（见图7-20）安装在Cisco 2611XM的广域网接口卡插槽1中，通过串行电缆连接到基带Modem等通信终端设备，然后连往教育网专线。

与中国联通的接入方式为ADSL宽带接入，将1端口ADSL广域网接口卡WIC-1ADSL（见图7-21）安装在Cisco 2611XM的广域网接口卡插槽2中，并直接通过它的RJ-11接口连入用户申请的ADSL电话线路。这块ADSL广域网接口卡含有ADSL信道通信单元，所以不必另外购置ADSL Modem。

图7-20 WIC-1T接口卡

图7-21 WIC-1ADSL接口卡

4. 防火墙的安装与调试

防火墙（硬件防火墙）是设置在不同网络结构之间的一种硬件设备，它是不同网络或网络安全域之间信息的唯一出入口。通过监测、限制、更改跨越防火墙的数据流，可以尽可能地对外部屏蔽网络内部的信息、结构和运行状况，还可以控制对服务器与外部网络的访问等，从而达到安全防范的作用。

（1）防火墙的安装

硬件防火墙的种类很多，但安装的步骤基本相似，下面以Cisco PIX系列防火墙PIX535为例介绍硬件防火墙的安装过程。

PIX是Cisco公司开发的防火墙系列设备，主要起到策略过滤、隔离内外网、根据用户实际需求设置DMZ（停火区）等功能。PIX和一般硬件防火墙一样具有转发数据包速度快、可设置的规则种类多、配置灵活等特点。

PIX防火墙从外观上和路由器差不多。正面没有任何接口，只显示指示灯，所有的接口都在PIX防火墙的背面，如图7-22所示。

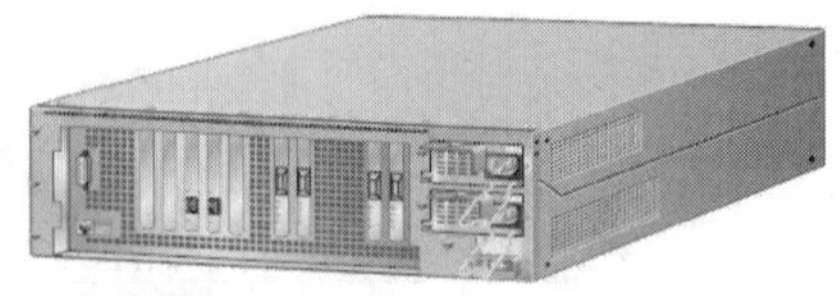

图7-22 Cisco PIX535防火墙前后面板

PIX535的接口很多，如RJ-45接口、USB接口、显示器接口、电源接口等，如图7-23所示。

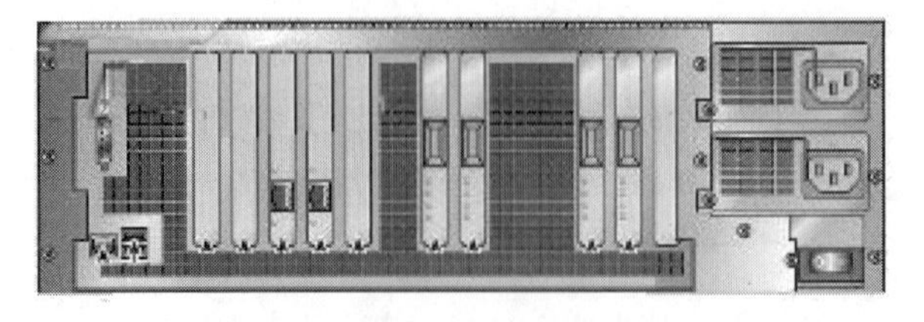

图7-23 Cisco PIX535防火墙接口

如果希望添加某个类型的接口，还可以卸下相应的面板自行安装新接口，通常，用户使用最多的是 Console 接口（控制台）和 Slot5 接口、Slot6 接口（RJ-45 网线接口）。

安装 PIX 和安装普通的路由器和交换机一样，用螺钉将设备固定在机柜上即可，同时应该注意散热和 UPS 不间断电源的供应。

（2）防火墙的配置

一台新的 PIX 防火墙不经过任何配置是无法投入使用的，需要使用 Console 线连接设备的 Console 口并根据实际应用环境进行设置。登录 PIX 的管理界面很简单，将 Console 线连接控制台接口即可，如图 7-24 所示。

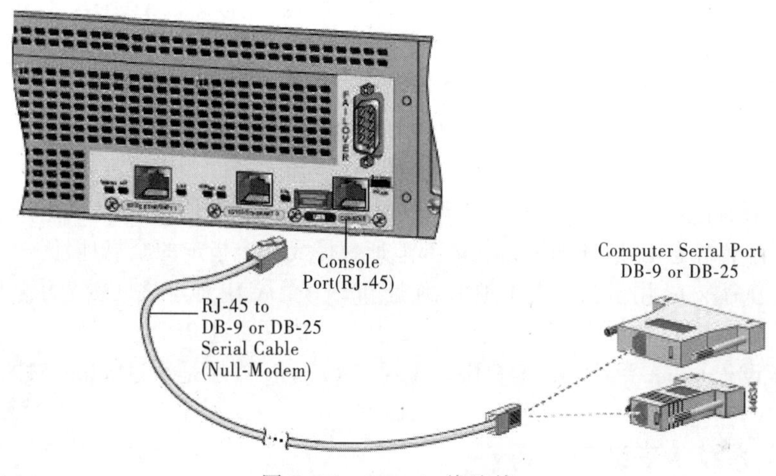

图 7-24　Console 线连接

① PIX 的区域划分。目前，常用的硬件防火墙通常具有至少三个接口，当使用具有三个接口的防火墙时，就至少产生了内网、外网、停火区（DMZ）三个网络。

a. 内部区域（内网）。内部区域通常就是指企业内部网络或者是企业内部网络的一部分。它是互连网络的信任区域，即受到防火墙保护的区域。

b. 外部区域（外网）。外部区域通常指 Internet 或者非企业内部网络。它是互连网络中不被信任的区域，当外部区域想要访问内部区域的主机和服务时，通过防火墙就可以实现有限制的访问。

c. 停火区（DMZ）。停火区是一个隔离的网络或几个网络。位于停火区中的主机或服务器称为堡垒主机，一般在停火区内可以放置 Web 服务器、E-mail 服务器等。停火区对于外部用户通常是可以访问的，这种方式让外部用户可以访问企业的公开信息，但不允许他们访问企业内部网络。

② PIX 的工作模式。实际上，PIX 防火墙和 Cisco 以往的路由交换设备一样有四种管理访问模式，这四种管理模式分别是：

a. 非特权模式。PIX 防火墙开机自检后，就是处于这种模式。系统显示为 pixfirewall>。

b. 特权模式。在非特权模式下输入 enable 进入特权模式，可以改变当前配置。系统显示为 pixfirewall#。

c. 配置模式。在特权模式下输入 configure terminal 进入此模式，绝大部分的系统配置都在这里进行。系统显示为 pixfirewall(config)#。

d. 监视模式。PIX 防火墙在开机或重启过程中，按住【Escape】键或发送一个 Break 字符，即进入监视模式。在监视模式下，可以更新操作系统映像和口令恢复。系统显示为 monitor>。

这四种管理访问模式中，最常用的还是特权模式和配置模式，95%以上的操作命令都是在这两个模式下完成的，而监视模式主要用于恢复 PIX 默认密码等调试工作，非特权模式则只能查看 PIX 设备运行状况，不能修改任何设置。

③ PIX 的配置过程。配置 PIX 防火墙与配置路由器的过程基本相似，也分为基本配置和高级配置两个部分。

PIX 防火墙的基本配置命令主要有 nameif、interface、ip address、nat、global、route 六个。

- nameif：用于配置防火墙接口的名字，并指定安全级别。
- interface：用于设置以太网接口的工作模式（单工/半双工/全双工/AUTO）或关闭以太网接口。
- ip address：用于配置内外网卡的 IP 地址。
- nat：用于将内网的私有 IP 转换为外网的公有 IP。
- global：用于将内网的 IP 地址翻译成外网的 IP 地址或一段地址范围。
- route：用于设置一条指向内网和外网的静态路由。

PIX 防火墙的高级配置命令主要有 static、conduit、fixup、telnet 四个。

- static：用于配置静态 IP 地址翻译，把内部地址翻译成一个指定的全局地址。
- conduit（管道命令）：用于在一个本地 IP 地址和一个全局 IP 地址之间创建了一个静态映射。
- fixup：用于配置 fixup 协议，允许或禁止一个服务或协议通过 PIX 防火墙。
- telnet：用于设置 telnet 登录 PIX 的权限，是通过 Console 口还是通过 telnet 对防火墙进行配置。

7.2.2 网络服务系统的安装与配置

网络服务系统的安装与配置主要是指各种网络服务器的配置与管理，目前网络系统中最常用的服务系统主要包括 DNS 域名系统、DHCP 动态协议系统、Web 服务系统、FTP 文件传输系统、E-mail 电子邮件系统、代理服务器系统等。这些服务系统的建设通常可以基于 Windows 环境，也可以基于 Linux 环境。

7.2.3 网络应用系统的安装与调试

网络应用系统主要是指基于网络环境下的各种网络应用程序，如办公自动化系统、ERP 系统、财务管理系统、人事档案管理系统等。这些网络应用系统可以由网络集成商根据用户需求自己开发，也可以根据用户需求购买第三方软件。

7.3 计算机网络工程监理

所谓网络工程监理，是指在网络建设过程中，给用户提供建设前期咨询、网络方案论证、系统集成商的确定、网络质量控制等一系列服务，帮助用户建设一个性价比最优的网络系统。

在网络工程项目实施过程中，网络建设单位如何对施工单位进行有效的监督和管理是一项非常重要的问题。这些问题解决不好，必将导致在方案的确定、产品的供应和工程项目的实施以及未来运行

和维护等各方面出现失误，以致无法在质量、进度、成本等方面达到工程项目建设的预期目标，更不用说产生应有的经济效益和社会效益。一般情况下，在大型工程项目中，建设单位会请专业的监理公司负责整个工程过程的监理工作，而在小型工程中，大多数单位是自行负责工程过程的监理。

7.3.1 工程监理的职责

工程监理的职责是参与和协助工程实施过程的有关工作，控制工程建设规划和投资规模、工程进度和工程质量，协调有关单位之间的工作关系。

1. 工程投资控制

工程投资是指网络工程建设所需的全部费用，包括设备、材料、工器具购置、安装工程费和其他费用等。网络工程建设项目的投资控制始终贯穿于项目的全过程，一般情况下大致可分为立项决策、设计及准备、实施及完工、系统交付使用四个阶段。做好各个阶段的投资控制，把工程建设项目的投资控制在批准的投资限额以内，并随时纠正发生的偏差，以保证投资目标的实现。网络工程建设项目的建设规模有时会随着主体建筑需求的变化作出相应的调整，需要分阶段进行修正，其总的目标仍然是建立在保证质量和进度的基础上合理控制限额。

2. 工程进度控制

工程进度控制是指对网络工程建设项目实施各建设阶段的工作内容、工作程序、持续时间和衔接关系等编制计划进度流程表并予以实施。在实施过程中要经常检查实际进度是否按计划要求进行，对出现的偏差要分析原因，并采取补救措施或对原计划进行调整、修改，直到工程竣工，交付使用。

3. 质量控制

质量控制主要表现在达到工程合同、设计文件、技术规范规定的质量标准。工程质量控制就是为保证达到工程合同规定的质量标准而采取的一系列手段和措施。

7.3.2 网络工程监理实施步骤

网络工程监理的实施步骤可以简单地划分为工程招标阶段、综合布线系统建设阶段、网络系统集成阶段、竣工验收阶段和保修阶段共五个阶段。

1. 工程招标阶段的监理内容

工程招标是网络工程项目建设的首要环节，能否选择好的网络系统集成商，将直接影响整个网络工程项目建设的质量。所以，建设单位在草拟招标文件时，就应该在资质等级、企业业绩、服务质量等几个方面对投标单位提出要求。在发标前，应对建设单位和网络系统集成商多做一些了解和调研，并帮助建设单位做好如下工作：

① 综合布线需求分析。对建设单位实施综合布线的相关建筑物进行实地考察，由建设单位提供建筑工程图，了解相关建筑物的建筑结构，分析施工需要解决的问题和达到的要求；了解网络中心的位置、信息点数、信息点与网络中心的最远距离、电力系统供应状况、建筑接地情况等与系统建设有关的情况。

② 网络系统集成应用需求分析。了解建设单位的网络应用和整体投资概况；了解建设单位数据量

的大小、数据的重要程度、网络应用的安全性、实时性及可靠性等要求。

③ 了解网络系统集成商的网络系统集成方案，了解网络系统的功能（包括硬件与软件），其中，硬件包括网络物理结构拓扑图、网络系统平台选型、网络基本应用平台选型、网络设备选型、网络服务器选型以及系统设备报价等，衡量网络系统集成商的设计方案是否满足建设单位需求。

④ 协助建设单位做好工程招标前的准备工作，编制网络工程建设项目招标文件。

⑤ 协助建设单位做好工程招标工作，并与中标单位签订网络工程建设合同。

2. 综合布线系统建设阶段的监理内容

综合布线系统建设主要包括布线系统设计、各种管路和槽道的安装、线缆的布放与铺设、设备间和电信间配线设备的安装、线缆的接续与终端等，综合布线系统建设质量的好坏直接影响着网络系统的安全性和可靠性，是网络工程建设项目中最为关键的建设内容。作为网络工程监理人员，必须把好综合布线系统建设质量关。该阶段的监理内容主要包括：

① 审核综合布线系统设计、施工单位与人员的资质是否符合合同要求。

② 网络综合布线系统材料验收。

③ 综合布线系统进度考核。

④ 督促施工单位进行网络布线测试，根据测试结果，判定网络布线系统施工是否合格，若合格，则继续履行合同；若不合格，则敦促施工单位根据测试情况进行修正，直至测试达标。

⑤ 根据合同进行网络综合布线系统验收，包括综合布线系统建设文档。

3. 网络系统集成阶段的监理内容

网络系统集成在网络工程建设项目中的技术含量最高，是网络工程建设项目中的核心环节。该阶段的监理内容主要包括：

① 审核网络系统集成的设计、实施单位与人员的资质是否符合合同要求。

② 网络设备及系统软件验收，包括装箱单、保修单、配置情况、设备产地证明、系统软件的合法性、网络设备加电试机等。

③ 监督实施进度，根据实际情况，协调业主与系统集成商之间的问题，设法促成工程如期进行。

④ 督促施工单位进行网络系统集成性能测试，对存在的问题，督促系统集成商及时解决。

⑤ 督促施工单位进行网络应用测试。包括网络应用软件配置是否合理、各种网络服务是否实现、网络安全性及可靠性是否符合合同要求等，敦促系统集成商按合同要求认真、及时解决网络应用中所存在的问题。

4. 竣工验收阶段的监理内容

整个网络工程的所有施工内容全部结束后，网络系统集成商应在全面自检基础上，向建设单位移交网络工程建设过程中的全部文档资料。只有在各项技术指标全部满足设计要求时，才能进行最终的竣工验收。竣工验收阶段的监理内容主要包括：

① 网络系统集成验收。协助用户组织验收工作，包括验收委员会的成立、各验收参数的确定和审核验收技术资格等；验收主要包括合同履行情况、网络系统是否达到预期效果、各种技术文档等。

② 验收如发现不合格项，应由建设单位、施工单位、监理单位协商查明原因，分清责任，提出解决办法，并责成责任单位限期解决。

③ 项目验收后，敦促建设单位按照合同付款。

5. 保修阶段的监理内容

本阶段主要完成可能出现的质量问题的协调工作，主要内容包括：

① 定期走访用户，检查网络系统运行状况。

② 出现质量问题，确定责任方，敦促其及时解决。

③ 保修期结束，与用户商谈监理结束事宜。

综上所述，工程监理在网络工程项目的整个实施过程中起着非常重要的作用。监理工作本身就是一种促使人们相互协作、按规矩办事的工作。从质量管理的角度出发，依据各种相关规范规定和要求指导工作，对工程建设参与者的行为及其责、权、利进行必要的协调和约束。

7.3.3　网络工程监理依据

1. 综合布线监理依据

（1）国家和行业标准

① 中华人民共和国标准 GB 50174—2008《电子信息系统机房设计规范》。

② 中华人民共和国标准 GB T 2887—2011《计算机场地通用规范》。

③ 中华人民共和国标准 GB 51195—2016《互联网数据中心工程技术规范》。

④ 中华人民共和国标准 GB 50311—2016《综合布线系统工程设计规范》。

⑤ 中华人民共和国标准 GB/T 50312—2016《综合布线系统工程验收规范》。

⑥ 中华人民共和国标准 GB 50314—2015《智能建筑设计标准》。

（2）国家、地方法规和双方文件

① 中华人民共和国民法典 · 合同编。

② 工程监理委托合同书。

③ 业主和承包方的合同书。

2. 网络系统集成监理依据

（1）国家和行业标准

① IEEE 802.3 快速以太网标准规范。

② IEEE 802.3 千兆以太网标准规范。

③ IEEE 802.3 万兆以太网标准规范。

④ ANSI X3T9.5 光纤分布式数据接口标准规范。

⑤ 中华人民共和国标准 GB/T 19668—2014《信息化工程监理规范》。

（2）国家、地方法规和双方文件

① 中华人民共和国计算机信息网络国际连网管理暂行规定。

② 中华人民共和国民法典 · 合同编。

③ 工程监理委托合同书。

④ 业主和承包方的合同书。

⑤ 与项目有关的技术文件（可行性方案等）。

7.3.4 网络工程监理组织结构

监理单位委派总监理工程师、监理工程师、监理人员，并且向业主方通报，明确各工作人员职责，分工合理，组织运转科学有效。

1. 总监理工程师的岗位责任

负责协调各方面关系，组织监理工作，定期检查监理工作的进展情况，并且针对监理过程中的工作问题提出指导性意见。审查施工方提供的需求分析、系统分析、网络设计等重要文档，并提出改进意见。组织甲乙双方重大争议纠纷，协调双方关系，针对施工中的重大失误签署返工令。

2. 监理工程师的岗位责任

接受总监理工程师的领导，负责协调各方面的日常事务，具体负责监理工作，审核施工方需要按照合同提交的网络工程、软件文档，检查施工方工程进度与计划是否吻合，主持甲乙双方的争议解决，针对施工中的问题进行检查和督导，起到解决问题、正常工作的目的。

监理工程师有权向总监理工程师提出合理化建议，并且在工程的每个阶段向总监理工程师提交监理报告，使总监理工程师及时了解工作进展情况。

3. 监理人员的岗位责任

负责具体的监理工作，接受监理工程师的领导，负责具体硬件设备验收、具体布线、网络施工督导，并且要在每个监理日编写监理日志向监理工程师汇报。

习　　题

一、选择题

1. （多选）项目管理的目的是谋求（　　）的有机统一。
   A. 任务多　　B. 进度快　　C. 质量好　　D. 成本省
2. （多选）工程监理的职责是（　　）。
   A. 工程投资控制　　B. 工程进度控制
   C. 质量控制　　D. 网络设计
3. 当相互级联的交换机的两个端口均为普通口时，应当使用（　　）。
   A. 双绞线　　B. 直通线　　C. 交叉线　　D. 光纤
4. 下面关于网络系统设计原则的说法中，正确的是（　　）。
   A. 网络设备应该尽量采用先进的网络设备，获得最高的网络性能
   B. 网络总体设计过程中，只需要考虑近期目标即可，不需要考虑扩展性
   C. 网络系统应采用开放的标准和技术
   D. 网络需求分析独立于应用系统的需求分析
5. 网络工程施工过程中需要许多施工材料，这些材料有的必须在开工前就备好，有的可在开工过程中准备。下列材料中在施工前必须就位的有（　　）。
   A. 服务器　　B. 塑料槽板　　C. 集线器　　D. PVC 防火管
6. 下列有关网络设备选型原则中，不正确的是（　　）。

A. 所有网络设备尽可能选取同一厂家的产品，这样在设备可互连性、协议互操作性技术支持、价格等方面都更有优势

B. 在网络的层次结构中，主干设备选择可以不考虑扩展性需求

C. 尽可能保留并延长用户对原有网络设备的投资，减少在资金投入上的浪费

D. 选择性能价格比高、质量过硬的产品，使资金的投入产出达到最大值

7. 文档的编制在网络项目开发工作中占有突出的地位。下列有关网络工程文档的叙述中，不正确的是（　　）。

A. 网络工程文档不能作为检查项目设计进度和设计质量的依据

B. 网络工程文档是设计人员在一定阶段的工作成果和结束标识

C. 网络工程文档的编制有助于提高设计效率

D. 按照规范要求生成一套文档的过程，就是按照网络分析与设计规范完成网络项目分析与设计的过程

8. （多选）甘特图的编制特点是（　　）。

A. 简单　　B. 直观　　C. 复杂　　D. 不清晰

二、填空题

1. 网络工程的实施要求包括________、________、________三点。

2. PIX 防火墙有________、________、________三个区域。

3. 一般情况下，可远程管理的交换机都有管理________和________。

4. 服务器和个人计算机的差别，主要可以从________和________两个方面考察。

5. 在因特网中，远程登录系统采用的工作模式为________模式。

6. 影响网络工程规划的主要原因________、________、________、________、________、________。

7. 网络工程规划的一般方法________、________。

三、思考题

（1）网络设备的安装与调试主要包括哪些内容？

（2）简述交换机安装到机柜的基本过程。

（3）在交换机的安装过程中，应该注意哪些问题？

（4）交换机的级联与堆叠有何区别？

（5）路由器通常提供哪些接口？各用于什么情况？

（6）路由器怎样连接到内外网之间？通常用哪些接口？

（7）PIX 防火墙有哪三个区域？各用于连接什么网络环境？

（8）PIX 防火墙有哪四种管理访问模式？各用于完成什么功能？

（9）PIX 防火墙的基本配置命令主要有哪些？

（10）PIX 防火墙的高级配置命令主要有哪些？

（11）什么是项目？项目管理的目的是什么？

（12）项目管理有哪些特点？

（13）网络工程项目的组织方式有哪两种？

（14）采用项目经理制进行网络工程项目建设时，项目实施机构各类工作人员的主要职责是什么？

（15）网络工程施工进度的控制通常可采用什么画出施工进度表？

（16）什么是网络工程监理？

（17）网络工程监理的实施步骤可划分为哪五个阶段？

四、实训题

（1）使用三台交换机通过级联方式构建一个小型局域网络。

（2）使用三台带有堆叠功能的交换机通过堆叠方式构建一个小型局域网络。

（3）使用交换机和路由器搭建一个具有三个区域的小型网络环境。

（4）在第 3 章实训中所做的网络系统设计方案的基础上，设计校园网系统建设的实施方案，并用两种方式制作施工进度表。

第 8 章　网络工程测试与验收

网络工程测试与验收是网络工程建设的最后一环，是全面考核工程的建设工作、检验工程设计和工程质量的重要手段，它关系到整个网络工程的质量能否达到预期设计指标。网络工程测试与验收的最终结果是向用户提交一份完整的系统测试与验收报告。

学习目标

- 了解网络工程测试的主要内容。
- 了解网络系统测试的主要内容。
- 掌握计算机系统测试的基本方法和技巧。
- 掌握应用服务系统测试的基本方法和技巧。
- 掌握综合布线系统测试的基本方法和技巧。
- 掌握网络系统集成测试的基本方法和技巧。
- 了解网络工程验收的主要内容。
- 掌握网络工程验收的一般步骤和基本方法。

8.1　网络工程测试

网络工程测试是依据相关的规定和规范，采用相应的技术手段，利用专用的网络测试工具，对网络设备及系统集成等部分的各项性能指标进行检测的过程，是网络系统验收工作的基础。在网络工程实施的过程中，要严格执行分段测试计划，以国际规范为标准。在一个阶段的施工完成以后，要采用专用测试设备进行严格的测试，并真实、详细、全面地写出分段测试报告及总体质量检测评价报告，及时反馈给工程决策组，作为工程的实时控制依据和工程完工后的原始备查资料。一般来说，网络工程测试可以分为网络系统测试、计算机系统测试、应用服务系统测试、综合布线系统测试以及网络系统的集成测试等五项内容。

视频

网络工程测试

8.1.1　网络系统测试

网络系统测试主要包括网络设备测试和网络系统的功能测试，其目的是保证用户能够科学而公正地验收供应商提供的网络设备以及系统集成商提供的整套系统，也是为了保证供应商和系统集成商能够准确无误地提供合同所要求的网络设备和网络系统。当然，针对网络系统的维护来说，网络系统测试也是故障的预防、诊断、隔离和恢复的最常用手段。

1. 网络设备测试

网络设备测试主要包括交换机的测试、路由器的测试等。具体测试内容和测试方法如表 8-1 所示。

表 8-1　网络设备测试内容与测试方法

测试项目		测 试 内 容	测 试 方 法
交换机测试	物理测试	测试加电后系统是否正常启动	用PC通过Console线连接交换机或Telnet到交换机上，加电启动，通过超级终端查看交换机启动过程，输入用户名及密码进入交换机
		查看交换机的硬件配置是否与定货合同相符合	使用 display version 命令
		查看子卡的运行状态	使用 display device 命令
		查看各端口状况	使用 display interface 命令
	功能测试	vlan 测试	使用 display vlan 命令查看同一 vlan 及不同 vlan 在线主机连通性；检查地址解析表
路由器测试	物理测试	测试加电后系统是否正常启动	用PC通过Console线连接路由器或Telnet到路由器上，加电启动，通过超级终端查看路由器启动过程，输入用户名及密码进入路由器
		查看路由器的软硬件配置是否与订货合同相符合	使用 display version 命令
		查看当前配置	使用 display current-configuration 命令
		测试端口状态	使用 display interface 命令
	功能测试	测试路由表是否正确生成	使用 display ip route 命令
		查看接口地址是否正确配置	使用 display ip interface 命令
		查看路径选择	使用 traceroute 命令
		查看端口	使用 display interface 命令
		查看 BGP 路由邻居相关信息	使用 display bgp peer 命令
		查看 BGP 路由	使用 display ip routing-table protocol bgp 命令
		显示全局接口地址状态	使用 display ip int bri 命令
	功能测试	测试广域网接口运行状况	使用 display ip int s0/0 命令
		测试局域网接口运行状况	使用 displsy ip int fast0/0 命令
		测试内部路由	使用 traceroute 命令
		查看路由表的生成和收敛	使用 display ip route 命令查看路由生成情况
		设置完毕，待网络完全启动后，观察连接状态库和路由表	使用 display ip route 命令
		断开某一链路，观察连接状态库和路由表的变化情况	使用 display ip route 命令

2. 网络系统的功能测试

网络系统的功能测试主要是测试网络系统的整体性能，包括 VLAN 的性能测试以及连通性测试。具体的测试方法和正确测试结果如表 8-2 所示。

表 8-2　网络系统功能的测试方法和正确测试结果

测试项目		测 试 方 法	正 确 结 果
网络系统的功能测试	vlan 测试	登录到交换机的 vlan1 端口，查看 vlan 的配置情况	# display vlan brief，显示配置的 vlan 的名称及分配的端口号
		在与交换机相连的主机上 PING 同一虚拟网段上的在线主机，及不同虚拟网段上的在线主机	数据 vlan 均显示 alive 信息，视频 vlan 显示不可到达或超时信息
		检查地址解析表：arp –p	仅解析出本虚拟网段的主机的 IP 对应的 MAC 地址。显示虚拟网段划分成功，本网段主机没有接收到其他网段的 ip 广播包
		检查 trunk 配置信息：# display trunk	显示 trunk 接口所有配置信息，注意查看配置 trunk 端口的信息
	连通性测试	测试本地的连通性，查看延时	#ping 本地 IP 地址
		测试本地路由情况，查看路径	#traceroute 本地 IP 地址
		测试全网连通性，查看延时	#ping 外地 IP 地址
		测试全网路由情况，查看路径	#traceroute 外地 IP 地址
		测试与主干网的连通性，查看延时	#ping IP 地址
		测试与主干网通信的路由情况，查看路径	#traceroute IP 地址
		测试本地路由延迟	ping 本地 IP 地址，查看延迟结果
		测试本地路由转发性能	ping 本地 IP 地址加 –L 3000 参数，查看延迟结果

8.1.2　计算机系统测试

计算机系统测试包括计算机硬件设备测试与系统软件的测试。原设备供应商和软件供应商应与系统集成商一起对设备进行安装测试，其设备的质量保证与测试如下：

1. 设备的质量保证

设备的质量保证不仅包括硬件制造的质量保证，而且还包括硬件结构设计和软件系统的设计保证。

2. 系统的性能

系统性能的基本标准是系统的响应时间，一般情况下，好的响应时间意味着在不到 1s 的时间内可以做出响应。好的性能与各种因素都有关系，包括用户的需要、有效的能力、系统的可靠性和应用设计等。在依赖于处理机速度和数据有效性的同时，响应时间更多地依赖正在执行的应用程序的种类。

3. 系统测试的标准与控制

（1）安装与测试

如果没有可见的设备损害，那么在开箱后，就可以开始设备的安装和测试。对于那些指定了由原设备供应商和软件供应商安装的部件，原设备供应商和软件供应商的代表应根据公开发表的安装说明进行安装。对于指定由用户安装的单元部件，用户负责安装，但应在厂商的指导下进行。对于其他大部分设备和软件，一般都由系统集成商负责安装。

系统的安装测试应由系统集成商和原设备供应商代表共同进行，用户可观察并做辅助的测试。一旦开箱和系统部件的相互连接完成，系统集成商、原设备供应商及软件供应商应通知用户安装测试可以开始。

安装测试包括以下几个功能测试：

① 单体机器正常地运行。

② 主机正常地运行。

③ 系统硬、软件正确地配置。

④ 系统硬、软件作为一个系统协调工作。

⑤ 终端用户可执行命令和运行客户程序。

（2）诊断软件包

系统集成商应安装和测试所有包括在合同内的设备。然而，对于诸如 SDH、DDN、电话线连接的设备及任何非合同设备，用户必须自己对问题进行隔离与修复。例如，某个终端发现连接到一个端口上是正常工作的，而连接到另外一个端口上就不能正常工作了。如果系统集成商确认问题确实是由特殊的电缆或连接产生的，那么系统集成商就有责任负责修理电缆或连接。

所有单体机器一般都具有自诊断的功能，在电源接通以后，机器就可以自行地运行其测试功能。就大多数机器而言，人工介入的诊断测试有可能帮助确定某个问题之所在。

（3）验收

系统集成商、原设备供应商和软件供应商以书面形式将测试和观察报告提交给用户，向用户保证系统已安装完成，并可以准备使用。

在完成上述测试和确认的基础上，用户和系统集成商需要签订一份系统验收报告。

8.1.3 应用服务系统测试

应用服务系统测试主要包括网络服务系统测试、安全系统测试、网管系统测试、防毒系统测试以及数据库系统测试等。

1. 网络服务系统测试

网络服务系统测试主要是指各种网络服务器的整体性能测试，通常包括系统完整性测试和功能测试两个部分。具体的测试方法和正确测试结果如表 8-3 所示。

表 8-3 网络服务系统测试方法与正确测试结果

测试项目	测试内容		测试方法	正确结果
WWW 系统测试	系统完整性	硬件配置	检查主机外观是否完整	设备外观无损坏
		网络配置	重新启动主机，在开机自检阶段，查看机器的系统参数	系统正常启动，硬件配置与订货合同一致
	HTTP 访问	系统启动	启动操作系统，进行登录	顺利进入 Windows 登录画面
		本地访问	在本地机器上使用 IE 浏览器访问本机主页	能够正常访问
		远程访问	在远程机器上使用 IE 浏览器访问本服务器	能够正常访问

续表

测试项目	测试内容		测试方法	正确结果
DNS系统测试	系统完整性	硬件配置	检查主机外观是否完整	设备外观无损坏
		网络配置	重新启动主机，在开机自检阶段，查看机器的系统参数	系统正常启动，硬件配置与订货合同一致
DNS系统测试	域名解析	系统启动	启动操作系统，进行登录	顺利进入 Windows 登录画面
		本地解析	在本地机器上使用 nslookup 命令测试相关域名	能够正常解析
		远程解析	在远程机器上使用 nslookup 命令测试远程域名	能够正常解析
FTP系统测试	系统完整性	硬件配置	检查主机外观是否完整	设备外观无损坏
		网络配置	重新启动主机，在开机自检阶段，查看机器的系统参数	系统正常启动，硬件配置与订货合同一致
	FTP访问	系统启动	启动操作系统，进行登录	顺利进入 Windows 登录画面
		系统管理	在本地机器上使用管理工具查看 FTP 服务是否正常	正常
		浏览器访问	在远程机器上使用 IE 浏览器访问本 FTP 服务器	能正常登录，且能正常上传下载数据
		客户端访问	在远程机器上使用 FTP 客户端工具访问本 FTP 服务器	能正常登录，且能正常上传下载数据
E-mail系统测试	系统完整性	硬件配置	检查主机外观是否完整	设备外观无损坏
		网络配置	重新启动主机，在开机自检阶段，查看机器的系统参数	系统正常启动，硬件配置与订货合同一致
	邮件收发	登录测试	在远端计算机上使用 IE 浏览器访问本服务器 http://mail.xas.sn/admin/	显示管理界面登录
			正确登录后建立两个新用户 test、test2 并设置相关参数后退出	用户建立成功
			使用新建的 test 用户登录后检查相关参数	登录成功，参数正确
		收发邮件测试	向上级管理部门申请一个邮件服务器账号 temp@sn，向 test@xas.sn 发新邮件	本域 test 账号收到 sn 域发来的邮件
			在本域邮件服务器上以 test 用户登录并向外域用户 temp@sn 发新邮件	在 sn 域以 temp 账号登录并检查邮件，收到 xas.sn 域发来的邮件

2. 安全系统测试

安全系统测试是保证网络系统安全、网络服务系统安全以及网络应用系统安全的重要手段，安全系统测试主要包括系统完整性测试、入侵检测功能测试以及安全功能测试。具体的测试方法和正确测试结果如表 8-4 所示。

表 8-4 安全系统测试方法与正确测试结果

测试项目	测试内容		测试方法	正确结果
安全系统测试	系统完整性	硬件配置	显示 host 表 more /etc/hosts	列出本机的主机名称与地址的对应表
		网络配置	用 ipconfig 命令查看端口配置情况 % ifconfig -a	显示网络端口的地址及相关信息
	入侵检测	入侵识别	人为发送正常请求和 ARP 攻击，查看 IDS 系统的识别率和虚警率	正确发现 ARP 攻击
		资源消耗	利用软件频繁发送 ARP 攻击，查看 IDS 占用系统资源的状况	硬盘占用空间、内存消耗等均正常
		强度测试	利用软件频繁发送 ARP 攻击，查看 IDS 检测效果是否受到影响	识别率和报警率基本不发生变化
	安全功能	用户口令安全	试图阅读 shadow 密码文件 more /etc/shadow	出现错误提示 Permission denied 不能阅读。确保普通用户不能得到口令文件，防止 Crack、字典攻击
			试图编辑 passwd 文件 % vi /etc/passwd	进入编辑状态。显示 passwd 文件内容
			试图修改其他用户密码 %passwd other-user	出现错误提示 Permission denied，不能修改其他用户密码
		文件安全	任意改动部分内容并存盘 : wq!	出现错误提示 Permission denied，不能写盘。防止破坏系统文件
			进入其他用户 home 目录，删除该用户文件 %rm	出现错误提示 Permission denied，不能删除其他用户文件
		ROOT 权限安全	试图以 root 身份远程登录到网络工作站 %telnet *ip_address* login: root	显示错误提示 Not on system console，中断连接。防止远程对 root 账号进行攻击
			以普通账号登录到网络工作站，试图 su 成为超级用户 （root） % su	提示输入密码
			输入错误的超级用户密码 Password: ********	出现错误信息 Sorry，su 命令失败
			输入正确的超级用户密码 % su Password: ********	成功进入超级用户
			以普通用户身份试图 su 成为另一用户 % su username	提示输入用户密码
			输入错误的用户密码 Password: ********	出现错误信息 Sorry，su 命令失败

续表

测试项目	测 试 内 容		测 试 方 法	正 确 结 果
安全系统测试	安全功能	ROOT 权限安全	试图编辑 su 记录文件 %vi /var/adm/sulog	出现错误信息 Permission denied，不能修改。防止用户擦除记录
			以 root 身份查看 su 记录文件，确认以上失败及成功的 su 命令 # tail /var/adm/sulog	显示以上 su 失败及成功的记录
		服务开放安全	查看/etc/inetd.conf 文件中开放的服务 #more /etc/inetd.conf	只启用显示 telnet
		安全软件功能测试	该软件是否能执行正常的检测功能	正常
			该软件是否能检测到映射的端口的流量	可以分析出不同 IP 产生的流量及带宽利用率
			该软件是否有能设置用户及参数的功能	可以设置多个不同权限的用户
			该软件是否有能检测到攻击行为的能力	可以检测出攻击行为
			该软件是否有对检测的流量进行分析的能力	可以根据应用类型分析出具体流量
			该软件是否有对数据包过滤的能力	可以根据应用类型过滤
			该软件是否具有报告功能	可以协议类型、应用类型等生成报表
			攻击特征库是否可以定时更新	可以定期自动更新以及人工手动更新

3. 网管系统测试

网管系统测试主要包括系统完整性测试和网络管理功能测试两项内容，具体的测试方法和正确测试结果如表 8-5 所示。

表 8-5　网管系统测试方法与正确测试结果

测试项目	测 试 内 容		测 试 方 法	正 确 结 果
网管系统测试	系统完整性	硬件配置	选择菜单项 <file>→<New Map Wizard>	出现创建新拓扑图向导窗口
		网络配置	选择 <Discover and map network device>，选择 snmp 选项，设置根 snmp 设备，选择部分可选参数，Discover 网络设备	发现预设网段内的网络设备
	网络管理	基本功能测试	自定义或者编辑网络拓扑图	可以正常使用
			查看各种设备状态以及相应的表示色是否正常	可以以不同颜色显示不同的设备状态
			测试附带的网络工具套件是否能够使用	可以正常使用
		其他功能测试	网络结点故障监控	可以根据结点显示的不同颜色鉴别结点状态

4. 防毒系统测试

防毒系统测试主要包括系统完整性测试和防毒功能测试，具体的测试方法和正确测试结果如表 8-6 所示。

表 8-6　防毒系统测试方法与正确测试结果

测试项目	测试内容		测试方法	正确结果
防毒系统测试	系统完整性	硬件配置	检查杀毒软件包的完整性	光盘完好、附件齐全
		网络配置	启动操作系统，进行登录	顺利进入 Windows 登录画面
	防毒功能	基本功能测试	启动杀毒软件的网络版查看参数配置是否正确	正常
			测试远程安装客户端程序	Windows 系统远程安装成功
		其他功能测试	在客户端测试自动升级病毒特征库	可以正常在线升级

5. 数据库系统测试

数据库系统的测试方法和正确测试结果如表 8-7 所示。

表 8-7　数据库系统测试方法与正确测试结果

测试项目	测试内容		测试方法	正确结果
数据库系统测试	系统完整性	硬件配置	检查主机外观是否完整	设备外观无损坏
		网络配置	重新启动主机，在开机自检阶段，查看机器的系统参数	系统正常启动，硬件配置与订货合同一致
	功能测试	系统安装测试	启动操作系统，进行登录	顺利进入 Windows 登录画面
		数据库功能测试	测试双机集群功能，分别断开 A、B 两机，验证系统备份性能	A、B 两机互为备份，当主机断开时备份机应能正常切换至主机角色并接管服务
			数据库功能测试	客户端应该可以正常连接并查询数据库
			磁盘存储阵列测试	A、B 两机同时连接到光存储并且都可以正常访问其中的数据

8.1.4　综合布线系统测试

综合布线系统测试是网络工程测试的重要环节，是保障工程质量、保护用户投资利益的主要措施。从工程的角度来说，可以将综合布线系统的测试分为验证测试和认证测试两类。验证测试一般是在施工的过程中由施工人员边施工边测试，以保证所完成的每一个连接的正确性；认证测试是指对布线系统依照标准进行逐项检测，以确定布线是否能达到设计要求，其中又包括连接性能测试和电气性能测试。

1. 综合布线系统的测试标准

综合布线系统测试与综合布线标准紧密相关，近几年来布线标准发展很快，主要是由于千兆以太网等应用需求在推动着布线性能的提高，由此导致了对新的布线标准的要求加快。在对布线系统进行设计和测试时，如果不了解相关的标准，就会出现差异。

目前，国内流行的综合布线系统验收测试标准主要有三个，分别是 TIA/EIA 568B：2002、GB/T 50312—2016 和 ISO 11801:2002。其中，TIA/EIA 568B：2002 标准由美国电子工业协会/电信工业协会于 2002 年发布；ISO 11801:2002 标准由国际标准化组织（ISO）和国际电工委员会（IEC）于 2002 年发布；GB/T 50312—2016 标准由国家建设部于 2016 年发布。

2. 综合布线系统的测试仪器

综合布线系统测试通常应该采用国际上认可的测试仪进行测试。综合布线测试仪有很多种，基本上可以划分为验证测试仪、鉴定测试仪和认证测试仪三类。虽然这三个类别的综合布线系统测试仪在某些功能上可能有重叠，但每个类别的仪器都有其特定的使用目的。

（1）验证测试仪

验证测试仪具有最基本的连通性测试功能，如接线图测试和音频发生等。有些验证测试仪还有其他一些附加功能，如用于测试线缆长度或对故障定位的 TDR（时域反射仪），也有一些验证测试仪可以检测某条线缆是否已接入交换机等。图 8-1 所示为美国理想公司的线缆验证测试仪。

验证测试仪在现场环境中随处可见，简单易用，价格便宜，通常作为解决线缆故障的入门级仪器。对于光缆来说，VFL（可视故障定位仪）也可以看成是验证测试仪，因为它能够验证光缆的连续性和极性。

（2）鉴定测试仪

鉴定测试仪不仅具有验证测试仪的基本功能，而且具有一些其他辅助测试功能。图 8-2 所示为 FLUKE 鉴定测试仪（包括子机和主机）。

图 8-1　理想线缆验证测试仪

图 8-2　FLUKE 鉴定测试仪

鉴定测试仪最主要的一个能力就是判定被测试链路所能承载的网络信息量的大小。例如，使用鉴定测试仪可以判断某条链路是否能够支持千兆以太网。鉴定测试仪另一个独特的功能就是可以诊断常见的可导致布线系统传输能力受限制的线缆故障，该功能远远超出了验证测试仪的基本连通性测试能力。

（3）认证测试仪

认证测试是线缆置信度测试中最严格的，利用认证测试仪可以在预设的频率范围内进行多种测试，并将测试结果同 TIA 或 ISO 标准中的极限值相比较。认证测试仪不但可以以通道模型进行测试，而且可以以永久链路模式进行测试。图 8-3 所示为 FLUKE 认证测试仪。

3. 双绞线链路测试

（1）双绞线连通性简单测试

双绞线连通性测试可以采用最为普通的能手测试仪。其方法是先将双绞线跳线两端的水晶头分别插入能手测试仪的主测试仪和远程测试端的 RJ-45 端口，然后将开关开至 ON 位置（S 为慢速挡）。此时，若双绞线连接正常，则对应线号的指示灯将逐个顺序闪亮，如图 8-4 所示。

如果连接不正常，可能出现如下几种情况：

① 若有一根或几根导线断路，则主测试仪和远程测试端对应线号的灯不会闪亮。

② 当导线少于两根线连通时，各线号指示灯都不会闪亮。

③ 若两头网线乱序，则与主测试仪连通的远程测试端的线号指示灯闪亮。

④ 当导线有两根短路时，则主测试仪显示不变，而远程测试端对应短路的两根线的指示灯闪亮。若有三根以上（含三根）线短路时，则所有对应短路的几条线的指示灯都不亮。

⑤ 如果出现红灯或黄灯，就说明存在接触不良等现象，此时最好先用压线钳压一下两端的水晶头后再测，如果故障依旧存在，就应该检查芯线的排列顺序是否正确。如果芯线顺序错误，那么就应重新进行制作。

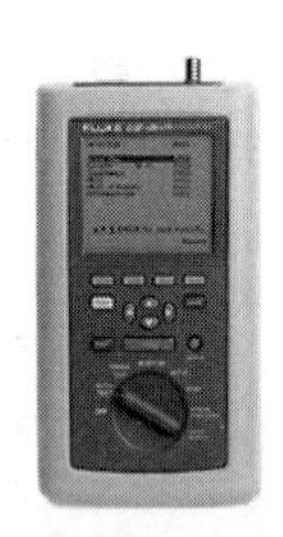

图 8-3　FLUKE 认证测试仪

图 8-4　双绞线连通性测试

（2）双绞线链路的验证测试

双绞线验证测试可以采用 Fluke MicroScanner Pro2 验证测试仪，测试的主要内容包括双绞线布线上是否存在开路、短路、线路跨接、线对跨接、线对间的串绕以及线缆长度等，并将测试结果直接显示在测试仪的显示屏上，如图 8-5 所示。

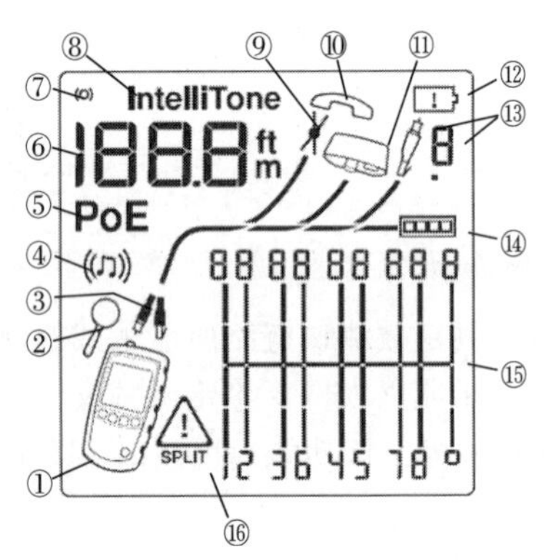

图 8-5　Fluke MS2 显示屏

其中：

① 测试仪图标。

② 细节屏幕指示符。

③ 指示哪个端口为现用端口，是 RJ-45 端口还是同轴电缆端口。

④ 音频模式指示符。

⑤ 以太网供电模块指示符（PoE）。

⑥ 带英尺/米指示符的数字显示。

⑦ 测试活动指示符，在测试过程中会以动画方式显示。

⑧ 当音频发生器处于 IntelliTone 模式时，会显示 IntelliTone。

⑨ 表示电缆上存在短路。

⑩ 电话电压指示符。

⑪ 表示线序适配器连接到电缆的远端。

⑫ 电池电量不足指示符。

⑬ 表示 ID 定位器连接到电缆的远端并显示定位器的编号。

⑭ 以太网端口指示符。

⑮ 线序示意图，对于开路，线对点亮段的数量表示与故障位置的大致距离，最右侧的段表示屏蔽。

⑯ 表示电缆存在故障或带电高压，当出现线对串扰问题时，显示 SPLIT 指示符。

使用 Fluke MicroScanner Pro2 验证测试仪对双绞线链路进行验证测试的基本过程如下：

首先启动测试仪，并将测试模式切换到双绞线模式，然后按图 8-6 所示的接线方式将测试仪和线序适配器或 ID 定位器连至布线中，此时测试将连续运行，直到更改模式或关闭测试仪为止。

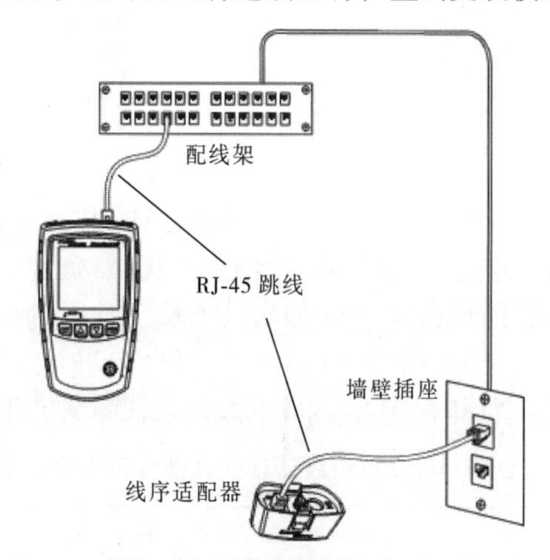

图 8-6　连接到双绞线布线

（3）双绞线链路及信道的认证测试

对双绞线链路及信道进行认证测试可以使用 Fluke DTX 系列认证测试仪（如 Fluke DTX-1800）。使用 Fluke DTX-1800 测试仪对双绞线链路及信道进行认证测试的基本操作步骤如下：

① 基准设置。在使用测试仪之前，遇到下列情况时，首先应该使用基准设置程序对插入损耗及 ELFEXT 测量的基准进行设置，以确保测量的准确性。基准设置步骤如下：

a. 如果要将测试仪用于不同的智能远端，可以将测试仪的基准设置为两个不同的智能远端。

b. 通常每隔 30 天就需要运行测试仪的基准设置程序。

说明：

- 更换链路接口适配器后无须重新设置基准。
- 开启测试仪及智能远端，等候 1 min 后才可以进行基准设置。
- 只有当测试仪已经达到 10 ~ 40 ℃之间的温度范围时才能设置基准。

基准设置的基本过程如下：

a. 连接永久链路及信道适配器，如图 8-7 所示。

b. 将测试仪旋转开关转至 SPECIAL FUNCTION（特殊功能）位置，并开启智能远端。

c. 选中设置基准，然后按【Enter】键，如果同时连接了光缆模块及铜缆适配器，还需要选择链路接口适配器。

d. 按【TEST】键。

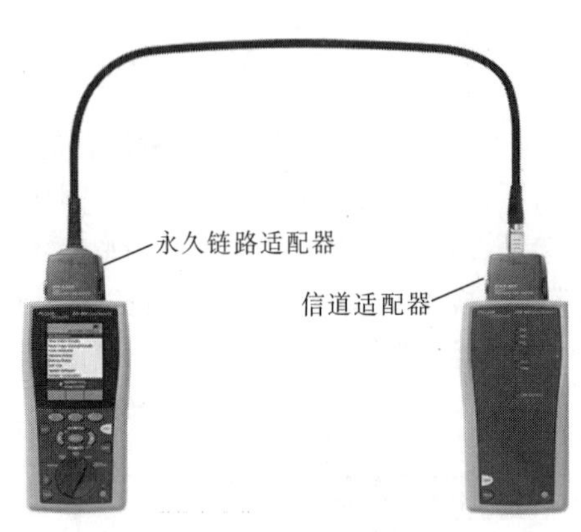

图 8-7 双绞线基准连接

② 线缆类型及相关测试参数的设置。在用测试仪测试之前，需要选择测试所依据的标准、测试链路的类型（基本链路、永久链路、信道）、线缆的类型（3 类线、5 类线、5e 类线、6 类线、多模光纤、单模光纤等），同时还需要对测试时的相关参数（如测试极限、NVP、插座配置等）进行设置。

具体操作方法是将测试仪旋转开关转至 SETUP（设置）位置，用方向键选中双绞线，然后按【Enter】键，对相关参数进行设置。表 8-8 列出了 DTX-1800 双绞线认证测试仪部分可设置的参数。

表 8-8 DTX-1800 双绞线认证测试部分可设置的参数

设 置 值	说 明
SETP→双绞线→线缆类型	选择一种适用于被测线缆的线缆类型。线缆类型按类型及制造商分类，选择自定义可创建电缆类型
SETP→双绞线→测试极限	为测试任务选择适当的测试极限，其中选择自定义可创建测试极限值
SETP→双绞线→NVP	可以通过额定传播速度与测得的传播延时一起来确定缆线长度。选定的缆线类型所定义的默认值代表该特定类型的典型 NVP。如果需要，可以输入另一个值。若要确定实际的数值，可更改 NVP，直到测得的长度与缆线的已知长度相同。应使用至少 15 m 长的缆线，建议的长度为 30 m。增加 NVP 将会增加测得的长度
SETP→双绞线→插座配置	输出配置设置值决定测试哪一个线缆对以及将哪一个线对号指定给该线对。要查看某个配置的线序，按插座配置屏幕中的【F1】键取样；选择“自定义”可以创建一个配置
SETP→双绞线→HDTDX/HDTDR	仅通过*/失败：测试仪仅以 PASS（通过）* 或 FAIL（失败）为 Autotests（自动测试）显示 HDTDX（高精度时域串扰分析）和 HDTDR（高精度时域反射计分析）结果 所有自动测试：测试仪为所有自动测试显示 HDTDX（高精度时域串扰分析）和 HDTDR（高精度时域反射计分析）结果
SETUP→双绞线→AC 线序	选择启用以通过一个未通电的以太网供电（PoE）MidSpan 设备来测试布线系统
SPECIAL FUNCTIONS→设置基准	首次一起使用两个装置时，必须将测试仪的基准设置为智能远端，还需每隔 30 天设置基准一次

③ 连接被测线路。为了将测试仪和智能远端连入被测链路，除了需要测试仪主机和智能远端外，还需要一些附件，如图 8-8 所示。

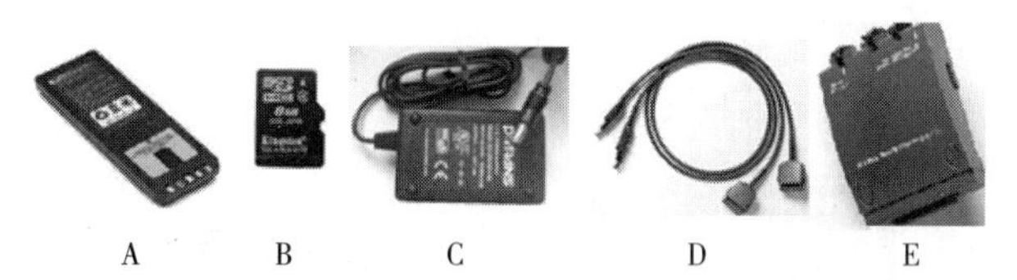

图 8-8　DTX-1800 电缆测试仪认证双绞线布线所需的装置

A—测试仪及智能远端连电池组；B—内存卡（可选）；C—两个带电源线的交流适配器（可选）；D—两个永久链路接口适配器；E—两个通道适配器

链路接口适配器用于为测试不同类型的双绞线提供正确的插座及接口电路。测试仪自带的通道及永久链路接口适配器适用于测试至第 6 类布线。如果用于测试信道，需要使用两个信道适配器；如果用于测试永久链路，则需要使用两个永久链路接口适配器。

④ 进行自动测试。

a. 将适用于该任务的适配器连接至测试仪及智能远端。

b. 将旋转开关转至“设置”位置，然后选择双绞线。从双绞线选项卡中设置以下设置值：

- 缆线类型：选择一个缆线类型列表，然后选择要测试的缆线类型。
- 测试极限：选择执行任务所需的测试极限值。屏幕画面会显示最近使用的九个极限值。按【F1】键可查看其他极限值列表。

c. 将旋转开关转至 AUTOTEST （自动测试），然后开启智能永久链路测试连接远端。按照图 8-9 所示的永久链路测试的连接方法或按照图 8-10 所示的信道测试的连接方法将测试仪连接至布线。

d. 如果安装了光缆模块，可能需要按【F1】键更改媒介来选择双绞线作为媒介类型。

e. 按测试仪或智能远端的 TEST 键开始测试，可以随时按 EXIT 键停止测试。

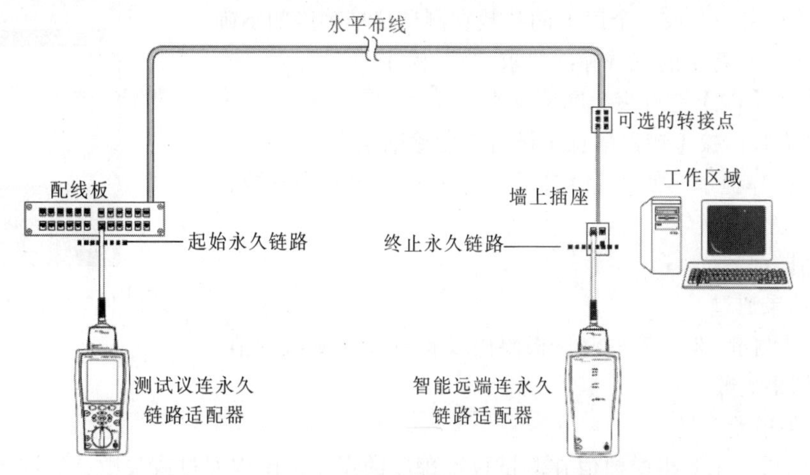

图 8-9　DTX-1800 电缆测试仪的永久链路测试连接

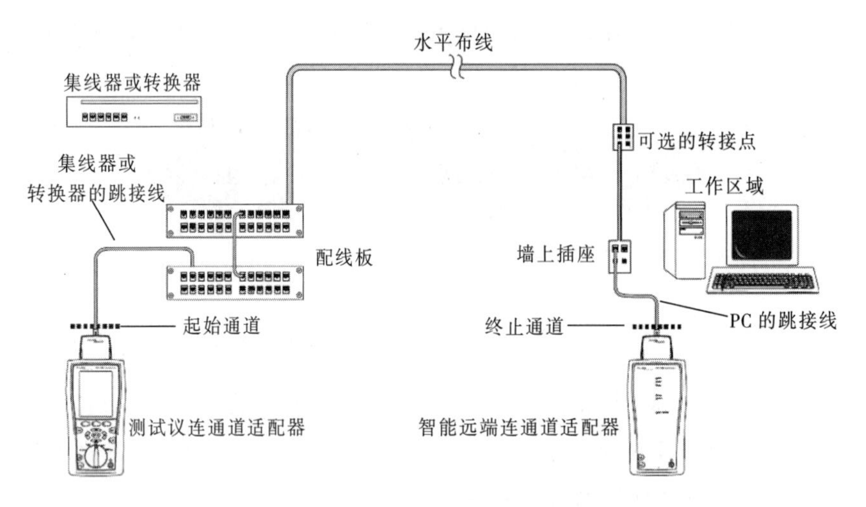

图 8-10　DTX-1800 电缆测试仪的信道测试连接

技巧：按测试仪或智能远端的 TEST 键启动音频发生器，这样便能在需要时使用音频探测器，然后才进行连接。音频还会激活连接布线另一端休眠中或电源已关闭的测试仪。

f. 测试仪会在完成测试后显示“自动测试概要”屏幕。

g. 如果自动测试失败，按【F1】键可以查看可能的失败原因。

h. 若要保存测试结果，按【Save】键。选择或建立一个缆线标识码，然后再按一次【Save】键。

⑤ 测试结果的处理。测试仪会在测试完成后显示“自动测试概要”屏幕，如图 8-11 所示。

a. 显示“通过”“失败”“通过*/失败*”字样的测试结果。

- 通过：所有参数均在极限值范围内。
- 失败：有一个或一个以上的参数超出极限值。
- 通过*/失败*：有一个或一个以上的参数在测试仪准确度的不确定性范围内，且特定的测试标准要求“*”标注。

b. 按【F2】或【F3】键可滚动屏幕画面。

c. 如果测试失败，按【错误信息】键可查看诊断信息。

d. 屏幕画面操作提示。使用【↑】、【↓】键来选中某个参数，然后按【Enter】键。

e. 诊断信息提示。

- ✓：测试结果通过。
- i：参数已被测量，但选定的测试极限内没有通过/失败极限值。
- X：测试结果失败。

f. 测试中找到最差余量。

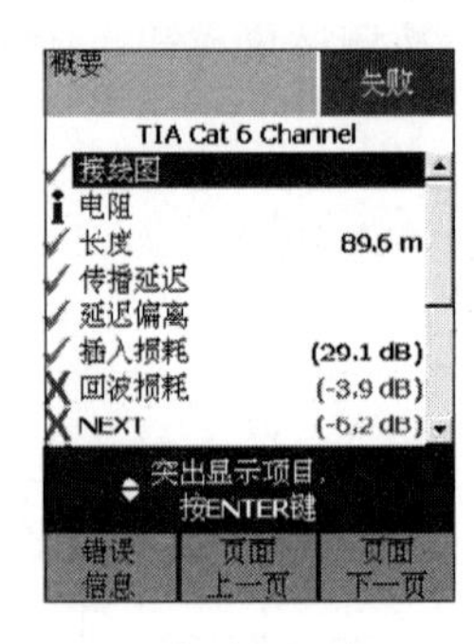

图 8-11　“自动测试概要”屏幕

标有星号的结果表示测得的数值在测试仪准确度的误差范围内通过或失败，这些测试结果被视作勉强可用，如图 8-12 所示。

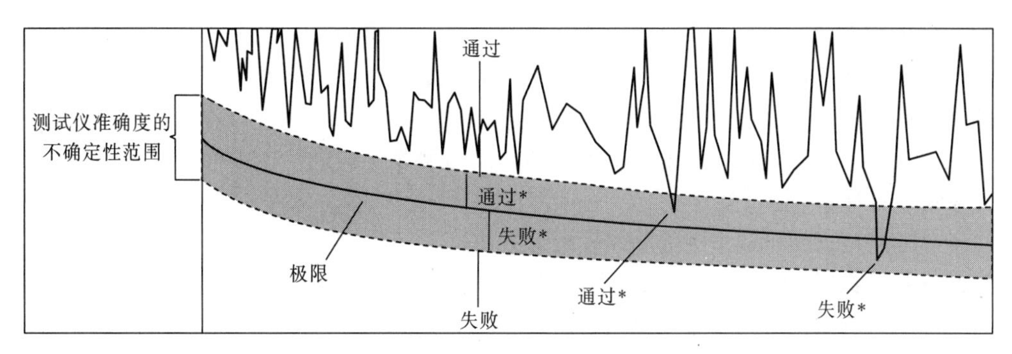

图 8-12　通过*及失败*结果

- PASS（通过）*：可以视作测试结果通过。
- FAIL（失败）*：测试结果应视作完全失败。

⑥ 自动诊断。如果自动测试失败，按“错误信息”键可以查阅有关失败的诊断信息。诊断屏幕画面会显示可能的失败原因及建议用户可采取的相关措施。当测试失败产生一个以上的诊断屏幕时，可以通过按【↑】、【↓】、【→】、【←】键来查看其他屏幕。图 8-13 所示为显示诊断屏幕画面实例。

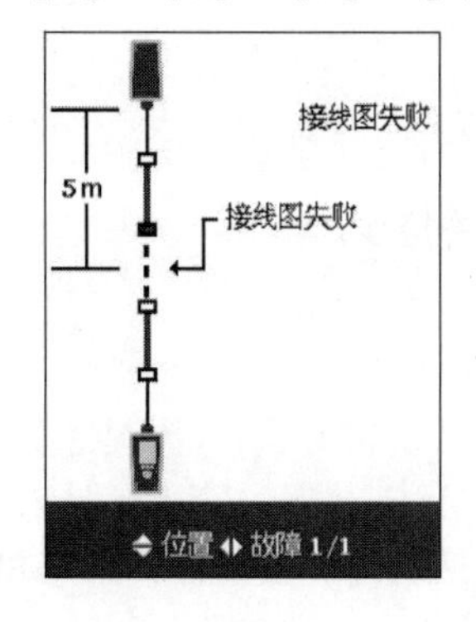

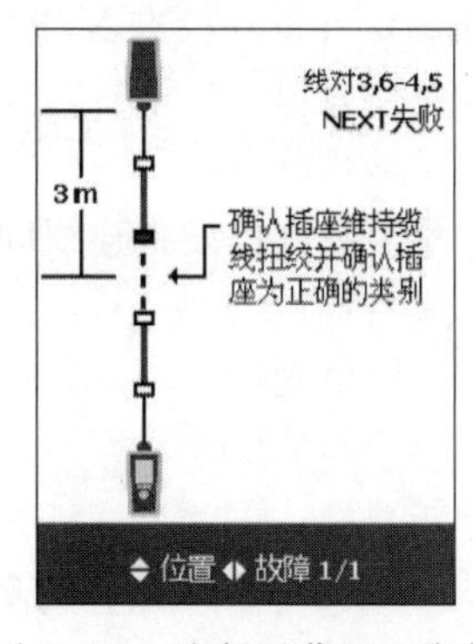

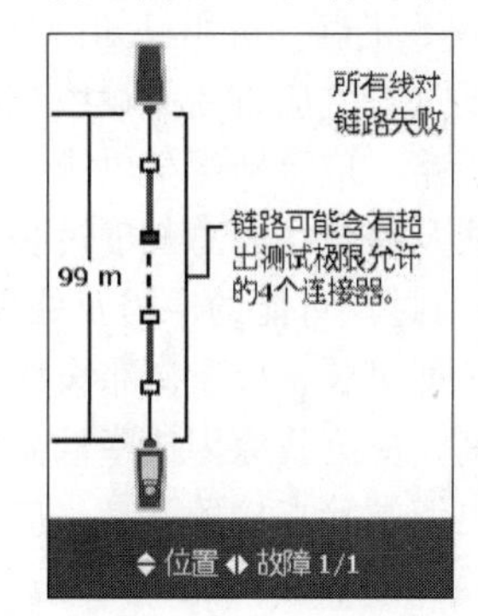

图 8-13　诊断屏幕画面实例

⑦ 生成测试报告。与 Fluke 公司系列测试仪配合使用的测试管理软件是 Fluke 公司的 LinkWare 电缆测试管理软件，该管理软件支持 EIA/TIA 606A 标准，允许添加 EIA/TIA 606A 标准管理信息到 LinkWare 数据库。同时，还可以组织、定制、打印和保存 Fluke 系列测试仪测试的铜缆和光缆记录，并配合 LinkWare Stats 软件生成各种图形测试报告。

使用 LinkWare 电缆测试管理软件管理测试数据并生成测试报告的操作步骤如下：

a. 安装 LinkWare 电缆测试管理软件。

b. Fluke 测试仪通过 RS-232 串行接口或 USB 接口与 PC 的串口相连。

c. 导入测试仪中的测试数据。例如，要导入 DTX-1800 电缆分析仪中存储的测试数据，则在 LinkWare 软件窗口中选择 File→Import From→DTA Cable Analyzer 命令。

d. 双击某测试数据记录，查看该测试数据的情况。

e. 生成测试报告。测试报告有 ASCII 文本文件和 PDF 文件两种格式。

⑧ 评估测试报告。通过电缆管理软件生成测试报告后，需要组织人员对测试结果进行统计分析，以判定整个综合布线系统质量是否符合设计要求。Fluke LinkWare 软件生成的测试报告中会明确给出每条被测链路的测试结果，如果某条链路的测试结果合格，则给出 PASS 的结论，否则给出 FAIL 的结论。

通过对测试报告中每条被测链路的测试结果进行统计，可以知道整个工程的合格率。要想快速地统计出整个被测链路的合格率，可以借助于 LinkWare Stats 软件，该软件生成的统计报表的首页会显示出被测链路的合格率。

对于测试不合格的链路，施工方必须限时整改，只有整个工程的链路全部测试合格，才能确认整个综合布线系统通过测试验收。

（4）双绞线链路测试中可能出现的问题及处理方法

对双绞线进行测试时，可能产生的错误有接线图未通过、长度未通过、衰减未通过、近端串扰未通过，也有可能因为测试仪的问题造成测试的错误。

① 接线图未通过。可能的原因及处理方法：

- 两端的接头有断路、短路、交叉、破裂，对于此类问题，最好的方法就是重新端接。
- 跨接错误。某些网络需要发送端和接收端跨接，当为这些网络构筑测试链路时，由于设备线路的跨接，使测试接线图出现交叉。对于跨接问题，应确认其是否符合设计要求。
- 接线线序不对，造成测试接线图出现交叉现象。此时也需要重新端接。

② 长度未通过。可能的原因及处理方法：

- NVP 设置不正确，可用已知的好线确定并重新校准 NVP。
- 实际长度过长，应重新布设线缆或更换光缆。
- 开路或短路，应重新端接电缆。
- 设备连线及跨接线的总长度过长，应重新制作设备连线和跨接线。

③ 衰减未通过。可能的原因及处理方法：

- 双绞线长度过长，应重新布设线缆或更换光缆。
- 温度过高，应查找原因或降低温度。
- 双绞线电缆端接点接触不良，应重新端接。
- 链路线缆和接插件性能有问题，或不是同一类产品，应更换线缆和接插件，采用相同类型的线缆及连接硬件。

④ 近端串扰未通过。可能的原因及处理方法：

- 近端连接点有问题，应重新压接信息模块或配线架。
- 远端连接点短路，应重新端接电缆。
- 双绞线电缆线对钮绞不良或串对，应重新端接电缆。
- 外部噪声，应采用金属线槽或更换为屏蔽双绞线电缆的手段来解决。
- 链路线缆和接插件性能有问题，或不是同一类产品，应更换线缆和接插件，采用相同类型的线缆及连接硬件。
- 线缆的端接质量有问题，应重新端接电缆。

⑤ 测试仪问题。可能的原因及处理方法：

- 测试仪不能加电，可更换电池或充电。
- 测试仪不能工作或不能进行远端校准，应确保两台测试仪都能启动，并有足够的电池或更换测试线。
- 测试仪设置为不正确的电缆类型，应重新设置测试仪的参数、类别、阻抗和传输速度。
- 测试仪设置为不正确的链路结构，应按要求重新设置为永久链路或通路链路。

- 测试仪不能存储自动测试结果，应确认所选的测试结果名字是否唯一，或检查可用内存的容量。
- 测试仪不能打印存储的自动测试结果，应确定打印机和测试仪的接口参数，将其设置成一样，或确认测试结果已被选为打印输出。

4. 光纤链路测试

（1）光纤链路测试的目的

光纤布线系统安装完成之后需要对链路传输特性进行测试，其中最主要的几个测试项目是链路的衰减特性、连接器的插入损耗、回波损耗等。光纤链路测试的主要目的是遵循特定的标准检测光纤系统连接的质量，减少故障因素以及存在故障时找出光纤的故障点，从而进一步查找故障原因。

（2）光纤链路测试标准

目前光纤链路测试标准主要可分为光纤系统标准和光纤应用系统标准。

① 光纤系统标准：独立于应用的光纤链路现场的测试标准。对于不同光纤系统，其测试极限值是不固定的，它是基于线缆长度、适配器和接合点的可变标准。目前常用的光纤链路现场测试标准有北美地区的 EIA/TIA 568B 标准、国际标准化组织的 ISO/IEC11801 标准以及我国建设部颁布的中华人民共和国标准 GB/T 50312—2016《综合布线系统工程验收规范》等。

② 光纤应用系统标准：基于安装光纤的特定应用光纤链路现场的测试标准，每种不同的光纤系统的测试标准是固定的。常用的光纤应用系统标准有 100Base-FX、1000Base-SX 等。

（3）光纤链路测试设备

用于光纤链路的测试设备与用于铜缆的不同，每个测试设备都必须能够产生光脉冲，然后在光纤链路的另一端对其测试。不同的测试设备具有不同的测试功能，应用于不同的测试环境。一些设备只可以进行基本的连通性测试，有些设备则可以在不同的波长上进行全面测试。

① 光纤识别仪：一种在不破坏光纤、不中断通信的前提下迅速、准确地识别光纤路线，指出光纤中是否有光信号通过以及光信号走向的测试设备，同时光纤识别仪还能识别 2 kHz 的调制信号。光纤识别仪的光纤夹头具有机械阻尼设计，以确保不对光纤造成永久性伤害，是线路日常维护、抢修、割接的必备工具之一，使用简便，操作舒适，如图 8-14 所示。

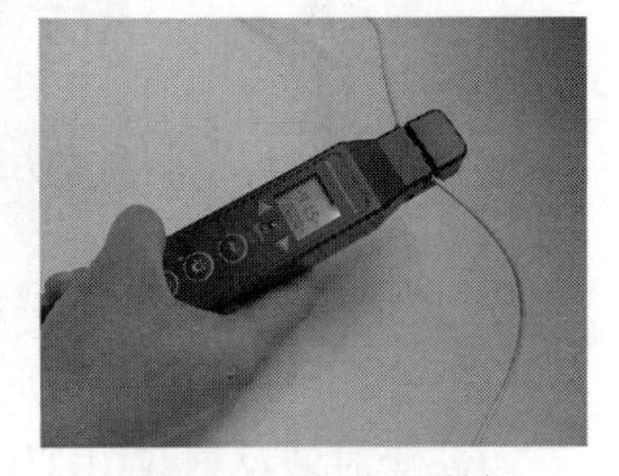

图 8-14　光纤识别仪

大多数的光纤识别仪用于工作波长为 1 310 nm 或 1 550 nm 的单模光纤，最好的光纤识别仪是可以利用宏弯技术，在线的识别光纤和测试光纤中的传输方向及功率。

② 光纤故障定位仪：用来识别光纤链路中故障的设备，可以从视觉上识别出光纤链路的断开或光纤断裂，如图 8-15 所示。当光注入光纤时，若出现光纤断裂、连接器故障、弯曲过度、熔接质量差等类似的故障时，通过发射到光纤的光就可以对光纤的故障进行可视定位。

③ 光功率计：也称光万用表，是测量光纤上传送光信号强度的设备，用于测量绝对光功率或通过一段光纤的光功率相对损耗，如图 8-16 所示。

大多数光功率计是手提式设备，用于测试多模光缆布线系统的光功率计的工作波长是 850 nm 和 1 300 nm，用于测试单模光缆的光功率计的测试波长是 1 310 nm 和 1 550 nm。光功率计和激光光源一起使用，是测试评估建筑物内、建筑物之间多模光缆和单模光缆最常用的测试设备。通常，在使用光功率计对光纤信号损耗进行测量时，需要测量两个方向上的不同损耗，这是因为光纤传输中存在有向连接损耗，或者说是因为光纤传输的损耗是非对称性的。

图 8-15　光纤故障定位仪

图 8-16　光功率计

④ 光纤测试光源：在进行光功率测量时必须有一个稳定的光源，并将光纤测试光源和光功率计一起使用，光纤测试光源如图 8-17 所示。

光功率测量中所使用的光源主要有 LED（发光二极管）光源和激光光源两种。LED 光源虽然造价比较低，但是由于 LED 光源的功率及其散射等性能的缺陷，在短距离的局域网中应用较多；而在长距离的局域网主干中都使用传统的激光光源，但是激光光源设备价格比较昂贵。为了能够解决这两种光源的缺陷，人们又研制出了一种新型的光源，这就是 VCSEL 光源。VCSEL 是指垂直腔体表面发射激光器，是一种性能好且制造成本低的激光光源，目前很多网络互连设备都可以提供 VCSEL 光源的端口。

⑤ 光损耗测试仪：光损耗测试仪是由光功率计和光纤测试光源组合在一起构成的。光损耗测试仪包括进行光纤链路测试所必需的光纤跳线、连接器和耦合器，如图 8-18 所示。光损耗测试仪可以用来测试单模光缆和多模光缆。

图 8-17　光纤测试光源

图 8-18　光损耗测试仪

⑥ 光时域反射仪（OTDR）：最复杂的光纤测试设备。图 8-19 所示为 Fluke 公司的 OptiFiber 光缆认证（OTDR）分析仪——OF 500。OTDR 可以进行光纤损耗的测试、光纤长度的测试，还可以确定光纤链路故障的起因和故障位置。

OTDR 使用的是激光光源，OTDR 采用基于回波散射的工作方式，光纤连接器和接续端在连接点上都会将部分光反射回来。OTDR 通过测试回波散射的量来检测链路中的光纤连接器和接续端，OTDR 还可以通过测量回波散射信号返回的时间来确定链路的距离。

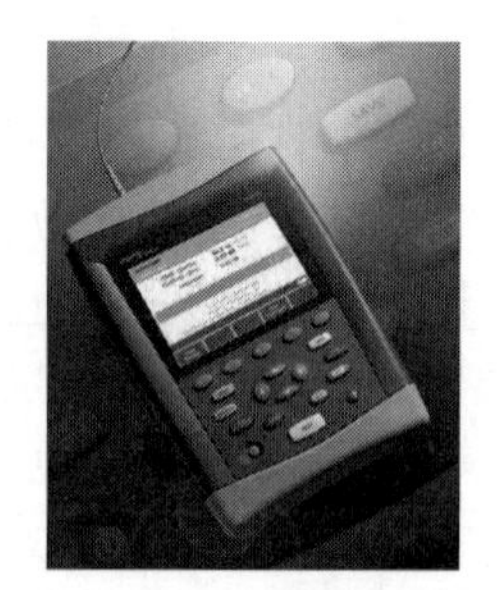

图 8-19　光时域反射仪

⑦ 光纤链路测试模块：使用 Fluke DTX 测试仪测试光纤链路时，必须配置光纤链路测试模块，并根据光纤链路的类型选择单模或多模模块。

将多模或单模 DTX 光缆模块插入 DTX 电缆认证分析仪背面专用的插槽中，无须再拆卸下来，如图 8-20 所示。不同于传统的光缆适配器那样需要和双绞线适配器共享一个连接头，DTX 光缆测试模块通过专用的数字接口和 DTX 通信。双绞线适配器和光缆模块可以同时接插在 DTX 上，这样在进行链

路测试时，就可以使用单键快速地在铜缆和光缆介质测试间进行转换。

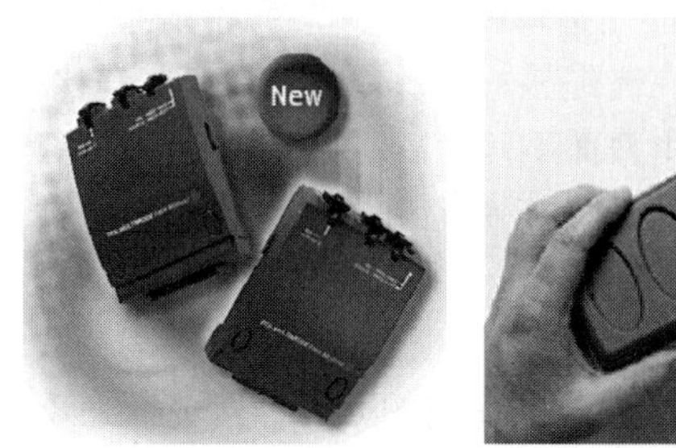

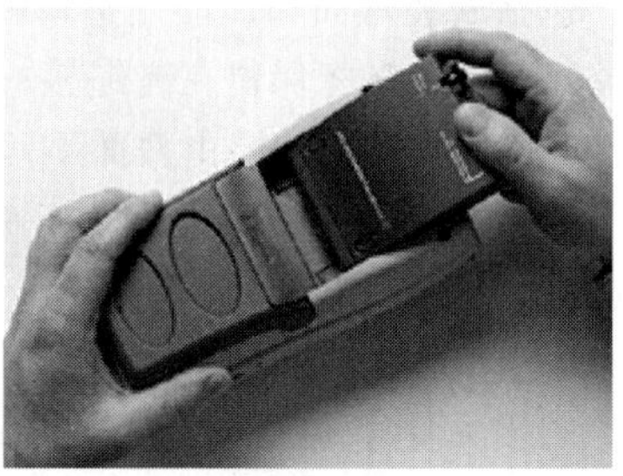

图 8-20　Fluke DTX 光纤链路测试模块

（4）光纤链路测试连接

根据国家标准《综合布线系统工程验收规范》（GB/T 50312—2016）的有关规定，对光纤链路性能测试实际上是对每一条光纤链路的两端在双波长情况下测试光信号的收/发情况。

① 在每一根光纤进行双向（收与发）测试时，连接方式如图 8-21 所示。其中，光连接器件可以为工作区 TO、电信间 FD、设备间 BD 或 CD 的 SC、ST、SFF 连接器件。

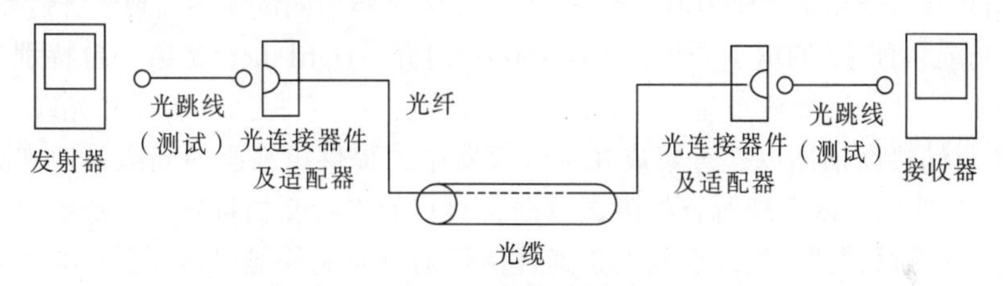

图 8-21　光纤链路测试连接（单芯）

② 光缆可以分为水平光缆、建筑物主干光缆和建筑群主干光缆。

③ 光纤链路中不包括光纤跳线。

（5）光纤链路的测试内容

① 光功率的测试：对光纤布线最基本的测试是在 EIA 的 FOTP-95 标准中定义的光功率测试，它确定了通过光纤传输的信号强度，是光功率损失测试的基础。在进行光功率测试时，需要把光功率计放在光纤的一端，而把光源放在光纤的另一端。

② 光学连通性的测试：光纤系统的光学连通性表示光纤系统传输光功率的能力。测试时，是在光纤系统的一端连接光源，在另一端连接光功率计，通过检测到的输出光功率就可以确定光纤系统的光学连通性。当输出端测到的光功率与输入端实际输入的光功率的比值小于一定的数值时，则认为这条链路光学不连通。如果在光纤中有断裂或其他不连续点，则在光纤输出端的光功率就会下降或者根本没有光输出。

③ 光功率损失测试。光功率损失测试实际上就是对光纤链路的衰减测试，衰减是光纤链路的一个重要的传输参数，单位是分贝（dB）。衰减表明了光纤链路对光能的传输损耗（传导特性），它对光纤质量的评定和确定光纤系统的中继距离起着决定性的作用。光信号在光纤中传播时，平均光功率延光纤长度方向成指数规律减少，在一条光纤链路中，从发送端到接收端之间存在的衰减越大，两者间可能传输的最大距离就越短。

引起光纤链路损耗的原因主要有：

- 材料原因：光纤纯度不够，或材料密度的变化太大。
- 光缆的弯曲程度：包括安装弯曲和产品制造弯曲问题。光缆对弯曲非常敏感，如果弯曲半径大于 2 倍的光缆外径，大部分光将保留在光缆核心内。而且，单模光缆比多模光缆更加敏感。
- 光缆接合以及连接的耦合损耗：主要由截面不匹配、间隙损耗、轴心不匹配和角度不匹配造成。
- 不洁或连接质量不良：主要由不洁净的连接，灰尘阻碍光传输，手指的油污影响光传输，不洁净光缆连接器等造成。

④ 光纤链路预算（OLB）。光纤链路预算是网络应用中允许的最大信号损失量，这个值是根据网络实际情况和国际标准规定的损失量计算出来的。一条完整的光纤链路包括光纤、连接器和熔接点，所以在计算光纤链路最大损失极限时，要把这些因素全部考虑在内。光纤通信链路中光能损耗的起因是由光纤本身的损耗、连接器产生的损耗和熔接点产生的损耗三部分组成的。但由于光纤的长度、接头和熔接点数目的不定，造成光纤链路中光能损耗的测试标准不像双绞线那样是固定的，因此对每一条光纤链路中光能损耗的测试标准都必须通过计算才能得出。

（6）光纤链路连通性测试方法

光纤链路连通性测试是光纤链路测试中一项重要的测试内容，实现连通性测试的测试仪器种类很多，下面将以 OptiFiber 光缆认证（OTDR）分析仪（OF-500）作为测试仪器实现光纤链路的连通性测试。

① OptiFiber 光缆认证（OTDR）分析仪（OF-500）简介。OptiFiber 是第一台特别为局域网和城域网光缆安装商设计、可以满足最新光缆认证和测试需求的仪器。它将插入损耗和光缆长度测量、OTDR 分析以及光缆连接头端接面洁净度检查集成在一台仪器中，提供更高级的光缆认证和故障诊断。随机附带的 LinkWare PC 软件可以管理所有的测试数据，对它们进行文档备案、生成测试报告。

② 光时域反射计测试模式。光纤链路的连通性测试通常是利用光时域反射计来实现的，用光时域反射计（OTDR）认证布线时，应使用“自动光时域反射计（Auto OTDR）”模式。

- 在主页 HOME 屏幕中，按【F1】键更改测试。从菜单中选择“自动 Auto OTDR”或“手动 Manual OTDR”。
- 在自动光时域反射计（Auto OTDR）模式中，测试仪会根据布线系统的长度及总损耗，自动选择设置值。该模式最容易使用，并提供最完整的光缆事件视图，是大多数光纤链路连通性测试的最佳选择。
- 手动光时域反射计（Manual OTDR）模式可用于更改设置值，以优化光时域反射计来显示特定的事件。

③ 查看光时域反射计的端口连接情况。当使用光时域反射计进行测试时，测试仪会判断光时域反射计端口的连接情况。如果仪表位于差（Poor）量程挡，表示应清洁光时域反射计端口及光缆连接器。使用视频显微镜，如 FiberInspector（洁净度检测器）视频探头可以检视端口和光缆连接器是否有刮痕及其他损伤。光时域反射计连接不良，会增加连接器的死区，死区能使光时域反射计连接器附近的故障不易察觉。同时，连接不良还会减弱用于测试光缆的光的强度，微弱的测试信号可能导致曲线杂乱、事件检测效果变差及动态量程缩小。端口连接情况等级可与光时域反射计测量结果详细信息一同保存。

④ 光纤链路连通性测试过程：

a. 选择“自动光时域反射计（OTDR）”模式。从主页（HOME）屏幕中按【F1】键更改测试；然后选择自动光时域反射计（OTDR）。

b. 设置发射光纤补偿。按【FUNTION】键，然后选择设置发射光纤补偿。按【HELP】键可以查

阅有关补偿屏幕的细节。

c. 选择待测光纤的设置值。在光缆选项卡中设置下列设置值：

- 光纤类型：选择待测的光纤类型。
- 手动光缆设置（MANUAL CABLE SETTINGS）（折射率和逆向散射系数）：当禁用时，测试仪会使用所选光纤类型中定义的值，此值适用于大多数应用。

d. 配置光时域反射计测试。按【SETUP】键，然后从光时域反射计选项卡上选择下列设置值：

- 测试极限值（TEST LIMIT）：选择适当的极限值。
- 波长（WAVELENGTH）：选择一个或两个波长。
- 发射补偿（LAUNCH COMPENSATION）：在使用发射光纤补偿设置值时启用。
- 光时域反射计绘图栅格：启用时可在 OTDR 绘图上看到测量栅格。

e. 清洁发射光缆及待测光缆的连接器。

f. 将测试仪的光时域反射计端口连接至被测光纤链路中，如图 8-22～图 8-24 所示。

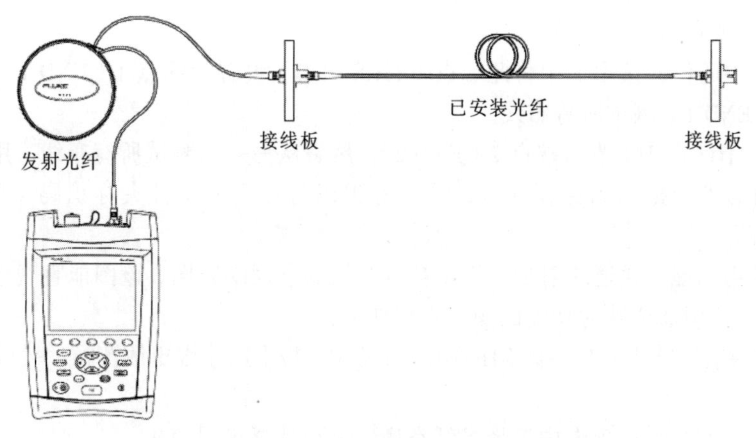

图 8-22　连接至所安装光纤（无接收光纤）

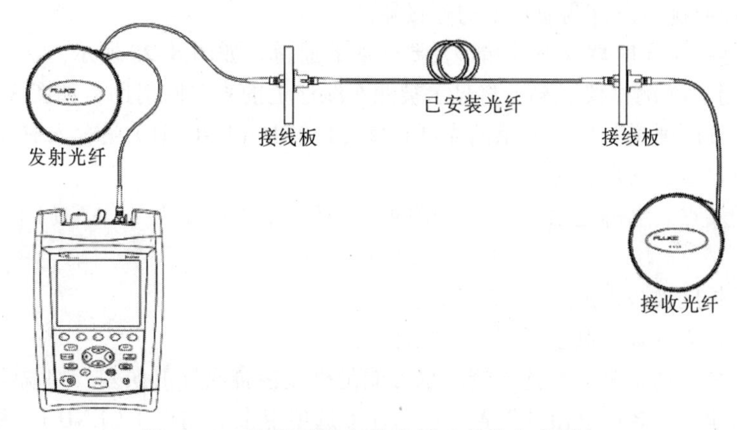

图 8-23　连接至所安装光纤（有接收光纤）

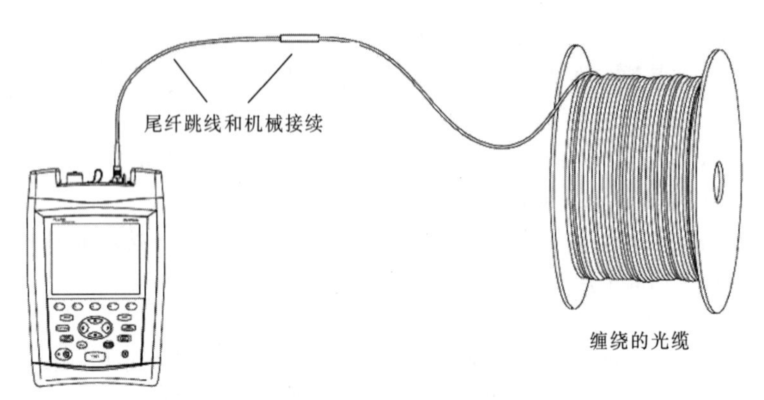

图 8-24　连接至绕线管光缆

g. 按【TEST】键以开始光时域反射计测试。

h. 要保存测试结果，按【Save】键，选择或建立光纤标识码，然后再按【Save】键。

对于双向测试，要执行下列步骤：

a. 在“设置”中的任务选项卡中将此端点（THIS END）设置为端点 1（END 1）。

b. 从端点 1（END 1）测试所有布线。

c. 将此端点（THIS END）改为端点 2（END 2），然后从另一端测试所有布线。用于第一次测试方向的测试结果相同的光纤标识码保存测试结果。标识码将在当前文件夹标识码（IDs IN CURRENT FOLDER）列表中显示。

⑤ 使用通道映射功能。通道映射功能提供被测布线的直观映射图，该图能直观地显示布线中的光纤链路及连接情况。使用通道映射功能的操作步骤如下：

a. 选择“通道映射”模式：在主页（HOME）屏幕中，按【F1】键更改测试，然后选择 ChannelMap（通道映射）。

b. 从“设置”中的光缆选项卡中选择光纤类型（无须选择极限值）。

c. 清洁发射光缆或跳线及待测通道上的连接器。

d. 将发射光纤连接至光时域反射计端口及要映射的通道，如图 8-25 所示。

e. 按【TEST】键，在测试仪屏幕上将显示被测布线通道的直观映射图，如图 8-26 所示。

Ⅰ. 包含发射光纤的通道长度。显示的光纤长度（FIBER LENGTH）是舍入成 m 或 ft 整数的通道实际长度（而不是所显示的线段长度总和）。

Ⅱ. 通道远端的端点。名称是由“设置”中的任务选项卡上的端点 1（END 1）和端点 2（END 2）设置值所设置的。

Ⅲ. 线段或跳线长度被舍入成 m 或 ft 整数。

Ⅳ. 按【F4】键可以在通道映射结果中添加注释。

Ⅴ. 一个反射事件，通常是一个连接器。也可能是机械接合或反射误差，如锐弯或光纤裂隙。

Ⅵ. 通道近端的端点。名称是由“设置”中的任务选项卡上的端点 1（END 1）和端点 2（END 2）设置值所设置的。

f. 要保存测试结果，按【Save】键，选择或建立光纤标识码，然后再按【Save】键。

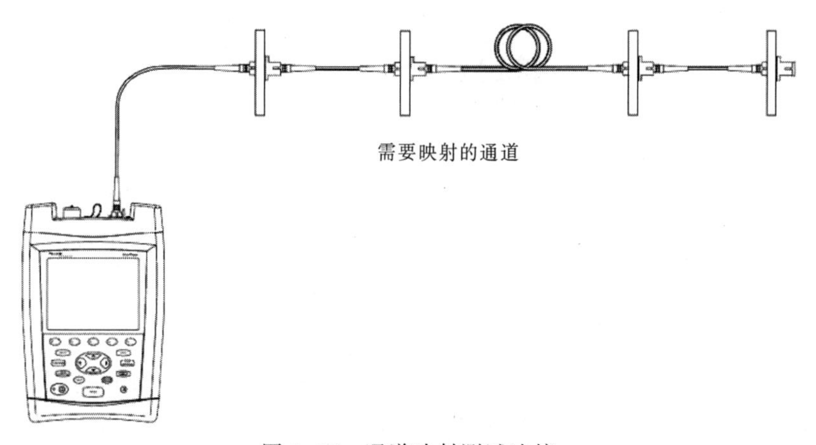

图 8-25　通道映射测试连接

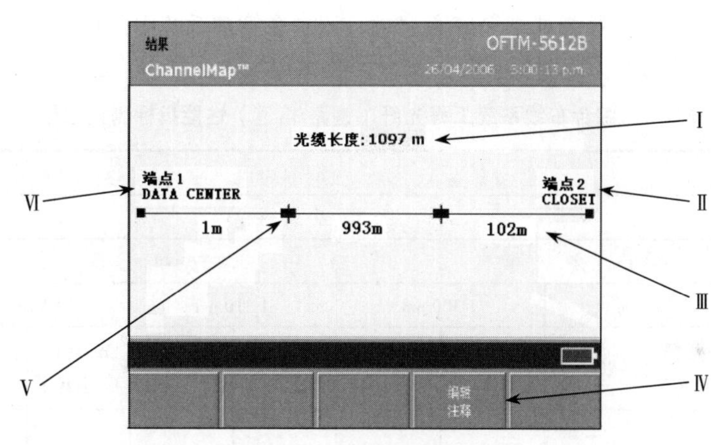

图 8-26　通道映射的特性

⑥ 使用 FiberInspector 探头。

a. 在“设置”中的“系统”选项卡中将“摄像机类型”(CAMERA TYPE)设置成与所使用的放大倍率相匹配。该操作可选择适用于纤芯尺寸比例的正确尺寸。

b. 用所附的适配器缆线将探头连接至测试仪侧面的视频输入插座。

c. 把与所要检测的连接器类型匹配的适配器接头旋紧固定到光纤探头上。

d. 清洁待检验的连接器。

e. 按 FIBER INSPECTOR 键。如果显示了无摄像机图像(Camera Image Unavailable)信息，检查探头与测试仪间的连接。

f. 将探头放在光缆连接器上，转动探头上的较大光圈，聚焦图像。转动较小的光圈，更改放大倍率，如图 8-27 所示。

g. 要保存图像，按【Save】键，选择或建立光纤标识码，然后再按【Save】键。

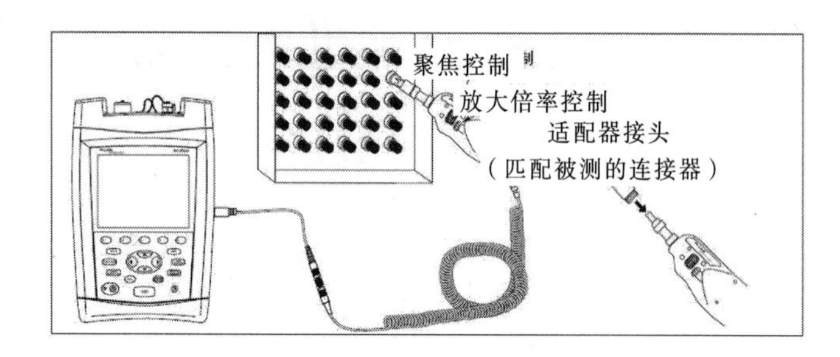

图 8-27 使用 FiberInspector 探头

⑦ 测试报告。与 OptiFiber 光缆认证（OTDR）分析仪（OF-500）配合使用的测试管理软件仍然是 LinkWare 电缆测试管理软件，利用该软件能够生成详细的测试报告，以便对测试结果进行必要的分析。

（7）测试记录

同样，所有光纤链路和信道测试结果应有记录，记录在管理系统中并纳入文档管理。同时，各项测试结果的详细记录应作为竣工验收资料的一部分。测试记录内容和形式应符合表 8-9 的要求。

表 8-9 综合布线系统工程光纤（链路/信道）性能指标测试记录

工程项目名称												
序号	编号			光缆系统								备注
				多模				单模				
	地址号	缆线号	设备号	850 nm		1 300 nm		1 310 nm		1 550 nm		
				衰减（插入损耗）	长度	衰减（插入损耗）	长度	衰减（插入损耗）	长度	衰减（插入损耗）	长度	
测试日期、人员及测试仪表型号测试仪表精度												
处理情况												

8.1.5 网络系统的集成测试

网络系统的集成测试是按照系统集成商提供的测试计划和方法进行的测试，目的是保证最终交付用户的计算机系统和网络系统是一个集成的计算机网络平台，用户可以在网络的任意一个结点，通过网络透明地使用各种网络资源以及相关的网络服务。

1. 集成测试

集成测试的主要内容包括连通性测试，即测试网络上任意站点间是否能够相互传输数据，测试各

个终端能否登录并访问网络服务器上的文件。

2. 稳定性测试或连续性测试

稳定性测试或连续性测试是在不间断运行的一段时间内，监测计算机网络系统有无异常现象发生，如有异常发生，是由系统自动处理还是由系统管理员进行人工干预处理。

3. 满负荷测试

满负荷测试是通过测试软件或其他方式让计算机系统和网络系统处于满负荷工作状况，然后通过计算机系统的监控软件，以及网络系统管理软件监测计算机系统和网络系统的性能指标，并监测网络是否能正常运行。

4. 异常测试

异常测试即人为制造故障加入计算机系统中，然后观察计算机系统的故障恢复能力及时限。但异常测试要以不损坏设备为前提，凡是硬件设备或系统软件手册中警告的不允许的操作，不可作为异常测试项目进行，以免给用户和供应商带来不必要的损失。具体的异常测试项目可以包括网络连接的人为中断、计算机系统的瞬间断电等。

8.2　网络工程验收

网络工程验收是用户对网络施工工作的认可，检查网络系统是否符合设计要求和相关规范，验收工作体现于网络施工的全过程。

8.2.1　网络设备的到货验收

网络设备的到货验收就是对照设备订货清单清点所到货物，确保到货的设备与订货清单一致，使验货工作有条不紊，井然有序。

1. 验收的主要步骤

① 先期准备。由系统集成商的负责人员在设备到货前根据订货清单填写“到货设备登记表”中的相应栏目，以便到货时进行核查和清点。“到货设备登记表”是为了方便工作而设定的，所以不需任何人签字，只需由专人保管即可。

② 开箱检查、清点与验收。一般情况下，设备厂商会提供一份验收清单，可以设备厂商的验收单为准。妥善保存设备的随机文档、质保单和说明书，软件和驱动程序应单独存放于安全的地方，便于日后使用。

2. 验收的主要内容

此项验收也称硬件设备到货的开箱验收或单独购买系统软件时的开包验收。验收的主要内容包括：

① 检验到货的硬件设备和单独购买的软件的货号及数量是否符合设备订货清单。

② 检验到货的设备及软件是否损坏，是否能够正常运行。

③ 检验按合同定购的设备及软件是否按时到货。

验收的结果应该提供一份由参与验收的用户、设备和软件供应商及系统集成商签名的硬件设备及系统软件验收清单，并标注当前日期。

8.2.2 计算机系统与网络系统的初步验收

在计算机系统、网络系统和应用系统安装、调试及测试完毕以后，应由用户、设备和软件供应商及系统集成商参与对计算机系统及网络系统进行验收。如果通过了初步验收，则计算机系统和网络系统可以交付用户进行试运行，在试运行阶段仍然由设备供应商和系统集成商参与计算机系统及网络系统的维护和管理工作。

初步验收时，设备供应商要完成计算机系统和网络系统的调试和测试，系统集成商要完成部分集成测试。初步验收的主要内容包括：

① 按照合同所附的计算机系统的技术指标，测试即将交付用户试运行的计算机系统能否满足这些指标要求。

② 按照合同所附的网络系统的技术指标，测试即将交付用户试运行的网络系统能否满足这些指标要求。

③ 按照合同所附的集成系统的技术指标，测试即将交付用户试运行的计算机与网络系统能否满足这些指标要求。

初步验收结果要提交一份由用户、供应商和集成商以及三方的技术顾问签名的初步验收报告。报告应附计算机系统、网络系统以及集成系统的测试报告，同时还应给出明确的结论，即：

① 通过初步验收。

② 基本通过初步验收，但要求在某一期限内解决某些遗留的问题。

③ 尚未通过初步验收，确定在某一时间再次进行初步验收。

8.2.3 计算机系统与网络系统的最终验收

计算机系统与网络系统在通过初步验收并经过1～2个月的试运行后，如果没有重大故障发生，特别是没有系统中断的现象发生，在用户允许的前提下，供应商、系统集成商、用户以及三方的技术顾问可参与对计算机系统和网络系统进行的最终验收，最终验收通过了，则整套系统可交付用户正式运行，此后由用户负责系统的运行和日常维护管理，集成商负责提供技术支持。

① 最终验收的依据是合同所附的集成系统的各种技术要求，以及在试运行期间，计算机系统和网络系统的运行日志。

② 最终验收的内容是通过对运行日志的分析，评判系统的稳定性、可靠性以及系统的容错能力等指标是否达到要求。

③ 最终验收的结果要求提供由参加最终验收的各方签名的最终验收报告，附上试运行期间的有代表性的运行日志的数据记录，并且给出最终验收的明确结果（通过最终验收，未通过最终验收或延迟1～2个月以后再做最终验收）。

8.2.4 网络工程的初步验收

对于网络设备，其测试成功的标准应为：能够从网络中任意一台机器和设备（有Ping或Telnet能

力）Ping 及 Telnet 同网络中其他任意一台机器或设备（有 Ping 或 Telnet 能力）。

由于网络内部设备较多，不可能进行逐对的测试，因此可采用如下方式进行测试。

① 在每一个子网中随机选取两台机器或设备，进行 Ping 和 Telnet 测试。

② 对每一对子网进行连通性测试，即从两个子网中各选一台机器或设备进行 Ping 和 Telnet 测试。

③ 在测试中，Ping 测试每次发送数据包不应少于 300 个，Telnet 连通即可。Ping 测试的成功率在局域网内应为 100%，在广域网内由于线路质量问题，以及周围环境变化，视具体情况而定，一般不应低于 80%。

④ 测试所得到的具体数据填入“系统分项检测质量验收记录表”中，如表 8-10 所示。

表 8-10　网络工程系统分项检测质量验收记录表

编号：

单位工程名称			分部工程	
分项工程名称			验收单位	
施工单位			项目经理	
施工执行标准名称及编号				
分包单位			分包项目经理	
检测项目（一般项目）			检 测 记 录	备　　注
1	错误功能检测	故障判断		
		自动恢复		
		切换时间		
		故障隔离		
		自动切换		
2	网络管理功能检测	拓扑图		
		设备连接图		
		自诊断		
		结点流量		
		广播率		
		错误率		
3				
4				
检测意见： 监理工程师签字：　　检测机构负责人签字： （建设单位项目专业技术负责人） 年　月　日　　年　月　日				

8.2.5 系统试运行

从初验结束的那个时刻开始，整体网络系统就进入为期 3 个月的试运行阶段。整体网络系统在试运行期间不间断地连续运行时间不应少于两个月。试运行期由系统集成厂商的代表负责，用户和设备厂商密切协调配合。在试运行期间要完成以下各项任务：

① 监视系统运行。

② 网络基本应用测试。

③ 断电—重启测试。

④ 冗余模块测试。

⑤ 可靠性测试。

⑥ 网络负载能力测试。

⑦ 系统最忙时访问能力测试。

⑧ 安全性测试。

8.2.6 网络工程的最终验收

各种系统试运行满 3 个月以后，由用户对系统集成商所承做的网络系统进行最终验收。最终验收的程序如下：

① 检查试运行期间的所有运行报告及各种相关测试数据。确定各项测试工作已充分完成，所有遗留的问题都已经解决。

② 验收测试。按照测试标准对整个网络系统进行抽样性的测试，测试结果填入“最终验收测试报告”中。

③ 三方签署“最终验收报告书”，该报告后附“最终验收测试报告”“网络拓扑和配置手册”“综合布线竣工文档”“网络设备清单”，项目验收报告格式如图 8-28 所示。

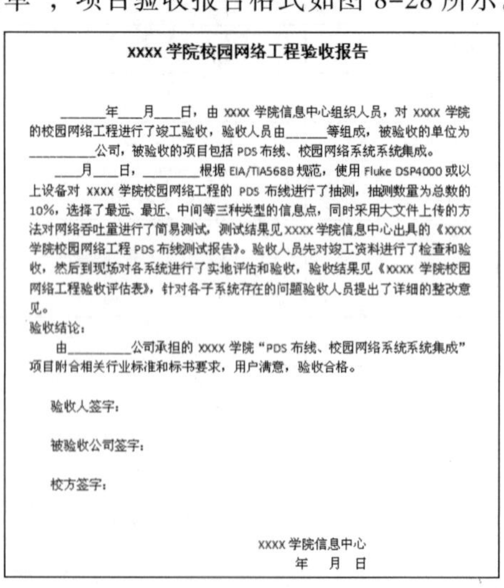

xxxx 学院校园网络工程验收报告

______年___月___日，由 xxxx 学院信息中心组织人员，对 xxxx 学院的校园网络工程进行了竣工验收，验收人员由______等组成，被验收的单位为__________公司，被验收的项目包括 PDS 布线、校园网络系统系统集成。

___月___日，________根据 EIA/TIA568B 规范，使用 Fluke DSP4000 或以上设备对 xxxx 学院校园网络工程的 PDS 布线进行了抽测，抽测数量为总数的 10%，选择了最远、最近、中间等三种类型的信息点，同时采用大文件上传的方法对网络吞吐量进行了简易测试，测试结果见 xxxx 学院信息中心出具的《xxxx 学院校园网络工程 PDS 布线测试报告》。验收人员先对竣工资料进行了检查和验收，然后到现场对各系统进行了实地评估和验收，验收结果见《xxxx 学院校园网络工程验收评估表》，针对各子系统存在的问题验收人员提出了详细的整改意见。

验收结论：

由__________公司承担的 xxxx 学院“PDS 布线、校园网络系统系统集成”项目附合相关行业标准和标书要求，用户满意，验收合格。

验收人签字：

被验收公司签字：

校方签字：

xxxx 学院信息中心

年 月 日

图 8-28 项目验收报告格式

④ 向用户移交全部技术文档，包括所有设备的详细配置参数、各种用户应用手册等。

8.2.7　网络系统的交接与维护

1. 网络系统的交接

最终验收结束以后进行交接。交接是一个逐步使用户熟悉系统，进而能够掌握、管理、维护整个系统的过程。交接包括技术资料交接和系统交接，系统交接一直延续到后期的维护阶段。

技术资料交接包括在实施过程中所生成的全部文件和数据记录，至少应提交如下资料：总体设计文档、工程实施设计、系统配置文档、各个测试报告、系统维护手册（设备随机文档）、系统操作手册（设备随机文档）以及系统管理建议书等。

2. 网络系统的维护

在技术资料交接完成之后，系统就进入维护阶段。系统的维护工作贯穿系统的整个生命周期中。用户方的系统管理人员将要在此期间内逐步培养出独立处理各种突发事件的能力。

在系统维护期间，系统出现任何故障，都应详细填写相应的故障报告，并报告相应的人员（系统集成商技术人员）进行处理。

在合同规定的无偿维护期过后，系统的维护工作原则上由用户自己完成，对系统的修改，用户可以独立进行。为对系统的工作实施严格的质量保证，建议用户填写详细的系统运行记录和修改记录。

习　　题

一、选择题

1. 在交换网络中启用后，被选为根桥的是（　　）。（假设所有交换机均采用默认设置）
   A. 拥有最小地址的交换机　　B. 拥有最小地址的交换机
   C. 端口优先级值最小的交换机　　D. 端口优先级值最大的交换机
2. 通过口配置 H3C 路由器时，必须使用（　　）线缆连接到计算机的（　　）。
   A. 直连线、以太网接口　　B. 直连线、直连口
   C. 反转线、以太网接口　　D. 反转线、反转口
3. 以太网的核心技术是（　　）。
   A. 随机争用型介质访问方法　　B. 令牌总线方法
   C. 令牌环方法　　D. 载波侦听方法
4. 在如下网络拓扑结构中，具有一定集中控制功能的网络是（　　）。
   A. 环状网络　　B. 总线网络
   C. 星状网络　　D. 全连接型网络
5. 建立管理信息系统的组织基础是指建立管理信息系统中组织内部所需的（　　）。
   A. 技术性条件　　B. 非技术性条件
   C. 管理基础条件　　D. 人才基础条件
6. 一般的防火墙不能实现的功能是（　　）。

A．隔离公司网络和不可信的网络　　B．防止病毒和木马程序
C．隔离内网　　D．提供对单点的监控

7．系统与环境由系统的（　　）所划分。

A．边界　　B．输入
C．处理　　D．输出

8．对需求进行变更时，网络工程师应当对（　　）影响有真实可信的评估。

A．设计方案　　B．需求分析
C．质量　　D．成本

9．在局域网络内的某台主机用 ping 命令测试网络连接时发现网络内部的主机都可以连同，而不能与公网连通，问题可能是（　　）。

A．主机 IP 设置有误
B．没有设置连接局域网的网关
C．局域网的网关或主机的网关设置有误
D．局域网 DNS 服务器设置有误

二、填空题

1．针对网络系统的维护来说，网络系统测试也是________、________、________和________的最常用的手段。

2．计算机系统测试包括________与________。

3．网管系统测试主要包括________和________两项内容。

4．集成测试的主要内容包括________。

5．在光学连通性测试中，光纤系统的________表示光纤系统传输光效率的能力。

三、思考题

（1）网络工程测试包括哪些内容？

（2）网络系统测试主要包括哪两项功能测试？

（3）应用服务系统测试主要包括哪些内容？

（4）综合布线系统的测试仪器主要包括哪些？它们有哪些区别？

（5）简述双绞线链路的验证测试的基本过程。

（6）对双绞线进行测试时，可能产生的错误包括哪些？

（7）光纤链路测试的主要内容包括哪些？

（8）常用的光纤链路测试设备包括哪些？

（9）网络系统集成测试的主要内容包括哪些？

四、实训题

（1）使用交换机测试命令测试交换机的 NVRAM、Flash Memory 使用情况、各端口状况以及 VLAN 的配置情况。

（2）使用路由器测试命令测试路由器的路由表、ospf 端口参数、BGP 路由信息、VPN 通道路由、局域网及广域网接口运行状况以及路由表的生成和收敛情况。

（3）使用网络测试命令测试网络的连通性以及路由情况。

（4）在 Windows 或 Linux 环境下搭建 Web、FTP、DNS、E-mail 等服务环境，并进行本地和远程的功能测试。

（5）搭建虚拟网络安全环境，人为发送正常请求和 ARP 攻击，查看 IDS 系统的识别率、虚警率、硬盘占用空间、内存消耗等信息。

（6）使用能手测试仪进行双绞线跳线的连通性测试。

（7）使用 Fluke MicroScanner Pro2 验证测试仪进行双绞线链路的验证测试。

（8）使用 Fluke DTX-1800 测试仪进行双绞线链路及信道的认证测试。

（9）使用 OptiFiber 光缆认证分析仪（OF-500）进行光纤链路的连通性测试。

第 9 章 网络管理与维护

网络系统建成以后，能否高效、可靠地运行，发挥其应有的功能和效益，关键在于管理，做好网络系统的日常管理与维护工作，是一个网络管理人员的主要职责。

学习目标

- 了解网络管理的概念、目的。
- 掌握网络管理的五大基本功能。
- 了解网络管理的体系结构和基本要素。
- 了解常用网络管理系统的特点。
- 了解网络维护的主要内容。
- 掌握网络维护的基本方法。
- 了解网络故障的分类。
- 掌握常见网络故障的排查方法。
- 掌握常用网络故障诊断命令的使用方法和技巧。

9.1 网络系统管理

视频

网络系统管理

早期的网络由于其规模较小、复杂性不高，采用最基本的简单网络管理方法就可以满足网络正常工作的需要。但随着互连网络的发展，网络管理人员面临更大规模、更加复杂、异构的多厂家产品互连的计算机网络的管理问题，需要对这种多厂家的异构互连网络进行监测、分析、查询等网络管理，来保持网络的可用性，提高网络的性能，减少故障的发生，保障网络的安全。用传统的管理方法去管理它们不但费时、费事、费钱，而且有时根本是不可能的，如果没有一个高效的网络管理系统对网络系统进行管理，那么很难保证为广大用户提供满意的网络服务。

在 Internet 的管理框架中，简单网络管理协议（Simple Network Management Protocol，SNMP）扮演了主要角色，它是 TCP/IP 协议家族的重要成员，目前已经成为网络管理领域事实上的工业标准。SNMP 使网上的工作站能从网上收集到大量的与管理有关的信息，也可以使不同的 SNMP 管理员交换数据。

9.1.1 网络管理概述

1. 网络管理的概念

网络管理是在网络技术迅速发展形势下提出的新问题，是指对组成网络的各种资源（包括软硬件、

信息等）进行有效的综合管理，以便充分发挥这些资源的作用。

2. 网络管理的目的

一个有效的网络离不开网络管理，先进的网络管理系统对于保障网络系统的安全、可靠运行尤为重要。从用户的角度来看，一个完善的网络管理体系应该满足以下基本要求：

① 同时支持网络监视和控制两方面的能力。

② 能够管理所有的网络协议，容纳不同的网络管理系统。

③ 提供尽可能大的管理范围，并且应做到网络管理员可以从任何地方对网络进行管理。

④ 尽可能小的系统开销，提供较多网络管理信息。

⑤ 网络管理的标准化，可以管理不同厂家的网络设备，实现网络管理的集成。

⑥ 网络管理在网络安全性方面应能发挥更大的作用。

⑦ 网络管理应具有一定的智能，可以根据对网络统计信息的分析，发现并报告可能出现的网络故障。

3. 网络管理的功能

早在 20 世纪 70 年代，ISO 在提出其 OSI 参考模型的同时，就提出了网络管理标准的基本框架，即开放互连管理框架（ISO 7498-4），并制订了相应的协议标准，即公共管理信息服务和公共管理信息协议 CMIS/CMIP。在 OSI 网络管理框架模型中，基本的网络管理功能分为配置管理、性能管理、故障管理、计费管理、安全管理五个功能域，分别完成不同的网络管理功能。

（1）配置管理

配置管理就是定义、收集、监测和管理系统的配置参数，使得网络性能达到最优。配置管理的目的在于随时了解网络系统的拓扑结构以及所交换的信息，包括连接前静态设定的和连接后动态更新的。

配置管理的主要内容包括：

① 识别被管网络的拓扑结构。

② 标识网络中的各个对象。

③ 设置设备参数、初始化和关闭网络资源。

④ 动态维护网络配置数据库。

（2）性能管理

网络性能管理包括性能监测和网络控制两部分。性能管理以提高网络性能为准则，其目的是保证在使用最少的网络资源和具有最小网络时延的前提下，使网络提供可靠、连续的通信能力，并使网络资源的使用达到最优化的程度。性能管理具有监视和分析被管网络及其所提供服务的性能机制的能力，其性能分析的结果可能会触发某个诊断测试过程或重新配置网络以维持网络的性能。

性能管理的主要内容包括：

① 性能监控：定义被管对象及其属性（主要包括流量、延迟、丢包率、CPU 利用率、温度、内存余量等），定时采集每个被管对象的性能数据，自动生成性能报告。

② 性能分析：对历史数据进行分析、统计和整理，计算性能指标，对性能状况作出判断，为网络优化提供参考。

③ 阈值控制：可对每一个被管对象的每一属性设置阈值，对于特定被管对象的特定属性，可以针对不同的时间段和性能指标进行阈值设置，并通过设置阈值，控制阈值检查和告警，提供相应的阈值

管理和溢出告警机制。

④ 性能优化：建立性能分析的模型，预测网络性能的长期趋势，并根据分析和预测的结果，对网络拓扑结构、某些对象的配置和参数进行调整，逐步达到最佳。

⑤ 性能查询：可通过列表或按关键字检索被管网络对象及其属性的性能记录。

⑥ 对象控制：以保证网络的性能为目的，对被管对象和被管对象组实施控制。

（3）故障管理

故障管理就是使管理中心能够实时监测网络中的故障，并能对故障原因作出诊断和定位，从而能够对故障进行排除或能够对网络故障进行快速隔离，以保证网络能够连续可靠地运行。

故障管理的主要内容包括：

① 故障监测：主动探测或被动接收网络上的各种事件信息，并识别出其中与网络和系统故障相关的内容，对其中的关键部分保持跟踪，生成网络故障事件记录。

② 故障报警：接收故障监测模块传来的报警信息，根据报警策略驱动不同的报警程序，以报警窗口或振铃方式通知一线网络管理人员，或以电子邮件方式通知决策管理人员。

③ 故障信息管理：通过对事件记录的分析，定义网络故障并生成故障卡片，记录排除故障的步骤和与故障相关的值班员日志，构造排错行动记录，将“事件—故障—日志”构成逻辑上相互关联的整体，以反映故障产生、变化、消除的整个过程。

④ 排错支持工具：向管理人员提供一系列的实时检测工具，对被管设备的状况进行测试，并记录测试结果以供技术人员分析和排错或根据已有的排错经验和管理员对故障状态的描述给出对排错行动的提示。

⑤ 检索/分析故障信息：浏览并且以关键字检索查询故障管理系统中所有的数据库记录，定期收集故障记录数据，在此基础上给出被管网络系统、被管线路设备的可靠性参数。

（4）计费管理

计费管理主要记录用户使用网络情况和统计不同线路、不同资源的利用情况，它可以估算出用户使用网络资源可能需要的费用和代价，以及已经使用的资源。网络管理者还可以规定用户可使用的最大费用，从而控制用户过多占用和使用网络资源。

计费管理的主要内容包括：

① 统计网络的利用率等效益数据，以使网络管理人员确定不同时期和时间段的费率。

② 根据用户使用的特定业务在若干用户之间公平、合理地分摊费用。

③ 允许采用信用记账方式收取费用，包括提供有关资源使用的账单审查。

④ 当多个资源同时用来提供一项服务时，能计算各个资源的费用。

（5）安全管理

网络安全管理主要用于保护网络数据不被侵入者非法获取、防止侵入者在网络上发送错误信息以及确保网络管理系统本身不被非法访问。

网络安全管理的主要内容包括：

① 结合使用用户认证、访问控制、数据传输、存储的保密与完整性机制，以保障网络管理系统本身的安全。

② 与安全有关的事件通知（如网络有非法侵入、非授权用户对特定信息的访问企图等）。

③ 与安全措施有关的信息分发（如密钥的分发和访问权设置等）。

④ 与安全有关的网络操作事件的记录、维护和查阅等日志管理工作。

⑤ 控制对网络资源的访问。

通常一个具体的网络管理系统并不一定都包含上述网络管理的五大功能，不同的系统可能会选取其中不同的几个功能加以实现，但几乎每个网络管理系统都会包括故障管理的功能。

在建立网络管理系统时，应首先确定自身的网管需求；其次，根据需求确定网管的管理方式，选择合适的网管软件平台及与网络系统管理相关的网管支持软件版本；再次，在选择网络设备时，还要考虑该网络设备所能支持的网管支撑软件版本；最后，考虑既支持网管软件平台，又能满足网络管理要求的硬件设备，最终构成较高性能价格比的网管平台。

9.1.2　网络管理的体系结构

1. 网络管理系统的组成

一个功能完善的网络管理系统通常由多个被管代理 Agent、至少一个网络管理站 Manager、网络管理协议（SNMP、CMIP）和至少一个网管信息库 MIB 四大部分组成，如图 9-1 所示。

① 被管代理：驻留在被管的网络设备上，配合网络管理的处理实体。主要负责接收来自管理进程的命令，并发起响应事件。

② 管理站：驻留在网络管理的服务器上，实施网络管理功能的处理实体。主要负责接收用户的命令，并通过管理协议向被管代理转发，同时接收被管代理的通告，向用户显示或报告。

③ 网管协议：管理站和被管代理的信息交换是通过管理协议来实现的。主要用于封装和交换 Manager 和 Agent 之间的命令和响应信息。

④ 网管信息库：存储网络管理信息，能够被网络管理站和被管代理共享。管理信息库由多个被管对象及其属性组成，能够提供有关网络设备的相关信息。

一般来说，任何一个被管设备都应有一个被管代理，如交换机、打印机、主机。对于一些不能运行附加的代理软件的非标准被管设备（如 Modem、Hub 等），需要采用委托代理（Proxy）的方式进行管理，如图 9-2 所示。

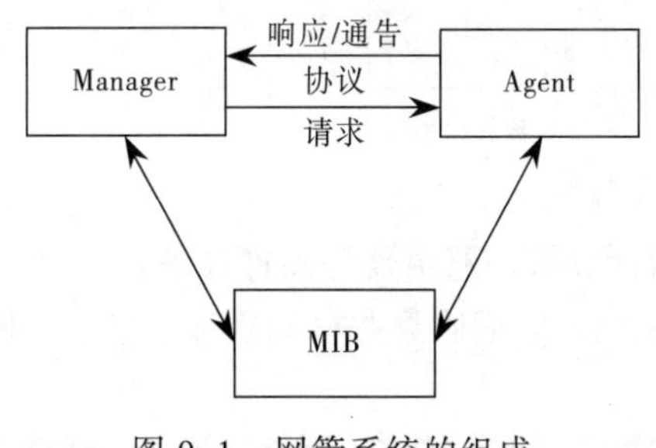

图 9-1　网管系统的组成

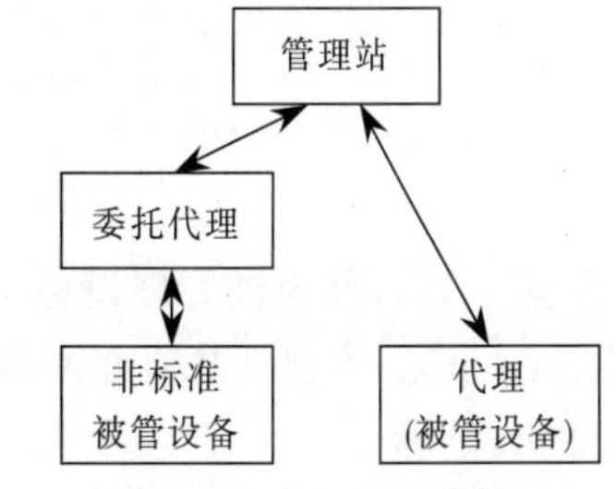

图 9-2　代理与委托代理

2. SNMP 网络管理体系结构

SNMP 提供的是一种面向无连接的服务，它不能确保其他实体一定能收到管理信息流。SNMP 是通过轮询方式来进行管理的，即管理中心每隔一段时间向各个被管对象发出询问，并通过收到的信息进行相应的管理。但是，为了对紧急情况作出迅速的处理，SNMP 还引进了汇报，当被管对象发生紧急情况时就主动向中心汇报。

管理工作站和被管代理通过信息交换来进行工作，这种信息交换通过一种网络管理协议来实现。真正的管理功能是通过对管理信息库中的变量实施操作来实现的，而管理应用程序只是提供一个用户界面，使得操作者可以激活一个管理功能，用于监控网络元素的状态或分析从网络元素中得到的数据。管理工作站通过要求被管对象的代理向其报告存放于被管对象管理信息库（Management Information Base，MIB）中的状态与运行数据来监测网络元素，存放在 MIB 中的典型信息有物理网络接口的数量与类型、流量统计和路径表等。

SNMP v2 支持 SNMP 中的集中式网络管理机制，用一台管理工作站进行全网管理，或者将网络分割成若干小单元，每个单元中使用一台管理工作站进行管理。另外，在 SNMP v2 中还支持分布式管理策略（Distributed Management Strategy）。它相对于集中式管理的主要特点是，网络中可以有多个管理程序，同时还可以将管理分级化。SNMP 的代理分别由网络一级的管理工作站进行管理，当代理发出 Trap 信息时，对一般设备出错，直接由网络级的管理工作站处理；当 Trap 信息涉及整个网络时，低层的管理工作站可将相应信息传送给高层管理工作站进行处理。另外，高层管理工作站可以要求低层管理工作站转发管理原语。使用这种策略，可以有效地对较大规模的网络实施管理。

在 Internet 管理模型中，一个完整的网络管理体系结构如图 9-3 所示。主要包括：

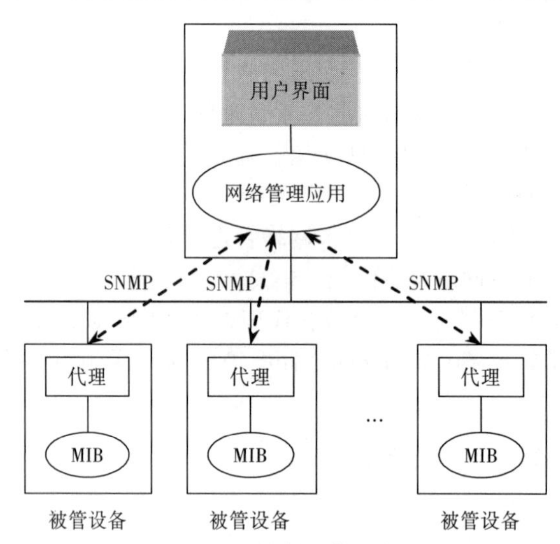

图 9-3　网络管理体系结构

① 网络元素（有时称为被管理设备）。网络元素是指计算机、路由器等硬件设备。

② 代理（Agent）。代理是驻留在网络元素中的软件模块，它们收集并存储管理信息（如网络元素收到的错误包的数量等）。

③ 管理对象（Management Object）。管理对象是能被管理的所有实体（网络、设备、线路、软件）。例如，在特定的主机之间的一系列现有活动的 TCP 线路是一个管理对象。管理对象不同于变量，变量只是管理对象的实例。

④ 管理信息库：对网络资源的管理是通过将这些资源作为对象的方式来实现的，每个对象实际上就是一个代表被管理的特征的变量，这些变量构成的集合就是 MIB。MIB 存放报告对象的管理参数；

MIB 函数提供了从管理工作站到代理的访问点，管理工作站通过查询 MIB 中对象的值来实现监测功能，通过改变 MIB 对象的值来实现控制功能。每个 MIB 应包括系统与设备的状态信息、运行的数据统计和配置参数等。

⑤ 语法（Syntax）。一个语法就是用一种独立于机器的格式来描述 MIB 管理对象的语言，一致地使用一种语法可使不同类型的计算机来共享信息。Internet 管理系统利用 ISO 的 OSI ASN.1（Abstract Syntax Notation 1）来定义管理协议间相互交换的包和被管理的对象。

⑥ 管理信息结构（The Structure of Management Information，SMI）。SMI 定义了描述管理信息的规则，报告对象是如何定义的以及如何表示在 MIB 中的。SMI 由 ASN.1 来定义，这样就使得这些信息与所存放设备的数据存储表示形式无关。

⑦ 网络管理工作站（Network Management Station，NMS，又称控制台）：这些设施通过运行管理应用程序来监视和控制网络元素，在物理上 NMS 通常是具有高速 CPU、大内存、大硬盘等的工作站，作为网络管理工作站管理网络的界面，在每个管理环境中至少需要一台 NMS。

⑧ 部件（Parties）。这是 SNMP v2 新增的定义，部件是一个逻辑的 SNMP v2 的实体，它能初始化或接收 SNMP v2 的通信。每个 SNMP v2 实体包括一个单一的唯一的实体标识、一个逻辑的网络定位、一个单一证明的协议、一个单一的保密的协议。SNMP v2 的信息是在两个实体间进行通信的，一个 SNMP v2 的实体可定义多个部件，每个部件具有不同的参数。

⑨ 管理协议（Management Protocol）。管理协议用来在代理和 NMS 之间转换管理信息，并提供在网络管理站和被管理设备间交互信息的方法。SNMP 就是在 Internet 环境中的一个标准的管理协议。

⑩ 网络管理系统。网络管理系统驻留在网络管理工作站中，通过对被管对象中的 MIB 信息变量的操作实现各种网络管理功能。

9.1.3　常用的网络管理系统

目前常用的网络管理系统主要有通用网管系统、设备厂商网管系统和一些其他网管系统。

1. 通用网管系统

通用网管系统可以完成基于各种标准 IP 特性的 IP 网络管理功能支持，比如自动拓扑发现、IP 网络拓扑管理、基本的 IP 性能和故障管理等。这些系统的集成功能都很强，能够提供通用、标准、开放的接口来供其他网管集成，很多时候可以作为一个系统集成平台来直接使用。目前主流的通用 IP 网络管理系统有 HP OpenView NNM、Computer Associates Unicenter、IBM Tivoli NetView、AT-SNMPc 等。

（1）HP OpenView NNM

HP OpenView NNM（Network Node Manager）以其强大的功能、先进的技术、多平台适应性在全球网管领域得到了广泛的应用。首先，HP OpenView NNM 具有计费、认证、配置、性能与故障管理功能，功能较为强大，特别适合网管专家使用。其次，HP OpenView NNM 能够可靠运行在 HP-UX10.20/11.X、Solaris、Windows 等多种操作系统平台上，能够对局域网或广域网中所涉及的每一个环节中的关键网络设备及主机部件（包括 CPU、内存、主板等）进行实时监控，可发现所有意外情况并发出报警，可测量实际的端到端应用响应时间及事务处理参数。

HP OpenView NNM 比较适合电信运营商、移动服务供应商、ISP、宽带服务供应商等网管方面有大规模投入、具备网管专家的用户。

（2）Computer Associates Unicenter

Computer Associates（CA）是全球领先的电子商务软件公司，Unicenter 是 CA 公司的一套网管产品。它的显著特点是功能丰富、界面较友好、功能比较细化。它提供了各种网络和系统管理功能，可以实现对整个网络架构的每一个细节（从简单的 PDA 到各种大型主机设备）的控制，并确保企业环境的可用性。从网络和系统管理角度来看，Unicenter 可以在 PC 到大型主机的所有平台上；从自动运行管理方面来看，它可以实现日常业务的系统化管理，确保各主要架构组件（Web 服务器和应用服务器中间件）的性能和运转；从数据库管理来看，它还可以对业务逻辑进行管理，确保整个数据库范围的最佳服务。

CA 的 Unicenter 产品适用于电信运营商、IT 技术服务商、金融、运输、企业、教育、政府等网管方面有大规模投入、IT 管理机构健全、维护人员水平较高的用户。

（3）IBM Tivoli NetView

IBM Tivoli NetView 秉承 IBM 风范，关注高端用户，特别是 IBM 整体解决方案的用户。Tivoli NetView 中包含一种全新的网络客户程序，这种基于 Java 的控制台比以前的控制台具有更大的灵活性、可扩展性和直观性，可允许网管人员从网络中的任何位置访问 Tivoli NetView 数据。从这个新的网络客户程序可以获得有关结点状况、对象收集与事件方面的信息，也可对 Tivoli NetView 服务器进行实时诊断。

IBM Tivoli NetView 在金融、电信、食品、医疗、旅游、政府、能源和制造业等也有众多用户，比较适合网管方面有大规模投入、具备网管专家的用户。

（4）AT-SNMPc

AT-SNMPc 是安奈特公司推出的一款分布式通用网络管理系统平台，它能有效地监控整个网络的基础架构，支持 IPv4/IPv6 和 SNMP v1/v2/v3，具有良好的伸缩特性，可以适用于任意规模的网络系统。AT-SNMPc 包括 AT-SNMPc 系统服务器、一个远程控制台和一个远程轮询，支持多厂商网络设备，可以管理任何厂商支持 SNMP 协议的交换机、路由器和其他设备的标准或专用信息。AT-SNMPc 提供 MIB 编译功能，可以对任何有厂商提供了 MIB 的设备进行管理。同时 AT-SNMPc 还提供 Hubview 可以自动显示任何支持标准 SNMP 网络设备的模拟面板，显示其端口数量和类型。

AT-SNMPc 包含工作组版和与企业版两个版本，企业版主要适用于可伸缩的多用户环境的基本系统，最多可管理 25 000 个结点；工作组版主要用于管理管理中小规模网络，所有组件都集中在单一系统中运行，最多可管理 1 000 个结点。

2. 设备厂商网管系统

设备厂商网管系统一般为厂商自身开发的主要面向厂商内部设备管理支持的网络与业务管理系统，各厂商采用专有的管理 MIB 库，以实现对厂商设备本身的细致入微的管理。

（1）思科 Ciscoworks 网络管理系统

Ciscoworks 系列网络管理产品包括了针对各种网络设备性能的管理、集成化的网络管理、远程网络监控和管理等功能。目前，Cisco 的网络管理产品包括基于 Web 的产品和基于控制台的应用程序。Ciscoworks 按网络规模和业务类型提供了不同的解决方案。

① 思科网络助手是一个基于 PC 的网络管理应用程序，提供中小企业级的网络管理，只支持 Windows 系统，可以支持管理不超过 250 个用户的中小企业网络。可以实现配置管理、存量报告、密码升级，以及软件版本升级等功能。

② SNMS（Small Network Management Solution，小型网络管理解决方案）主要用来管理小规模网络，软件限制可最多管理 40 个网络设备（包括以太网交换机、路由器、接入服务器等）。同时，SNMS 还可以管理第三方的 IT 设备（服务器、打印机等），随解决方案捆绑 OEM 的网管软件 What's Up Gold，可支持第三方设备的管理及 IT 资源的管理。

③ LMS（LAN Management Solution，局域网管理解决方案）面向中、大规模局域网管理（40 个设备以上），主要的管理对象为以太网交换机，不支持第三方网络设备的管理。

④ VPN/Security Management Solution（VPN/安全业务管理，VMS）用于对 Cisco 防火墙、IPS、路由器进行管理。

（2）华为 Quidview 网络管理系统

Quidview 网络管理系统是华为公司对其全线数据通信设备实现统一管理和维护的网管产品。Quidview 基于标准的 SNMP 协议，并支持 RMON 和 RMON2，具有图形化的中英文管理界面，可对华为的所有网络设备进行统一管理。

Quidview 网络管理系统采用分布式、组件化、跨平台的开放体系结构，用户通过选择安装不同的业务组件，可以实现设备管理、拓扑管理、告警管理、性能管理、软件升级管理、配置文件管理、VPN 监视与部署等多种管理功能。一体化的网络管理使网络日常的维护和操作变得直观、便捷和高效，极大地降低了网络维护的难度和成本。

3. 其他网管系统

（1）聚生网管

聚生网管系统是一款功能强大并极富创意的局域网网络管理软件，它可以部署到局域网的任意一台计算机上，不需要做端口镜像和代理服务器设置，就可以实现禁止 P2P 下载、P2P 视频、QQ 聊天工具，限制网址浏览、主机带宽流量、股票软件、网络游戏等一系列网络行为。聚生网管系统的所有操作均为图形界面操作，是国内操作最简单的网管软件，非常适合中国企事业单位使用。

聚生网管系统的主要优点：

① 对网络环境无任何要求，安装在企业网络系统中的任何一台计算机上，就可以控制整个局域网，无须安装客户端，无须使用旁路监听。

② 可限制 BT 下载，限制 QQ、MSN 等聊天工具，可以任意进行上网时间段的限制。

③ 可对带宽流量进行限制。

④ 可以根据不同用户组的需求定义不同的应用策略。

聚生网管系统的主要缺点：

① 没有日志记录，比如说哪台计算机什么时候访问哪些网页。

② 当访问被限制的网站时，打开网页很长时间才会提示不能访问。

③ 当 ACL 规则指定源地址为任意时，不管目的地址是什么，都会显示为“任意”。

（2）爱莎网络监控

爱莎网络监控是一款功能丰富、简易实用、操作简单的网络监控软件。它可以仅通过局域网中任意一台主机的安装，达到监控整个局域网的目的。

爱莎网络监控的主要优点：

① 日志记录详细，包括网页记录（什么时候请求什么页面）、邮件记录（收发邮件的 E-mail 地址、日期、主题等）、FTP 记录（FTP 操作的时间、应用内容、对应的 FTP 服务器地址等）、聊天记录（注

意这里并非能查看 QQ 的聊天记录，只是能查看 QQ 的操作内容、时间、流量等）。

② 对网络环境无任何要求，无须安装客户端。

③ 可以查看指定网页的请求地址和跳转地址。

④ 支持 IP 地址与 MAC 地址绑定，防止盗用 IP。

⑤ 可以单独远程关闭或重启某台计算机。

⑥ 可以进行端口扫描。

爱莎网络监控的主要缺点：

① 对同一交换机下的用户要用强制监视才行。

② 对于上网限制，没有太多的策略设定，只有可上网和不可上网两种。

③ 对安装了防火墙的计算机无法监视。

④ 监视不到 Firefox 的网页访问记录。

（3）网路岗

网路岗是国内最好的企业员工上网监管软件，是一款为企业量身定做的功能强大的网络监控软件产品，只需要安装在一台计算机上，用户就能通过这台计算机监控整个局域网的网络活动信息，全面掌握公司员工的网上活动。

网路岗具有对指定端口进行封堵、选定计算机使其只能上指定的站点、有效控制员工网上活动、任意封堵网络程序（如网络游戏）、监控网络交通流量和网络带宽等一系列功能。

网路岗的主要优点：

① 上网控制：限制访问指定的网站或 IP，封堵游戏和股票软件。

② 上网日志：上网网站、收发邮件（内容和附件）、网上聊天内容（MSN/Yahoo Messenger）、QQ 事件、FTP 上传下载。

③ 屏幕监控（需要安装客户端）。

④ 可跨 VLAN 管理。

⑤ 可用做网关使用，提供高速 NAT，可代替一些代理软件。

⑥ 如果在其他计算机上安装远程控制中心，则可以在没有安装网路岗的计算机上直接操作；可以设置多个操作员，并赋予不同的权限。

⑦ 对网页时间统计、收发邮件统计、流量统计、聊天统计自动生成图形或文字报表，一目了然。

网路岗的主要缺点：

① 要安装在网关上或使用旁路监控才行。

② 远程监控的客户端（remotespy.exe）会被有些杀毒软件杀掉。

（4）IP-guard（企业信息监管系统）

IP-guard 是一个简单易用、功能完善的内网安全管理软件，它能够为各行业、各类型企业和组织全面解决包括内部信息安全、行为管理和系统管理内网安全等难题。借助 IP-guard 的强大功能，企业能够有效防范信息外泄、保护信息安全、营造健康安全的网络环境、提高工作效率。IP-guard 依照管理对象划分模块，共分为 15 个模块，模块之间可以无缝集成，方便用户根据自身需求自由选择、灵活组合，为用户量身打造专属的内网安全解决方案。

IP-guard 网管的主要优点：

① 上网控制：可分组分时段限制上网，也可控制只能上指定的网站，并记录网页访问日志（可以

以表格、饼状图和柱状图查看）。

② 软硬件资源管理：可以管理 CPU、硬盘大小、内存大小、操作系统和已安装的软件。

③ 桌面监控：除了实时截屏外，还有自动录像功能，使用户对所有的操作了如指掌。

④ 程序控制：禁止某些应用程序运行，有时可以对付一些已知的木马病毒。

⑤ 外设禁用：可以禁用光驱、USB、打印机、IEEE 1394 和红外等接口。

⑥ 可以在其他计算机上安装控制台模块，远程控制 ipguard 服务器。

⑦ 文件操作记录：对文档的打开、新建、删除、复制等全面记录，以备查看。

IP-guard 网管的主要缺点：

① 需要安装客户端。

② 无邮件监控功能。

③ 需要大量硬盘空间用来存放其他计算机操作记录的录像。

④ 卸载不干净，注册表遗留启动项。

⑤ 过滤网站设置对 Firefox 无效。

（5）超级嗅探狗

超级嗅探狗是为企业量身定做的局域网网络监控系统。用户只需在一台计算机上安装超级嗅探狗，即可对局域网内所有计算机的使用情况进行有效的管理和控制。超级嗅探狗具有上网内容监控记录、网络行为监控管理、统计计算机的上网内容、网页过滤等功能。

超级嗅探狗的主要优点：

① 基于 Web 页面管理，可通过网内任何一台计算机访问控制台。

② 分多个等级（默认三个）的监控上网策略，还有可自定义的。

③ 有详细的日志记录：浏览的网页、时间和计算机，文件传输记录，聊天的时间、计算机及所用聊天软件，流量监控等。

④ 报表统计功能：统计每月的聊天、上网、邮件、流量等报表，图形化显示。

⑤ 可为各部门添加一名操作员，并赋予相应的权限。

⑥ 可对关键词搜索以及设置关键词报警，并发送到指定邮箱。

超级嗅探狗的主要缺点：

① 需要旁路监控。

② 需要大量硬盘空间。

（6）AnyView 专业版

AnyView 专业版是一款企业级的网络监控软件。一机安装即可监控、记录、控制局域网内其他计算机的上网行为。用于防止单位重要资料、机密文件等的泄密；监督、审查、限制网络使用行为；备份重要网络资源文件。

AnyView 专业版的主要优点：

① 无须安装客户端，无须旁路监听，无须安装 WINPCAP 驱动。

② 可自定义 ACL 和多种上网策略，不同时段上网控制，限制指定端口或者只允许指定端口通信。

③ 可禁止 QQ 游戏、联众世界、网易泡泡等游戏。

④ 可以作为软网关使用。

⑤ 强大的日志功能：可以访问网站的日志、邮件传输日志、FTP 日志、MSN 聊天内容和每日上网

流量分析；还有应用程序日志、文件操作日志、打印机日志和聊天记录监控。

⑥ 设备管理：查看客户端配置情况，可禁用 USB 和光驱。

AnyView 专业版的主要缺点：

① Intraview 的功能部分需要安装客户端才能实现。

② 安装客户端后，系统运行速度有所降低。

③ 如果安装了客户端，需要屏幕连续记录，需要比较大的硬盘空间来存放日志文件。

④ 有时卸载不干净（包括开始菜单、虚拟网卡）。

几种常用网管软件的简单对比如表 9-1 所示。

表 9-1　常用网管软件对比表

名　称	安装客户端	自定义上网策略	日志记录	程序控制	桌面监控	资产管理	旁路监控
聚生网管	否	是	几乎没有	否	否	否	否
爱莎网络监控	否	否	是	否	否	否	否
网路岗	是	是	是	否	是	是	可选择
IP-guard	是	是	是	是	是	是	否
超级嗅探狗	否	是	是	否	否	否	是
AnyView 专业版	否	是	是	是	是	是	否

除了以上六种常用的网络管理软件以外，还有一些优秀的网络管理软件被广泛使用，如天易成网管局域网监控软件、WorkWin 企业局域网监控软件、超级眼局域网监控软件系统、中维云视通网络监控系统等。

9.2　网络维护与故障排除

随着计算机网络技术的发展，计算机网络的应用范围越来越广泛，在计算机网络系统的运行过程中，难免出现各种各样的网络故障。因此，如何有效地做好本单位计算机网络的日常维护工作，确保其安全稳定地运行，是网络运行维护人员一项非常重要的工作。

网络运行中的故障种类多种多样，要在网络出现故障时及时对出现故障的网络进行维护，以最快的速度恢复网络的正常运行，除了需要有扎实的网络技术基础理论以外，还需要掌握一套行之有效的网络维护方法，并有丰富的网络维护经验。

9.2.1　网络维护的主要内容

计算机网络维护是减少网络故障、维护网络系统安全可靠运行的重要手段。计算机网络维护的主要内容一般来说包括以下两个方面：

1. 硬件维护

硬件维护主要包括计算机系统各硬件组成部分的维护、网络设备的维护、网络传输介质的维护、

网络连接部件的维护等。

2. 软件维护

软件维护是计算机网络维护的主要方面，主要包括计算机网络设置的检查、网络设备运行状态和系统配置的检查、网络性能监测及认证测试、网络安全性的检查、网络连通性的检查、网络系统综合管理等。

9.2.2 网络维护的基本方法

网络维护的主要任务是探求网络故障产生的原因，从根本上消除故障，并防止故障再次发生。在解决网络故障的过程中，可以采用多种方法。

1. 参考实例法

很多公司或单位在购买计算机或网络设备时，往往考虑到整个网络系统的稳定性以及维护的方便性，从而选择相同型号的计算机和网络设备，并设置相同的参数。只要充分利用这一特点，在设备发生故障的时候，参考相同设备的配置就可以帮助网络管理员快速准确地解决问题。

采用参考实例法的时候，应该遵循以下原则：

① 只有在可以找到与发生故障的设备相同或类似的其他设备的条件下，才可以采用参考实例法。

② 在对网络配置进行修改之前，要确保现用配置文件的可恢复性。

③ 在对网络配置进行修改之前，要确保本次修改产生的结果不会造成网络中其他设备的冲突。

利用参考实例法进行网络系统维护的一般流程如图 9-4 所示。

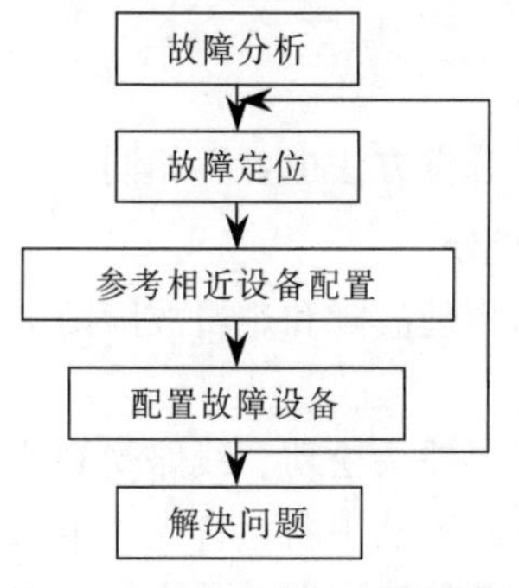

图 9-4　参考实例法一般流程

2. 硬件替换法

在对网络系统的故障基本定位后，用能够正常工作的设备替换可能有故障的设备，如果系统得以恢复正常，那么故障也就解决了。

采用硬件替换法的时候，需要遵守以下原则：

① 故障定位所涉及的设备数量不能太多。

② 确保可以找到能够正常工作的同类设备。

③ 每次只可以替换一个设备。

④ 在替换第二个设备之前，必须确保前一个设备的替换已经解决了相应的问题。

采用硬件替换法的一般流程如图 9-5 所示。

3. 错误测试法

错误测试法是通过测试而得出故障原因的方法。网络管理员需要凭借实际经验，对故障部位作出正确的推测，找到产生故障的可能原因，并有相应的测试和维修工具。

采用故障测试法的时候，需要遵循以下原则：

① 在更改设备配置之前，应该对原来的配置做好记录，以确保可以将设备配置恢复到初始状态。

② 如果需要对用户的数据进行修改，必须事先备份用户数据。

③ 错误测试必须确保不会影响其他网络用户的正常工作。

④ 每次测试仅做一项修改，以便知道该次修改是否能够有效解决问题。

采用错误测试法的一般流程如图 9-6 所示。

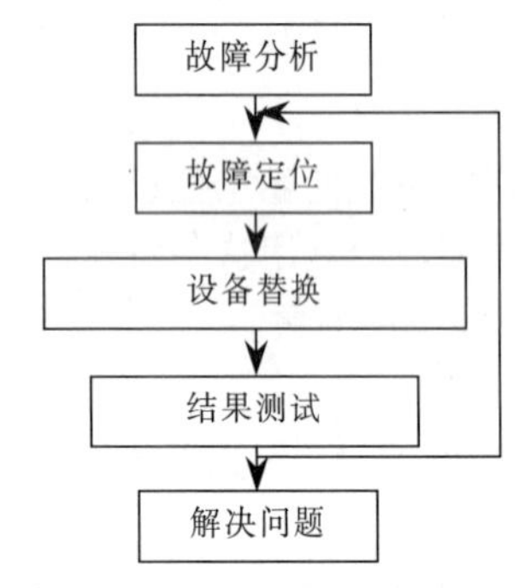

图 9-5　硬件替换法一般流程

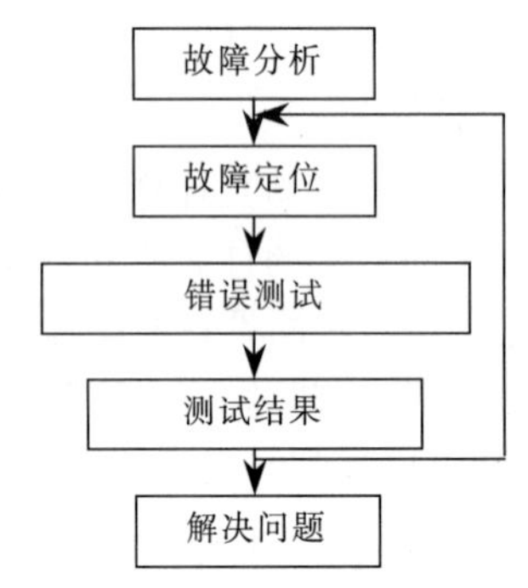

图 9-6　错误测试法一般流程

9.2.3　网络故障的分类

网络故障种类繁多，各种各样，其分类方法也各不相同。

1. 按照网络故障的性质不同进行划分

按照网络故障的性质不同，可分为物理故障和逻辑故障两类。

（1）物理故障

物理故障指的是因设备或线路损坏、插头松动、线路受到严重电磁干扰等情况产生的网络故障。

例如，网络管理员发现网络某条线路突然中断，首先用 ping 命令检查线路在网管中心这边是否连通。ping 一般一次只能检测一端到另一端的连通性，而不能一次检测到多端的连通性。

如果连续几次 ping 都出现“Request time out”信息，表明网络不通，此时应检查端口插头是否松动，或者网络插头是否误接；这种情况经常是在没有搞清楚网络插头规范或者没有弄清楚网络拓扑规划的情况下导致的。

另一种情况如两个路由器直接连接接口不正确，这时应该将一台路由器的出口连接另一台路由器的入口，或者这台路由器的入口连接另一台路由器的出口才行。当然，交换机、多路复用器也必须连接正确，否则也会导致网络中断。还有一些网络连接故障很隐蔽，要诊断这种故障没有什么特别好的工具，一般只有依靠经验了。

（2）逻辑故障

逻辑故障中最常见的是网络设备的配置错误，导致网络异常或故障。配置错误可能是路由器端口

参数设置有误，或是路由器的路由配置错误以至于路由器循环或找不到远端地址，也可能是路由器中的子网掩码设置错误等。

例如，同样是网络中的线路故障，该线路没有流量，但又可以 ping 通线路的两个端口，这时很有可能就是路由器的配置错误。遇到这种情况，通常可以用 tracert 命令进行测试。

tracert 命令和 ping 类似，最大的区别在于 tracert 是把端到端的线路按线路所经过的路由器分成多段，然后以每段返回响应与延迟来检测。如果在 tracert 结果中发现某一段之后的两个 IP 地址循环出现，这时，一般就是线路远端把端口路由指向了线路近端，导致 IP 包在该线路上来回反复传递。利用 tracert 可以很方便地检测到哪个路由器之前能正常响应，到哪个路由器就不能正常响应了，这时只要更改远端路由器端口配置，就能恢复线路的正常工作。

另一类逻辑故障是一些重要进程或端口关闭。

例如，同样是线路中断没有流量，用 ping 发现线路端口不通，检查发现该端口处在 down 的状态，这就说明该端口已经关闭，因此导致故障。这时只要重新启动该端口，就可以恢复故障线路的连通。

还有一种常见情况就是路由器的负载过高。路由器的负载过高容易造成路由器 CPU 的利用率太高、温度快速升高，同时还会造成路由器内存紧张等，这些都会影响网络的服务质量。解决这种故障，最好的方法就是对路由器进行升级、扩充内存，或者重新规划网络拓扑结构。

注意：路由器 CPU 温度过高十分危险，因为这可能导致路由器烧毁。

2. 按照故障的对象不同进行划分

按照故障的对象不同可以划分为线路故障、路由器故障和主机故障。

（1）线路故障

线路故障最常见的情况就是线路不通，诊断这种故障首先是检查该线路上的流量是否还存在，然后用 ping 命令检查线路远端的路由器端口能否响应等。

（2）路由器故障

事实上，线路故障中很多情况涉及路由器，因此也可以把一些线路故障归结为路由器故障。检测这种故障，需要利用 MIB 变量浏览器，用它收集路由器的路由表、端口流量数据、计费数据、路由器 CPU 温度、负载以及路由器的内存余量等数据。

（3）主机故障

主机故障常见的现象就是主机配置不当，如主机配置的 IP 地址与网上其他主机冲突，或主机 IP 地址与网关地址不在同一网段，这些都会导致主机无法连通。

主机的另一个故障就是安全故障。例如，主机没有控制其上的 finger、RPC、rlogin 等多余服务，而攻击者可以通过这些多余进程的正常服务或 bug 攻击该主机，甚至获取 Administrator 的权限等。

注意：不要轻易地共享本机硬盘，因为这将导致恶意攻击者非法利用该主机的资源。发现主机故障一般比较困难，特别是别人的恶意攻击，一般可以通过监视主机流量、扫描主机端口和服务来防治可能的漏洞。

3. 按照引起故障的原因进行划分

根据引起故障的原因，可以将网络故障分为连通性故障、网络协议故障、配置故障和安全故障。

（1）连通性故障

出现连通性故障，通常可以表现出以下一些故障现象：

① 工作站无法登录服务器。

② 连入局域网中的计算机无法访问 Internet。

③ 工作站无法通过“网上邻居”看到或者访问局域网中的其他计算机。

④ 工作站无法使用网络共享资源以及共享打印机。

⑤ 在未感染病毒、未受到攻击的情况下，局域网中的部分或全部工作站运行速度异常缓慢。

通常引起连通性故障的原因主要有以下几种：

① 网卡未安装，或未安装正确，或与其他设备有冲突。

② 网卡本身出现物理故障。

③ 没有安装或没有正确安装相应的网络协议。

④ 网线、跳线或插座等连通性设备没有正确安装，或者出现故障。

⑤ 路由器或交换机没有打开电源，或者出现物理故障，或者相应的通信端口出现故障。

⑥ USB 电源出现故障。

（2）网络协议故障

如果局域网中使用的网络协议出现故障，则会出现以下一些故障现象：

① 网络中的工作站无法登录服务器。

② 工作站无法通过“网上邻居”看到局域网中的其他计算机。

③ 工作站可以在“网上邻居”中看到其他计算机，但无法访问。

④ 工作站在“网上邻居”中找不到任何计算机，也无法访问共享资源。

⑤ 连入局域网中的计算机无法访问 Internet。

⑥ 局域网中出现工作站重名。

产生网络协议故障的原因主要有以下几种：

① 网卡没有安装或安装错误。

② 没有安装所需要的网络协议。

③ 相应的网络协议配置不正确。

④ 在组建局域网时或维护过程中人为修改设置，造成一个或多个计算机重名。

（3）配置故障

配置故障主要指的是系统、工具软件中的配置内容错误。在组建局域网的过程中将涉及名目繁多的种种配置，如系统相应参数的配置（共享资源的访问权限，用户维护、管理的权限等）、工具软件的配置（代理服务器的设置、局域网通信工具的配置等）。如果配置不当，轻则导致某些资源无法使用，重则导致整个网络瘫痪。因此，系统、工具软件配置问题需要引起用户的足够重视。当系统或工具软件配置出现问题时，通常会表现出以下一些故障现象：

① 某些工作站无法和其他部门工作站实现通信。

② 工作站无法访问任何其他设备。

③ 只能 ping 通本机。

④ 当局域网连入 Internet 时，用 ping 命令检测正常，但无法上网浏览。

（4）安全故障

安全故障通常表现为感染病毒、黑客入侵、安全漏洞方面。当局域网连入 Internet 时，出现安全故障的概率大大提高，当然也不排除在局域网内部的“交叉感染”，甚至恶意攻击等。

9.2.4 网络故障的排查方法

排除网络故障的方法很多，一般可以从 OSI 模型各层着手，利用此法可以理清易混淆的问题。在 OSI 分层的网络体系结构中，每个层次都可能发生网络故障，据有关资料统计，网络故障在各层的分布情况大致为：应用层 3%，表示层 7%，会话层 8%，传输层 10%，网络层 12%，数据链路层 25%，物理层 35%。由此可见，大约 70%的网络故障都发生在 OSI 七层协议的低三层。很多例子也都说明，在网页浏览器工作不正常时，人们常常浪费很多时间去解决问题，结果却发现原来是计算机未与网络正确连接。

1. 物理层故障

物理层是解决网络问题的根本，不要低估其重要性。许多网络问题归根结底都是由于使用不良的 RJ-45 接头、插座、压线、中继器、集线器或光缆收发器所致。物理层常见的问题主要包括：

① 缆线太长，例如，UTP 双绞线超过 100 m。

② 网卡硬件故障，例如，电子元件损坏。

③ 中继器故障，例如，电源插头松动。

④ 网线接头不良，例如，质量较差的网线接头因氧化或生锈造成接触不良。

⑤ 线缆断线，例如，网线被咬断、折断或被外物压断。

⑥ 设备不兼容，例如，将 100 Mbit/s 网卡连接到 10 Mbit/s 的集线器上。

⑦ 用错线缆，例如，错把 UTP 直连线当交叉线使用。

⑧ 接地不良。

⑨ 因停电恢复使硬件设备损坏或熔丝烧断。

根据以上各项查明故障原因后，采取相应解决方法即可。另外，网络管理人员在查找网络故障时，最好先从第一层开始，也就是首先确定每个设备都已接上电源，并且都连接妥当。

2. 数据链路层故障

数据链路层常见的问题主要包括：

① 交换机故障。

② 过多碰撞（可能是网卡故障）。

③ 帧风暴与广播风暴（可以通过运行生成树协议来防止）。

④ 网络使用率太高（以太网使用率应低于 30%，当超过 40%后，由于碰撞太多，网络质量会急剧恶化，造成网络冲突）。

⑤ 帧太短（可能是驱动程序不对）。

⑥ 帧太长（可能是接地不良）。

⑦ 缺少头文件的包（可能是因为 CRC 错误所引起）。

⑧ 不当的路由器接口配置。

⑨ 路由器接口封装不正确。

解决数据链路层问题的最有效方式是使用好的交换机和网卡。好的交换机可以有效地缓解带宽使用率过高的问题，而好的网卡则不但可以降低延迟时间，也可以避免上述多种由不良硬件所导致的问题。在选购网络设备时，千万不要在交换机和网卡上面省钱，尤其是服务器的网卡一定要品质优良而且稳定，且内置直接内存访问功能（Direct Memory Access，DMA），以减轻 CPU 的负担。

3. 网络层故障

网络层主要用于提供建立、保持和释放网络层连接的手段，包括路由选择、流量控制、传输确认、中断、差错及故障恢复等。网络层常见的问题主要包括：

① 重复指定相同的 IP 给不同的主机。

② 路由表信息错误。

③ 路由器死机。

④ 子网掩码设置错误。

⑤ ICMP 功能错误。

⑥ DHCP 或 DNS 服务器错误。

⑦ 未启用或使用错误的路由协议。

⑧ 不正确的 IP 地址。

解决网络层故障的基本方法是沿着从源到目标的路径，查看路由器路由表，同时检查路由器接口的 IP 地址。如果路由没有在路由表中出现，应该通过检查来确定是否已经输入适当的静态路由、默认路由或者动态路由。然后手工配置一些丢失的路由，或者排除一些动态路由选择过程的故障，包括 RIP 或者 IGRP 路由协议出现的故障。

4. 传输层故障

传输层故障大多是由网络性能差、网络利用率高、设备性能跟不上、电磁信号和噪声干扰以及数据包被修改等原因造成的，传输层常见的问题主要包括：

① 物理错误。主要包括 CRC 校验错误、对齐数据包错误、数据包过大/过小错误等，此类数据包由于存在错误将直接被网卡丢弃，而不会被传送给操作系统处理。

② IP 校验和错误。目标主机对接收到的数据包的 IP 报头进行校验，并与源端的校验和进行比较，如比较的结果不一致，就表示该数据包在传输过程中被修改，并将该数据包丢弃。

③ TCP 检验和错误。目标主机对接收到的数据包的 TCP 报头进行校验，并与源端的校验和进行比较，如比较的结果不一致，就表示该数据包在传输过程中被修改，并将该数据包丢弃。

当传输层发生故障时，最好的解决方法就是利用网络系统分析工具抓捕不同端口的错误数据包，并通过对错误数据包的分析找出故障原因所在。

5. 高层故障

高层故障指的是会话层、表示层和应用层的故障，这三层经常被放到一起讨论。高三层常见的问题主要包括 DNS/NetBIOS 解析问题、网络或系统应用问题、高层协议（HTTP、SMTP、FTP 等）失效问题、SMB 签名问题、网络攻击问题、病毒问题等。解决这三层故障的最好方法就是利用网络模拟器、流量发生器、协议分析器等故障检修工具找出故障原因并加以排除。

9.2.5 常见网络故障及其排除

1. 网线故障及解决

（1）故障现象

网线故障会有多种情况，例如，有时候局域网中只有先打开的几台计算机能够互相访问，而后开机的计算机却不能够互相访问，或者有时通有时不通。

（2）故障解决

据统计，网络中的故障大部分都是由于网线引起的。出现问题的一般原因在于网线的非正常连接。RJ-45 插头的正确连接应该是使用 1、2、3、6，其中 1、2 是一对线，3、6 是一对线，其余 4 根线没有定义。有的人在制作网线时没有按照这个标准，而是按照顺序连接，于是连接成了 1、2、3、4。这样的连接对于 10 Mbit/s 网络来说，一般还没有问题，但是对于 100 Mbit/s 网络来说，这样的连接就不能很好地工作了。

另外按规定，网络中两台设备之间双绞线的距离不能超过 100 m，如果超过这个距离，对于 10 Mbit/s 的网络也许还能够正常工作，但是对于 100 Mbit/s 的网络，工作起来就不正常了。

很多情况下，在网络刚刚建成时能够正常上网操作，但是由于接头加工比较粗糙或者网络接头质量较差，网络使用一段时间后便开始频频出现不能上网的情况，其主要原因就是接头质量不高，造成不稳定的连接点。

2. 网卡故障及解决

在使用网卡指示灯判断连通时，一定要先将集线器或交换机的电源打开，并保证集线器或交换机处于正常工作状态。如果网卡指示灯不亮，说明计算机与交换机之间没有建立正常连接，物理链路有故障发生。当网卡正常连接时，Link 指示灯呈绿色；有数据传输时，ACT 指示灯不停闪烁。通常情况下，集成网卡只有两个指示灯，黄色指示灯用于表明连接是否正常，绿色指示灯表示计算机主板是否已经供电，是否正处于待机状态。如果黄色指示灯没有亮，则表明发生了连通性故障。

（1）故障现象

网络不通分为部分不通和全部不通。网卡本身是一个集成电路板，一般网卡很少有硬件故障。但是，当计算机主板出现问题或者其他硬件出现问题时，可能造成网卡的损坏，从而造成网络不通的故障现象。另外，如果计算机的网卡发生故障，也可能频繁地向整个网络发送广播信息，从而引起广播风暴，造成整个网络瘫痪。

当出现网络不通的现象时，首先应检查各连入网络的计算机中网卡设置是否正常，查看网络适配器有无中断号及 I/O 地址冲突、网络适配器的属性是否显示“该设备运转正常”，如果在“网上邻居”中能找到自己，说明网卡的配置没有问题。

（2）故障解决

当某台计算机无法上网时，首先要确定网线有没有问题，这可以通过替代的方法来解决。在网线和网卡本身都没有问题的情况下，查看是不是软件设置方面的原因，再检查网卡驱动程序本身是否损坏，如果没有损坏，查看安装是否正确。如果这些都正常，设备也没有冲突，就是不能连入网络，这时候可以将网卡在系统配置中删除，然后重新启动计算机，系统就会检测到新硬件的存在，并自动寻找驱动程序进行安装，一般可以解决驱动程序的问题。

如果在各计算机的“网上邻居”中能找到自己，则说明网卡的安装是正确的。但是不能看到网络中的其他计算机，这种情况极有可能是由于网络介质的问题。可能是双绞线、RJ-45 接头出现了故障，或是连接有问题。可将连接正确的工作站的网线安装到有故障的工作站上，查看到底是哪一部分出现了故障。

在确定网络介质没有问题但还是不能接通的情况下，再返回网卡设置中。查看是否有设备资源冲突，有许多时候冲突也不是都有提示的。为了使网卡安装更简便，可以禁用网卡的 PnP 功能。要想禁用网卡的 PnP 功能，就必须运行网卡的设置程序（一般在驱动程序包中）。在启动设置程序后，进入设置菜单，禁用网卡的 PnP 功能，并将可以设置的 IRQ 一项修改为一个固定的值。使用该方法可以解决大多数 PnP 网卡的设备冲突问题。

3. 集线器或交换机故障及解决

无论是集线器还是交换机，无论是 SC 光纤端口还是 RJ-45 端口，每个端口都有一个 LED 指示灯，用于指示该端口是否处于工作状态，即连接至该端口的计算机或网络设备是否处于工作状态、连通性是否完好。只有该端口所连接的设备处于开机状态，并且链路连通性完好的情况下，指示灯才会被点亮。

（1）故障现象

集线器或交换机的故障有多种，例如，有时候局域网工作不正常，速度很慢或不能连通；或者，有时候网络中一台计算机出现故障，其他的计算机也不能正常连通；另外，如果网络中只有一台计算机使用的是 10 Mbit/s 网卡，而其他计算机和交换机都是 100 Mbit/s 的，将可能因为这块 10 Mbit/s 网卡而使整个网络的速度变慢。

集线器和交换机的质量一般都很稳定，很少出现硬件故障。但是由于网卡端电路的故障可能造成集线器和交换机的端口损坏，比如计算机电源的故障可能引起与之相连的集线器和交换机端口不能正常工作。

（2）故障解决

如果网络不能连通，可能是交换机故障。因为有时交换机偶然也会死机，相关的网络因此瘫痪，重新启动交换机就能恢复正常。

如果网络很慢，可能是因为局域网中有广播风暴，这一般是网络连接错误造成的。有些集线器的级联端口（UPLink）有两个，一个进行了交叉，另一个是正常端口，这两个端口实际上是不能同时使用的。如果两个端口都用上了，一个往上进行级联，一个接到计算机，只要该计算机一打开，上连的交换设备就不正常，碰撞激增，严重时整个局域网都不正常。因为这两个端口实际上是一个以太网端口，如果同时接了网络设备和计算机，集线器往上级联的数据回到了那台不该接的计算机，而该计算机送出的数据又和上一级发回的数据搅在一起，工作不正常。

出现这样的问题，大多使用的是集线器，而不是交换机。集线器采用共享的机制，所有的端口共享一个带宽。如果有一个端口出现问题，信号就不能正常传输并产生错误信号，以至网段内充满错误信号，使得正常信号不能顺利传输，导致网络通信的时断时续。

4. 软件故障及解决

（1）故障现象

软件配置故障一般表现在以下几个方面：

① 计算机无法登录到服务器。

② 计算机能够浏览内部网络中的网页，也可以收发内部网络中的电子邮件，但是无法接入 Internet。

③ 计算机无法通过代理服务器接入 Internet。

④ 计算机无法收发局域网中的电子邮件。

⑤ 计算机只能和部分局域网中的计算机通信。

⑥ 整个局域网都无法访问 Internet。

（2）故障分析

导致软件配置故障的原因可能是以下两个方面：

① 服务器配置错误。比如，没有设置授权的用户将导致用户无法登录系统；服务器配置错误将造成用户无法使用 Web、E-mail 和 FTP 服务器；DNS 服务器设置不当或代理服务器软件设置不当将使部分用户或全部用户无法连接到 Internet。

② 客户端配置错误。比如浏览器和 QQ 中没有选择代理服务器就无法正常运行这些网络程序。

（3）故障解决

① 检查出现故障的计算机的相关配置，如果发现错误，可以在修改之后再次测试相应的网络，看是否能够正常运行。如果没有发现错误或者网络服务无法实现，则需要执行下一个步骤。

② 测试局域网中的其他计算机是否有类似的故障，如果有同样的故障，则说明问题出在服务器配置方面。要是在服务器端进行检查之后也没有发现任何错误，那么还要对网络设备进行检查，最后确定问题的根源。

9.2.6 网络故障案例分析

【实例 1】网线制作不标准，引起干扰，发生错误。

（1）故障现象

某证券公司发生网络故障，要求查找故障原因。某证券公司最近新增了不少用户，一周内已经三次出现交易数据错误，在对历史记录和当日交易记录进行比较时，发现在同一时刻往往有几个用户的交易数据出错，怀疑存在病毒或恶意用户的可能。因此，用多套软件进行了病毒查杀，并重新安装系统，进行备份数据的恢复。可是，第二天故障现象依旧出现。

（2）故障分析

该网络采用 Windows 系统平台，最近又新增了 50 个站点。根据一般经验，先对新增加的工作站及其连网系统的状况进行常规检查。由于现在已经休市，网上错误无法观察。用流量发生器模拟网上流量进行体能检查，结果如下：正常数据帧下限帧长 64 B 各类型帧体能检查，网络致瘫流量为 99%，上限帧长 1 518 B 的致瘫流量为 99.5%，错误帧 50 B 短帧致瘫流量为 90%，错误帧 4 000 B 超长帧致瘫流量为 97%，碰撞最高时为 6.4%，略偏高，但无新的错误类型出现。从交换机处测试只发现少数传输延迟数据包。以上数据说明，被检查的网络是一个“身体素质”相当好的证券网络。仔细研究发生错误的工作站，发现是在同一个新增用户的集线器组当中，该网段通过一交换机接口与服务器相连。除了对交易服务器和行情服务器分别进行体能检查外，对该网段内的工作站也进行了体能检查，各站表现正常，各工作站模拟流量和交易也都正常。可以基本判定，该网络是一个承受能力很强的优秀网络，由此怀疑可能存在“恶意用户”。为了跟踪数据出错的情况，将 F683 网络测试仪接入该网段作长期监测。第二天故障现象没有出现，第三天下午开市后 10 分钟，即 13:10，网络测试仪监测到该网段有大量错误出现，其中 FCS 帧错误占 15%，幻象干扰占 85%，约持续了 1 min，FCS 帧涉及本网段的三个用户。该证券系统装备有 CCTV 闭路视频监控系统，从调取的监控录像中发现，在故障发生时刻 13:10 曾有一个用户使用了手机，仔细辨别图像画面发现其使用的是对讲机。

众所周知，对讲机的功率比蜂窝手机的功率要大得多，使用频率也更接近网络基带传输的频带，容易对网络造成近距离辐射干扰。但是，一个合格的、完整的 UTP 电缆系统在 5 m 以外完全应该能够抵抗不超过 5 W 的辐射功率。从故障现象推断，本网络的电缆或接地系统可能有一些问题。随即决定查找本网段 50 个站点的布线系统（扩容时没有经过认证测试），用 Fluke 的 DSP2000 电缆测试仪进行测试，测试结果全部通过。只是发现中心集线器与交换机端口的 RJ-45 插头质量很差，外包皮与接头之间有 15 cm 的缺失，线缆散开排列，双绞关系被破坏。交换机的物理位置离用户仅隔一面玻璃幕墙，直线距离 1.5 m 左右。可以基本断定，对讲机发出的较大功率的辐射信号就是由此处串入系统的，重新按 TIA568B 标准的要求打线，系统恢复正常。

（3）故障解决

系统中串入干扰的途径有多种，比如大动力线与网线并行距离太近或干脆就在同一个走线槽内；与某些辐射源（包括日光灯、电焊机、对讲机、移动电台等）距离太近；系统设备的接地回路不良等。本案例就是由于散列的网线接头引入近距离的辐射干扰造成的。由于对讲机用户比较特殊，它们的干扰是短时的，查找时有时需要“守株待兔”。当然，如果网线全部经过严格的测试，应该不会出现此类故障。

【实例 2】网络参数设置错误导致自动掉线。

（1）故障现象

一家广告公司有一个由 40 多台计算机组成的局域网，公司的 4 个部门分别通过一台小型交换机与核心交换机相连，核心交换机的 Uplink 口连接 TP-Link 宽带路由器，路由器通过 ADSL 连接到 Internet。网络故障现象为：企业外网基本上两小时自动掉一次线，然后过一分钟又自动连接上，此现象给公司的业务带来了很大影响。

（2）故障分析

公司网管检查了结点间的线缆连接以及员工们的计算机系统，排除了硬件连接和病毒因素，但故障依旧。一般来说，经常掉线的主要原因包括 IP 地址冲突（通过 IP 地址验证和没有通过 IP 地址验证的两个相同 IP 地址冲突是没有提示的）、本地链路不稳或感染蠕虫病毒所致，联系电信部门对 ADSL 链路进行检查，排除了链路故障，于是将重点放到蠕虫病毒上。通常，网络中蠕虫数据包过多会造成宽带路由器的“假死”，从而逻辑关闭对应端口，造成断网，而逻辑关闭的接口随后会自动打开，这正好和故障症状相吻合。

在详细检查公司所有员工的计算机后，没有发现具有 ARP 欺骗特性的病毒，同时检测发现，当出现断线时 ARP 缓存表里的网关 MAC 地址与正常上网时是一致的，这说明断网并不是因为 ARP 欺骗引起的。

除了 IP 地址冲突、计算机病毒和链路故障等因素以外，还有什么可能会造成此类网络故障呢？为了更好地定位故障原因，维护人员开始使用分割法进行分析。首先关闭大多数员工计算机，只让一台笔记本计算机上网，故障依旧，说明问题不是出现在计算机上。接下来把笔记本计算机直接连接路由器上网，结果还是两小时自动断一次，之后又恢复连接，因此，基本可以断定故障在路由器或线路本身。最后用笔记本计算机直接连接 ADSL 猫，在系统中手工建立拨号连接后拨号上网，自动断线问题没有再出现，说明线路是好的，ADSL 猫也没有任何问题，肯定是宽带路由器的问题。

（3）故障解决

维护人员登录路由器进入管理界面，一一比对各个参数设置信息，结果发现在“网络参数→WAN 口设置”处的拨号设置为“按需连接，在有访问时自动连接，自动断线等待时间 15 分钟”。这就是说，当有人要访问外部 Internet 时宽带路由器才会拨号上网，而且当网络需求在 15 分钟之内没有时就会自动断线。将其修改为“自动连接，在开机和断线后自动连接”后，经过一段时间的测试，企业内网再也没有出现怪异的断网现象。

【实例 3】系统盲目优化的后遗症。

（1）故障现象

某单位局域网规模相对较大，为了便于网络管理，特意搭建了 DHCP 服务器，利用 DHCP 服务为每一台工作站自动分配 IP 地址。很长一段时间里，局域网中所有工作站都连网正常，速度也比较理想。

但某天早晨，总务处小李打电话说他们办公室的六台计算机都不能上网了，系统任务栏处的“本地连接”图标总不断提示本地连接受到了限制。

网管人员通过电话进行远程指导：先将网络线缆拔出来，然后重新插一下，如果实在不行，可以重新启动计算机系统，可是问题并没能解决。一会儿工夫，档案室的工作人员也打来电话求助，故障现象与总务处类似。

（2）故障分析

网管人员现场查看总务处计算机故障现象后，首先考虑会不会是本地工作站从 DHCP 服务器那里没有获取到合法的 IP 地址，从而导致该工作站出现“本地连接”受到限制的提示呢？使用 ipconfig/all 命令测试发现，该工作站获取的 IP 地址为 169.254.11.156。很明显该 IP 地址并不是从 DHCP 服务器那里得来的，而是 Windows 系统自动分配的，说明该工作站与 DHCP 服务器失去了联系。

难道是 DHCP 服务器出现了问题？询问得知，局域网中的其他工作站都能上网，说明 DHCP 服务器自身运行是正常的。有没有可能是本地工作站的网络连接线缆出现了短路或断裂现象，从而导致本地工作站与局域网失去了联系呢？于是利用专门的网络测试仪对本地工作站的线缆连通性进行了现场测试，从测试结果来看，该网络线缆完全正常。利用笔记本计算机进行测试一切均正常，说明这条网络线缆以及其所连的交换机端口都没有问题。

既然网络线缆没有问题，交换机连接端口也没有问题，DHCP 服务器也能正常工作，看来问题很可能出在本地工作站系统身上，对客户端进行杀毒和文件修复操作，经测试故障依旧。在确认本地工作站自身运行正常的前提下网管人员不得不再次将怀疑目光转向 DHCP 服务器，考虑到 DHCP 服务器能够为局域网中的其他工作站正常分配地址，唯独不能给个别工作站分配地址，会不会是这些工作站先前从 DHCP 服务器获得的 IP 地址过了租约期呢？于是，网管人员以超级管理员权限登录到 DHCP 服务器，打开 DHCP 控制台窗口，进入该服务器“目标作用域”属性对话框，从中找到“地址租约”选项，将那些租约到期的工作站全部解除锁定，并重新启动 DHCP 服务器和有问题的工作站，在执行 ipconfig/all 命令后发现 IP 地址还是不正确，工作站仍然不能访问网络。同时，系统还提示 RPC 服务无法调用之类的错误，难道客户端的 RPC 服务被禁用了（注：DHCP Client 服务依存于 RPC，如果 RPC 被禁用则 DHCP Client 服务不能启动，就无法从 DHCP 服务器获得 IP）？于是打开客户端主机的“服务管理器”，发现“Remote Procedure Call （RPC）”服务果然被禁用，处于停止状态，原因终于找到了。

（3）故障解决

重启 Remote Procedure Call （RPC）服务，并启动 DHCP Client 服务，执行获取 IP 操作，IP 成功获得，联网测试成功。网管人员询问小李后得知，原来他在前一天从网上下载了一款系统优化工具，用其对自己的系统进行了优化，优化后的系统速度明显加快。于是他把该软件提供给办公室的同事和隔壁的档案室，导致第二天大家打开计算机时不约而同地出现了如上的症状。

【实例4】病毒实施的 ARP 攻击。

（1）故障现象

某中学的一栋教学楼内的网络突然出现故障，网络时断时续，主机间互访经常超时并且丢包现象非常严重，影响了正常的教学工作。

（2）故障分析

据老师们反映：联网时，有时候网页打开速度非常缓慢，有时丝毫没有动静，显示无法打开网页。不过，在非上班时间，如中午和晚上等休息时间，网络一切正常。根据这一情况判断，网络硬件故障的可能性微乎其微，经过检查没有发现异常情况，排除了物理上的错误。看来是软件上的问题，并且最大可能是局域网中比较流行的 ARP 攻击，因为 ARP 欺骗的特征就是主机频繁掉线。

ARP 攻击需要找到它的源头，一般的方法很难查找，需要在交换机上进行抓包分析，利用 Iris Network Traffic Analyzer（以下简称 Iris）网络流量分析监测工具，可以帮助系统管理员轻松地捕获和查看用户的使用情况，同时检测进入和发出的信息流，自动进行存储和统计。

由于该教学楼的交换机是一台非网管型交换机，只能用笔记本计算机在网络机房进行“蹲点”守候。把笔记本计算机连接在交换机端口上，打开 Iris，对数据包实施抓捕。不一会，“凶手”出现了。Iris 捕获窗口出现了大量的 ARP 数据包，Protocol（网络协议）图表显示出来的 ARP 数据包在不断增长，整个网络的流量增加了好几倍。

为了分析方便，用 Iris 的 Filters（过滤）功能，将 ARP 和 Reverse ARP 两种类型的数据过滤出来。终于，找到了 ARP 欺骗的“真凶”，在捕获窗口中可以看到，所有的 ARP 数据包都是来自 MAC 地址为 00:0A:E6:98:84:87 的计算机。

（3）故障解决

通过使用 ARP -a 命令显示高速 Cache 中的 ARP 表，找到“真凶”计算机，对其进行断网、系统重装、查杀病毒等操作，确认安全后，再连接上网，网络正常。

9.3 常用的网络故障诊断命令

9.3.1 ping 命令

ping 命令是网络中使用最广泛的测试命令，在 Windows、UNIX、Linux 等操作系统以及路由器的操作系统中都集成这一专门用于 TCP/IP 协议的探测工具，在 DOS 方式下使用该命令可以进行网络性能测试，可以显示本地机与远程机之间连接的各种信息。

选择“开始”→“运行”→“cmd”命令，进入命令行状态后输入 ping，则显示 ping 命令的使用方法。

ping 命令最常见的用途是在安装网络或调试网络故障时查看网络是否连通，也可以用来查看连接到某一站点的网速。

凡是应用 TCP/IP 协议的局域网或广域网，当客户端与客户端之间无法正常进行访问或者网络工作出现各种不稳定的情况时，建议先使用 ping 命令来确认并排除问题。

1. ping 命令的语法格式

ping 命令的语法格式为：

```
ping 目的地址 [-参数]
```

其中，目的地址是指被测试计算机的 IP 地址或域名，参数主要有：

a：将 IP 地址解析为计算机主机名。

n：发出测试包的个数，默认值为 4。

l：定义 echo 数据包的大小，默认值为 32B。

t：继续执行 ping 命令，直到用户按【Ctrl+C】组合键终止。

有关 ping 的其他参数，可通过在 MS-DOS 提示符下运行“ping”或“ping -?”命令来查看。

2. ping 命令的基本应用

① ping/ping -?，检查以下状况：

- 显示 ping 命令的语法格式。
- 显示 ping 命令的相关参数及其作用。

② ping 本地（即执行操作的计算机）地址或 127.0.0.1，检查以下状况：

- 该计算机是否正确安装了网卡。
- 该计算机是否正确安装了 TCP/IP 协议。
- 该计算机是否正确配置了 IP 地址和子网掩码。

③ ping 同一网段中其他计算机的地址，检查以下状况：

- 确认 IP 地址、子网掩码的设置是否正确。
- 确认网络连接是否正常。

④ ping Internet 中远程主机的地址，检查以下状况：

- 确认网关的设置是否正确。
- 确认域名服务器设置是否正常。
- 确认路由器的配置是否正确。
- 确认 Internet 连接是否正常。

3. ping 命令使用时常见的出错信息

① unknown host：未知的主机或找不到的主机。

② network unreachable：本地系统没有到达远程系统的路由，网络无法访问。

③ no answer：没有应答。

④ destination net unreachable：没有目的地的路由。

⑤ timed Out：与远程主机的连接超时，数据包全部丢失。

⑥ request timed out：请求超时，表示所要访问的设备不通。

4. ping 命令应用实例

（1）用 ping 命令检查本地的计算机是否通过网络和指定 IP 地址的计算机相连接

用 ping 命令检查网络服务器和任意一台客户端上 TCP/IP 协议的工作情况时，只要在网络中其他任何一台计算机上 ping 该计算机的 IP 地址即可。

例如，要检查应用服务器 192.168.1.1 上的 TCP/IP 协议工作是否正常，只要在选择“开始”→“运行”命令，在打开的对话框中输入 ping 192.168.1.1 即可。如果应用服务器的 TCP/IP 协议工作正常，即会以 DOS 屏幕方式显示如下信息：

```
Pinging 192.168.1.1 with 32 bytes of data:
Reply from 192.168.1.1: bytes=32 time=1ms TTL=128
Reply from 192.168.1.1: bytes=32 time<1ms TTL=128
Reply from 192.168.1.1: bytes=32 time<1ms TTL=128
Reply from 192.168.1.1: bytes=32 time<1ms TTL=128
Ping statistic for 192.168.1.1:
Packets: Sent = 4, Received = 4, Lost = 0 (0%loss) Approximate round trip times in
milli-seconds: Minimum = 0 ms, Maximum = 1ms, Average = 0 ms
```

以上返回了 4 个测试数据包，其中 bytes=32 表示测试中发送的数据包大小是 32B，time<1 ms 表示与对方主机往返一次所用的时间小于 1 ms，TTL=128 表示当前测试使用的 TTL（Time to Live）值为 128（系统默认值）。

如果网络有问题，则返回如下所示的响应失败信息：

```
Pinging 192.168.1.1 with 32 bytes of data
Request timed out.
Request timed out.
Request timed out.
Request timed out.
Packets: Sent=4，Received。0，Lost=4（100%loss），
Approximate round trip times in milli-seconds
Minimum: 0 ms，Maximum=0 ms，Average=0 ms
```

出现此种情况时，需要仔细分析网络故障出现的原因和可能有问题的网上结点，并可以从以下几个方面排查：

① 检查被测试计算机的网卡安装是否正确且是否已经连通。

② 查看被测试计算机是否已安装了 TCP/IP 协议。

③ 查看被测试计算机的 TCP/IP 协议是否与网卡有效绑定。

④ 检查 Windows 服务器的网络服务功能是否已启动。

如果通过以上四个步骤的检查还没有发现问题所在，建议重新安装并设置 TCP/IP 协议。

（2）用 ping 命令检查本机的 TCP/IP 协议

用户可以用 ping 命令来检查任意一台客户端计算机上 TCP/IP 的工作情况。例如，用户要检查网络任一客户端 Work01 上的 TCP/IP 协议的配置和工作情况，可直接在该台计算机上 ping 本机的 IP 地址，若返回成功的信息，说明 IP 地址配置无误，若失败则应检查 IP 地址的配置。可通过以下步骤进行：

① 检查整个网络，重点查看该 IP 地址是否正在被其他用户使用。

② 查看该工作站是否已正确连入网络。

③ 检查网卡的 I/O 地址、IRQ 值和 DMA 值，这些值是否与其他设备发生了冲突。

其中最后一项的检查非常重要，也常被许多用户所忽视，即使是 ping 成功后也要进行此项的检查。因为当 ping 本机的 IP 地址成功后，仅表明本机的 IP 地址配置没有问题，但并不能说明网卡的配置完全正确。有时虽然在本机的“网上邻居”中能够看到本机的计算机名，可就是无法与其他用户连通，不知问题出在何处，其实问题往往就出在网卡上。

（3）ping 命令在 Internet 中的应用

ping 命令不仅在局域网中广泛使用，在 Internet 中也经常被用来探测网络的远程连接情况。

当用户遇到以下情况时，可以利用 ping 工具对网络的连通性进行测试。比如，当某一网站的网页无法访问时，可使用 ping 命令进行检测。例如，当无法访问搜狐网的主页时，可使用“Ping www.sohu.com”命令行进行测试，如果返回类似于“pinging ns.ccidnet.com with 32 bytes of data：……”的信息，说明对方的主机已打开，相反则表明在网络连接的某个环节可能出现了故障，或对方的主机未打开。

另外，用户在发送 E-mail 之前也可以先测试一下网络的连通性。许多因特网用户在发送 E-mail 后经常收到诸如“Returned mail：User unknown”的信息，这说明邮件未发送到目的地。为了避免此类事件发生，建议用户在发送 E-mail 之前先 ping 对方的邮件服务器地址。假如，发给其他用户的邮件地址是 xyz@sina.com，可以先输入“ping sina.com”来进行测试。如果返回的是“Bad IP address sina.com”

等信息，就说明对方的主机没有打开，或是网络不通。此时，即使发送了邮件，对方也是收不到的。

注意：目前，很多网站都因为冲击波病毒的泛滥而屏蔽了 ICMP 回应，从而导致 ping 这些网站或者 IP 地址时显示无法连接的提示，但并不代表这些网站服务器没开。

（4）根据域名获得 IP 地址或根据 IP 地址获得相应域名

使用 ping 命令，不仅可以检查到因特网的连通性，还可以通过域名获得与之对应的 IP 地址，或者通过 IP 地址获得其对应的域名。

要想通过域名获得该域名对应的 IP 地址，可以输入“ping （域名）”，例如 ping www.sohu.com 时看到的 Reply from 的×××.×××.×××.×××就是 www.sohu.com 对应的 IP 地址。

要想通过 IP 地址获得该 IP 地址对应的域名，可以输入“ping -a（IP 地址）”，例如 ping -a 192.168.1.100，看到的 ping xyz[×××.×××.×××.×××]...中的 xyz 就是 IP 地址对应的域名。

9.3.2　hostname 命令

用于显示或设置当前计算机的名称，即主机名，如图 9-7 所示。

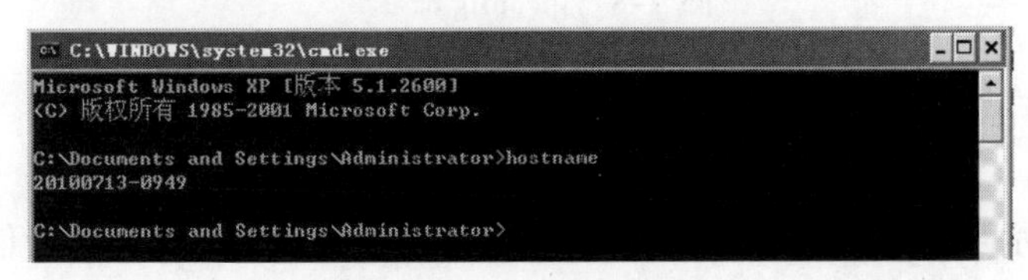

图 9-7　hostname 命令

hostname 命令的语法格式为：

```
hostname [-参数 1] [-参数 2] [...]
```

主要参数包括：

s：从打印名称中修整任何域信息。

hostName：设置计算机的主机名，只有得到 root 用户权限的用户才能设置主机名。

9.3.3　ipconfig 命令

ipconfig 命令可以显示所有当前的 TCP/IP 网络配置值,所有的网络连接信息都会通过这个命令显示出来，包括计算机的 MAC、IP、Subnet mask、Gateway、DNS、DHCP、WINS 等信息设置。

ipconfig 命令的语法格式为：

```
ipconfig [/参数 1] [-参数 2] [...]
```

使用不带参数的 ipconfig 命令可以获得 IP 地址、子网掩码、默认网关等信息。常用的 ipconfig 命令用法包括：

① 要显示所有适配器的基本 TCP/IP 配置，可输入命令：ipconfig。

② 要显示所有适配器的完整 TCP/IP 配置，可输入命令：ipconfig /all。

例如，在 Windows Server 2003 系统的 DOS 窗口中输入 ipconfig /all 命令，显示适配器的完整 TCP/IP 设置，如图 9-8 所示。

③ 要将所有接口租用的IP地址都重新交付给DHCP服务器(即归还IP地址),可输入命令:ipconfig /release。

④ 要更新本地连接适配器的由DHCP分配的IP地址的配置，可输入命令：ipconfig /renew。

⑤ 要在排除DNS的名称解析故障期间刷新DNS解析器缓存，可输入命令：ipconfig /flushdns。

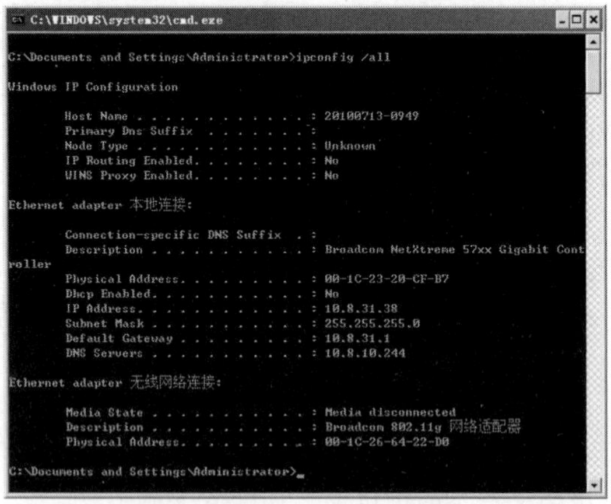

```
C:\WINDOWS\system32\cmd.exe

C:\Documents and Settings\Administrator>ipconfig /all

Windows IP Configuration

        Host Name . . . . . . . . . . . . : 20100713-0949
        Primary Dns Suffix  . . . . . . . :
        Node Type . . . . . . . . . . . . : Unknown
        IP Routing Enabled. . . . . . . . : No
        WINS Proxy Enabled. . . . . . . . : No

Ethernet adapter 本地连接:

        Connection-specific DNS Suffix  . :
        Description . . . . . . . . . . . : Broadcom NetXtreme 57xx Gigabit Cont
roller
        Physical Address. . . . . . . . . : 00-1C-23-20-CF-B7
        Dhcp Enabled. . . . . . . . . . . : No
        IP Address. . . . . . . . . . . . : 10.8.31.38
        Subnet Mask . . . . . . . . . . . : 255.255.255.0
        Default Gateway . . . . . . . . . : 10.8.31.1
        DNS Servers . . . . . . . . . . . : 10.8.10.244

Ethernet adapter 无线网络连接:

        Media State . . . . . . . . . . . : Media disconnected
        Description . . . . . . . . . . . : Broadcom 802.11g 网络适配器
        Physical Address. . . . . . . . . : 00-1C-26-64-22-D0

C:\Documents and Settings\Administrator>_
```

图 9-8　ipconfig 命令

9.3.4　netstat 命令

netstat命令可以显示当前活动的TCP连接、计算机侦听的端口、以太网统计信息、IP路由表、IPv4统计信息(对于IP、ICMP、TCP和UDP协议)以及IPv6统计信息(对于IPv6、ICMPv6、通过IPv6的TCP以及通过IPv6的UDP协议)。

netstat命令的语法格式为:

```
netstat [-参数1] [-参数2] [...]
```

常用的netstat命令用法包括:

① 要显示所有活动的TCP连接以及计算机侦听的TCP和UDP端口，可输入命令netstat -a，显示结果如图9-9所示。

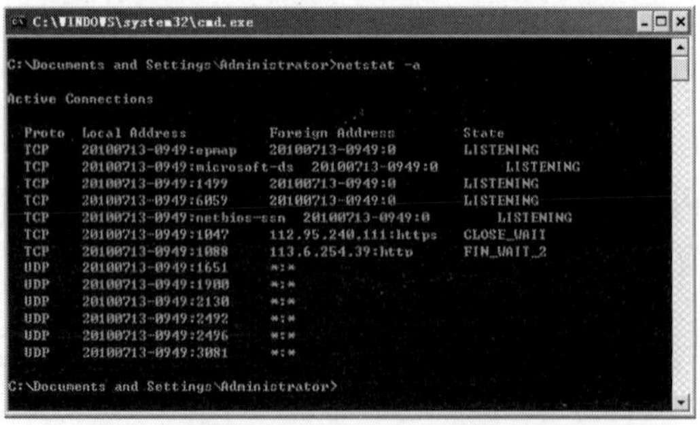

```
C:\WINDOWS\system32\cmd.exe

C:\Documents and Settings\Administrator>netstat -a

Active Connections

  Proto  Local Address          Foreign Address        State
  TCP    20100713-0949:epmap    20100713-0949:0        LISTENING
  TCP    20100713-0949:microsoft-ds  20100713-0949:0        LISTENING
  TCP    20100713-0949:1499     20100713-0949:0        LISTENING
  TCP    20100713-0949:6059     20100713-0949:0        LISTENING
  TCP    20100713-0949:netbios-ssn  20100713-0949:0        LISTENING
  TCP    20100713-0949:1047     112.95.240.111:https   CLOSE_WAIT
  TCP    20100713-0949:1088     113.6.254.39:http      FIN_WAIT_2
  UDP    20100713-0949:1651     *:*
  UDP    20100713-0949:1900     *:*
  UDP    20100713-0949:2130     *:*
  UDP    20100713-0949:2492     *:*
  UDP    20100713-0949:2496     *:*
  UDP    20100713-0949:3081     *:*

C:\Documents and Settings\Administrator>
```

图 9-9　netstat -a 命令

② 要显示以太网统计信息，如发送和接收的字节数、数据报数，可输入命令netstat -e -s，显示结果如图9-10所示。

③ 要显示活动的TCP连接(如查看与自己计算机建立连接的IP地址)，可输入命令netstat -n有

关 netstat 命令的其他参数可通过输入命令“netstat -?”来查看。

```
C:\WINDOWS\system32\cmd.exe
C:\Documents and Settings\Administrator>netstat -e -s
Interface Statistics

                           Received            Sent

Bytes                    1007129019      2053913978
Unicast packets            12289370        15235872
Non-unicast packets         2160049           20321
Discards                          0               0

UDP Statistics for IPv4

  Datagrams Received    = 8999080
  No Ports              = 13232
  Receive Errors        = 138
  Datagrams Sent        = 11930824

C:\Documents and Settings\Administrator>
```

图 9-10　netstat -e -s 命令

9.3.5　nbtstat 命令

nbtstat 命令可以显示基于 TCP/IP 的 NetBIOS（NetBT）协议统计资料、本地计算机和远程计算机的 NetBIOS 名称表和 NetBIOS 名称缓存，还可以刷新 NetBIOS 名称缓存和使用 Windows Internet 名称服务（WINS）注册的名称。

nbtstat 命令的语法格式为：

```
nbtstat [-参数 1] [-参数 2] […]
```

常用的 nbtstat 命令用法包括：

① 要显示 NetBIOS 计算机名为 WG 的远程计算机的 NetBIOS 名称表，可输入命令“nbtstat -a wg”，显示结果如图 9-11 所示。

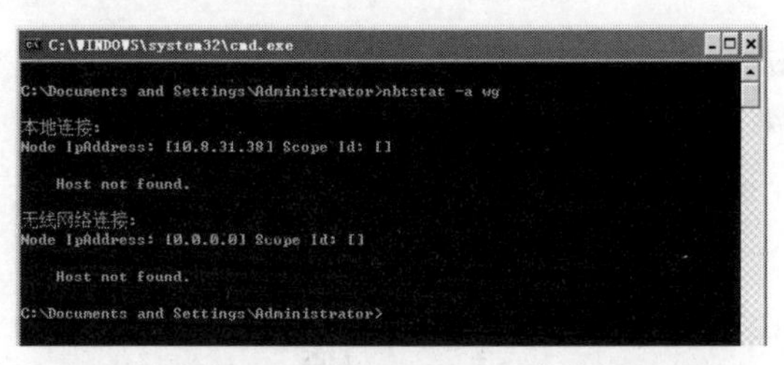

图 9-11　nbtstat -a wg 命令

② 要显示本地计算机的 NetBIOS 名称表，可输入命令“nbtstat -n”，显示结果如图 9-12 所示。

```
C:\WINDOWS\system32\cmd.exe
C:\Documents and Settings\Administrator>nbtstat -n

本地连接:
Node IpAddress: [10.8.31.38] Scope Id: []

                NetBIOS Local Name Table

       Name               Type         Status
    ---------------------------------------------
    20100713-0949   <00>  UNIQUE      Registered
    WORKGROUP       <00>  GROUP       Registered
    20100713-0949   <20>  UNIQUE      Registered

无线网络连接:
Node IpAddress: [0.0.0.0] Scope Id: []

    No names in cache

C:\Documents and Settings\Administrator>_
```

图 9-12　nbtstat -n 命令

③ 要显示所分配 IP 地址为 10.8.31.94 的远程计算机的 NetBIOS 名称表，可输入命令“nbtstat -A 10.8.31.94”。

④ 要显示本地计算机 NetBIOS 名称缓存的内容，可输入命令“nbtstat -c”。

9.3.6 tracert 命令

tracert（跟踪路由）是一个路由跟踪实用程序，主要用来显示数据包到达目的主机所经过的路径。通过执行 tracert 到对方主机的命令之后，结果返回数据包到达目的主机前所经历的路径详细信息，并显示到达每个路径所耗用的时间。此外，tracert 命令还可以用来查看网络在连接站点时经过的步骤或采取哪种路线，如果是网络出现故障，就可以通过这条命令来查看是在哪儿出现问题的。

tracert 一般用来定位故障的位置。它的使用很简单，只需要在 tracert 命令后面跟一个 IP 地址或 URL，tracert 就会进行相应的域名转换工作，如图 9-13 所示。

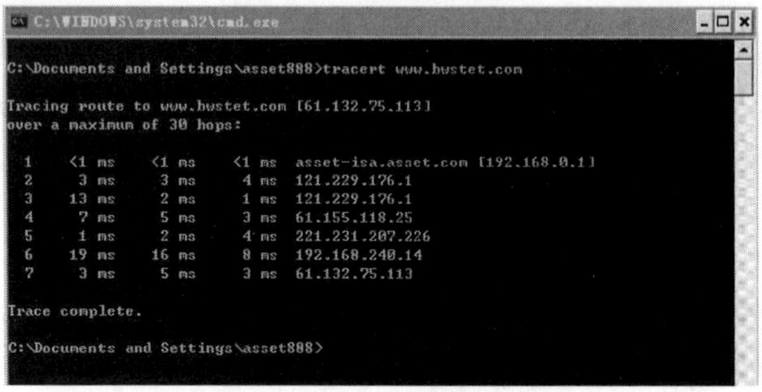

```
C:\WINDOWS\system32\cmd.exe

C:\Documents and Settings\asset888>tracert www.bustet.com

Tracing route to www.bustet.com [61.132.75.113]
over a maximum of 30 hops:

  1    <1 ms    <1 ms    <1 ms  asset-isa.asset.com [192.168.0.1]
  2     3 ms     3 ms     4 ms  121.229.176.1
  3    13 ms     2 ms     1 ms  121.229.176.1
  4     7 ms     5 ms     3 ms  61.155.118.25
  5     1 ms     2 ms     4 ms  221.231.207.226
  6    19 ms    16 ms     8 ms  192.168.240.14
  7     3 ms     5 ms     3 ms  61.132.75.113

Trace complete.

C:\Documents and Settings\asset888>
```

图 9-13　tracert 命令

tracert 命令的语法格式为：

```
tracert[-参数 1] [-参数 2] […] 目的主机名
```

说明： tracert 是在 MS 和 Windows 操作系统中使用的命令，而在 UNIX 和 Linux 以及 Cisco IOS 中则为 tracerout。

习　　题

一、选择题

1. 计算机病毒的最大危害性是（　　）。

   A. 使计算机突然停电　　　　B. 使盘片发生霉变

   C. 破坏计算机系统软件或文件　　　　D. 使外设不能工作

2. 一台计算机感染病毒的可能途径是（　　）。

   A. 使用外来盘片　　　　B. 使用已损坏盘片

   C. 输入了错误的命令　　　　D. 磁盘驱动器故障

3. 目前在局域网中，除通信线路外最主要、最基本的通信设备是（　　）。

   A. 网卡　　　　B. 调制解调器

C. BNC-T 连接器　　D. I/O 接口

4. 开机后计算机无任何反应，应先检查（　　）。

A. 内存　　B. 病毒　　C. 电源　　D. CPU

5. site master 可以进行 DTF 测试。DTF 测试的意义在于（　　）。

A. 查找故障定位　　B. 定位故障距离

C. 测试驻波比　　D. 测试信号

6. 显示 DNS 本地内容的命令是（　　）。

A. ipconfig/all　　B. ipconfig/flushdns

C. ipconfig/displaydns　　D. ipconfig/release

7. ipconfig/renew 命令参数用于（　　）。

A. 显示本机 TCP/IP 配置详细信息　　B. 释放 IP 地址

C. 显示本地 DNS 内容　　D. 重新获取 IP 地址

8. 利用（　　）命令可以显示有关统计信息和当前 TCP/IP 网络连接的情况，用户或网络管理人员可以得到非常详尽的统计结果。

A. ipconfig　　B. netstat　　C. tracert　　D. ping

9. 常用的防火墙包括（　　）。

A. 包过滤防火墙　　B. 应用级防火墙

C. 状态检测防火墙　　D. 以上都是

二、填空题

1. 常用的网络管理系统有________、________、________。
2. 网络维护一般包括________、________两方面。
3. 按照故障的对象不同可划分为________、________、________。
4. 根据引起故障的原因，可以将网络故障分为________、________、________、________。
5. 网络故障的排查方法有________、________、________、________、________。
6. ________命令是网络中使用最广泛的测试命令。
7. 要显示所有适配器的完整 TCP/IP 配置，可输入命令________。
8. tracert 命令的中文意思________。
9. 要将所有接口租用的 IP 地址都重新交给 DHCP 服务器,可输入命令________________。

三、思考题

（1）什么是网络管理？其目的是什么？

（2）网络管理包括哪几项功能？其各自的具体功能包括哪些？

（3）网管系统主要由哪几部分组成？各部分的功能是什么？

（4）SNMP 在网络管理中是怎样工作的？

（5）一个完整的网络管理体系结构主要包括哪些要素？

（6）网络管理软件是怎样分类的？主要包括哪些？各自的主要特点是什么？

（7）网络维护的基本方法有哪些？

（8）网络故障是怎样分类的？

（9）最常用的网络故障排查方法是什么？

（10）网络工程常用的故障诊断工具有哪些？

四、实训题

（1）上网查询一款价格在5万元左右性价比较高的网络管理软件，并说明其优缺点。

（2）分组进行网络故障设置和故障排除。

（3）查看几个常用网络故障诊断命令在不同参数下的返回结果。

（4）使用tracert命令列出从自己计算机所在的局域网到www.edu.cn所经过的网关地址。

部分习题参考答案

第 1 章

一、选择题

1. D　2. D　3. C　4. A　5. ABCD　6. ABCD

二、填空题

1. 网络操作系统　工作站操作系统　网络服务器系统　数据备份系统　数据库管理系统
2. 软件设备　网络基础设施　网络设备　网络系统软件　网络基础服务系统
3. 技术集成　软硬件产品集成　应用集成
4. 网络操作系统安装　数据库系统的安装　网络基础服务平台的搭建
5. 网络设备测试　网络基础服务平台测试　网络运行状况测试　网络安全测试
6. 一级　二级　三级　四级

第 2 章

一、选择题

1. D　2. B　3. C　4. A　5. C　6. A　7. C　8. D

二、填空题

1. 通信子网　资源子网
2. 各种网络服务器的部署　服务器的连接
3. 距离　时段　拥塞　服务类型　可靠性　信息冗余
4. 多个
5. 环境分析　应用需求分析　业务需求分析　安全需求分析　管理需求分析　网络规模分析　拓扑结构分析　扩展性分析
6. 实用性强　扩展性好　开放型好　较先进　安全可靠　升级　使用方便
7. 投资中心　商务公司

第 3 章

一、选择题

1. A　2. D　3. C　4. B　5. D　6. D　7. D

二、填空题

1. 实用、好用、与够用性原则　开放性原则　可靠性原则　安全性原则　先进性原则

易用性原则　　可扩展性原则

2. 核心层　　汇聚层　　接入层
3. 静态分配 IP 地址　　动态分配 IP 地址　　NAT 方式　　代理服务器方式
4. 核心层冗余设计　　汇聚层冗余设计　　接入层冗余设计
5. 手工分配　　DHCP 分配　　自动专用 IP 寻址
6. 数据冗余　　网卡冗余　　电源冗余　　风扇冗余　　服务器冗余

第 4 章

一、选择题

1. A　2. C　3. D　4. C　5. D　6. D　7. C　8. B

二、填空题

1. 提供网络接口　　扩充网络接口　　扩展网络范围
2. 直通式转发　　存储式转发
3. 模块化　　非模块化
4. 线速路由器　　非限速路由器
5. 吞吐量
6. 整机吞吐量　　端口吞吐量
7. 品牌　　性能　　价格　　服务
8. 系统响应速度　　作业吞吐量
9. 直连附属存储　　网络附属存储　　存储区域网络
10. 光纤通道连接设备

第 5 章

一、选择题

1. C　2. B　3. D　4. C　5. D　6. B　7. C　8. A　9. B　10. A

二、填空题

1. 语音　　数字　　图像　　多媒体业务
2. 管道　　电缆竖井　　电缆桥架
3. 星状网络拓扑结构　　树状网络拓扑结构
4. 6
5. 屏蔽双绞线 STP　　非屏蔽双绞线 UTP
6. ST 型　　SC 型　　FC 型　　PC 型　　APC 型　　UPC 型
7. 梯级式　　托盘式　　槽式
8. 传输速率为 100 Mbit/s 的基带传输
9. 电缆　　不干胶记条　　插入式

第6章

一、选择题

1. A　2. A　3. C　4. D　5. A　6. C　7. B　8. D　9. C

二、填空题

1. 公用通信网络的管线
2. 光纤本征因素　非本征因素
3. 色标　线对顺序
4. 双绞线跳线
5. 交叉连接方式　互连连接方式
6. 光缆终端设备
7. 7 m/km
8. 光纤端口　双绞线端口的交换机

第7章

一、选择题

1. ABCD　2. ABC　3. A　4. C　5. D　6. B　7. A　8. AB

二、填空题

1. 项目班子　施工进度　质量管理
2. 内部区域　外部区域　停火区
3. 带内管理　带外管理
4. 硬件　软件
5. 线路
6. 距离　时段　拥塞　服务类型　可靠性　信息冗余
7. 通信子网规划　资源子网规划

第8章

一、选择题

1. A　2. C　3. A　4. C　5. B　6. B　7. A　8. D　9. C

二、填空题

1. 故障的预防　诊断　隔离　恢复
2. 计算机硬件设备测试　系统软件
3. 系统完整性测试　防毒功能测试
4. 连通性测试

5. 光学连通性

第 9 章

一、选择题

1. C　2. A　3. A　4. C　5. B　6. C　7. B　8. B　9. D

二、填空题

1. 通用网管系统　设备厂商网管系统　其他网管系统
2. 硬件维护　软件维护
3. 线路故障　路由器故障　主机故障
4. 连通性故障　网络协议故障　配置故障　安全故障
5. 物理故障　数据链路层故障　网络层故障　传输层故障　高层故障
6. ping
7. ipconfig /all
8. 路由跟踪实用程序
9. ipconfig /release

参考文献

[1] 杨雅辉. 网络规划与设计教程[M]. 北京：高等教育出版社，2008.
[2] 周跃东. 计算机网络工程[M]. 西安：西安电子科技大学出版社，2009.
[3] 邓拥军，姜鹏. 网络工程项目实践[M]. 北京：清华大学出版社，2009.
[4] 刘彦舫，褚建立. 网络综合布线实用技术[M]. 2 版. 北京：清华大学出版社，2010.
[5] 姚永翘. 计算机网络管理与维护技术[M]. 北京：清华大学出版社，2011.
[6] 乔辉，刘晓辉. 网络硬件搭建与配置实践[M]. 3 版. 北京：电子工业出版社，2012.
[7] 李昕. 计算机网络工程技术[M]. 北京：电子工业出版社，2012.
[8] 曹隽，许礼捷. 计算机网络工程[M]. 3 版. 大连：大连理工大学出版社，2014.
[9] 褚建立. 网络综合布线实用技术[M]. 4 版. 北京：清华大学出版社，2019.